浙江省普通高校"十三五"新形态教材

风景园林工程

主　编　雷凌华　许明明

副主编　李　胜　唐京华　夏甜甜　姜华年

中国建筑工业出版社

前　言

　　风景园林是以园林植物、地形、道路、小品、水等为构绘素材，立足于场地及其环境条件，运用景观生态学、风景园林艺术原理对场地进行科学、系统、规范、合理、艺术的布局，通过科学、规范、合理、合宜的风景园林工程技术设计好、建设好与城乡发展相协调、生态优先、环境优美的境域生态系统，使生活环境更宜人。为了实现风景园林目标，规划设计是先导，工程设计是关键，工程施工是保证，工程项目管理是保障，因此，为了培养优秀的风景园林工程技术人才，我国高等院校园林、风景园林等相关专业的本科生教育多开设了（风景）园林工程课程，并作为专业的主干核心课程。

　　本书是在总结编写团队丰富的风景园林工程设计及施工的长期实践与教学经验的基础上，基于《本科专业类教学质量国家标准》，立足于应用型本科专业学生的培养目标，结合风景园林学科特点、专业特点、行业要求，参考风景园林工程相关国家标准、行业标准及政策性文件编写而成，以保证风景园林工程设计能顺应新时代要求，保证工程设计的科学性、可靠性、安全性、合理性、艺术性及宜人性。

　　本书由雷凌华负责总体策划、构思、统稿和修正，由雷凌华、许明明担任主编。全书分 10 章，编写安排为：雷凌华（绪论、第 1 章，第 3 章 3.1、3.2、3.4 节，第 5 章 5.4、5.5 节，第 7 章及第 9 章），古德泉和许冲勇（第 2 章），胥应龙（第 3 章 3.1、3.2、3.3 节），李胜（第 4 章），张忠峰（第 5 章 5.2 节），唐京华（第 5 章 5.3 节），许明明（第 5 章 5.1 节），魏曦光和王洪俊（第 6 章），姜华年（第 8 章），夏甜甜（第 10 章），刘瑞瑜（第 7 章 7.5 节），六环景观（辽宁）股份有限公司（案例）。

　　在此要特别感谢教育部产学合作协同育人项目支持单位——西安三好软件技术股份有限公司为本教材出版提供的帮助，感谢东方农道建筑规划设计有限公司国家一级注册建筑师、国家一级注册结构师唐京华高级工程师对本教材编写的支持，感谢西安三好软件技术股份有限公司张丹丹女士、王丽华女士提供的帮助，感谢大连理工大学刘双老师为配套本教材经典案例所做的努力，同时感谢本书所有参考文献的作者们，正是由于这些专家、学者的无私奉献才能让本书的编写得以顺利完成。

　　在本书的编写过程中，我们追求内容精练、资料全面、形式新颖、突出实用，但限于时间和编者水平，书中难免有疏漏之处，甚至错误之处，敬请各位读者、同行批评指正，对此我们将不胜感激。

雷凌华

2022 年 1 月

目　录

绪　论

本章要点

风景园林工程是工程建设项目中一个重要的工程类型，也是生态文明建设的一个重要内容。中国的风景园林工程从西汉经东汉到唐、宋、元、明、清等朝代取得了很大的发展，奠定了中国园林在世界园林史中的重要地位。随着中华人民共和国的成立，尤其是改革开放之后，中国的风景园林工程取得了巨大成就。中国的生态文明建设战略推动风景园林教育培养更多更优秀的风景园林工程技术人才，以满足国家建设需要。本章分为风景园林工程的内涵及其研究范畴、风景园林工程的特点、风景园林工程发展简史、风景园林工程的理论成就及发展趋势、行业对风景园林工程人才的技术需求、风景园林工程教与学的建议七个部分。

0.1 风景园林工程的内涵及其研究范畴

0.1.1 风景园林学 Landscape Architecture Discipline

1. 风景 Landscape

风景通常是指一定地域内由山、水、植物、建筑物、构筑物、色光以及一些自然现象（如云、雾、雨、雪等）构成的可供人观览欣赏的景象。

2. 园林 Park and Garden

园林是一种风景，是风景中的一种常见类型。园林中的各类绿地形态、各种景象都可供人们欣赏。

园林是指在一定的地域范围内运用工程技术、科学原理和艺术手段，通过塑造地形、配置花草树木、营造建筑物或构筑物、布局园路等途径创作而成的优美的人工模拟自然的环境或游憩景域。

园林学是研究如何合理运用自然因素（特别是生态因素）、社会因素来创造优美的、生态平衡的人类生活境域的学科。

园林既体现出一定的地域特征、美学特征，也反映出所塑环境的自然性、人工性，既包括庭院、宅院、游园、花园、公园、植物园，也包括森林公园、风景名胜区、自然保护区、游览体验区、休疗养胜地、国家公园等。

3. 风景园林 Landscape Architecture

Landscape 常常是指风景、景观、地景、形貌、景象、景色、景物、景致，而 Architecture 通常是指布局、营造、营建、构筑等，并非单纯的"建筑"。

风景园林学是一门规划设计、营造风景或景观的科学艺术。风景园林是以生物学科（植物生理学、园林植物学、园林植物遗传育种学、园林植物栽培学）、生态学科（基础生态学、植物生态学、种群生态学、群落生态学、景观生态学、土地生态学）为主，并与其他非生物学科（土木、建筑、城乡规划、哲学、历史、文学、艺术、计算机、管理、数学）相结合的绿色的生物技术与艺术交互相融的系统工程，包括从小面积的庭院、花园、公园等到现代城乡园林绿地系统的规划设计和建设，涉及土地资源利用、自然资源的经营管理、农业区域的变迁与发展、大地生态的保护、城镇乡村和大城市的园林绿地系统规划等。

风景园林因地域范围的不同而不同，因采用的技术手段的不同而呈现千姿百态的变化。尽管如此，所有的风景园林都有一个共同目标，那就是修复场地环境生态，为人们提供可赏、可憩、可栖、可戏、可玩、可游的优美而闲适的人地生态系统环境。

风景园林学既是研究风景园林的性质、历史、文学、材料、美学、规划、设计、营造、维护的艺术和科学的学科，也是修复、保护、建设和管理户外自然和人工境域的学科。

0.1.2 工程 Engineering/Construction

1. 工 Acting/Be expert in/Worker

"工"字最早见于甲骨文。《说文·工部》："工，巧饰也，象人有规榘也。""直中绳。二平中准，是规榘也。"工，象形字，像古代画直角或方形的工具曲尺，本意谓"矩"，即工匠的曲尺。《韵会》："匠也。"《礼·曲礼》："天子之六工，曰土工，金工，石工，木工，兽工，草工。"《书·益稷》："工以纳言，时而飏之。"古代又特指乐官。《玉篇》："善其事也。"《诗·小雅》："工祝致告。"《传》："善其事曰工。"《疏》："工者巧于所能。"《论语·卫灵公》："工欲善其事，必先利其器。"后来词义逐渐扩大，"工"泛指各种劳动者。从现代意义上来说，"工程"的"工"是指综合运用现代科学原理、科学技术、现代艺术等手段，结合现代文化、现代人类需求将选用的恰当材料进行合理的搭配组合并塑造而成所期望的产品或半成品。以技艺成产品之外形，以科学成产品之结构，以文化成产品之气神，以人体成产品之舒适，以规矩成产品之法度。

2. 程 Regulation/Procedure/Ruler

"程"从禾、从呈，"禾"与"呈"连起来表示"运送谷物到治所"，"在国都粮仓门口称量谷物"，也就是远距离运送谷物到都邑王仓，并称量登记造册入仓，有规矩、法式、进展、限度等意。《说文》："程者，品也。十发为程，十程为分，十分为寸。"《荀子·致仕》："程者，物之准也。"《汉书·高帝纪》："张苍定章程。"程者，法式，章程，规格也。《吕氏春秋·慎行》："后世以为法程。"《诗·小雅》："匪先民是程。"程者，典范，法度也。《魏都赋》："明宵有程。"程者，限度，期限，定额也。从现代意义上来说，"工程"的"程"是指"物之准"，即规章、法式、办法、规范、规格、标准，也有期待、进程、过程、进展之意。

3. 工程 Project/Programme/Engineering/Construction

18世纪，欧洲创造了"工程"一词，其本义是指有关兵器制造、具有军事目的的各项劳作，后渐扩展到屋宇建筑、机器制造、架桥修路等许多其他领域，指需用较大而复杂的设备来开展的工作，如土木工程、桥梁工程、隧道工程、水利工程等。狭义的工程是指以预设目标为依据，运用科学知识和技术手段，将现有素材转化为具有预期使用价值的产品的过程。后来工程泛指某项需要投入较多人力、物力的工作，如菜篮子工程。广义的工程是指由一群人为达到某种目的，在一个较长时间周期内进行协作活动的过程。

工程是指运用科学和数学，使自然界的物质和能源特性在消耗最少的时间和人力的情况下，能通过各种结构、机器、产品、系统和过程生产出高效、可靠且对人类有用的产品。简言之，工程是指将自然科学的理论应用到具体工农业生产部门中形成的各学科的总称，如水利工程、建筑工程等。

开展工程的理论依据是数学、物理学、化学及其衍生的材料科学、固体力学、流体力学、热力学、物流学等。依照工程与科学的关系，工程的主要职能如下所述。

（1）研究。运用数学和自然科学的内涵、原理、技术等探索新的工作原理、技术和方法。

（2）开发。将研究成果应用于解决好实际生产过程中所产生的问题。

（3）设计。选择合适的方法、特定的材料，确定符合技术要求和性能规格的设计方案，使之符合目标产品要求。

（4）施工。准备场地，组织好人员和设备，合理布局场地，合理存放工具、设备及材料，科学试验、检验、加工材料，选定经济、安全、高效、高质的工作程序与步骤。

（5）作业。管理机械、设备、动力、运输、通讯和通信，保障作业经济可靠且高效运行。

（6）管理及其他职能。

0.1.3 风景园林工程 Landscape Architecture Engineering

风景园林工程是研究风景园林构成要素建设的工程原理、工程设计、施工技艺、工程养护技艺的一门科学，其研究内容主要包括准备工程（含工程程序、工程准备、工程机械、工程设备、工程设计图及其制图标准与规范、工程设计图编制审查）、地形工程（含地形的竖向处理、自然空间塑造、地形土方的填筑、地形置石工程、地形掇山工程）、风景园林给水排水工程（含节水灌溉、循环灌溉、雨水收集、雨水处理、雨水花园工程）、风景园林理水工程（含水系综合处理、滨水带生态修复、生态护岸护坡、生态水闸、生态池湖工程及喷泉工程）、道路工程（含园路线形设计、园路结构设计、园路文化设计、园路施工）、风景园林种植工程（含常规地种植、屋顶种植、边坡种植）、风景园林建筑工程（含地基与基础工程、砌筑工程、钢筋混凝土工程、仿木构建筑工程、装饰工程）、风景园林景观照明工程及弱电工程（含监控、广播、通信）、风景园林养护工程（含植物养护工程、石景养护工程、路面养护工程、建筑物养护工程）等。

风景园林工程也是研究风景园林建设施工设计与营造技艺的一门课程，是探讨如何在最大限度地发挥风景园林生态效益、社会效益和经济效益等综合功能的前提下，解决风景园林设施与景观的矛盾与统一关系问题的一种造景技艺和过程。以艺驭技，以技创艺。

生态工程是指基于生态环境保护与社会经济协同发展的目的，应用生态学、经济学的有关理论和系统的方法，对人工生态系统、人类社会生态环境和资源进行保护、改造、治理、调控、建设的综合工艺技术体系或综合工艺过程。

生态工程的基本内容包括界定工程领域范围、明确工程目标、环境辨识与评价、生物种群引进、品种与适宜种群选择、人工生物群落结构组合、环境的调控建造、生物与环境节律的匹配、人工食物链的"加环"与"解链"、产品"加工环"的选择、工程造价概预算、工程效益预评估等。

0.1.4 设计与工程设计的区别

工程设计是为了协调和解决目标产品中物与物之间的矛盾与统一的关系问题（如风景园林工程中地下管线与植物种植的矛盾、景观建筑物与园林植物的矛盾、建筑与园路的统一性等）。而设计则是解决人与物之间问题的活动，没有设计，人就不可能有良好、安全、舒适、美观的工作与生活环境和空间。

风景园林工程是工学学科、生物学科、生态学科、艺术学科、社会学科等学科的综合，是科学性、技术性和艺术性的完美结合。只有掌握好风景园林工程原理，以科学的风景园林工程技术为依据进行风景园林规划设计，才能确保风景园林规划设计方案目标的有效实现，并使之具有可行性、可操作性。风景园林工程是实施风景园林规划设计方案意图的具体措施与有效途径。风景园林规划设计与风景园林工程都是风景园林学科体系中至关重要的组成部分，是风景园林建设工程中不可或缺的两个方面，两者相辅相承、相互影响、融为一体。

0.1.5 风景园林工程研究范畴

1. 风景园林工程研究范畴

风景园林工程是应用性非常强的一门学科，是工程学的一个重要分支，其研究范畴主要包括工程原理、工程设计、工程标准、工程技术、工程工艺、工程养护等方面。

2. 研究范畴间相互关系

①工程原理是工程设计的基础。②工程标准既是工程质量的保证，也是工程设计应遵循的尺度；工程规范是工程工艺质量的保证。③工程技术是工程设计的延续和技术支撑。④工程工艺是工程技术的拓展，也是工程质量的保障。⑤工程养护是工程投运和可持续使用的前提。

0.2 风景园林工程的特点

风景园林工程构筑物的建设要分析其功能，掌握其工程建设的基本原理和技能，使之具有一定的工程性和技术性。

风景园林环境越来越多地强调以植物景观为主，注重环境的生态保护和修复，注重风景园林植物的配置、栽种、养护与管理，使之具有生态性和生物性。

风景园林环境供人们观赏、休息和娱乐，要求具有美的形象和雅致的内容，使之具有艺术性。

风景园林环境的设计与施工须遵循相关标准规程，按照一定要求来开展，使之具有规范性。

风景园林环境的建设随科技的进步、时代的发展和人们对生活品质的更高要求而越来越多地呈现出多元性、康复性、疗养性的特征。

0.3 风景园林工程发展简史

0.3.1 风景园林工程萌芽期

风景园林工程是一门既古老又年轻的学科。风景园林工程的发展同步于风景园林的发展，最早出现在 2000 多年前殷周时代的囿中。

囿是指在一定的地域范围内让天然的草木和鸟兽滋生、繁育，同时挖池、筑台，以供帝王贵族狩猎、游乐的用地。

囿中通过挖池、筑台来改造地形地貌即是风景园林工程的最早开始。

0.3.2 风景园林工程的初步发展期

秦汉时期，风景园林工程得到了进一步发展，大规模的宫廷建筑和御花园开始兴建。

汉武帝刘彻建造了著名的上林苑和建章宫。建章宫太液池中布置蓬莱、方丈、瀛洲三岛，并有石莲喷水等水景设施，奠定了中国园林的"一池三山"的范式。

至此，风景园林工程初具规模。

0.3.3 风景园林工程全面发展期

唐宋时期，风景园林工程得到了较全面的发展。由于山水画的兴起和影响，风景园林中出现了自然山水园，模仿自然达到了"虽由人做，宛自天开"的境界。

唐宋时期，无论建筑（木构建筑达到了顶峰），还是叠山、理水方面都得到了较大的发展。

宋徽宗赵佶在汴京（今开封）命建寿山艮岳，广集江南名石，以"花石纲"为旗号，通过运河运至河南，造园工程达到历史上一个高峰。

艮岳既是"括天下之美，藏古今之胜"的大假山，又是工匠智慧之山。

0.3.4 风景园林工程的高潮期

到了明清时期，风景园林工程的技艺发展到了高潮（主要指砖木结构的建筑和假山）。

这个时期出现中国四大名园——拙政园（明代）、留园（明代）、颐和园（清代）、避暑山庄（清代）。

私家园林在置石、掇山、凿水和铺地等方面，出现了许多不朽之作，如环绣山庄、无锡寄畅园的八音涧等。

0.3.5 近代风景园林工程

1. 清朝后期至中华人民共和国成立前

民国时期，殖民者在上海、青岛和广州等地兴建了西方殖民地风格的园林，如英国的自然风景园、法国的规则式园林等，影响了中国园林的地形地貌设计和植物种植等。

2. 中华人民共和国成立后

中华人民共和国成立后，风景园林工程技术经历了三个发展阶段。中华人民共和国成立后至改革开放初期为风景园林工程起步阶段，风景园林工程技术还是以传统的造园技术手段为主。20世纪80年代为中华人民共和国风景园林全面发展时期，风景园林工程技术以改善城市环境和市民居住环境为目标的风景园林工程项目为抓手，取得了很大的进步。20世纪90年代至今，"园林城市""生态园林城市"建设，"亚运会""奥运会""世博会""花博会"等国际级盛会促使风景园林工程技术获得了前所未有的大发展，新材料、新技术、新工艺、新方法层出不穷。如纳米技术材料、负离子材料、自发光材料、透明材料、EPS板等新材料，喷播技术、微喷灌技术、雨水收集利用技术、全息摄影测量技术、三维激光扫描技术等新技术，园路混凝土摊铺工艺等新工艺均得到广泛应用。

0.4 风景园林工程的理论成就

明代，计成，《园冶》。
北宋时期，沈括，《梦溪笔谈》。
宋代，李诚，《营造法式》。
明代，文震亨，《长物志》。
清代，李渔，《闲情偶寄》。
清代，沈复，《浮生六记》。
现代，童寯，《江南园林志》。
现代，陈从周，《说园》等。
当代，孟兆祯，《园林工程》等。

0.5 风景园林工程的发展趋势

（1）新技术、新材料、新工艺、新方法被广泛应用于风景园林工程是行业发展的必然趋势，也是社会发展的客观需要。

（2）计算机技术更深入地融入风景园林工程是行业发展和计算机技术发展的必然结果。计算机技术的快速发展使风景园林工程设计的精准性、立体性、易读性更加突出。

（3）风景园林工程设计图纸与工程施工呈现一体化趋势。工程设计表现技术的日趋先进和成熟更便于设计师与施工人员的交流，减少双方理解上的偏差和施工误差。

（4）人工智能、互联网技术等将深入融入风景园林工程设计、建设领域，使风景园林工程设计更精准、更智能、更高效，使风景园林工程建设更便利、更可控、更高效。

（5）现代科技的大发展、大繁荣将大大促进其他学科的高新尖技术应用于风景园林工程，将促生风景园林工程技术的新业态。

0.6 行业对风景园林工程人才的技术需求

0.6.1 景观方案深化及景观施工图设计师 landscape construction drawing designer

（1）熟悉从方案到施工现场设计服务的全过程及主要环节和控制点。

（2）熟悉景观工程设计绘图，具备园林相关领域专业知识和技能，能够独立完成项目扩初及施工图设计。

（3）具有丰富的初步设计和施工图设计工作经验，具有理解方案设计的能力以及深化设计和现场解决问题的能力，现场经验丰富。

（4）具有较好的景观结构设计理论知识以及设计能力，有丰富的设计工作经验。

（5）具备建筑或景观施工图专业设计及总控能力，能独立处理施工问题，并能获得客户的认可。

（6）能够熟练地操作应用 AutoCAD、Photoshop 等相关计算机绘图软件，具有独立完成景观设计施工图的能力，成图和总控能力强。

（7）思维活跃、视野开阔、富有想象、注重细节，有良好的学习能力，对工作的责任感强。

（8）具有较强的沟通能力和团队合作能力。

0.6.2 景观园建设计师 Landscape Architecture Designer

（1）能独立根据项目方案高质高效地设计施工图，将方案设计构思按工程图要求绘制成 CAD 图纸，有丰富的景观施工图制作经验。

（2）成图和总控能力强，能建立设计图图库及施工图图库、施工图制图规范、施工图版面模板。

（3）具有较强的专业技能，熟悉景观设计，能现场解决问题，完成设计变更等。

（4）熟悉国家现行的有关景观、建筑工程施工图的设计规范。

（5）掌握工程设计绘图技术，熟练应用 AutoCAD 等相关计算机软件。

0.6.3 景观水电设计师 Landscape Water-electricity Designer

（1）能独立高质高效地完成景观项目的给排水及电气的施工图设计和绘制工作。

（2）能指导项目现场施工，协调解决施工现场的水电相关问题。

（3）能配合其他部门完成水电设计相关工作。

（4）熟悉园林水电设计相关规范标准。

0.6.4 景观植物种植设计师 Landscape Plant Designer

（1）能独立高质高效地完成景观工程的植物设计及施工现场的相关工作。

（2）能根据项目要求，制定设计标准，完善景观设计，控制景观实施效果。

（3）具备与甲方、施工方的沟通协调能力，能解决技术方面的设计与现场施工问题，能在施工现场进行植物配置。

（4）有丰富的专业知识，具备景观植物工程材料的选样及定板能力。

（5）熟悉南、北方常见植物的各种属性（习性、形态、品性、季相），独立设计能力强，具有系统的景观植物配置能力，有较高的审美眼光和植物造景能力，具有实际效果把控能力。

（6）具备较强的设计理念表达能力，能独立完成植物造景方案设计。

0.6.5 灯光 / 照明设计师 Lighting Designer

（1）五年以上园林灯光设计工作经验，精通光源、灯具等知识。

（2）熟悉照明电气、工装电气、灯光设计以及施工图绘制等。

（3）熟悉各种光源、灯具品牌；懂得照明配光曲线，熟悉照度计算。

（4）能熟练地用 Photoshop 制作灯光效果图、用 AutoCAD 绘制布灯图和灯具大样。

（5）能熟练操作 AutoCAD、Dialux、Photoshop、3D Max、Flash、Coreldraw 等相关计算机绘图软件。

（6）具有从业经验及成功案例。

0.6.6 审图师 Drawing Checking Engineer

（1）具有较强的结构设计理论知识和实际设计操作能力。

（2）具有较强的建筑或景观施工图设计以及审图能力。

（3）熟悉施工图绘制的国家规范、制图标准。

（4）能理解方案的设计内容并能给予较好的设计实际效果建议。

（5）能独立处理施工图纸问题并给予设计上的建议，要有丰富的现场经验。

（6）具有较强的学习能力、沟通能力、团队合作能力。

（7）具有国家一级建造师等相关资质。

（8）能熟练操作相关计算机软件，如 Photoshop、AutoCAD 等。

0.7 风景园林工程教与学的建议

风景园林工程是一门综合性、应用性很强的课程，重点在于培养风景园林工程技术人才的动手操作能力和解决工程实际问题的能力，建议课程充分结合现代信息技术、教育新技术来开展课堂理论教学，并采取与课程实习、设计实践相结合的教学方法，每章均须根据实际项目案例配套相应的单项工程设计训练、单项单位工程实习及课程设计、工程模型制作等。学生应在认真听课、做好笔记（理论学习）的基础上独立思考，充分理解、掌握工程原理和工程技术，反复练习，总结要点，活学活用。风景园林工程内容多、变化大，技术发展也很快，需要经常关注和学习新材料、新技术、新工艺，掌握基本工程理论，举一反三，创新和发散思维。随时随地观察和分析所见到的风景园林工程，就地解剖，勤跑、细察、勤思、勤问、勤听、勤练，不拘泥于程式，这是学好风景园林工程的重要途径。理论修心，艺术养性，以满足新时代对风景园林工程技术人员更高、更严格的要求。

思 考 题

1. 如何理解风景园林方案设计、初步设计、工程设计与施工设计？

2. 作为一名优秀的园林工程师，如何锻炼和提升自己的工程技术能力？

参考文献

[1] 中国大百科全书出版社编辑部，中国大百科全书总编辑委员会．中国大百科全书：建筑园林城市规划 [M]. 北京：中国大百科全书出版社，2004.

第1章

准备工程

本章要点

准备工程是风景园林工程建设前所有工程准备的总称。工程建设前要做好各项工程准备工作,它是实现风景园林工程项目的工程设计和工程施工两个阶段目标的保证,贯穿于整个工程建设的始终。认真细致地做好风景园林工程施工前的各项准备工作,对充分调动各方面的积极因素,高效利用工程资源,加快工程施工进度,提高工程质量,确保工程建设安全,降低工程成本,获得较好经济、生态、社会效益都有重要作用。本章分为工程建设程序、工程建设准备、工程机械设备、工程标准规范、工程设计图五个部分。

1.1 风景园林工程建设程序

风景园林工程建设程序通常是指在完成风景园林工程设计任务,进入工程建设实施阶段后应遵循工程营造时须执行的先后顺序。在风景园林工程建设过程中,严格履行工程营造程序,对保证工程质量、工程安全,降低工程成本,加快工程进度都具有不可替代的支撑作用。风景园林工程施工建设一般都需要经历施工勘察、施工组织方案设计优化、开工申请、施工准备以及施工执行等各项程序。

1.1.1 风景园林工程建设施工勘察

工程勘察是工程设计、工程施工的前提和基础,是工程建设的重要一环,因此大部分风景园林工程需要通过施工详细勘察所提供的参数,来满足工程设计和工程施工的技术要求。作为完善工程设计、解决工程设计变更与工程施工当中出现问题的重要措施,施工勘察是风景园林工程施工建设中最重要的基础工作之一,其应用范围日益广泛,也越来越受到重视。

1.1.2 风景园林工程建设施工方案设计优化

基于投标时的项目施工组织设计方案,施工前项目经理部应结合施工勘察数据完善风景园林工程建设施工方案设计,以保证风景园林工程施工的有序性、高效性、质保性、经济性、科学性、合理性。

1.1.3 风景园林工程建设开工申请

在优化好施工组织设计方案后,工程项目部即可会集工程用地批准手续、符合施工要求的用地范围拆迁进度、施工资质证、安全生产许可证、经审核批准的施工图设计文件以及安监站核签的《建设工程施工前期安全措施登记表》,申请工程项目施工开工许可证(图1-1、表1-1、表1-2)。施工许可证申请表一式两份,一份由发证机关留存,一份由建设单位备查。

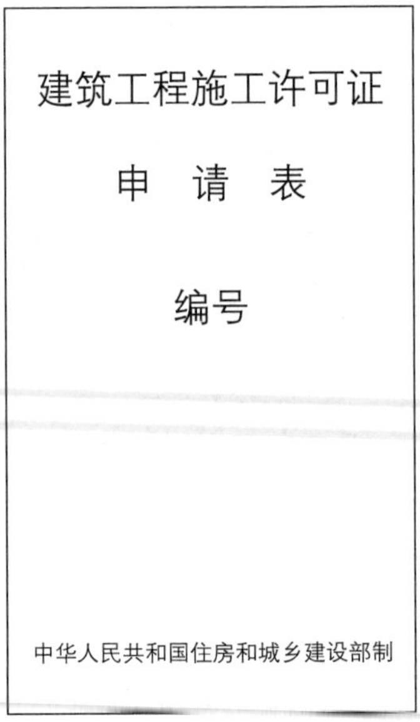

随着国家改革开放的深入推进,工程建设施工许可证的办理变得越来越便利化。如作为5个试点城市之一的南京于2018年推出"864"改革方案,并建成工程建设项目审批管理系统,通过"一体化审图、数字化审图"构建"五

建筑工程施工许可证

申 请 表

编号

中华人民共和国住房和城乡建设部制

图1-1 工程施工许可申请表封面

个一"审批体系——"一张蓝图"统筹项目规划，"一个系统"开展统一审批，"一个窗口"提供综合服务，"一张表单"精简申报材料，"一套机制"规范审批运行，实现"一家牵头、并联审批、限时办结"，使南京的工程建设项目审批时间压缩了60%，企业报件材料缩减约44%，跑出"全国第一"。

1.1.4 风景园林工程施工准备

工程项目部在申请开工时需要对工程建设所需的人员、材料、苗木、机械设备、办公设备、仓库、办公地、住地、经费预算等进行准备，为风景园林工程建设高效有序的实施提供人员保证、技术保证、材料保证、机械保证、设备保证、场地保证。

施工许可申请表之工程简要说明　　　　　　　　　　表1-1

建设单位名称		所有制性质	
建设单位地址		电话	
法定代表人		建设单位 项目负责人	
工程名称			
建设地点			
合同价格		万元；其中外币（币种　　）　　万元	
建设规模		平方米	
合同工期		××年××月××日—××年××月××日	
施工总包单位			
监理单位			
施工单位 项目负责人		总监理工程师	
勘察单位			
设计单位			
勘察单位 项目负责人		设计单位 项目负责人	
申请单位： 　　　　　　　　法定代表人（签章）　　　　　　单位（签章） 　　　　　　　　　　　　　　　　　　　　　　年　　月　　日			

建设单位提供的文件或证明材料情况   表 1-2

用地批准手续	（土地证编号）
建设用地规划许可证	（建设用地规划证编号）
建设工程规划许可证	（建设工程规划证编号）
施工现场是否具备施工条件	
中标通知书及施工合同	
施工图设计文件审查合格证明	
监理合同或建设单位工程技术人员情况	
质量、安全监督手续	
资金保函或证明	
无拖欠工程款情形的承诺书	
其他资料	
审查意见： （发证机关盖章） 经办人：　　　　审查人：　　　　　　　　　　　年　月　日	

注：此栏中应填写文件或证明材料的编号。没有编号的，应由经办人审查原件或资料是否完整。

1.1.5 风景园林工程施工执行

在风景园林工程各项准备工作完成后，工程项目部即可组织开展工程施工的执行工作，并根据工程规模、内容及特点做好工程地形塑造、自然地形空间营造、场地蓄水给水系统构建、场地雨水利用和废水处理排放系统构建、水景系统构建、园路体系构建、不同类型的植物种植、不同体量建筑物或构筑物的构建、假山营造、工程场地景观照明体系构建等工程内容。

1.2 风景园林工程建设准备

1.2.1 技术准备

技术准备是风景园林工程施工准备工作的核心。由于技术的任何差错或隐患都可能引起人身安全和工程质量事故，从而可能造成生命、财产和经济的巨大损失，因此必须认真地做好工程技术准备工作。

（1）熟悉和会审工程设计施工图

工程开工之前，必须了解和掌握设计师的设计意图、景观元素、结构特点、材料种类和技术要求；通过审查发现设计图纸中存在的问题和错误，使其修改和完善；审查设计图纸是否完整、齐全。审查设计图纸与设计说明在内容上是否一致，以及平面设计图与立面图、大样图等各组成部分之间有无矛盾和错误。审查顶部装饰设计图纸在标高上是否与其相配合的消防、空调设备安装一致，掌握设备安装是否满足顶部装饰造型的施工质量要求。审查设计图纸中工艺复杂、施工难度大、技术要求高的分部分项工程，对装饰工程中应用的新材料、新工艺、新技术，要检查现有施工技术水平和管理水平能否满足工期和质量要求，并采取可行的技术措施加以保证。

（2）编制施工预算

根据工程施工合同、工程设计施工图、风景园林工程预算定额及其取费标准、材料清单、工程造价经济文件等编制施工预算。

（3）编制施工组织设计

施工组织设计是施工准备工作的重要组成内容，须根据工程项目规模、场地特点、工程结构特点、工程工艺特点、工程要素、工程内容和功能要求，在调查分析场地及其原始资料的基础上，编制出一份操作性强、切实可行、能指导工程全部施工活动的科学合理的风景园林工程施工组织设计，即施工实施方案与计划。

（4）工程技术交底

在工程设计获得批准后，设计单位既要向施工单位进行工程设计施工图交底，也要向施工单位进行工程施工技术交底，还要针对工程中重要部位、关键部位、重大技术和薄弱环节进行专项施工方案交底。

（5）备案技术规范和验收标准

工程建设实施前需要收齐工程相关专业的施工质量验收标准规范、工程施工技术操作规程及相关综合质量验收规范、工程施工组织设计、施工方案、施工手册等资料。

1.2.2 苗木和材料准备

为了提高苗木和工程材料的准确性、计划性，保障工程项目的有序性、高效性、经济性，应依据工程施工图校核苗木表和工程材料表明细，仔细核对修正各分项工程苗木和材料，根据苗木表和材料表做好苗木和材料采购计划，根据工程施工进度做好苗木和材料进场计划。苗木和工程材料的及时、足量、高质、高效供应为工程施工的高质高效完成奠定了物质基础。

1.2.3 施工机具的准备

风景园林工程行业存在结构构件多、材料杂、体量不一、现场作业多、劳动力集中、能源利用效率偏低等现象，且施工质量受工人技术水平影响较大，导致现场管理难、施工环境差。应根据施工组织设计中确定的施工机具、设备的要求和数量以及施工进度计划，编制施工机具及设备的需用量计划，确保按期按需进场，按规定地点和方式布置，并做好相应的保护和试运行操作等工作，做好维护保养及定期检查工作。风景园林工程施工机具主要包括土方施工机具、园林建筑施工机具、道路施工机具、园林植物种植施工机具、假山施工机具、电气电缆及管线安装机具等。

1.2.4 人员准备

1. 工程施工管理人员准备

工程施工现场管理人员包括项目经理、施工员、技术员、质检员、材料员、统计核算员、安全员等各工种人员，并应组织项目部有关人员对入场工人进行入场前的教育及相应的技术安全培训，使工人在入场前对工程项目的技术难度、质量要求有所了解。

2. 工程施工操作人员准备

根据工程内容准备好各施工班组，使各种专业班组能满足工程施工需要。为了提高工程质量，树立良好信誉，有效降低工程成本，在工程项目中标后工程项目部就需要有针对性地遴选施工班组，将具有同类工程施工经验、技术熟练、工程施工组织能力强、工作效率高、机械设备先进、声誉良好的队伍纳入专业施工班组。

1.2.5 现场准备

1. 临时设施准备

根据风景园林工程设计总平面图和《工程施工组织设计》中施工现场平面布局划分施工区、办公区和生活区，搭建临时建筑物和设施，确定仓库、项目部办公室、会议室、工程施工加工场地、材料堆放场地、宿舍、食堂、卫生间、浴室、施工垃圾堆放场地等，确保安全、文明、卫生。同时，做好工程项目现场的临时道路和临时通信网络的铺设工作。

2. 临时水电准备

根据工程施工组织设计中临时用水、用电方案，做好工程现场临时用水、用电管线敷设工作，临时配电房和配电箱必须安装漏电保护器，实施"三级配电二级保护"，备齐"一机一闸"临时用电设施，备好插头、插座、电闸等配件，及时更新破损的临时用电器材。

3.消防设施准备

依照相关规定，在工程仓库、食堂厨房、宿舍以及木材加工处、电焊气割地等工程施工场地足额配备合适、合格、有效的灭火器，同时配置相应的沙箱、消防锹等消防器材和防火设备，保障消防用水，以保证工地消防安全。

4.安全文明设施准备

根据安全文明施工的相关要求为作业区备好封闭栏，备好醒目的安全标识牌、安全生产标语、安全色标或宣传画，在工地现场洞口和临边设临边安全防护，为现场施工人员备好警示服以及安全网、安全带、安全帽等安全防护用具，做好路面安全防护准备。

5.季节性施工准备

工程项目部需要根据不同季节切实做好相关呈现季节性特点的施工准备，夏季做好防洪排涝及现场排水、防台风袭击、库存材料防潮、机具设备维护、防暑降温等准备工作，冬季做好管道防冻裂、积雪道路防滑、雪前安装供热系统等保温防冻准备工作。

1.3 风景园林工程机械设备

机械化作业是风景园林工程建设快速发展的现实需要，也是风景园林行业工程建设摆脱笨重的手工操作的时代需要。随着当今科技的飞速发展和人工智能的普及，未来各种智能化风景园林工程机械也许很快就会变成现实。风景园林工程机械根据其功能作用可分为地形工程机械、基础夯实机械、混凝土加工机械、装饰工程机械、种植工程机械、水电工程机械、工程养护机械七种类型。

1.3.1 地形工程机械

在风景园林工程各类地形空间塑造建设中，地形工程的工程量浩大，需要各种类型的地形机械辅助作业才能完成地形的塑造。常见的地形工程机械包括挖掘机、铲运机、推土机、装载机、平地机等。

1.挖掘机

挖掘机又称挖土机，是指用铲斗挖掘高于或低于承机面的土石方并装入运输车辆或卸至指定场地的机械，其结构组成见图 1-2。由于挖掘机挖土效率高，适于各种工程土（含 400mm 厚度以内的冻土）和破碎后岩质土的开挖，既可以挖掘路堑、基坑、沟槽，也可以取土、修整土坡，还可以通过更换各种工作装置来破碎、填沟、打桩、夯土、除根、起重（图 1-3），在风景园林工程施工中应用非常广泛，是地形工程机械化施工的主要机械。

图 1-2 挖掘机构造示意

挖掘机通常由动力装置、工作装置、回转机构、操纵机构、传动机构、行走机构和辅助设施等部分构成。挖掘机种类多样，按照驱动方式的不同，分为内燃机驱动挖掘机和电力驱动挖掘机两种；按照传动方式的不同，分为液压挖掘机和机械挖掘机两种；按照用途的不同，分为通用挖掘机、矿用挖掘机、船用挖掘机、特种挖掘机等；按照铲斗的不同，分为正铲挖掘机、反铲挖掘机、拉铲挖掘机和抓铲挖掘机。目前主要的挖掘机品牌有柳工、卡特彼勒、小松、洋马、康明斯、五十铃、三一、徐工、中联重科、山猫、神钢、现代、斗山、沃尔沃、厦工、

图 1-3 挖掘机
（图片来源：网络）

日立、龙工、凯斯、常林、国际重工、久保田、国机洛建、约翰海尔、山河智能等。挖掘机的类型及特点如表 1-3 所示，主要品牌挖掘机的几种机型的技术参数如表 1-4 所示。

挖掘机的类型及应用特点 表 1-3

类型	构造特点	应用特点	备注
正铲挖掘机	土斗安于斗柄，斗齿朝外	主要开挖停机面以上土壤，适于开挖含水量不大于 27% 的 I ～ IV 类土	
反铲挖掘机	土斗装于斗柄，斗齿朝内	主要开挖停机面以下土壤，适于 I ～ III 类砂土、黏土或含水量不高的泥泞土。如挖掘基础、沟槽土不需外运时可选用挖掘装载机，如挖掘长距离管沟应选用多斗挖掘机	当挖土运距较远时，应选配与挖土斗容量适配的自卸汽车
拉铲挖掘机	土斗以钢丝绳悬吊于臂杆	主要用于挖泥砂	

续表

类型	构造特点	应用特点	备注
抓铲挖掘机	土斗有活瓣，以钢丝绳悬挂于臂杆	主要开挖水中土壤及装卸散粒砂土	
其他机型	主要有刨土、起重、拔根、打桩、刷坡用等挖掘机		

最初挖掘机是手动的，从发明到 2020 年已有近 140 年的历史，期间经历了由蒸汽驱动半回转挖掘机到电力驱动和内燃机驱动全回转挖掘机，再到应用机电液一体化技术的全自动液压挖掘机的逐步发展过程。中国的挖掘机生产起步较晚，从 1954 年抚顺挖掘机厂生产第一台机械式单斗挖掘机至今，大体上经历了测绘仿制、自主研制开发和发展提高三个阶段。

2. 铲运机

铲运机是地形工程中利用铲斗铲削土、运土，进行大范围的高效循环挖填土方作业的铲运土机械。铲运机不仅能铲土、装土、运土、卸土，也能控制填土厚度，还能利用自身行驶初步碾实卸撒土壤。由于操作灵活，转移方便，运距远，行速快，铲运效率高，适应性强，对运行道路要求低，需要投运的准备工作简单，因此铲运机被广泛应用于挖湖、堆山、平整场地、筑路等单项工程中的基础地形工程中。铲运机由车轮、牵引梁、车架、液压装置、带铲土机构的铲斗、支架机构和车架升降调整机构等构成，而带铲土机构的铲斗由斗体、铲刃、破土刀、转动挡板、滑动挡板组成。铲运机的结构示意见图 1-4。

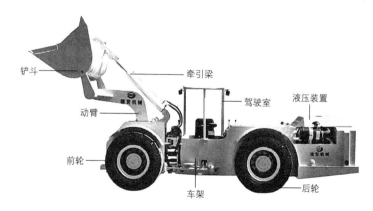

图 1-4　铲运机结构示意

铲运机按行走方式分为自行式铲运机、拖式铲运机、半拖式铲运机三种，按铲斗的卸土方法分为强制卸土铲运机、半强制卸土铲运机和自由卸土铲运机三种，按行走装置形式分轮式铲运机和履带式铲运机两种，按铲斗容量分为特大型（可达 $30m^3$ 以上）、大型（15 ~ $30m^3$）、中型（4 ~ $15m^3$）、小型（$4m^3$ 以下）四种。

最早的铲运机——马拉式铲运机出现于 18 世纪，接着轮式全金属铲运机于 1883 年面

几种挖掘机的主要技术性能参数

表1-4

项目		机器 305.5E2	SY85C-10	PC60-8	DX80	R80-7	XE270DK	ZE3000ELS	E50	CLG906D	XG808
类型	行走方式	履带式	履带式	履带式	履带式	履带式	履带式	履带式	履带式	履带式	履带式
	铲斗形式	反铲	反铲	反铲	反铲	反铲	反铲	正铲	反铲	反铲	反铲
	发动机品牌	卡特彼勒		小松	洋马	洋马	康明斯	康明斯	久保田	洋马	五十铃
发动机系统	型号	Cat C2.4 DI		SAA4D95LE-5	4TNV98-VDB24	4TNV98	QSB7	QSK50	柴油机	4TNV94L-BVLY/BVLYC	AA-4JG1TPC
	额定功率（kW）	31.1	60.7	40.7	41.4	44	150	1044	36.4	36.2	48.5
	额定转速（r/min）	2400	2200	1950	2100	2100	2050	1800	2200	2100	2150
	总排量（L）	2.4		3.26		3.318	6.7	50		3.045	3.059
	缸径×行程（mm）	87×102.4		95×115	98×110			159×59	159×59	94×110	
性能参数	铲斗容量（m³）	0.22	0.34	0.25~0.32	0.3	0.15	1.1~1.4	17		0.21	0.32
	工作重量（t）	5.4	8.5	6.18	7.9	7.8	26.5	298	4.84	5.9	7.8
	行走速度（高/低）（km/h）	4.3/2.8	5.0/2.9	4.5/2.8	4.9/3.1	4.6/3.3	1.1~1.4	2.18/1.70	5/3.1	3.9~2.5	5.1/3.2
	回转速度（r/min）	10.5	11.2	10	11.5	12	11.4	4.4		9.2	12
	爬坡能力（°/%）	25	36		30	30	35	70	35	35	35

续表

项目		305.5E2	SY85C-10	PC60-8	DX80	R80-7	XE270DK	ZE3000ELS	E50	CLG906D	XG808
性能参数	接地比压(kPa)		36	28.4	38		52.1		27.2	33	34.5
	铲斗挖掘力(kN)	35	63.6	55	56	44.1	185	1150	39.93	41	58
	斗杆挖掘力(kN)	27.2	46.8	40	41	38.2	129		29.997	31	
	外形尺寸(运态)(长×宽×高)(mm)	5765×1950×2540	6560×2260×2650	6035×2225×2620	6145×2290×2685	6325×2260×2605	10165×3190×3175	10185×7160×7730	5555×1960×2532	5900×1900×2630	6100×2225×2600
	最小离地间隙(mm)	628	360	350	825(配重离地间隙)	360	495	1030		350	760
	后端回转半径(mm)	1580	1885	1750	1800	1750	2955	6527			1750
作业范围	最大挖掘半径(mm)	5955	6660	6190	6350		10240	15355	5900	6205	6325
	最大挖掘深度(mm)	3720	4330	3900	4167	3810	6925	9385	3500	3875	4160
	最大挖掘高度(mm)	5460	7260	7030	7120	7200	10095	13195	5900	5790	7160

机器

世，拖拉机牵引的专用铲运机于1910年由美国造出，轮胎拖式铲运机于20世纪20年代由苏联成批造出。美国1938年造出自行式铲运机，1949年造出双发动机铲运机，20世纪60年代造出链板装载式铲运机和世界上最大的铲运机。

3. 推土机

推土机是一种以履带式或轮胎式拖拉机牵引车专用底盘等为主机，利用悬式铲刀进行浅挖掘、铲土、短距离运输和排弃岩土等作业的自行式土方工程机械，也是风景园林地形工程施工中的主要机械之一（图1-5）。推土机既可以铲土、运土、卸土、切挖浅层土、堆低土，也可以平整场地，清理施工现场，铲除树根、灌木、杂草，还可以进行扫雪作业，在风景园林工程建设领域应用十分广泛。选用推土机类型时既要考虑土方工程量，也要考虑工程土质类型，还要考虑施工条件和作业条件。

驾驶室   液压油缸
上撑臂
托带轮
铲刀架
铲刀

图1-5 推土机结构示意

推土机按传动方式可分为机械传动式推土机、液力机械传动式推土机、全液压传动式推土机、电传动式推土机四种，按行走方式可分为履带式推土机（附着牵引力大，接地比压小，爬坡力强）和轮胎式推土机（行速高，灵活，作业循环时间短，运转方便，但牵引力小）两种，按用途分为通用型推土机及专用型推土机两种。推土机的技术参数见表1-5。生产推土机的公司国外主要有美国卡特彼勒、日本小松、德国利勃海尔、波兰Huta Stalowa Wola等，国内主要有河北宣工、山东山推、上海彭浦、中国一拖、中联重科，中国最大的推土机制造商是山推工程机械股份有限公司。

履带式推土机是由美国人Benjamin Holt于1904年研制出来的。Benjamin Holt是世界首家推土设备制造者美国卡特彼勒公司的创始人之一。伴随技术的不断进步，推土机的动力已全部采用柴油机，其推土铲刀和松土器全由液压缸提升。而轮胎式推土机的出现则比履带式推土机晚十年左右。由于履带式推土机有较好的附着性能，能发挥更大的牵引力，因此其应用远远超越轮胎式推土机。美国的卡特彼勒（世界上最大的工程机械制造公司）、日本小松、德国利勃海尔这三家推土机制造企业，代表了当今世界上履带式推土机的最高水平。而我国的推土机是在中华人民共和国成立以后才开始生产的，并自1979年起经引进、

表 1-5

几种推土机的主要技术参数

项目		机器							
		B160C	YD320	YD160	SD16	XG4221L	T140-1	D475A-5E0	D9R
常规参数	行走方式	履带式	履带式	履带式	履带式	履带式	履带式	履带式	履带式
	整机工作重量（kg）	17000	37200	17500	17000	28000	角铲 16300（直倾铲 16200）	108390	48784
	接地比压（kPa）		105	68	67	72	角铲 62.2（直倾铲 61.8）	128	
	爬坡能力（°）	30			30	30	角铲 30/25（直倾铲 30/25）	30	
发动机	型号	WD10G178E25	NTAA855-C360S20	WD10G178E25	WD10G178E25	NT855-C280	潍柴 WD10G156E16	小松 SAA12V140E-3	Cat 3408C
	飞轮功率（kW）	120	257	131	120	162	104	664	302
	额定转速（r/min）	1850	2000	1850	1850	1800	1800	2000	374L/min
整机尺寸	整机长度（mm）	5023	6880	5080	5140	6447	角铲 5180（直倾铲 5099）	11565	4919
	整机宽度（mm）	2390	4130	3612	3388	3725	角铲 3762（直倾铲 3297）	5265	2860
	整机高度（mm）	3200	3725	3322	3032	3454	角铲 3042（直倾铲 3042）	4646	3962
	履带板宽度（mm）	510		500	510		500	710	610
	最小转弯半径（mm）	3100	5700	4200	4700	3300		4600	
	最小离地间隙（mm）	400			400		角铲 353（直倾铲 353）	655	591
传动系统	行驶速度 1 档（前进/后退）（km/h）	0～3.8/0～4.9	3.6～11.5/4.4～13.5	3.29/4.28	0～3.29/0～4.28	3.6/4.3	2.52/3.53	3.3/4.2	3.9/4.8
	行驶速度 2 档（前进/后退）（km/h）	0～6.6/0～8.5	3.6～11.5/4.4～13.5	9.63/12.53	0～5.28/0～7.59	6.5/7.7	3.55/4.96	6.2/8.0	6.8/8.4
	行驶速度 3 档（前进/后退）（km/h）	0～10.6/0～13.6			0～9.63/0～12.53	11.2/13.2	5.68/7.94	11.2/14.0	11.9/14.7
铲刀装置	类型	直倾铲	直倾铲	固定式/三齿	直倾铲		角铲/直倾铲	半 U 型推土铲	9SU
	铲刀容量（m³）	4.5	4.13		4.5		角铲 4.0（直倾铲 4.5）	27.2	13.5
	铲刀宽度（mm）	3422	1590	3612	3970	3725	角铲 3762（直倾铲 3297）	5265	4310
	铲刀高度（mm）	1149	1560	1160	1149	1315		2690	1934
	最大提升高度（mm）	1076	560	960	1095	1210		1620	
	最大切土深度（mm）	540	560	552	540	540	角铲 400（直倾铲 400）	1010	606

消化、吸收日本小松和美国卡特彼勒的履带式推土机生产技术、工艺规范、技术标准及材料体系之后形成自有产品体系。

4. 装载机

装载机是一种主要用于铲装、清理、短距离运输、卸载土壤、砂石、石灰等松散状物料的土石方工程机械。装载机既可用于装、卸、运、清松散物料，也可轻度铲挖硬土，剥离松软土层，平整地面，还可通过换装不同的辅助工作装置进行推运土、起重作业。由于作业速度快、效率高、机动性好、操作轻便，装载机因此被广泛应用于公路工程、铁路工程、建筑工程、水电工程、港口工程、风景园林工程等建设工程，并成为工程建设中土石方施工的主要机种之一。装载机主要由发动机、传动系统、行走装置、工作装置、操纵系统和车架等组成，其结构示意见图1-6，主要技术性能见表1-6。

装载机按发动机功率可分为小型装载机（小于74kW）、中型装载机（74～147kW）、大型装载机（147～515kW）和特大型装载机（大于515kW）四种，按传动形式可分为液力机械传动装载机、液力传动装载机、电力传动装载机三种，按照装卸方式可分为前卸式装载机、回转式装载机和后卸式装载机三种。

图1-6　装载机结构示意

几种装载机的主要技术参数　　　　　　　　　　表1-6

项目		机器				
		XG904	LW1200KN	CLG888	SEM655D	ZL50NC
基本参数	行走方式	轮胎式	轮胎式	轮胎式	轮胎式	轮胎式
	整机操作重量（kg）	2450	51000	30500	16500	19100±300
	额定载重量（kg）	4000	12000	8000	5000	5000
	铲斗容量（m³）	0.45	6.5	4.5	2.7～4.5	3
	最大挖掘力（掘起力）（kN）	15	394	260	177	160±3
	最大牵引力（kN）	22		210	168	162±3

续表

项目		机器				
		XG904	LW1200KN	CLG888	SEM655D	ZL50NC
发动机	型号	珀金斯 403D-15	康明斯 QSK19	康明斯 QSM11-C315	潍柴 WD10G220E343	潍柴 WP10 G220E341
	额定功率 / 转速（kW/r/min）	24.4/2800	418/2000	235/2000	162/2000	162/2200
	最大扭矩 / 转速（N·m/r/min）	96/2800		1600	975/1200～1400	
	总排量（L）	37500px3			9.7	
整机参数	整机长度（mm）	4330	12337	9207	8085	8730
	整机宽度（mm）	1329	3875	3545	2963	3090
	整机高度（mm）	2480	4319	3900	3463	3400
	最小离地间隙（mm）	240（桥包处）345（铰接处）	505	476	453	430
	最小转弯半径（以外侧轮中心计）（mm）	2541	7622	6335±100	6732	6100
	转向角度（°）	43	40	38	38±1	±38
	卸载高度——卸载角度为45°（mm）	2190	3845	3300	3142	3435
	卸载距离——卸载角度为45°（mm）	630	2168	1513	1214	1306
传动系统	行驶速度1档（前进/后退）（km/h）	7/7	6.5/6.5	7.3/7.3	7.9/7.9	10.2/16
	行驶速度2档（前进/后退）（km/h）	18/18	12/12	12/12	15/15	36

选用装载机时既要考虑作业场合和用途，也要考虑动力，还要考虑装载机的传动形式及制动性能，以满足工程安全生产需要。

5. 平地机

平地机是指主要利用安装在机械前后轮轴之间的刮刀，根据适配的推土板、推雪铲、松土器、松土耙等作业装置修整、刮送土壤和平整工程地形面的牵引式机械。在风景园林地形工程土方施工中，平地机主要用来铲土、运土、平整大型场地，也可用于平整路面，构筑路基和路面，还可用于修筑边坡、开挖边沟，拌和砂石、水泥、路面混合料，扫除积雪，养护土路和碎石路等。若加装松土器可用来疏松硬实土壤，清除石块；若加装推土装置可用来替代推土机作业。平地机通常由发动机、传动系统、液压系统、制动系统、行走转向系统、工作装置、驾驶室和机架等组成，其构造如图1-7所示。

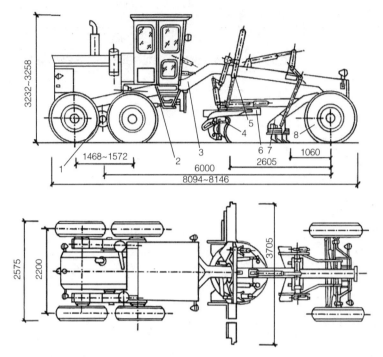

1—平衡箱；2—传动轴；3—车架；4—铲刀；5—铲刀升降油缸；6—铲刀回转盘；7—松土器；8—前轮

图 1-7　PY—160A 型平地机的构造示意（单位：mm）

（图片来源：引自本章参考文献 [7]；毛嘉俪改绘）

国外主要平地机品牌有卡特彼勒、约翰·迪尔、凯斯、纽荷兰、德莱赛等，其产品系列中，中、大型平地机大都采用机械传动或液力机械传动，而 75kW 以下的小型平地机产品则多采用静液传动。目前中国市场中，平地机行驶驱动系统的传动方式主要有机械传动、液力机械传动、静压传动三种方式。中国的平地机从 20 世纪 60 年代起，由天津工程机械厂（现天津鼎盛）参照苏联样机试制第一台机械式平地机，后凭借对平地机设计方法、原理和制造工艺多年的理解，开始走上自主研发的道路。国内平地机品牌有鼎盛天工、三一重工、常林、柳工、徐工、成工等，中国大部分平地机厂家采用液力机械传动。面临"中国制造 2025"这个巨大的机遇与挑战，平地机作为传统制造业，将向绿色制造、节能减排的方向发展。通过减少发动机排放、高效配置动力系统、采用作业装置负载敏感控制等技术，平地机可以实现一定程度的节能减排效果。未来平地机还可借助高密度变矩器传动技术、混合动力传动技术和电传动技术等逐步实现高效、大功率、低排放的目标。

1.3.2 基础压实机械

在风景园林工程中，为了使结构基础符合规定的强度要求，需要借助各式基础压实机械压实新筑的结构基础土石方，以保证其强度，提高结构基础的稳定性、承载能力、密实性、平整度等性能。基础压实机械是各单项工程的结构基础工程和风景园林道路工程中不可或缺的工程机械。根据工作原理，其可分为静压压实机械、轮胎压实机械、振动压实机械、智能压实机械 4 类。

1. 静压压实机械

静压压实机械主要是依靠机械自身重量，通过碾轮沿工作面前进、后退式反复滚动，使被压实介质或材料产生永久变形而密实，并使其表面平整，强度符合要求。静压压实机械多由发动机、驱动系统、操纵系统和转向系统组成，利用静压压实机械可以压实路基、路面、广场和其他各类工程的地基基础。由于静压压实机械主要依靠静线压力来压实介质，所以很难获得较理想的压实效率、压实深度，从长远看静压压实机械终将被淘汰。静压压实机械主要有静压压路机、碾压机、羊脚碾等。

2. 轮胎压实机械

轮胎压实机械主要是利用充气轮胎及其悬挂装置的可变性，使轮胎与路面间保持一定的接触面，不仅产生垂直方向压实力，而且沿轮胎行驶方向和沿压实机械横向都会产生水平方向压实力，从而能使沿各个方向移动的路面材料粒子可得到最大的密实度。轮胎压实机械既可以压实各类建筑基础、路面和路基，也可以压实沥青混凝土路面，这对修筑高等级风景园林主园路非常有利。轮胎压实机械采用了很多先进技术，相比静压压实机械，克服了压实不均匀、路面材料被压碎、表层出现裂纹及路面易损坏等缺陷。目前国外的主要生产厂家有美国 CATERPLLAR（卡特彼勒），美国 INGER-SOIL-RAND（英格索兰），日本 SAKAI（酒井），德国 BOMAG（宝马格），瑞典 DYNAPAC（戴纳派克）等。徐州工程机械制造厂是中国第一家生产制造轮胎压实机械的生产厂家，一拖（洛阳）建筑机械、国机重工、柳工、厦工、上海工程机械厂也开始进行轮胎压路机的生产和销售。三一重工股份有限公司、陕西中大机械集团有限公司等中国大企业主要集中在轮胎压实机械的动力、操控装置、轮胎充气系统、轮胎喷油等方面进行研发。

3. 振动压实机械

振动压实机械是指利用机械静力与振动力的联合作用来压实土方或材料的机械。振动压实机械是压实机械发展过程中一个划时代的革命，从此压实效果的增强不再简单地依靠重量或线压力的增大。有关振动压实的基本原理存在以下 3 种不同的学说。

（1）振动冲击学说。

在振动冲击作用下，被压实材料的颗粒由静止状态过渡到运动状态，被压实材料颗粒间的摩擦力由初始的静摩擦状态逐渐过渡到动摩擦状态，被压实材料颗粒间的相对位置发生变化，开始相互填充，较小颗粒填充较大颗粒形成的间隙，水分填充较小颗粒的间隙，被压实材料中的空气含量相应减少。

（2）共振学说

当激振频率与被压实材料的固有频率一致时，最有利于振动能量在压实材料内部的传导，压实最有效。

（3）反复载荷学说

由于振动所产生的周期性压缩运动，材料因振动而被压实。低频范围内周期性振动能产生一定的压实效果，当共振频率达到 1000Hz 以上时缺乏理论根据。

目前备受学界认可的是振动冲击学说和共振学说，尤其是振动冲击学说。

4. 智能压实机械

智能压实机械是指在碾压填筑体的过程中，在连续压实控制技术的基础上，通过与人工智能和压实机械的结合，建立感知、学习、决策和反馈控制体系，实现对碾压面的实时动态监测与反馈控制的工程机械。智能压实机械也可以简单地理解为连续压实控制与人工智能及施工机械的有机组合，是连续压实控制技术发展的高级阶段。

压实机械种类繁多，现仅介绍国内风景园林工程中能用到的几种常见的小型压实机械。

（1）液压振动夯实机

泰安夯神 VC-S 系列液压振动夯实机采用高频大振幅技术和专利技术，除激振力显著大于振动平板夯（电动、汽油）外，突出特点是振幅大，为振动平板夯的十多倍至数十倍，具有冲击压实效能，填层厚度大，压实度可满足高速公路等高等级工程基础的要求。大机型可与振动压路机配套使用，处理碾压盲区及弱碾区；小机型主要用于市政设施及民用建筑。VC-S 系列液压振动夯实机配有多种辅具，振动强度可调，可配 360° 回转架，适用于多种地形及多种作业方式，可完成平面夯实、斜面夯实、台阶夯实、沟槽凹坑夯实、管侧夯实及其他复杂基础的夯实及局部捣固处理，主要应用于大型景观桥梁涵背、风景园林主园路和次园路路基路肩、各种园林活动场地地基、边坡路基夯实、堤坝、河溪渠及边坡夯实，景观建筑地基、建筑沟槽及回填土夯实，混凝土路面修补夯实，管道沟槽及回填夯实，管侧及井口夯实，以及边坡锚杆打拔等。VC-S 系列液压振动夯实机主要与挖掘机及挖掘装载配套使用，安装于斗杆前端原铲斗位置，利用挖掘机等的液压动力驱动和操控（表 1-7）。

VC-S 系列液压振动夯实机主要技术参数　　　　表 1-7

项目	单位	VC60S	VC120S	VC200S	VC250S	VC300S	VC400S	VC600S
激振力	kN	26	40	63	100	160	360	500
转速	t/min	2700	2700	2400	2400	2400	1800	1800
工作质量	kg	300	340	500	560	650	1350	1420
标配夯板尺寸	m×m	0.60×0.40	0.7×0.6	0.8×0.6	0.9×0.7	1.0×0.8	1.2×1.0	1.2×1.0
适配挖掘机	t	2~7	4~9	10~20	15~25	20~30	26~36	26~40

（2）多功能液压振动夯实机

泰安夯神 VC-D 系列多功能液压振动夯实机是一种新型的高强度振动夯实机械，采用先进的垂直振动压实技术、高频大振技术和专利技术，激振力范围为 60 ~ 600kN。与振动压路机、振动平板夯等现有产品普遍采用的圆振动技术相比，垂直振动压实技术消除了圆振动的水平扰动力（破坏力），运行平稳，影响深度大，对邻近结构物的影响小。VC-D 系列多功能液压振动夯实机的突出特点是高强度，高效率，冲击效能好，振动压实强度可大范围调整，运行平稳，可与较小吨级的挖掘机匹配，一机多用，填层厚度及压实度显著大于同一激振力水平的振动压路机，影响深度可达 0.3 ~ 1.0m，压实度可达 98% 以上。配有多种点、线、面及特殊形状的夯实捣固辅具，可 360° 回转，适用于多种地形及多种作业方式的夯实，可完成平面夯实、斜面夯实、台阶夯实、沟槽凹坑夯实、管侧夯实及其他复杂基础的夯实及局部捣固处理操作，可直接用于打锚杆、破碎等特殊作业，主要应用于风景园林景观桥梁涵背和风景园林道路路基、路肩、边坡夯实，池湖溪渠堤坝、景观建筑地基夯实，建筑基坑、沟槽及回填夯实，以及高陡坡景观生态修复工程打拔锚杆，也可以应用于市政工程领域道路扩建改造、城镇道路修补维护、管道沟槽及回填处理，预防和消除局部塌陷和沉降等。VC-D 系列液压振动夯实机主要与挖掘机及挖掘装载机配套使用，安装于斗杆前端原铲斗位置，利用挖掘机液压动力驱动和操控，安装与操控同液压破碎锤（表 1-8）。

VC-D 系列多功能液压振动夯实机主要技术参数　　表 1-8

项目	单位	VC6D	VC10D	VC20D	VC30D	VC40D	VC50D	VC60D
激振力	kN	64	100	200	300	380	500	600
转速	t/min	2700	2700	2400	2400	2400	2400	2400
机器质量	kg	420	560	1120	1140	1180	1300	1380
标配夯板尺寸	m × m	1.0 × 0.6	1.0 × 0.7	1.2 × 0.9	1.2 × 0.9	1.2 × 0.9	1.2 × 1	1.2 × 1
可配桩夹具	—	HD16TU	HD16TU	HD36TU	HD36TU	HD50TU	HD80TU	HD80TU
适配挖掘机	t	4 ~ 9	7 ~ 15	15 ~ 25	20 ~ 30	25 ~ 35	≥ 30	≥ 30

（3）电动蛙式夯土机

电动蛙式夯土机是一种利用旋转惯性力分层夯实回填土并具有中国特色的振动压实机械。电动蛙式夯土机由夯锤、夯架、偏心块、皮带轮和电动机等组成，电动机与传动部分安装于橇座上，夯架后端与传动轴铰接，由电动机经减速器和曲柄连杆机构带动夯架上下摆动，当夯架向下方摆动时其前端的夯锤做快速冲击运动以夯实土壤，向上方摆动时使橇座前移，即夯锤每夯击一次，机身前移一步，操作者可推动机械前进，故名电动蛙式夯土机。

电动蛙式夯土机体积小，质量轻，结构紧凑，性能稳定，夯实力大，贴边性能好，操作灵活，使用安全，适应范围广，效率高，但夯锤面积有限，不适于大面积土方的夯实作业，适于大中型机械不便于操作的地面、地基、路基、桥桩、沟槽、基沟、野外、狭窄场地等工程环境的土方夯实，适于素土、灰土、回填土、黏土、三合土和各种沙性土壤的压实，也适于对沥青砂石、砂、贫混凝土的压实，对黏性土壤的夯实效果较好，对沙土、贫混凝土、砾石需另选振动捣固机捣实。

操作电动蛙式夯土机时须注意：①不得用于坚硬或软硬不均并相差较大的地面作业，更不能夯打混有碎石、碎砖的杂土；②有可靠的接零或接地，电缆线表面绝缘完好；③起动后待夯机跳动稳定后，方可作业；④应装漏电保护装置，启动电源后应检查电动机旋转方向是否有误；⑤正确掌握夯机，松紧适度；⑥操作人员戴绝缘手套，穿绝缘鞋，严禁冒雨作业；⑦最好两人同步操作，一人控夯机，一人控电线；⑧严禁带电搬运电动蛙式夯土机；⑨作业沟槽时应使用起重设备搬运电动蛙式夯土机，上下槽时选用跳板；⑩夯实近景观建筑墙基地面时，夯头须避开墙基础；⑪作业前清理好工作面；⑫作业后做好保洁。

1.3.3 混凝土加工机械

混凝土加工机械是指将水泥、细骨料、粗骨料和水搅拌成混合物，再将混合物输送、浇灌至特定场地，并使之成形和硬化成混凝土的机械设备。按照加工过程和内容，混凝土加工机械可分为搅拌机械、运输机械、摊铺机械、成型机械4类。

混凝土是当今国内外最大宗的建筑材料。搅拌作为生产混凝土的最基本制备方法，影响着混凝土的内部结构及其形成过程，决定着新拌及硬化混凝土的性能。目前各国是根据各自的要求和习惯来选择和发展不同的搅拌设备，北美流行混凝土搅拌车，而欧洲、日本以及中国的预拌混凝土都由集中的搅拌设备生产。混凝土搅拌设备的发展与混凝土的发展密切相关。搅拌机械分沥青混凝土搅拌机械、水泥混凝土搅拌机械两类。沥青混凝土搅拌机械按其工作原理可分为强制间歇式和连续式两种类型，在中国，90%的沥青搅拌设备是强制间歇式，其由烘干加热、振动筛分、搅拌等17个系统组成。目前有多种不同搅拌原理的水泥混凝土搅拌机械，如以美国为代表的自落式搅拌机，欧洲和日本普遍使用的强制式搅拌机等。这些机器有着不同的搅拌筒、搅拌叶片和搅拌速度等结构与参数，对机内混凝土材料所施加的机械作用和运动效果存在明显差异，从而表现出不同的搅拌性能。

混凝土运输机械主要包括混凝土搅拌运输车、混凝土输送泵车、牵引式混凝土输送泵、混凝土喷射机等类型。混凝土摊铺机械是指在给定摊铺尺度的基础上将新拌混凝土混合料进行布料、计量、振动密实和模制成型，并抹光、压纹、养护从而形成路面或水平构造物的处理加工机械。混凝土摊铺机械按摊铺材料的不同可分为沥青混凝土摊铺机械和水泥混凝土摊铺机械。沥青混凝土摊铺机是指按规定要求将沥青混凝土均匀平整地摊铺开的专用机械，按行走装置不同，分为履带式和轮胎式两种。水泥混凝土摊铺机械按其行走方式的不同可分为轨道式摊铺机和履带式摊铺机。轨道式摊铺机采用固定模板铺筑作业，而履带式摊铺机采用随机滑动的模板进行施工，所以又被称为固模式摊铺机和滑模式摊铺机。水泥混凝土摊铺设备主要由发动机、传动系统、摊铺装置、行驶装置及驱动系统、液压系统、控制与信息系统、机架、摊铺装置等组成。

混凝土成型机械包括振捣棒、振动整平辊、手动推拉辊、振动整平梁、U 型槽成型机、振动器等设备类型。振捣棒由电缆（带漏电保护器）、驱动器、橡胶管、振动棒（内置电机）等部件组成，通过接入低压（安全电压 42 V）高频（200Hz）电源，在插入式振动棒内直接内置微型马达拖动偏心块，产生高达 12000 次 /min 的振动频率，使混凝土构件产生共振，迅速排出构件中气泡，从而使水泥、沙石和钢筋框架紧密地连成一体，实现混凝土的高密实性、高光洁性。U 型槽成型机是用来生产混凝土 U 型槽预制块的机器。混凝土振动器的种类繁多，按传递振动的方式分为内部振动器、外部振动器和表面振动器、振动台 4 种，按振动器的动力来源分为电动式、内燃式和风动式三种，按振动器的振动频率分为低频式、中频式和高频式三种，按振动器产生振动的原理分为偏心式和行星式两种。混凝土内部振动器适于各种混凝土施工，对于塑性、平塑性、干硬性、半干硬性以及有钢筋或无钢筋的混凝土捣实均能适用，主要用于梁、柱、钢筋加密区的混凝土振动设备，常用的内部振动器为电动软轴插入式振动器。混凝土表面振动器有多种，其中最常用的是平板式表面振动器。平板式表面振动器是将它直接放在混凝土表面上，振动器产生的振动波通过与之固定的振动底板传给混凝土。由于振动波是从混凝土表面传入，故称表面振动器。工作时由两人握住振动器的手柄，根据工作需要进行拖移，适于大面积、厚度小的混凝土，如混凝土预制构建板、路面、桥面等。

1.3.4 装饰工程机械

风景园林装饰工程机械主要包括砂浆搅拌机、腻子搅拌机、拌合机、叉车、圆弧抛光机、角向磨光机、石材磨光机、水磨抛光机、石材切割机、金属切割机、塑铝材切割锯、石材倒角机、修边机、手电锯、电圆锯、手电钻、台钻、万能圆锯机、曲线锯、板料折弯机、木工圆锯、木工压刨机、电刨机、水准仪、激光水平仪、电焊机、橡胶锤、热熔机、穿管机、弯管机、幕墙玻璃切割机、数控玻璃立式钻孔机、玻璃丁基涂膜机、幕墙角接口切割锯、测量检查仪器量具、玻璃弯曲度测试仪、C 型钢材加工机、C 型钢檩条机、抛丸除锈机、嵌缝枪、气钉枪、铆钉枪、直钉枪、喷涂机和喷漆枪等，因风景园林工程内容的不同而需要的装饰工程机械设备也有差异，除了少数装饰工程机械相对较重之外，多数机械设备体量较小，操作简单，这里就不一一详述了。

1.3.5 种植工程机械

1. 种植工程机械概况

风景园林种植工程机械主要包括微耕机、旋耕机、地钻、挖穴机、挖坑机、挖树机、移树机、种植机、开沟机、运输机、运输车、起重机、高枝机、油锯、链锯等机械设备，因工程内容的不同而选择的机械设备类型呈现一定的差异。

风景园林种植工程机械的主要功能和作用主要体现以下几个方面。

（1）用于种植土壤的处理，通过运用微耕机、旋耕机翻耕、改良土壤，使工程场地土质能满足目标种植植物的生态要求。

（2）用于种植穴的准备，通过运用挖穴机、地钻、挖坑机等工程机械挖好种植穴、种植槽，使目标种植植物在种植点有合适的生长空间要求。

（3）用于目标种植植物起离原生地，通过运用挖树机、移树机等机械将苗木从苗木生产基地原生长地起出，然后通过运输机或运输车将苗木运输到工程项目现场备植。

（4）用于将运输到工程现场的备植目标苗木精准定点，通过运用起重机等机械设备将备植苗木从苗木初置点精准送到苗木设计种植点。

（5）用于将定点到设计种植点的苗木定植好，通过选用合适的种植机并借助合适的其他种植工具来实现。

（6）对于有特定造型需要的苗木可通过修剪机、高枝机进行护理，提高苗木的成活率。

下面对微耕机、旋耕机、地钻、挖树机进行简单的介绍。

2. 微耕机

（1）微耕机的构成

微耕机是以小型柴油机或汽油机为动力的小型耕地机械。其主要分为工作部件、传动系统、机架与动力系统四个部分，如再细分，则可分为机架、发动机、离合器、变速箱、手把组合、限深装置与旋耕部件等结构。动力系统是微耕机的核心，动力系统中的发动机运行功率直接影响到微耕机的工作速度、耕深与耕幅。旋耕刀是工作系统的主要构成，其配置常因耕地条件、环境的不同而不同，通常配置旱地刀、深耕锄、防缠刀及水田轮等类型的刀片，刀片半径通常设为 24 ~ 26mm，刀具宽度一般为 500 ~ 1350mm。

（2）微耕机的工作原理

微耕机以其轻便、耐用、灵活、多功能以及性价比高的特性得到了工程行业的普遍认可。微耕机传动系统通常是采用齿轮传动和皮带传动两种传动方式来设计的。其中，齿轮传动的安全与稳定性相对较高，动力学原理主要是利用法兰盘将发动机与传动箱进行有效连接，利用摩擦离合器装置实现动力传递；而皮带传动方式的发动机与变速箱，则是经由皮带进行连接与动力传递，具有成本低、质量轻、价格便宜等优势。不同的微耕机其工作原理略有不同。如以柴油机为动力、利用齿轮传动、配以旱地刀的微耕机的工作原理是，微耕机利用动力输出轴（发动机）通过变速器控制旋耕刀刀轴，刀轴驱使旋耕刀刀片经由地面并从上向下处理耕地，刀片随旋耕机机组向前工作，刀片不断对耕地土壤进行切入、细碎处理，以实现微耕机对耕地碎土、松土的作用，这种微耕机适于多种耕种环境。利用全轴全齿轮牙箱传动的微耕机，马力大，动力无损耗，可以配备旋耕、犁耕、播种、脱粒和喷药等作业工具，由于配备的刀具宽度多在 800 ~ 1350mm，因此耕幅宽，耕作深，各种土质都能适应。

（3）微耕机机具调整

手扶架高度以机手感觉舒适为准，当发动机放到水平时以扶手齐腰高为适宜。需要调整时取出扶手的调整螺栓，搬动扶手改变高度，然后把调整螺栓插入相应的调整孔，最后扭紧螺母固定。当需要调整耕地深度时，取出阻力棒销子或松开螺栓，调整阻力棒高低，再插入阻力棒销或拧紧螺栓即可固定。降低阻力棒，耕深就加大；升高阻力棒，耕深就减小。一般根据土壤情况来选择刀具，水体耕作选用水田轮，旱地耕作选用旋耕刀；旱地改水体，第一遍选用旋耕刀或复合刀，第二遍选用水田轮。

（4）微耕机操作注意事项

在操作微耕机时，操作人员要穿戴整齐，切忌将衣物等物体靠近旋耕刀具，严禁机器剧烈振动，严禁微耕机前面站人，禁止机器严重倾斜（头朝下），严禁在硬路面上行走，遇到较大石头或其他障碍时要提前抓离合器，让机器绕过后再耕作，在角、沟、穴、渠等地作业时宜用低速挡。场地转移微耕机时，务必将发动机熄火；转移距离较远时，要将刀具换成车轮转移。启动微耕机时须确认挡位处于空挡，停放微耕机时间超过 20 天以上时须放净发动机和化油器内的汽油。

3. 旋耕机

（1）旋耕机的类型及特点

旋耕机是指多以拖拉机为动力源，以刀齿旋转作为主要工作部件，以铣切原理来耕、耙、整、细碎土壤的农业机械。旋耕机碎土充分，使地表平整，它既能将植被切料并混于整个耕作层内，也能将化肥、农药等混施于耕作层。按照旋耕刀轴的排布形式，旋耕机可分为卧式旋耕机和立式旋耕机两类，在我国以卧式旋耕机居多。卧式旋耕机中按旋耕机刀轴与拖拉机前进方向可分为正旋转和反旋转两种。卧式旋耕机主要由传动结构、作业结构和辅助结构三大部分组成。其中，传动结构由万向节总成、变速箱和传动箱总成等部件组成，作业结构由旋耕刀轴、定位轮和镇压装置等组成，辅助结构由悬挂连接架、防磨板、罩壳托板以及撑脚等零部件组成。卧式旋耕机翻耕能力较强，细碎土壤能力较好，能将土壤、农药、化肥均匀混合，平整土壤表面能力也较好。卧式旋耕机的缺点是耕层较浅，且对残茬和杂草的覆盖能力较弱，需要较高的动力匹配。立式旋耕机是刀齿或刀片绕立轴旋转的旋耕机，其工作部件是由若干个立式旋耕刀构成"门"字形转子，每个转子与左、右相邻转子旋转方向相反。立式旋耕机主要应用于水体土壤作业，能有效破碎水体表面的坚硬土壤层，且能起到较好的泡水翻浆作用；其缺点是多限于水体，应用范围相对较小，并限于结构单次作业面积较小。

（2）旋耕机的工作原理

通常情况下，旋耕机刀轴上的刀片按照多头螺旋线的形式排列安装，拖拉机通过传动结构传递给旋耕刀轴的工作转速通常在 190 ~ 280r/min，旋耕刀轴的旋转方向往往与行进方向一致，通过旋耕刀片将土层向后方切削，土壤会因惯性力被抛洒到后方的托板及罩体上，使土壤进一步被细碎。旋耕刀轴的旋转方向有利于减小拖拉机的牵引阻力，甚至能够通过刀轴旋转给予拖拉机一定的推动力。旋耕刀轴的刀片按照形式可以分为直角刀、弧形刀、凿型刀、弯刀等多种，每种刀具具备各自的使用特点，应根据土壤性质合理选择。

（3）旋耕机的操作注意事项

1）规范起步、行驶。确保旋耕机处于升起状态后方能结合动力，结合动力后须待旋耕机的转速达到预定转速后，方可起步并调下机具，然后按要求适速匀速行驶，并时刻观察旋耕机的运转状态，若机具出现异常应立即停机检查，排除故障后方能继续作业。同时还要观察碎土、翻耕及地表状态等参数，根据需要及时调整参数。

2）规范转弯操作。需要作业中的旋耕机转弯时，应先停止作业并提升旋耕机，确保机具底部离开耕地表面达到安全高度后，方能以低速转弯，以免转弯损害旋耕刀。提升旋耕机时万向节的运转倾角不可大于 30°，以免造成较大冲击，引起零件故障或早期损坏。

3）规范避障与道路转移。旋耕机行驶过程中遇到较大沟壑、坑洼或障碍物时，应先将旋耕机升起到足够安全的高度，再缓慢地通过沟壑、坑洼或绕过障碍物，以免较大颠簸造成机具损坏。同时在道路转移时应将升起的旋耕机固定牢固，以免转移过程中产生损坏。

（4）我国旋耕机发展展望

截至 2014 年，我国旋耕机生产企业达 200 多家，装配水平和技术稳步提高，但与发达国家相比仍有一定差距。为提高我国旋耕机整体水平，既需要充分发挥国家农机具政策的引导、激励作用，也需要开展旋耕技术理论及土壤 – 植物 – 机器系统理论研究，同时要做好旋耕机的引进、试验、提高、创新工作，全面优化旋耕机的结构、刀片形状、结构参数与运动轨迹，大力提高旋耕机具的产品质量、土壤耕作质量，引导旋耕机向宽幅、高效、深耕方向发展，力求实现旋耕机的机电液气一体化、专业化、自动化、智能化、可持续化。

4. 地钻

（1）地钻的组成及特点

地钻是由小型通用汽油机、齿轮箱及特殊设计的钻具所组成的微型挖掘机械。不同的公司所研发的地钻的规格、型号、参数都不一样，但它们都有共同的特点，那就是体积小、重量轻，便于移动和单人作业，动力强劲有力，外形美观，噪声小，操作安全舒适，作业成本低，劳动强度低，便于携带及野外作业，应用范围广。

地钻既被广泛应用于风景园林工程坡地、沙地、硬质地的苗木种植挖坑、大树外围土壤的起挖出土、围护栏桩的挖穴等作业，也被广泛应用于树木施肥养护挖穴，还被广泛应用于风景园林绿化工程中的中耕、除草等，挖坑直径达 200 ~ 600mm，每小时能挖 80 个以上的坑，作业效率高，适于各种地形。

（2）便携式地钻工作原理

便携式地钻由汽油机、离合器（内装）、减速器、支撑板、扶手、钻杆及刀片等部件组成。汽油机动力通过摩擦式离合器传递到减速器，把高转速、小扭矩的动力转变为低转速、大扭矩，带动螺旋钻杆旋转，操作人员适当下压并通过控制扶手上的油门实现钻孔。

（3）地钻操作注意事项

严禁在人员密集处、办公场所及室内使用地钻。操作地钻前后须及时检查和保养，紧固螺栓力矩要适当，操作前须佩戴好保护镜和防护设施。启动前从油箱外部检查燃油面，需加油时应加入正品清洁汽油、机油，绝不能使用纯汽油和含有杂质的汽油，严格按照无铅汽油：二冲程机油 =25 ： 1 的混合比配制地钻混合油，加至上限。加油时严禁烟火、严禁机械工作。启动地钻时如连续启动 3 次仍未启动，需暂停 15min 再试，如仍未启动则进行机械检查和故障排除，不能连续启动多次。重新启动地钻时要将油门调到最低位置，握紧扶手。钻孔挖穴时操作人员须集中精力，以防地钻脱手反转伤人，如发现土中可能有坚硬物，须做好防范措施，由两人共同来操作。作业时应保持与易燃品 2m 以上的安全距离，严禁油门忽大忽小、硬拔、硬压、反复晃动等，以防地钻变形、损坏，一旦钻头磨损须及时修复或更换。操作人员休息时机械须同步休息，严禁操作人员休息时却让地钻处于工作状态。地钻完成工作后不能立即熄火，需慢速运转 10 ~ 15min 使汽油机机温冷却再熄火。保管、运输地钻时须轻拿轻放，严禁挤压、碰撞。

5. 挖树机

挖树机是一种起挖、移植树木的机械设备。在欧美挖树机主要有履带式、拖车式、悬挂式等多种类型，在我国挖树机研制起步较晚，但挖树机行业发展迅速，出现了多种挖树机。根据其结构形式，我国的挖树机主要有便携式挖树机、自走式挖树机、悬挂式及牵引式挖树机等机型。下面主要讨论一下常见的国产挖树机类型。

（1）便携式挖树机

1）结构原理

便携式挖树机主要由工作装置、传动机构、发动机、扶把等组成，其中工作装置常为油锯和各种形状的铲锹、齿锯，发动机一般为二冲程、单缸、强制风冷型汽油机。挖树机工作时操作人员手握扶把启动发动机，将工作装置略微倾斜对着地面，绕树切割一周即完成挖树切割作业。

2）机型代表

①油锯挖树机：该挖树机采用密集型硬质合金链条作为切削部件，链条绕在导板上通过离合器上的链轮与机器连接，汽油机输出机械功，带动锯链沿导板进行高速运转产生切削力，从而切削土壤和树根。该机型切削最大深度为 900mm，平均切削时间为 2 ~ 3min，适于起挖、移植胸径 300mm 以下的树木，不过，噪声大，振动大，链锯易损坏，链锯较贵。

②5QNW-50 型便携式挖树机：由江苏巧力林业机械公司的姜春林发明，切削构件为锹头、

齿锯，由螺栓固定于传动机构的伸缩杆上。启动后发动机带动偏心连杆转动，偏心连杆再带动伸缩杆与齿锯（铲锹）往反运动切削土壤与树根。该挖树机齿锯（铲锹）采用高强度高分子材料，其长度、大小、形状根据土壤类型、树木品种来选配，操作轻松、有效。

3）作业特点

优点是不受场地限制，可在狭小的山地空间挖树作业。缺点是故障率较高，噪声大，振动大，不便于长时间作业，不宜大规模移植作业。

（2）自走式挖树机

1）工作原理

自走式挖树机由车辆底盘和工作装置两大部分组成，车辆底盘一般选配汽车或装载机或挖掘机的底盘，工作装置则安装于经改进的选配底盘上。底盘带动机器前行并为工作装置提供液压动力。启动后由驾驶员操作机器前行，对准目标树通过油泵带动油缸工作，由工作部件挖切目标树周围的土壤和树根并形成土球，然后托起、移送土球，完成挖树操作过程。自走式挖树机按行走装置可分为车载式挖树机和履带式挖树机。

车载式挖树机。车载式挖树机由汽车底盘通过铰接机构连接工作装置，工作装置则主要由升降机构、开合支架机构、液压系统、挖树机构组成，而升降机构通过液压油缸和铰接机构被固定上面的挖树机构并进行上下移动或旋转，活动支架经液压油缸和铰接机构进行开合，在活动支架打开时目标树木茎干可进入支架中心，挖树时关闭活动支架形成一个刚性环形圈。导轨安装于活动支架上，液压油缸推动挖树铲经滚轮在导轨内沿轨道上下运动，每个导轨配置一个挖树铲。常用的挖树铲有三铲、四铲之分，铲头类型多样，主要为"花瓣式"铲头。"花瓣式"铲头挖切能力强，对土质要求低，适应性强，非常受欢迎，但是价格昂贵。目前国内生产的车载式挖树机种类少，工程上使用的也多为进口机型，国外车载式挖树机型号齐全，使用覆盖面广。

履带式挖树机。履带式挖树机主要由履带行走底盘和工作装置两大部分构成，由液压行走马达带动机器前行，液压油缸驱动工作装置完成挖树作业。目前，市场上履带式挖树机机型较齐全，挖掘深度达 150 ~ 1000mm，挖掘土球直径达 300 ~ 1600mm，可移植胸径 300mm 以下的苗木。代表机型有三普牌 3WSL-1.6 型挖树机、无人驾驶履带式挖树机。三普牌 3WSL-1.6 型挖树机的挖树部件为特制油锯，开合支架机构是一条环形轨道，油锯通过横杆与活动环形导轨相连，活动环形导轨通过齿轮齿条沿着固定环形轨道运动，悬臂架将固定环形轨道与升降机构相连，通过油缸推动实现上下、前后摆动。挖树操作时，树木茎干从缺口进入固定环形轨道中心，通过液压操作杆调好油锯位置角度，油锯沿着环形轨道切割一圈完成挖树作业，人工包扎后由吊车吊起运走，可移植胸径 80 ~ 300mm 的苗木，挖掘土球直径 700 ~ 1600mm，挖掘深度 420 ~ 900mm。江苏徐州丰县李善文发明了无人驾驶履带式挖树机，操作人员可在 100m 范围内按住 3 个遥控器键遥控操作，让机器对准目标树中间，挖树机便自行启动，先由中间的曲面铲切开树的底部，再由 2 个半圆直桶铲直切，将树托起移放于指定台地上，最后挖树机自动退后提醒操作完成。该无人驾驶履带式挖树机履带轨距可调，可适应不同间距苗木的移植作业，种类齐全，覆盖面广，效率高，遥控避免误操作，引领挖树机发展新趋势。

2）作业特点

车载式挖树机偏大型，集挖树、转运于一体，挖起的土球完整，植株成活率高，对土质要求低，效率高，但对地形、道路要求高，价格昂贵。履带式挖树机爬坡能力强，转弯掉头方便，使用区域广，对土质要求较低，价格适中，适于中小型树木移植作业，但道路上需卡车托运，地陡地小之地无法作业。

（3）悬挂式及牵引式挖树机

牵引式挖树机由挂车牵引挖树机，自身不带动力，由拖拉机或装载机或挖掘机配套动力，通过机构悬挂于选配的动力机械上，通过动力机械提供液压动力驱动挖树作业，市场上很少见。

1）机型代表

常青悬挂式挖树机机型有 CQM600 型、CQM800 型、CQM1000 型、CQM1200 型 4 种型号，再依土质选配"平口"或"全尖"型机头，配进口高强度耐磨合金板刀铲组件，可挖掘的土球直径为 650 ~ 1150mm，所挖土球完整，根系损伤少，移栽成活率高，可移植胸径 170mm 以下的树苗。国外有美国山猫挖树机、德国 Optimal 挖树机，可靠性好，价格贵。

2）作业特点

挖树机不含动力机械，配套的动力机械可以一机多用，作业效果好，价格较低，但选配的动力机械范围受限，常需配装载机或挖掘机，总体价格偏高。

1.3.6 水电工程机械

风景园林水电工程机械主要包括挖坑机、挖沟机、手动倒链、电动倒链、筛分机、清水泵、水泵、喷灌机、热熔机等机械设备。

1. 手动倒链和电动倒链

手动倒链也称手拉葫芦、环链葫芦、神仙葫芦、链条葫芦、斤不落，是一种使用简单、携带方便的手动起重机械（图 1-8）。它适于小型设备和货物的短距离吊运，适于起重次数少、规模小，起重量一般不超过 10t、最大不超过 20t，起重高度一般不超过 6m 的起吊和装卸工程作业，尤其适于流动性强的无电源作业的小面积工程。手动葫芦具有尺寸较小、外形美观、经久耐用、机械效率高、使用安全可靠、操作简便、维护简单、收链拉力小、自重较轻、便于携带等特点。手动倒链通过拽动手动链条、手链轮转动，将摩擦片棘轮、制动器座压成一体共同旋转，齿长轴便转动片齿轮、齿短轴和花键孔齿轮。这样，装置在花键孔齿轮上的起重链轮就带动起重链条，从而平稳地提升重物。采用棘轮摩擦片式单向制动器，在载荷下能自行制动，棘爪在弹簧的作用下与棘轮啮合，制动器安全工作。

电动倒链是一种简便的特种起重机械，由运行和起升两大部分组成，一般安装在天车、龙门吊之上，电动倒链具有体积小、自重轻、结构紧凑、操作简单、使用方便等特点，安装在直线或曲线工字梁的轨道上，用以起升和运输重物，常见于风景园林工程施工中（图1-9）。

图1-8 HS-C型手动倒链

（图片来源：http://www.njqzjx.cn，南京起重机械总厂）

图1-9 QH电动倒链

（图片来源：http://www.njqzjx.cn，南京起重机械总厂）

2. 热熔机

热熔机是指通过电加热方法将加热板热量传递给上、下塑料加热件的熔接面，使其表面熔融，然后将加热板迅速退出，使加热后的上、下两片加热件熔融面熔合、固化并合为一体的仪器。热熔机为框架形式，由上模板、下模板、热模板三大块板组成，并配有热模，上、下塑料冷模，操作方式为气动控制及手动操作，主要适于给排水管、电缆管、景观灯等塑件的焊接（图1-10）。

3. 筛分机

筛分机是指利用散粒物料与一层或数层筛面的相对运动，使部分颗粒透过筛孔，将砂、砾石、碎石等碎散物料按颗粒大小分成不同粒级的振动筛分机械设备。筛分机筛分散粒物料的过程一般是持续的，待筛分原料被送到筛分机后，小于筛孔尺寸的散粒物料透过筛孔，称为筛下产物，而大于筛孔尺寸的散粒物料被筛面筛出，称为筛上产物。筛分的颗粒级别取决于筛面，筛面分篦栅、板筛和网筛3类。篦栅适于筛分大颗粒散粒物料，篦栅缝隙为筛下物粒径的 1.1～1.2 倍，一般不宜小于 50mm。板筛由钢板冲孔而成，孔呈圆形、方形或矩形，孔径一般为 10～80mm，使用

图1-10 PE管热熔机

（图片来源：https://b2b.baidu.com，山东秀华机械设备有限公司）

寿命较长，不易堵塞，适于筛分中等颗粒的散粒物料。网筛由钢丝编成或焊成，孔呈方形、矩形或长条形，孔径一般为 6 ~ 85mm，长条形筛孔适于筛分潮湿物料。网筛的优点是有效面积较大。

筛分机原理：筛分机利用物料的大小差异和沉降速度的不同来进行筛分，微小的物料从溢流管溢出，较大的物料则通过螺旋片旋入磨机进料口。筛分机有固定筛、滚动筛和振动筛之分，固定筛筛面由许多平行排列的筛条构成，排列的方向与筛上物料流动的方向相同或垂直，工作时固定不动，物料靠自重沿筛面下滑而筛分；滚动筛包括筛轴式筛分机、滚筒筛、实心、螺旋滚轴筛、叶片式滚轴筛等部分，圆柱面或圆锥面筛筒水平安装，物料从圆筒的小端给入，随筛筒旋转被带起，当达到一定高度时，因重力作用自行落下，细粒级物料从筒形工作表面的筛孔通过，粗粒级物料从圆筒的另一端排出，反复起落运动实现物料的筛分，因设备采用强行输送而不易造成物料堵塞筛面；振动筛由高频振动电机、一级固定格筛和二级分级固定格筛、振动弹簧及机壳等 4 部分组成，频率高，功率较大，振幅小，筛面倾斜度与筛分筛率成反正，由于筛分物料呈黏湿特性，所以筛分时易堵塞筛面。

4. 水泵

（1）水泵的表示

水泵是指利用发动机将机械能或其他外部能量传送给液体（包括水、油、酸碱液、乳化液、悬乳液、含气体混合物的液体、含悬浮固体物的液体及液态金属等），使液体能量增加，进而输送液体的机械（图 1-11）。水泵的主要技术性能参数有流量、吸程、扬程、轴功率、水功率、效率等，其型号由符号（汉语拼音）及其前后的一些数据组成。符号表示泵的类型，数字分别表示水泵进、出口直径或最小井管内径、比转数、扬程、流量、叶轮个数等。水泵型号的组成方式可表示为：Ⅰ、Ⅱ、Ⅲ、Ⅳ，其中，Ⅰ代表泵的吸入口直径，用单位为 mm 的阿拉伯数字表示，Ⅱ代表泵的基本结构、特征、用途及材料等，用汉语拼音字母的字首标注（B 表示单级单吸悬臂式泵，S 表示单级双吸离心泵，D 表示分段式多级离心泵，F 表示耐腐蚀泵，Y 表示单级离心式油泵，此外还有 YS 表示双吸式油泵、ISG 与 IRG 系列管道离心泵、DL 型立式多级泵、XBD 系列消防泵等），Ⅲ代表泵的扬程及级数，以单位为米水柱（mh_2O）高度的阿拉伯数字表示，Ⅳ代表泵的变型产品，用大写汉语拼音 A、B、C 表示。如 80D12×3，表示吸入口直径为 80mm，单级扬程为 12m，总扬程为 36 米水柱的三级分段式多级离心泵。

（2）水泵的工作原理

水泵可分为容积泵、叶片泵等类型，其中，容积泵是利用其工作室容积的变化来传递能量，而叶片泵是利用回转叶片与水的相互作用来传递能量，叶片泵又有离心泵、轴流泵和混流泵之别。离心泵主要由泵体、泵盖、叶轮、泵轴和悬架等组成，水泵开动前先将泵和进水管灌满水，水泵启动后在叶轮高速旋转而产生的离心力作用下，叶轮流道里的水被甩向四周，压入蜗壳，叶轮入口形成真空，在外界大气压力下水池的水沿吸水管被吸入填补进去，继而吸入的水被叶轮甩出经蜗壳而进入出水管，如此循环往复，水便源源不断地从低处扬到高处或远方。水泵广泛应用于风景园林工程的地形工程中的土方施工、给水工程、排水工程、水景工程、喷泉工程、园林植物养护浇灌、病虫害防治及施肥等各个方面。

潜水泵将电动机和水泵组成一个整体，潜入井下水中，电能通过防水电缆输入电动机带动水泵运行，潜水泵结构紧凑，安装简单，移动方便，应用广泛。

（3）水泵的选择要领

1）泵型的选择：先根据给水工程、排水工程、水景工程的要求确定给水排水流量，再根据系统最不利点工作所需要的实际扬程和管道内的损失扬程确定水泵扬程，然后根据预定流量和具体情况确定水泵台数，最好选用相同型号的水泵。

图 1-11 IS、IR 型离心式清水泵
（图片来源：网络）

2）动力机械的选择：动力机械可选用电动机或柴油机，尽可能选用电动机，且动力机械的功率应大于水泵的轴功率 10% ~ 20%。

3）传动装置的选择：采用三相异步电动机直接传动，若电动机转速和水泵的转速相差很大，则选用平皮带或三角皮带传动。

4）管路附件的选择：当水泵直径在 150mm 以上时一般管路直径比水泵口径略大，水泵直径在 100mm 以下时管路直径同水泵直径，应尽量少用弯头，尽可能减少使用阀门、止逆阀，不用底阀。水在进水管路中的流速不宜超过 2m/s，水在出水管路中的流速不宜超过 3m/s。由于管路直径通常情况下比水泵口径大，所以水泵出入口处须设置渐变管。渐变管的长度应根据大头直径和小头直径的差来决定，一般是大小头直径差数的 7 倍。水泵出口处的渐扩管可选同心式，入口处的渐细管应选偏心式。

1.3.7 工程养护机械

风景园林工程养护机械主要包括抛光机、灌缝机、切缝机、清缝机、小型路面铣刨机、混凝土养护膜盖膜机、划线机、喷涂机、绿篱机、割灌机、高枝油锯、打孔机、草坪车、草坪机、修边机、梳草机、喷雾器、打药机、多功能高空作业车、吸叶机、落叶碎叶机、枝丫粉碎机等，这些工程养护机械既要满足风景园林工程养护期养护园林植物的需要，也要满足养护风景园林道路和硬质活动场地的需要，还要满足养护风景园林景观照明灯等设施的需要。

1.3.8 工程施工中小型工具

风景园林工程施工常用到的中小型工具主要包括以下几个方面。

（1）风景园林工程测量放线工具：水准仪、经纬仪、全站仪、水平仪、卷尺、无人机等。

（2）风景园林园建工程施工工具：瓦刀、拉拉车、砂浆机、搅拌器、马凳、扳手、锄头、铁锹、小锤子、靠尺、塞尺、麻线、墨水、吊线锤、墨线斗、小铲子、胶桶、吊线砣、电锤、电镐、角磨机、切割机、手锯、钉锤、橡皮锤、电锯、电刨、压刨、木头修边机、自制推刨、无绳螺丝刀、绑扎勾、弯曲机、对焊机、电焊机、切断机、调直机、脚手架、绳索、杠棒、撬棍、破碎工具等。

（3）风景园林种植工程施工工具：小枝剪、高枝剪、绿篱剪、老虎钳、锤子等。

（4）风景园林水、电气工程施工工具：管剪、PPR热合机、热熔器、电工手钳、尖嘴钳、斜口钳、剥线钳、压线钳、液压压线钳、活动扳手、套筒扳手、公斤扭矩扳手、电工刀、万用表、兆欧表、接地电阻摇表、电锤、电钻、角磨机、切割机、云齿锯、锤子、錾子、瓦刀、弯管器、锯子、锯弓等。

（5）风景园林建筑工程质量检测工具：内外直角检测尺、楔形塞尺、磁力线坠、百格网、检测镜、卷线器、伸缩杆、焊缝检测尺、水电检测锤、响鼓锤、钢针小锤等。

1.4 风景园林工程标准规范

1.4.1 风景园林工程图设计的技术标准

风景园林工程设计不同于风景园林方案设计，必须完全遵循国家、行业及政策性标准要求，以保证设计的科学性、可靠性、安全性、合理性及宜人性。风景园林工程设计须遵守的标准规范有风景园林建筑工程设计、风景园林水景工程设计、风景园林水电工程设计、风景园林种植工程设计、风景园林道路工程设计、通用设计、风景园林制图等各方面的标准和规范。

1. 风景园林建筑工程设计方面的标准

《轻骨料混凝土应用技术标准》JGJ/T 12—2019；

《传统建筑工程技术标准》GB/T 51330—2019；

《基坑工程设计文件编制标准》DBJ41/T211—2019；

《建筑边坡工程技术规范》GB 50330—2013；

《环境景观—亭、廊、架之一》04J012—3；

《国家建筑标准设计图集　建筑结构设计规范应用图示　地基基础》13SG 108-1；

《国家建筑标准设计图集　砖墙结构构造　烧结多孔砖与普通砖、蒸压砖》04G612；

《建筑设计参考图集 第1集 台基》；

《建筑设计参考图集 第5集 斗栱》；

《建筑设计参考图集 第6集 琉璃瓦》；

《建筑设计参考图集 第7集 柱础》；

《建筑设计参考图集 第10集 藻井》；

《建筑设计参考图集 第2集 石阑干》；

《建筑工程设计施工详细图集 混凝土结构工程》；

《建筑工程设计施工详细图集 基础工程》；

《建筑工程设计施工详细图集 装饰工程》；

《建筑工程设计施工详细图集 基坑支护工程》；

《建筑工程设计施工详细图集 防水工程》；

《民用建筑设计统一标准》GB 50352—2019；

《建筑外墙涂料通用技术要求》JG/T 512—2017；

《烧结普通砖》GB/T 5101—2017；

《烧结多孔砖和多孔砌块》GB 13544—2011；

《建筑木结构用阻燃涂料》JG/T 572—2019；

《建筑及园林景观工程用复合竹材》JG/T 537—2018；

《市政及建筑用防腐铁艺护栏技术条件》CJ/T 563—2018；

《建筑防护栏杆技术标准》JGJ/T 470—2019；

《木结构设计标准》GB 50005—2017；

《再生混凝土结构技术标准》JGJ/T 443—2018；

《再生混合混凝土组合结构技术标准》JGJ/T 468—2019；

《钢结构设计标准》GB 50017—2017；

《钢筋混凝土用钢 第1部分：热轧光圆钢筋》GB 1499.1—2008；

《钢筋混凝土用钢 第2部分：热轧带肋钢筋》GB 1499.2—2007；

《热轧带肋钢筋》CCGF 305.1—2008；

《砌体结构设计规范》GB 50003—2011；

《施工现场模块化设施技术标准》JGJ/T 435—2018；

《城市公共厕所设计标准》CJJ 14—2016；

《城市雕塑工程技术规程》JGJ/T 399—2016；

《冰雪景观建筑技术标准》GB 51202—2016；

《农业温室结构荷载规范》GB/T 51183—2016；

《建筑用免烧釉面装饰板》JG/T 559—2018；

《建筑遮阳通用技术要求》JG/T 274—2018；

《机动车停车库（场）环境保护设计规程》DGJ 08-98—2002）等。

2. 风景园林水景水电工程设计方面的标准

《喷泉水景工程技术规程》CJJ/T 222—2015；

《承插式管接头》CJ/T 110—2018；

《建筑排水用高密度聚乙烯（HDPE）管材及管件》CJ/T 250—2018；

《建筑用承插式金属管管件》CJ/T 117—2018；

《节水灌溉工程技术标准》GB/T 50363—2018；

《灌溉与排水工程设计标准》GB 50288—2018；

《室外排水设计标准》GB 50014—2021；

《室外给水设计标准》GB 50013—2018；

《建筑给水排水设计标准》GB 50015—2019；

《城市工程管线综合规划规范》GB 50289—2016；

《埋地塑料给水管道工程技术规程》CJJ 101—2016；

《高分子防水材料 第 1 部分 片材》GB 18173.1—2012；

《聚合物水泥防水砂浆》JC/T 984—2011；

《硬泡聚氨酯保温防水工程技术规范》GB 50404—2017；

《环境景观——滨水工程》10J012-4；

《建筑安装工程施工图集 管道工程（第二版）》；

《道路照明灯杆技术条件》CJ/T 527—2018；

《建筑照明设计标准》GB 50034—2013 等。

3. 风景园林种植工程设计方面的标准

《环境景观——绿化种植设计》03J012-2；

《绿化种植土壤》CJT 340—2016；

《园林绿化种植土质量》DB 440300/T 34—2008；

《垂直绿化工程技术规程》CJJ/T 236—2015；

《城市绿地设计规范（2016 年版）》GB 50420—2007；

《居住绿地设计标准》CJJ/T 294—2019；

《园林绿化工程盐碱地改良技术标准》CJJ/T 283—2018；

《园林绿化木本苗》CJ/T 24—2018；

《园林绿化用球根花卉 种球》CJ/T 135—2018；

《城市古树名木养护和复壮工程技术规范》GB/T 51168—2016；

《混凝土基体植绿护坡技术标准》JGJ/T 412—2017；

《岩土锚杆与喷射混凝土支护工程技术规范》GB 50086—2015；

《喷射混凝土应用技术规程》JGJ/T 372—2015；

《边坡喷播绿化工程技术标准》CJJ/T 292—2018；

《种植屋面防水施工技术规程》DB11 366—2006；

《立体绿化技术规程》DG/TJ 08-75—2014；

《高速公路边坡绿化设计、施工及养护技术规范》DB11T 1112—2014 等。

4. 风景园林道路工程设计方面的标准

《城市道路工程技术规范》GB 51286—2018；

《城市道路工程设计规范》CJJ 37—2012；

《预应力混凝土路面工程技术规范》GB 50422—2017；

《再生骨料透水混凝土应用技术规程》CJJ/T 253—2016；

《建设用碎石、卵石》GB/T 14685—2011；

《建设用砂》GB/T 14684—2011；

《混凝土和砂浆用天然沸石粉》JG/T 566—2018；

《橡胶沥青路面技术标准》CJJ/T 273—2019；

《天然花岗石板材》GB/T 18601—2009 等。

5. 风景园林工程设计制图方面的标准

《总图制图标准》GB/T 50103—2010；

《房屋建筑制图统一标准》GB/T 50001—2017；

《风景园林制图标准》CJJ/T 67—2015；

《CAD 通用技术规范和 CAD 技术制图》；

《05YJ1 工程建设标准设计图集》；

《市政公用工程设计文件编制深度规定（2013 年版）》；

《06SJ805 建筑场地园林景观设计深度及图样》；

《建设工程设计文件编制深度规定》等。

1.4.2 风景园林工程施工的标准规范

《市政工程施工安全检查标准》CJJ/T 275—2018；

《黄土取土器》JG/T 554—2018；

《建筑地基处理技术规范》JGJ 79—2012；

《建筑地基检测技术规范》JGJ 340—2015；

《高填方地基技术规范》GB 51254—2017；

《建筑施工测量标准》JGJ/T 408—2017；

《建筑施工脚手架安全技术统一标准》GB 51210—2016；

《建筑施工碗扣式钢管脚手架安全技术规范》JGJ 166—2016；

《钢筋机械连接技术规程》JGJ 107—2016；
《干混砂浆生产线设计规范》GB 51176—2016 等。

1.4.3 风景园林工程质量验收的标准规范

《木结构工程施工质量验收规范》GB 50206—2012；
《综合布线工程验收规范》GB 50312—2007；
《建筑工程施工质量验收统一标准》GB 50300—2013；
《建筑地基基础工程施工质量验收规范标准》GB 50202—2008；
《混凝土中钢筋检测技术标准》JGJ/T 152—2019；
《砌体工程施工质量验收规范》GB 50203—2011；
《混凝土结构工程施工质量验收规范》GB 50204—2015；
《钢结构工程施工质量验收标准》GB 50205—2020；
《屋面工程质量验收规范》GB 50207—2012；
《地下防水工程质量验收规范》GB 50208—2011；
《建筑装饰装修工程质量验收标准》GB 50210—2018；
《建筑工程施工质量评价标准》GB/T 50375—2016；
《园林绿化工程施工及验收规范》CJJ 82—2012；
《建筑工程消防验收规范》DB 331067—2013；
《给水排水构筑物工程施工及验收规范》GB 50141—2008；
《建筑地面工程施工质量验收规范》GB 50209—2010；
《古建筑修建工程施工及验收规范》JGJ 159—2008；
《建筑涂饰工程施工及验收规程》JGJ/T 29—2003 等。

1.4.4 风景园林工程养护的标准规范

《园林绿化养护标准》CJJ/T 287—2018；
《城市桥梁养护技术标准》CJJ 99—2017；
《古建筑木结构维护与加固技术标准》GB/T 50165—2020 等。

1.4.5 风景园林工程设计的规范制图

风景园林工程设计图的规范制作不同于风景园林规划设计方案图的绘制，有工程设计图的自身特点。

1. 工程设计图的图幅规范

风景园林工程设计图常采用国际通用的 A 系列规格幅面的图纸，如表 1-9 所示的图纸的幅面规格尺寸，绘制的工程图图纸幅面和图框尺寸必须符合表中的规定。表 1-9 中的字母代号含义见图 1-12。A0 幅面的图纸称零号图纸，A1 幅面的图纸称一号图纸，A2 幅面的图纸称二号图纸，依次类推。风景园林工程设计图一般情况下采用二号图纸，也可以根据项目特点及需要采用一号图纸、零号图纸及其加长版图纸。工程设计图纸不宜多于两种幅面，不含目录及表格所采用的 A4 幅面。当工程图的内容较多而需超过图幅长度时，应沿图纸的长边加长图纸。图纸的加长量应为原图纸长边的 1/8 的整数倍。图纸长边加长后的图幅规格须符合表 1-10 所示的加长版图幅规格的要求。

基本图幅规格（单位：mm）　　　　　　表 1-9

规格代号	幅面规格				
	A4	A3	A2	A1	A0
$b \times l$	210×297	297×420	420×594	594×841	841×1189
e	10			20	
c	5			10	
a	25				

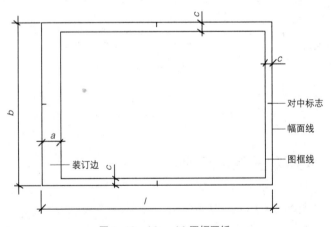

图 1-12　A0 ~ A2 图幅图纸

加长版图幅规格（单位：mm）　　　　　　表 1-10

幅面代号	长边规格	长边加长后规格
A0	1189	1486（A0 + 1/4l）；1783（A0 + 1/2l）； 2080（A0 + 3/4l）；2378（A0 + l）
A1	841	1051（A1 + 1/4l）；1261（A1 + 1/2l）；1471（A1 + 3/4l）； 1682（A1 + l）；1892（A1 + 5/4l）；2102（A1 + 3/2l）

续表

幅面代号	长边规格	长边加长后规格
A2	594	743（A2 + 1/4*l*）；891（A2 + 1/2*l*）；1041（A2 + 3/4*l*）；1189（A2 + *l*）；1338（A2 + 5/4*l*）；1486（A2 + 3/2*l*）；1635（A2 + 7/4*l*）；1783（A2 + 2*l*）；1932（A2 + 9/4*l*）；2080（A2 + 5/2*l*）
A3	420	630（A3 + 1/2*l*）；841（A3 + *l*）；1051（A3 + 3/2*l*）；1261（A3 + 2*l*）；1471（A3 + 5/2*l*）；1682（A3 + 3*l*）；1892（A3 + 7/2*l*）

注：有特殊需要的图纸，可采用 $b×l$ 为 841mm×891mm 或 1189mm×1261mm 的幅面。

2. 工程设计图的图签栏绘制

风景园林工程设计图应绘制图签栏，图签栏的内容应包括设计单位正式全称及其设计资质等级、工程项目名称、工程项目编号、工作阶段、图纸名称、图纸编号、制图比例、技术责任、修改记录、编绘日期等。图签栏一般应采用右侧图签栏或下侧图签栏，具体可参考图 1-13 图纸右侧图签栏、图 1-14 图纸下侧图签栏来排版图签栏及其内容。其中，右侧图签栏栏宽 50 ~ 70mm，下侧图签栏栏高 30 ~ 50mm，会签区每格高度 5mm。在绘制图框、图签栏时需要考虑线条的宽度等级，图框中各线条线宽应符合表 1-11 的规定。

在绘制风景园林工程设计图时，如按照规定的图纸比例一张图幅放不下时，应增绘分区（分幅）图，并应在其分图右上角绘制索引标示。

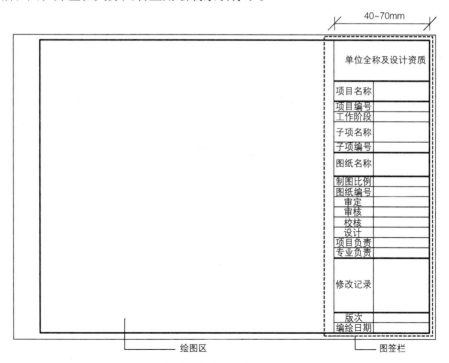

图 1-13　图纸右侧图签栏
（注：1. 工作阶段指现设计所处的初步设计或施工图或竣工图阶段；2. 制图比例指阿拉伯数字比例）

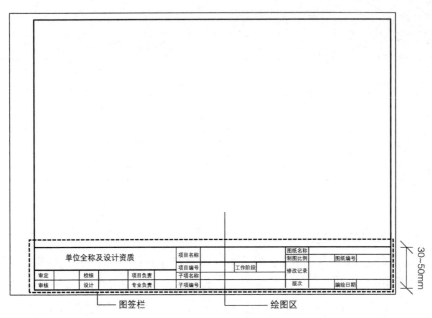

图 1-14　图纸下侧图签栏

（注：1. 工作阶段指现设计所处的初步设计或施工图或竣工图阶段；2. 制图比例指阿拉伯数字比例）

图框、图签栏的线条等级（单位：mm） 表 1-11

图幅	图框线	图签栏外框线	栏内分格线
A0、A1	1.4	0.7	0.35
A2	1.0	0.7	0.35

3. 图线

（1）图线类型

图线的基本线宽 b，应按照图纸比例及图纸性质从 1.4mm、1.0mm、0.7mm、0.5mm 线宽系列中选取。每张图应根据复杂程度与比例大小，先选定基本线宽 b，再选用表 1-12 中相应的线宽组。风景园林工程设计图的图线线型一般有实线、虚线、单点划线、双点划线、折断线、波浪线等，工程设计图纸图线的线型、线宽及其主要用途应符合表 1-13 的规定。工程设计图的图线线宽为基本要求，可根据图面内容表达的需要进行调整以突出重点。

线宽组（单位：mm） 表 1-12

线宽比	线宽组			
b	1.4	1.0	0.7	0.5
$0.7b$	1.0	0.7	0.5	0.35
$0.5b$	0.7	0.5	0.35	0.25
$0.25b$	0.35	0.25	0.18	0.13

注：1. 需要缩微的图纸，不宜采用 0.18mm 及更细的线宽。

2. 同一张图纸内各不同线宽中的细线，可统一采用较细的线宽组的细线。

工程设计图纸图线的线型、线宽及其主要用途

表 1-13

线型名称		线型	线宽	主要用途
实线	极粗	▬▬▬	2b	地面剖断线
	粗	▬▬	b	①总平面图建筑外轮廓线、水体驳岸顶线； ②剖断线
	中粗	──	0.5b	①构筑物、道路、边坡、围墙、挡土墙的可见轮廓线； ②立面图轮廓线； ③剖面图未剖切到的可见轮廓线； ④道路铺装、水池、挡墙、花池、坐凳、台阶、山石等高差变化较大的线； ⑤尺寸起止符号
	细	──	0.25b	①道路铺装、挡墙、花池等高差变化较小的线； ②放线网格线、图例线、尺寸线、尺寸界线、引出线、索引符号、标高符号等； ③说明文字、标注文字等
	极细	──	0.15b	①现状地形等高线； ②平面、剖面中的纹样填充线； ③同一平面不同铺装的分界线
虚线	粗	▬ ▬ ▬	b	①新建建筑物和构筑物的地下轮廓线； ②建筑物、构筑物的不可见轮廓线
	中粗	─ ─ ─	0.5b	①局部详图外引范围线； ②计划预留扩建的建筑物、构筑物、铁路、道路、运输设施、管线的预留用地线； ③分幅线
虚线	细	- - -	0.25b	①设计等高线； ②各专业制图标准中规定的线型
单点划线	粗	▬ · ▬	b	①露天矿开采界限； ②各专业制图标准中规定的线型
	中	─ · ─	0.5b	①土方填挖区零线； ②各专业制图标准中规定的线型
	细	- · -	0.25b	①分水线、中心线、对称线、定位轴线； ②各专业制图标准中规定的线型
双点划线	粗	▬ ·· ▬	b	规划边界和用地红线
	中	─ ·· ─	0.5b	地下开采区塌落界限
	细	- ·· -	0.25b	建筑红线
折断线		─╱─	0.25b	断开线
波浪线		～～	0.25b	断开线

注：1. b 为线宽宽度，视图幅的大小而定，宜用 1mm。
　　2. 主要参考《风景园林制图标准》CJJ/T 67—2015。

（2）图线绘制

1）接头应准确连接，不可偏离或超出交接点。

2）不论实线、虚线或点划线，两两相交或相接时，应以线段交接。

3）在同一工程设计图中，性质相同的虚线或点划线，其线长及其间距应基本相等。

4）折断线应始终贯穿于被折断部分，并超出被折断处中平线 2～3mm。

5）绘制圆的中心线时，点划线段应以线段与圆弧相交，并且交点宜超出圆弧 2～3mm。当绘制有困难时可用极细实线代替点划线。

6）相互平行的图线，其净间隙或线中间隙不宜小于 0.2mm。

7）图线不得与文字、数字或符号重叠、混淆，不可避免时应首先保证文字的清晰。

4. 图例

风景园林工程设计图采用的园林要素图例应符合表 1-14 的规定，其他要素图例应符合现行国家标准《房屋建筑制图统一标准》GB/T 50001 和《总图制图标准》GB/T 50103 中的相关规定。

风景园林工程设计图常用图例   表 1-14

序号	类型	名称	图形	说明
1	建筑	温室建筑	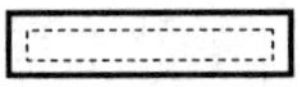	依据设计绘制具体形状
2	等高线	原有地形等高线		用细虚线表达
3		设计地形等高线		①用细实线表达；②等高距值与图纸比例应符合如下的规定：图纸比例为 1：1000 时等高距值为 1.00m；图纸比例为 1：500 时等高距值为 0.50m；图纸比例为 1：200 时等高距值为 0.20m
4	山石	山石假山		根据设计绘制具体形状，人工塑山需要标注文字
5		土石假山	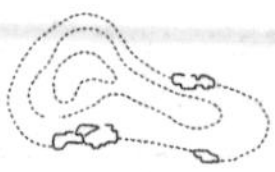	包括"土包石""石包土"及土假山，依据设计绘制具体形状
6		独立景石	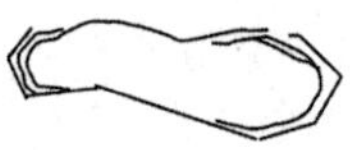	依据设计绘制具体形状

序号	类型	名称	图形	说明
7	水体	自然水体		依据设计绘制具体形状，用于总图
8		规则水体	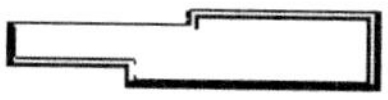	依据设计绘制具体形状，用于总图
9		跌水、瀑布		依据设计绘制具体形状，用于总图
10		旱涧		包括"旱溪"，依据设计绘制具体形状，用于总图
11		溪涧		依据设计绘制具体形状，用于总图
12	绿化	绿化	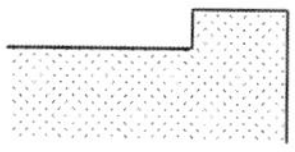	总平面图的绿地上不宜标示植物，以填充与文字表达
13	景观小品	花架	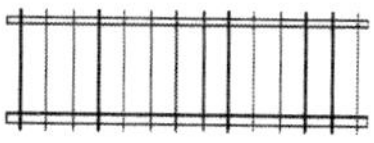	依据设计绘制具体形状，用于总图
14		坐凳		用于表示坐凳的安放位置，单独设计的根据设计形状绘制
15		花台、花池	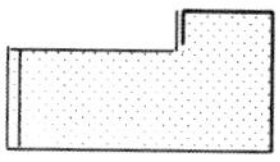	依据设计绘制具体形状，用于总图
16		雕塑	 雕塑 雕塑	
17		饮水台	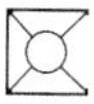	仅表示位置，不表示具体形态，根据实际绘制效果确定大小；也可依据设计形态表示
18		标识牌		
19		垃圾桶		

在风景园林建筑设计大比例图中，剖面图用粗实线画出断面轮廓，用中实线画出其他可见轮廓；屋顶平面图中，用粗实线画出外轮廓，用细实线画出屋面；对于花坛、花架等景观小品，用细实线画出投影轮廓。在景观建筑小比例工程设计图中，只需用粗实线画出水平投影外轮廓线。种植设计图的植物图例宜简洁清晰，同时应标出种植点，并应通过标注植物名称或编号区分不同种类的植物。种植设计图中乔木与灌木重叠较多时，可分别绘制乔木种植设计图、灌木种植设计图及地被种植设计图。工程设计图纸的植物图例应符合表 1-15 的规定。

工程设计图的植物图例 表 1-15

序号	名称	图形			图形大小
		单株		群植	
		设计	现状		
1	常绿针叶乔木				乔木单株冠幅宜按实际冠幅为 3~6m 绘制，灌木单株冠幅宜按实际冠幅为 1.5~3.0m 绘制；可根据植物合理选择冠幅大小
2	常绿阔叶乔木				
3	落叶阔叶乔木				
4	常绿针叶灌木				
5	常绿阔叶灌木				
6	落叶阔叶灌木				
7	竹类		—		单株为示意；群植范围按实际分布情况绘制，再在其中示意单株图例
8	地被				按照实际范围绘制
9	绿篱				

5. 字体

风景园林工程设计图上需书写的文字、数字或符号等，均应笔画清晰、字体端正、排列整齐，标点符号清楚正确。文字字高应符合表 1-16 的要求，若文字字高大于 10mm 则宜采用 True type 字体；如需书写更大的字，其高度应按 $\sqrt{2}$ 的倍数递增。

文字的字高（单位：mm） 表 1-16

字体种类	汉字矢量字体	True type 字体及非汉字矢量字体
字高	3.5、5、7、10、14、20	3、4、6、8、10、14、20

风景园林工程设计图样及说明中的汉字宜优先采用 True type 字体中的宋体字型，采用矢量字体时应为长仿宋体字型，同一图纸字体种类不应超过两种。矢量字体的宽高比宜为

0.7，且应符合表 1-17 的规定，打印线宽宜为 0.25 ～ 0.35mm；True type 字体宽高比宜为 1。大标题、图册封面、地形图等的汉字，也可书写成其他字体，但应易于辨认，其宽高比宜为 1。工程设计图及说明中的字母、数字，宜优先采用 True type 字体中的 Roman 字型，书写规则应符合表 1-18 的规定。

长仿宋体字型高宽关系（单位：mm）　　　　表 1-17

字高	3.5	5.0	7	10	14	20
字宽	2.5	3.5	5	7	10	14

字母及数字的书写规则　　　　表 1-18

书写格式	字体	窄字体
大写字母高度	h	h
小写字母高度（上下均无延伸）	$7/10\,h$	$10/14\,h$
小写字母伸出的头部或尾部	$3/10\,h$	$4/14\,h$
笔画宽度	$1/10\,h$	$1/14\,h$
字母间距	$2/10\,h$	$2/14\,h$
上下行基准线的最小间距	$15/10\,h$	$21/14\,h$
词间距	$6/10\,h$	$6/14\,h$

风景园林工程设计图中的字母及数字的字高不应小于 0.25mm，数量的数值注写应采用正体阿拉伯数字，分数、百分数和比例数的注写也应采用阿拉伯数字和数字符号。当字母及数字需写成斜体字时，其斜度应是从字的底线逆时针向上倾斜 75°，斜体字的高度和宽度应与相应的直体字相等。各种计量单位前如有量值，均应采用国家颁布的单位符号注写，且单位符号应采用正体字母。

6. 比例

工程设计图的比例是指图形与实物相对应的线性尺寸之比。风景园林工程设计图比例的符号为"："，比例须以阿拉伯数字标注。比例宜标注在图名的右侧，字的基准线应齐平，字高比图名字高小一号或二号（图 1-15）。绘制工程设计图所用的比例应根据风景园林工程设计图的用途与被绘对象的复杂程度，从表 1-19 中选用常用比例。

平面图　**1:10**

图 1-15　比例注写

一般情况下，一个工程设计图应选用一种比例。根据专业制图需要，同一图样可选用两种比例。特殊情况下也可自选比例，这时除应注出绘图比例外，还应在适当位置绘制出相应的比例尺。需要缩微的图纸应绘制比例尺。

工程设计图常用比例 表1-19

图纸类型	常用比例	图纸类型	常用比例
总平面图（索引图）	1：200、1：500、1：1000	园路铺装及部分详图索引平面图	1：100、1：200
分区（分幅）图	可无比例	园林设备、电气平面图	1：200、1：500
放线图、竖向设计图	1：200、1：500	建筑、构筑物、山石、园林小品设计图	1：50、1：100
种植设计图	1：200、1：500	做法详图	1：5、1：10、1：20

注：1. 常用比例类型 1：1、1：2、1：5、1：10、1：20、1：30、1：50、1：100、1：150、1：200、1：500、1：1000、1：2000。
　　2. 可用比例 1：3、1：4、1：6、1：15、1：25、1：40、1：60、1：80、1：250、1：300、1：400、1：600、1：5000、1：10000、1：20000、1：50000、1：100000、1：200000。

7. 符号

（1）剖切符号

风景园林工程设计剖切图中的剖切符号宜优先按照图1-15来表示，剖面剖切索引符号由直径为8 ~ 10mm的圆和其水平直径以及两条相互垂直且外切圆的线段组成，水平直径上方应为索引编号，下方应为图纸编号，线段与圆之间应填充黑色并形成箭头表示剖视方向，索引符号应位于剖线两端，断面及剖视详图剖切符号的索引符号应位于平面图外侧一端。另一端为剖视方向线，长度宜为7 ~ 9mm，宽度宜为2mm。剖切线与符号线线宽应为0.25b。需要转折的剖切位置线应连续绘制，剖号的编号宜由左至右、由下向上连续编排。

必要时风景园林工程设计图也可按照图1-16的方法来表示，剖切符号由长6 ~ 10mm的剖切位置线及长4 ~ 6mm的剖视方向线组成，剖视方向线应垂直于剖切位置线，均以粗实线绘制，线宽b。剖视剖切符号应不与其他图线相交或重叠，以粗阿拉伯数字编号，按剖切顺序由左至右、由下向上连续编排，并标注于剖视方向线的端部。需要转折的剖切位置线，应在转角的外侧加注与该符号相同的编号。断面的剖切符号如图1-17所示，只需用剖切位置线表示，其编号标注于剖切位置线的一侧，编号所在的一侧应为该断面的剖视方向，其余同剖面的剖切符号；当剖切图与被剖切工程设计图不在同一张图内时，应在

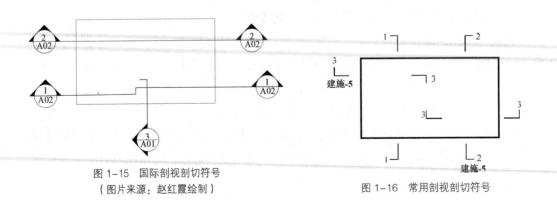

图1-15　国际剖视剖切符号
（图片来源：赵红霞绘制）

图1-16　常用剖视剖切符号

剖切位置线的另一侧注明其所在图纸的编号，也可在图上集中说明。索引剖视详图时，应在被剖切的部位绘制剖切位置线，以引出线引出索引符号，引出线所在的一侧应为剖视方向，并按图 1-18 编号索引符号。

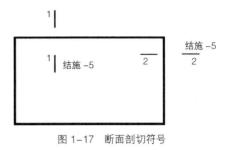

图 1-17　断面剖切符号

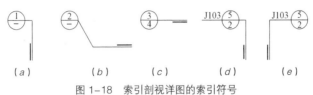

图 1-18　索引剖视详图的索引符号

同一套图纸只能选用一种剖切符号表示方法。

风景园林建筑物及构筑物剖面图的剖切符号应标注于高程为 ±0.000 的平面图上，局部剖切图、断面图的剖切符号应标注于含剖切部位的最下面构筑层平面图上。

（2）索引符号与详图符号

如风景园林工程设计图中的某一局部或构件需另见详图，应以直径为 8 ~ 10mm 的圆和其水平直径组成的索引符号索引（图 1-19），在索引符号的上半圆中用阿拉伯数字注明该详图的编号，当索引出的详图与被索引图处于同一张图纸时在下半圆中间画一段水平细实线，当索引出的详图与被索引图不在同一张图纸时在下半圆用阿拉伯数字注明该详图所在图纸的编号，如数字较多时可加注文字，其中索引符号的圆及其水平直径线宽均为 0.25b。当索引出的详图采用标准图时，应在索引符号水平直径的延长线上加注该标准图集的编号，如需标注比例时，应在索引符号右侧或水平直径延长线下方标注，并与符号下对齐。

图 1-19　索引符号

风景园林工程设计详图的位置和编号应以详图符号表示，详图符号的圆直径应为 14mm，线宽为 b。当详图与被索引工程设计图处于同一张图纸时，应在详图符号内用阿拉伯数字注明详图的编号（图 1-20a），当详图与被索引图不在同一张图纸时，应以细实线在详图符号内画一水平直径，水平直径上方标注详图编号，下方标注被索引图的编号（图 1-20b）。

（3）引出线

风景园林工程设计图中的索引符号和详图符号中的引出线采用线宽为 0.27b 且呈水平方向的直线段，或经与水平方向成 30°、45°、60°、90° 角的直线再折成水平的直线段。

图 1-20　详图符号

文字说明标注于水平线的上方，也可标注于水平线的端部。索引详图的引出线，应与水平直径线相连接（图1-21）。同时从不同位置引出的内容相同的引出线，应互相平行，也可绘成集于一点的放射线（图1-22）。在工程结构设计图中多层构造共用引出线应通过被引出的各层，并用圆点示意对应的各层次，文字说明应标注于水平线的上方或端部，说明顺序应由上至下，并应与被说明的层次对应一致。如层次为横向排序，则由上至下的说明顺序应与由左至右的层次对应一致（图1-23）。

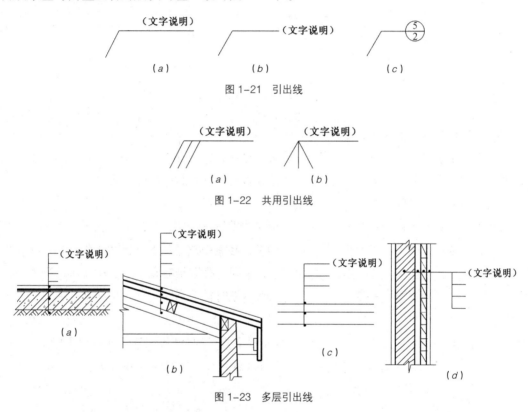

图 1-21 引出线

图 1-22 共用引出线

图 1-23 多层引出线

（4）指北针等符号

风景园林工程设计图中的指北针应为圆形，圆直径为24mm，以细实线绘制，指针尾部的宽度为3mm，指针头部应注"北"或"N"字。当需以大直径圆绘制指北针时，指针尾部的宽度应为直径的1/8（图1-24）。

在进行风景园林工程设计时，若某结构部位过长或两部位相距过远时，为了更完整地表现整个结构，常用连接符号来表示，即以折断线表示需连接的部分。两部位相距过远时，折断线两端靠图样一侧应标注大写英文字母表示连接编号。两个被连接的图样应用相同的字母编号（图1-25）。

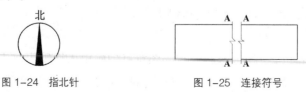

图 1-24 指北针   图 1-25 连接符号

对工程设计图中局部变更部分应采用线宽 $0.7b$ 的变更云线绘制，并注明修改版次。修改版次符号为边长 8mm 的正等边三角形，修改版次应采用数字表示（图 1-26）。

图 1-26　变更云线

8. 标注

（1）高程标注

高程标注符号应以等腰直角三角形来表示，并以细实线依情况采取图 1-27 的所示形式绘制，标高符号的尖端应指向被标注高度的位置，尖端向下或向上，标高数字应标注于高程标注符号的上侧或下侧，以 m 为单位，精确到小数点后第三位。在总平面图中，标高可标注到小数点以后第二位。零点标高应标注成 ±0.000，正数标高不标注 "＋"，但负数标高须标注 "－"。总平面图室外地坪标高符号应以涂黑的三角形按图 1-28 的画法来表示。在风景园林工程设计图的同一位置需表示几个不同标高时，标高数字可按图 1-29 的形式标注。

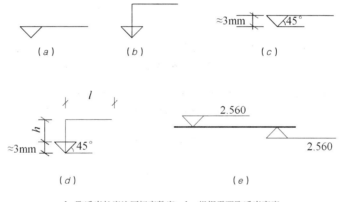

l—取适当长度注写标高数字；h—根据需要取适当高度

图 1-27　标高符号

图 1-28　总平面图室外地坪标高符号　　　　图 1-29　同一位置标注多个标高数字

（2）地形标注

风景园林工程地形设计图中的高程、坡度、排水方向应符合表 1-20 的规定。

地形工程设计图的标注　　　　　　　　　　　　表 1-20

序号	名称	标注	说明
1	设计等高线高程	4.50 3.50 2.50	等高线上的高程应顺等高线的方向标注，字的方向指向上坡方向，高程以米为单位，精确到小数点后第 2 位

续表

序号	名称	标注	说明
2	详图设计高程	3.500 3.500 或 ▼ 0.000 （常水位）	高程以米为单位，在详图注写到小数点后第3位，在总图中写到小数点后第2位；符号画法遵循国家标准《房屋建筑制图统一标准》GB/T 50001
3	总图设计高程	◆ 6.50 （设计高程点） ● 6.20 （现状高程点）	高程以米为单位，在总图及绿地图纸中注写到小数点后第2位，设计高程点位以"实心圆加十字"表示，现状高程点仅以实心圆表示
4	排水方向	——————▶	指向下坡
5	坡度	i=6.5% ——————▶ 40.00	两点坡度 两点距离
6	挡墙	5.000 4.630	挡墙顶标高 墙底标高

（3）植物标注

风景园林植物种植设计图应标示出种植点，从种植点作引出线，文字应由序号、植物名称、株数组成（图1-30a），规则群植的植物种植设计可不标示种植点，从树冠线作引出线，文字应由序号、植物名称、株数、株行距或每平方米株数组成，序号和苗木表中序号相对应（图1-30b和c），植物名称都通过苗木表中的拉丁学名明确。株行距单位为m，乔灌木可保留小数点后1位，地被植物种植宜保留小数点后2位。

（a）自然式种植标注　　　　（b）常绿群落规则种植标注　　　　（c）落叶群落规则种植标注
1—种植点连线；2—种植图例；3—序号、名称和数量；4—序号、名称、数量、株行距
图1-30　植物种植设计植物标注
（图片来源：赵红霞绘）

工程设计图上的尺寸应包括尺寸界线、尺寸线、尺寸起止符号和尺寸数字，其中，尺寸界线应用细实线绘制，垂直于被标注长度，一端离设计图轮廓线不小于2mm，另一端超出尺寸线2～3mm，设计图轮廓线以外的尺寸界线距图样最外轮廓之间的距离不宜小于10mm，总尺寸的尺寸界线应靠近所指部位，中间的分尺寸的尺寸界线可稍短，但其长度应相等，设计图轮廓线可用作尺寸界线（图1-31）。细实线绘制的尺寸线应与被标注长度平行，两端以尺寸界线为界，也可超出尺寸界线2～3mm，工程设计图本身的任何图线

均不得用作尺寸线。互相平行的尺寸线间距宜为 1 ~ 10mm，且应保持一致，并应从被注写的图样轮廓线由近向远整齐排列，较小尺寸应离轮廓线较近，较大尺寸应离轮廓线较远（图 1-32）。尺寸数字应依据其方向靠近尺寸线中部标注在其上方，当标注位置不够时，最外边的尺寸数字可标注于尺寸界线的外侧，中间相邻的尺寸数字可上下错开标注，以引出线表示标注尺寸的位置，尺寸宜标注在图样轮廓以外，不宜与图线、文字及符号等相交（图 1-33）。工程设计图上的尺寸大小，应以尺寸数字为准，不能从图上直接量取，尺寸单位为 mm，标高及总平面以 m 为单位的除外。尺寸起止符号用 2 ~ 3mm 长的中粗斜短线绘制，与尺寸界线成顺时针 45° 角倾斜，半径、直径、角度与弧长的尺寸起止符号，应用宽度 b 不小于 1mm 的箭头表示，轴测图用直径为 1mm 的小圆点表示尺寸起止符号。

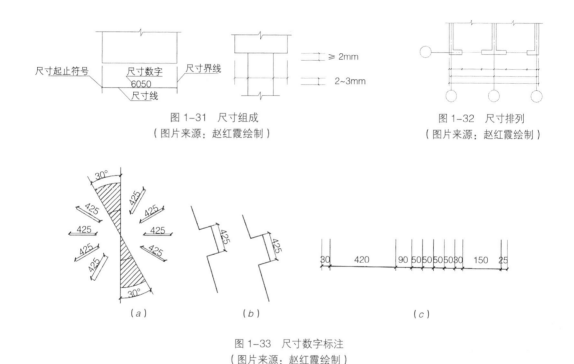

图 1-31　尺寸组成
（图片来源：赵红霞绘制）

图 1-32　尺寸排列
（图片来源：赵红霞绘制）

（ a ）　　　　（ b ）　　　　（ c ）

图 1-33　尺寸数字标注
（图片来源：赵红霞绘制）

对于工程结构呈圆形的构件尺寸标注，其半径尺寸线应一端从圆心开始，另一端画箭头指向圆弧，半径数字前加注半径符号 "R"（图 1-34）。对于圆的直径尺寸标注，直径数字前应加直径符号，在圆内标注的尺寸线应通过圆心，两端画箭头指至圆弧，对于较小圆形构件的直径尺寸，可标注在圆外（图 1-35）。对于角度标注，角度的尺寸线应用以角的顶点为圆心、角的两条边为尺寸界线所作的圆弧表示，起止符号以箭头表示，箭头位置不够时以圆点代替，角度数字应沿尺寸线方向标注（图 1-36）。对于圆弧弧长的标注，尺寸线以与该圆弧同心的圆弧线表示，尺寸界线应指向圆心，起止符号用箭头表示，弧长数字上方或前方应加注圆弧符号 "⌒"（图 1-37a）。对于圆弧弦长的标注，尺寸线以平行于该弦的直线表示，尺寸界线应垂直于该弦，起止符号用中粗斜短线表示（图 1-37b）。

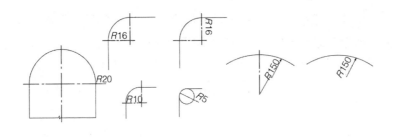

（a）半径标注　　　（b）小圆弧半径标注　　　（c）大圆弧半径标注

图1-34　半径数字标注

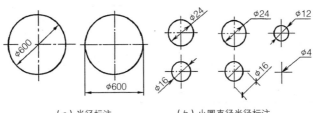

（a）半径标注　　　　　　（b）小圆直径半径标注

图1-35　直径标注

（图片来源：毛嘉俪绘制）

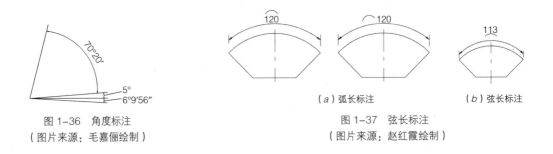

图1-36　角度标注　　　　　　　　　　　　图1-37　弦长标注

（图片来源：毛嘉俪绘制）　　　　　　　　　（图片来源：赵红霞绘制）

（a）弧长标注　　　　　（b）弦长标注

1.5 风景园林工程图设计概要

1.5.1 风景园林工程设计之全局性设计

1. 内容构成

在风景园林工程设计图中，全局性设计应包括风景园林所有内容要素总体布局设计、风景园林所有内容要素定位设计与详图设计索引、风景园林场地地形竖向变化设计、风景园林建筑物及构筑物布置设计、风景园林设施小品布置设计、风景园林植物种植设计、风景园林道路布局设计、风景园林各种不同规模的活动场地布局设计、风景园林给水排水管网布局设计、风景园林电线电缆光缆管道综合设计、风景园林水系布局设计等内容。通过这些全局性工程设计，明确场地道路红线和用地界线的位置，明确原地形地物和新地形地物及其标高，明确所有设计要素的位置、水平定位尺寸、竖向定位尺寸、关键控制性标高，明确主要建筑物的名称或编号、位置、层数及室内外地面设计标高及详图索引，明确构筑物顶部和底部的主要设计标高及详图索引，明确护岸、护坡顶部和底部的主要设计标高与坡度及详图索引，明确道路及其中心线、排水沟及其沟顶沟底的起点、变坡点、转折点和终点的设计标高、纵坡度、纵坡距、关键性坐标，明确道路的路面、坡向、坡度、坡级及详图索引，明确各种管线的平面布置以及管线间及其与建筑物、构筑物、植物的三维距离，明确植物布置区域位置和植物种植点、间距、种类及其数量、规格、特征等要求。

2. 表现类型

风景园林工程设计之全局性设计可以归结为总平面图、水平定位总平面图、竖向定位总平面图、网格定位总平面图、平面尺寸定位总平面图、全局性设计索引总平面图、给排水设计总平面图、电线电缆光缆设计总平面图、设施小品布置总平面图、乔木种植设计总平面图、灌木种植设计总平面图、地被植物种植设计总平面图等几个方面。

3. 设计表达

（1）总平面图

根据场地形状或布局，可在 45° 的幅度范围内将场地工程设计总图适当左右偏转，按上北下南方向绘制总平面图，并一般在右上角绘制指北针。图中必须明确用地边界线及毗邻用地名称、位置，必须明确用地内包括建筑物、构筑物、道路、铺装场地、绿地、园林小品、水体等在内的各组成要素的位置、名称、平面形态或范围。

（2）水平定位总平面图

在总平面图基础上，水平定位总平面图将各要素水平面位置以细实线绘制的坐标网格来定位，其中测量坐标网画成交叉十字线，坐标代号以"X""Y"表示，而建筑坐标网画成网格通线，坐标代号以"A""B"表示，当坐标值为负数时标注"—"号，为正数时省略"+"。建筑物、构筑物一般应标注其三个角的坐标定位，如建筑物、构筑物与坐标轴线平行，应标注其对角坐标。当图上同时有这两种坐标系统时，应附注注明两种坐标系统的换算公式。各风景园林要素中心点、外缘线交点应标注水平坐标或定位尺寸于水平定位总平面图上，如图面无足够位置，可列表标注，如坐标数字位数太多，可省略前面相同的位数，同时附注说明省略位数，在水平定位总平面图上无法表示清楚的定位应在详图中标注。同时，必须明确用地边界坐标。

（3）竖向定位总平面图

在总平面图基础上，竖向定位平面图以含有 ±0.00 标高的平面作为总图基准平面，对所有风景园林要素不同高度层面的关键位置控制点规范标注绝对标高，并用高程符号结合文字注明标高所指的位置。对于风景园林道路标注路面中心交点及变坡点的标高，对于风景园林建筑物标注建筑物室内地坪、竖向关键控制点、四周转角或两对角的散水坡脚处的标高，对于风景园林构筑物及设施小品标注顶部和趾部标高，对于路堤、边坡标注坡顶和坡脚标高，对于排水沟标注沟顶和沟底标高，对于活动场地标注其控制位置标高，对于自然地形则以设计地形等高线标注标高。对于在竖向定位总平面图上无法表示清楚的定位应在详图中标注。

（4）网格定位总平面图

网格定位总平面图是风景园林工程设计图的重要组成部分，它是在总平面图基础上通过两组相互平行、间距相等的垂直平行网格线、水平平行网格线共同组成十字网格图，以确定工程设计平面图形各要素的方位，尤其适于风景园林景观中的曲线构成等不规则部分。网格定位线采用中实线绘制，通常将工程项目场地中某一个固定不变的标志点作为网格定位基准点，基准点设为（0，0），沿基准点向左向下排列设为负数，向上向右排列则为正数，每条网格线之间的间距为一固定的值，如 1m、2m、5m、10m 不等，纵横方向用不同的方式代替，如 A0、A1、A2、A3、A4、A5……，B0、B1、B2、B3、B4、B5……，以此作为工程现场每一个节点定位的依据。

（5）平面尺寸定位总平面图

平面尺寸定位总平面图主要是在总平面图基础上，将各个风景园林设计要素在总平面图中的详细平面尺寸标注出来，以便明确各个风景园林设计要素在项目场地中的平面尺度和位置。对于在平面尺寸定位总平面图上无法表示清楚的定位应在详图中标注。

（6）索引总平面图

为了全面、系统、优质地表现好风景园林工程项目场地中的每一个节点的设计细节，风景园林工程设计图需要构建从全部→局部→细部、从外部→内部的工程设计图检索系统。一方面建立分区索引图，通过在总图上用虚线将拟放大的局部圈示，标明该局部或分区名称，用大样符将该区域引出总图，在大样符内标明图号，在大样符的引线上注写"XXX分区平面图"，在局部平面图的图签内写上"XXX分区平面图"，分区索引将总平面上的某个局部放大，深入设计局部平面图；另一方面建立单点索引图，将总平面图上的某个单体放大，做好深入设计详图和大样图；同时剖断索引图，将总平面图上的某个线形单体先剖断再放大，做好深入设计详图和大样图。

1.5.2 风景园林工程设计深度要求

1. 局部索引平面图

该图索引所有的节点（建筑物、铺装、花坛、花池、椅凳、景墙、雕塑、水体、饮水台、灯柱、景观柱、采光井等），一般索引到这些节点平面所在的详图的图纸页码上。

2. 局部定位平面图

该图与平面定位总平面图采取同一标准的定位网格和坐标原点，并根据场地尺度进一步细分定位网格，做到场地内各要素的位置关系清楚而精确。对建筑物需绘制俯视平面图、仰视平面图、底层平面图，精确标注其出入口、座椅、护栏、美人靠、窗、平台等要素。对设施小品需绘制俯视平面图，明确标注其位置和尺寸。

3. 竖向设计图

（1）对风景园林工程用地毗邻场地需以关键性控制点标高和等高线进行标注。

（2）在竖向设计总平面图上标注好道路、铺装场地、绿地的设计地形等高线和主要控制点标高，标注好道路起点、变坡点、转折点和终点的设计标高、纵横坡度，标注好广场、停车场、运动场地的控制点设计标高、坡度和排水方向，标注好建筑物、构筑物室内外地面控制点标高。

（3）在竖向设计总平面图上无法表示清楚的竖向定位应在详图中标注好。

（4）做好土方量计算以及土方平衡表；关于屋顶绿化的土层处理，需做结构剖面设计。

（5）对于局部竖向设计平面图，以标高标注、等高线标注和坡度标注相结合的方式标注以下内容：①场地边界角点、边界与道路中心线的交点及排水坡度；②建筑底层室内外高程、台阶排水方向和坡度；③斜坡的两端标高及坡度；④构筑物、设施小品的顶部和底部标高；⑤排水明沟沟底和顶部的标高以及明沟的坡度。

4. 铺装平面图

（1）在总平面图上绘制和标注园路和铺装场地的材料、颜色、规格、铺装纹样。

（2）在总平面图上无法表示清楚的地方应绘制铺装详图，无法表述铺装纹样和铺装材料时应单独绘制铺装放线或定位图。

（3）绘制园路铺装主要构造做法索引及构造详图。

（4）标注缘石的材料、颜色、规格，说明伸缩缝做法及间距。

（5）明确铺装分隔线与种植池、小品、建筑之间的衔接关系，尽量采取边界对齐、中心对齐等方式，以形成精确细致的对位关系，加强场地的整体感。

5. 水体设计图

（1）明确水体平面形状，以及不同做法驳岸的长度。

（2）明确水体的常水位、池底、驳岸标高、等深线、最低点标高。

（3）明确各种驳岸及流水形式的剖面做法。

（4）明确各种水体形式的剖面做法。

（5）明确平面放线设计。

（6）明确泵坑、上水、泄水、溢水、变形缝的位置、索引及做法。

6. 种植设计图

（1）在种植设计总平面图上绘制设计地形等高线现状，保留植物的名称、位置，尺寸按实际冠幅绘制，明确设计的所有植物种类、名称、位置、数量。

（2）在种植设计总平面图上无法表示清楚的种植应绘制种植分区图或详图。

（3）若种植设计比较复杂，应分别绘制乔木种植设计图、灌木种植设计图和地被植物种植设计图，若种植设计简单则绘制乔灌木种植设计图和地被植物种植设计图即可。

（4）绘制种植设计坐标网格或放线尺寸，明确设计的所有植物的范围、种类、名称、种植点位、群植位置、株行距、数量。

（5）绘制苗木表，标注序号、中文名称、拉丁学名、详细规格、数量、特殊要求等。

7. 设施小品设计图

（1）在总平面图上绘制园林设施小品详图索引图。

（2）园林设施小品详图应包括平、立、剖面图。

（3）园林设施小品详图的平面图应标明以下内容：①承重结构的轴线、轴线编号、定位尺寸、总尺寸；②全部部件名称与材质；③全部节点的剖切线位置和编号；④图纸名称及比例。

（4）园林设施小品详图的立面图应标明以下内容：①两端的轴线、编号及尺寸；②立面外轮廓及所有结构和构件的可见部分的名称及尺寸；③小品的高度和关键控制点的标高，平面、剖面未能表示出来的构件的标高或尺寸；④可见主要部位的饰面材料；⑤图纸名称及比例。

（5）园林设施小品详图的剖面图应准确、清楚地标示出剖切到或看到的地上部分的相关内容，并标明以下内容：①承重结构的轴线、轴线编号和尺寸；②节点构造详图索引号；③所有结构和构造部件的名称、尺寸及工艺做法；④小品的高度、尺寸及地面的绝对标高；⑤图纸名称及比例。

8. 给排水设计图

（1）说明及主要设备列表。

（2）给排水平面图需标明以下内容：①给水和排水管道的平面位置、给排水构筑物位置、各种灌溉形式的分区范围；②与城市管道系统连接点的位置以及管径。

（3）水景的管道平面图、泵坑位置图。

（4）给水平面图应标明以下内容：①给水管道布置平面、管径规格及闸门井的位置（或坐标）编号、管段距离；②水源接入点、水表井位置；③详图索引号；④本图中乔灌木的种植位置。

（5）排水平面图应标明以下内容：①排水管径规格、管段长度、管底标高及管道坡度；②检查井位置、编号、设计地面及井底标高；③与市政管网接口处的市政检查井的位置、标高、管径、水流方向；④详图索引号；⑤子项详图。

（6）水景工程的给排水平面布置图、管径、水泵型号、泵坑尺寸。

（7）局部详图应标明以下内容：设备间平、剖面图，水池景观水循环过滤泵房，雨水收集利用设施等节点详图。

9. 电气照明及弱电系统设计图

（1）说明及主要电气设备配置表。

（2）路灯、庭院灯、草坪灯、景观灯、广播、网络、电话等配电设施的平面位置图。

（3）电气平面图应标明以下内容：①配电箱、用电点、线路等的平面布置位置。②配电箱编号，以及干线和分支线回路的编号、型号、规格、敷设方式、控制形式。

（4）系统图应标明以下内容：照明配电系统图、动力配电系统图、弱电系统图。

思　考　题

1. 风景园林工程建设一般按照什么程序开展？
2. 开展风景园林工程建设需要做好哪些方面的准备？
3. 规范的风景园林工程设计图需要遵循哪些要求？
4. 风景园林工程设计图应包括哪些方面的内容？
5. 风景园林工程设计图的设计深度体现在哪些方面？

参考文献

[1] 杜兆辉. 国内外旋耕机械发展现状与展望 [J]. 中国农机化学报，2019，40（4）：44-46.

[2] 甘莉. 几种类型挖树机的比较研究 [J]. 湖北农机化，2018（6）：45-47.

[3] 葛宜元. 旋耕机类型及研究方向探讨 [J]. 农机使用与维修，2013（1）：34-35.

[4] 刘长龙. 旋耕机的工作原理及作业质量影响因素分析 [J]. 农机使用与维修，2019（1）：42.

[5] 刘洁. 国内单钢轮振动压路机发展展望 [J]. 建设机械技术与管理，2013，26（9）：64-67.

[6]《中国公路学报》学报编辑部. 中国筑路机械学术研究综述 [J]. 中国公路学报，2018，31（6）：1-139.

[7] 孟兆祯. 风景园林工程 [M]. 北京：中国林业出版社，2012：341.

[8] 牛坡，杨玲，张引航，等. 基于 ANSYSWorkbench 的微耕机用旋耕弯刀有限元分析 [J]. 西南大学学报：自然科学版，2015（12）：162-167.

[9] 吴磊，杨绪武. 便携式地钻在设施农业中的推广应用 [J]. 农村科技，2010（10）：68.

[10] 徐宏扬. 旋耕机的规范操作与故障处理 [J]. 农机使用与维修，2019（7）：54.

[11] 杨冰. 微耕机的结构设计与动力学研究 [J]. 农业与技术，2017，37（12）：81.

第 **2** 章

######### 地形工程 #########

本章要点

地形工程的本质是协调、处理现状地形与设计地形之间的竖向关系，也就是说地形改造是园林工程中需要首先解决的问题，也是决定整个园林建设成功与否的关键所在。通过学习本章内容，要求学生了解地形的类型与特性，理解地形竖向设计的主要内容及其思维方法，掌握土方工程技术措施及其工程量计算方法，熟悉土方施工的基本知识、流程与操作，为规划设计工作打下扎实的地形工程技术基础。

　　园林建设中最重要的一项工程就是地形工程，它是通过竖向设计及其土方工程技术手段对现有地形进行改造以符合道路组织、场地布置、建筑设置、水体修筑、植物种植、活动安排等方面的要求，是建成园林的基础。本章从地形的特性与类型、地形设计和地形施工三个方面阐述地形工程的知识。

2.1 地形的特性与类型

　　在地理学中，"地形"用以描述不同地质、地理条件下地球表面形成的各种类型的关于地形地貌的不同结构形式，如雄浑的山岳、幽深的峡谷、千姿百态的峰林、广袤的草原等，它是地表物和地貌的总体描述，也是地球表面在三维方向上的形态变化。

2.1.1 地形的特性

　　地形工程工期长、工程量大、投资大且有一定的艺术要求，它直接影响到园林工程的建设进度、景观质量、施工成本及建成后的日常维护管理等。可见，地形工程的本质是协调、处理现状地形与设计地形之间的关系，尤其是解决它们之间的竖向问题，而竖向问题主要集中在地形的坡度处理上。

　　在园林工程中，地形直接关联着其他园林设计要素，是园林的结构性因素，对其他要素起到支撑或建构作用，或者说其他要素需要依赖地形而存在。因此，在风景园林设计开始阶段最重要的一项工作就是对现有地形的研判，要求能够把握地形的特性，因地制宜地利用现有地形的基础并对它进行适当的改造和调整，以满足设计需要。

　　不同的地形具有不同的设计特性和作用，具体如下所述。

1. 地形作为其他设计要素的基础，是园林景物布置的骨架

　　地形作为构成风景园林的骨架，它与建筑物、构筑物、道路、广场、水体、植物等要素相辅相成，共同建构成整体的园林景观与空间境域，是园林建设中不可或缺的基础和依赖。地形是连接所有因素和空间的主线，它的结构作用可以一直延续到地平线的尽头或水体的边缘。

2. 相地优先，抓住地形特性创构多样的园林境域

　　我国明代造园家计成在《园冶·相地》中说道"高方欲就亭台，低凹可开池沼。"可见在园林建设中要巧妙地利用现有地形，抓住地形的特性营造出不同空间和园林境域，创造出或秀丽，或雄伟，或奇特，或险峻，或幽深等不同性格的空间，这也在某种程度上表达了各种不同的情意和境界。

　　因此，地形在空间建构和境域营造上具有突出的律构作用，直接或间接地促进了园林境域的营造。

3. 改造地形，满足园林场地安排、功能设置、景观营造等方面的要求

对现有地形进行研究，充分利用场地现有条件，结合各种功能需要、工程投资和景观要求等多方面综合因素，采取必要的工程措施对场地进行局部的、必要的、小范围的改造。

2.1.2 地形的类型

从设计和工程的实践视角出发，可将地形分为平地、坡地两大类。

1. 平地

真实环境中绝对的平地是没有的，这里的"平地"指的是那些总体看起来是"水平"的地面，也就是说所谓平地是指在一定坡度内相对平整的场地，一般而言平地地形坡度在3% 以下。

从风景园林规划设计角度看，平地因其地形平坦从而可以安排各种人员密集的活动，有利于景物安排、活动组织和空间营造，是理想的园林建设场地，尤其是现代园林因其公共性、开放性的特点需要有一定面积的平地地形，这样才可以满足人流集散、活动安排、交通组织等功能布局的需要。

从工程建设的角度看，平地地形具有很大的优势，只需对现有地形进行简单处理即可开展筑路、修亭、植树、挖湖等工程建设，是理想的园林建设现有地形，它在园林绿地中要占有一定的比例。但是，平地也存在景观单一、不利于组织排水等问题，尤其是较长的单一坡度的地面，需要从设计上对它进行改造，或增加场地的起伏，或改为多面坡以减少水土流失和合理组织地面排水。

在平地地形上建造建筑、广场、平台、停车场及游乐场等，其坡度宜控制在 0.3% ~ 1.0%；而种植草坪或地被，理想的坡度为 1% ~ 3%，这样利于排水，也便于安排园内活动及相关设施。

2. 坡地

风景园林中坡地按照其倾斜程度的大小分为缓坡、中坡、陡坡、急坡等。

（1）缓坡

坡度在 3% ~ 10%。总体上属于适宜的园林建设场地，建筑、道路等设计要素的安排不受其坡度的影响，设计上可以将它建设为活动场地、游憩场所、疏林草地等。

（2）中坡

坡度在 10% ~ 25%。大多数活动不适宜在此种坡地上设置，只有少数活动如山地运动、极限攀爬等才可以利用此种坡地。道路和建筑的布置会受到一定程度的限制，不适宜安排大面积的水面，可以考虑溪流、跌水等景观工程。

（3）陡坡

坡度在 25% ~ 50%。这种地形的稳定性较差，容易造成滑坡或者塌方，因此，陡坡地段的地形改造一般要考虑加固措施，如建造护坡、挡墙等。不适宜布置较大规模的建筑，园林道路的安排要顺应地形变化因地制宜设置，个别地段需要采用台阶、楼梯等工程措施；不适宜设置水面，最多只能布置小面积的水体。

（4）急坡

坡度在 50% ~ 100%，是土壤自然安息角的极值范围。一般情况下急坡多位于土石结合的山地，通常用作树林群植。在组织园林道路时，要因地制宜地尽量做到曲折盘旋而上，个别地段需要结合台阶、楼梯等人工设施，而建筑则需要采取特殊的工程技术手段以保障其安全性。

（5）悬崖、陡坎

坡度在 100% 以上，已超出土壤的自然安息角。一般位于土石山或石山，种植需采取特殊措施（如挖鱼鳞坑、修树池等）保持水土、涵养水分。道路及楼梯布置均困难，工程措施投资大。

2.2 地形设计

地形设计要综合考虑功能布局、工程需求等因素，对现有地形进行总体塑造以奠定园林格局和景观风貌，统筹安排各种景点、设施和处理景点设施与地形之间的关系，同时协调地上和地下设施、山体和水体、园内和园外之间在高程上的合理关系。

2.2.1 地形设计基础

地形图是开展地形设计的基础条件，其指的是地表起伏形态和地物位置、形状等三维信息在二维平面上的投影图，具体来讲，将地物和地貌按水平投影灯方法（沿铅垂线方向投影到水平面上），并按一定的比例尺缩绘到图纸上，这种图称为地形图。在二维的地形图上面准确直观地表达出三维地形是设计师的基本能力，同样能够从复杂的地形图中识别各种地形的空间特点、尺度大小、坡度陡缓，判断其日照、排水以及小气候、地形的剖面表达，从而分析其土地利用的适宜性也是设计师的重要能力。可见掌握地形图的基本知识是开展地形设计的基础和媒介。

1. 等高线

（1）高程

高程是测量学科的专有名词，在园林建设中常用到绝对高程和相对高程这两个概念。

绝对高程，又称高程或海拔，我国目前普遍采用的是"1985 年国家高程基准"，它以青岛观潮站 1952 ～ 1979 年长期观测记录的黄海水面的高低变化的平均值确定大地水准面的位置（高程为零），以此为基准推测全国各地的高程，换言之，所谓绝对高程就是地面点到大地水准面的铅垂距离。以黄海基准面测出的地面点高程，形成黄海高程系统。个别区域因离黄海高程系统水准点较远，也可以以地区选定的基准面形成该地区的高程系统，如珠江高程系统、吴淞高程系统等。

同一场地的用地竖向规划设计应采用统一的坐标和高程系统。不同水准高程系统换算关系见表 2-1。

水准高程系统换算　　　　　　表 2-1

被转换者 ＼ 转换者	56 黄海高程	85 高程基准	吴淞高程基准	珠江高程基准
56 黄海高程	—	+ 0.029m	− 1.688m	+ 0.586m
85 高程基准	− 0.029m	—	− 1.717m	+ 0.557m
吴淞高程基准	+ 1.688m	+ 1.717m	—	+ 2.274m
珠江高程基准	− 0.586m	− 0.557m	− 2.274m	—

注：高程基准之间的差值为各地区精密水准网店之间的差值平均值。

园林建设中，为方便操作也常采用任何可参照的假定水准面为基准面以确定地面点的铅垂距离，并将其称之为相对高程或假定高程。

（2）等高线

应用等高线进行地形改造或调整，是常用的地形设计方法之一。所谓等高线是一组铅垂距离相等、平行于水平面的假想面与自然地貌相交，得到的交线在平面上的投影，换言之，地面上高程相等的点的连线在水平面上的投影也可以形成等高线。可以用等高线在二维平面图纸上表示三维地形的高低缓急、坡谷走向、峰峦位置等内容（图 2-1）。

等高线具有以下性质：

1）同一条等高线上的所有点的高程都是相等的。

2）每一条等高线都是闭合的。由于图界或图框的限制，在图纸上不一定每根等高线都能闭合，但实际上它们还是闭合的。

3）等高线水平间距的大小表示地形的缓或陡（图 2-2）。等高线密表示地形陡，而疏则表示地形缓，如果等高线的间距相等，表示该坡面的角度相同，再加上该组等高线平直，就说明该地形是一处平整过的同一坡度的斜坡。

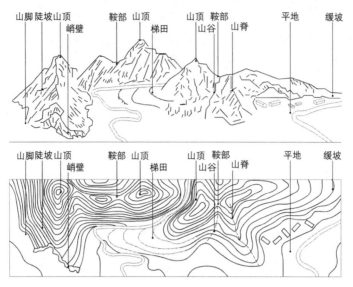

图 2-1 地形与等高线的关系

（图片来源：引自本章参考文献 [8]）

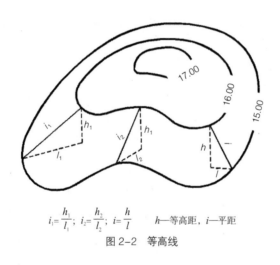

$$i_1=\frac{h_1}{l_1}; \ i_2=\frac{h_2}{l_2}; \ i=\frac{h}{l}$$　　h—等高距，i—平距

图 2-2 等高线

4）一般情况下，等高线不相交、不重叠，只有出现悬崖的特殊地形时才可能出现相交情况，而某些垂直于地平面的峭壁、地坎或挡土墙处的等高线才会重合一起。

5）图纸上的等高线不能直接穿过河谷、堤岸和道路等。

6）用等高线表示山谷或山脊地形时，等高线凸向高程升高方向的为山谷；等高线凸向高程降低方向的为山脊（图 2-3）。

总而言之，等高线可以比较全面而真实地描述、测量和表达地形地貌的特征，在地形设计工作中要充分利用等高线的特点并与其他方法结合起来。

2. 坡度

对地形的描述和表达还有一种方式就是坡度标注法，所谓坡度就是地形的倾斜度，它通过计算地形的铅垂距离与水平距离的比率以表达地形坡度大小，在平面图箭头方向表示下坡方向，并将坡度百分数标注在箭头的短线上（图 2-4）。

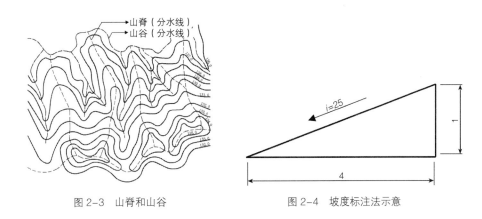

图 2-3　山脊和山谷　　　　　　　　图 2-4　坡度标注法示意

坡度的计算可用下式来表示：

$$i=H \div L \times 100\% \qquad (2-1)$$

式中　　i——坡度；

　　　　H——垂直高差；

　　　　L——水平距离。

例如，一斜坡在水平距离 5m 内上升 1m，其坡度 i 应为：

$i=1 \div 5 \times 100\%=20\%$。

需要说明的是，坡度不是角度，不要混淆了这两个概念，角度指的是坡面与水平面的夹角，不过两者之间是有对照关系的，详见表 2-2。

坡度与角度对照关系表　　　　　　表 2-2

坡度（%）	角度	坡度（%）	角度	坡度（%）	角度
1	0° 34′	9	5° 10′	17	9° 40′
2	1° 09′	10	5° 45′	18	10° 13′
3	1° 40′	11	6° 17′	19	10° 47′
4	2° 18′	12	6° 50′	20	11° 19′
5	2° 52′	13	7° 25′	21	11° 52′
6	3° 26′	14	7° 59′	22	12° 25′
7	4° 00′	15	8° 32′	23	12° 58′
8	4° 35′	16	9° 06′	24	13° 30′

坡度（%）	角度	坡度（%）	角度	坡度（%）	角度
25	14° 02′	37	20° 10′	49	25° 40′
26	14° 35′	38	20° 48′	50	26° 08′
27	15° 06′	39	21° 20′	51	26° 37′
28	15° 40′	40	21° 50′	52	27° 02′
29	16° 11′	41	22° 18′	53	27° 55′
30	16° 42′	42	22° 45′	54	28° 12′
31	17° 14′	43	23° 18′	55	28° 50′
32	17° 45′	44	23° 45′	56	29° 17′
33	18° 17′	45	24° 16′	57	29° 40′
34	18° 47′	46	24° 44′	58	30° 08′
35	19° 19′	47	25° 10′	59	30° 35′
36	19° 48′	48	25° 10′	60	30° 58′

3. 园林用地的地形图

完整的地形图包括地形符号、地物符号和标记符号，如图上只有地物，不表示地面起伏的图称为平面图。等高线、高程等是地形图中常见地形符号，它是以二维信息表达三维地形状况，园林用地的地形图绘制有以下几点需要注意。

（1）地形图的比例尺度要与场地规划与设计的深度联系。园林工程设计使用的地形图，它的比例一般要求达到 1 ： 500 ～ 1 ： 1000。个别项目，可以按照 1 ： 200 的比例尺进行测绘。

（2）为了更准确地表现地形的细微变化以及查图用图方便，一般还要将等高线进行分类标记。等高线通常分为四类，即首曲线、计曲线、间曲线和助曲线。首曲线，用 0.1mm 宽的细实线描绘，等高距和水平距离都以它为准，高程标记由零点算起。计曲线，从首曲线开始每隔四条或三条设一条，用 0.2mm 宽的粗实线描绘。间曲线是按 1/2 等高距测绘的等高线，用细长虚线表示。助曲线可以显示出一些重要地貌的微特征。一般不太复杂的地形，不必出现计曲线、间曲线和助曲线（图 2-5）。

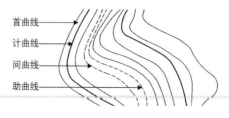

图 2-5 等高线的表示

（3）为了地形图的统一和规范，常设固定的符号表示相应的地物，这些符号分为以下几类：①地物按比例的图例符号，即按照地物相似轮廓，按比例绘制其位置、形状、大小等；②地物不按比例的图例符号，即标识，如矿井、里程碑、桥梁、农田等；③标记符号，如建筑层次、结构等级、河流深度等；④地形设计专用图例，如植被、道路、水体、山石等。图 2-6 所示为几种常见地形的符号。

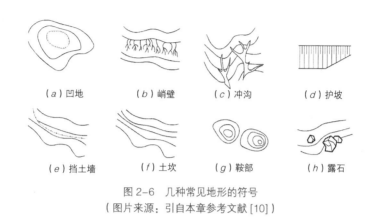

（a）凹地　　（b）峭壁　　（c）冲沟　　（d）护坡

（e）挡土墙　　（f）土坎　　（g）鞍部　　（h）露石

图 2-6　几种常见地形的符号
（图片来源：引自本章参考文献 [10]）

2.2.2 园林用地的竖向设计

1. 竖向设计的概念、任务及原则

（1）地形设计的概念

地形设计，又称竖向设计，园林工程竖向设计的任务是根据园林建设的要求，结合设计地块的地形地貌特征、功能布局和工程建设条件，从发挥园林最大综合功能效益的角度对现有地形进行设计以满足园林建设的要求。可见，竖向设计的目的是对现有地形进行适当改造，使得园林与四周环境、园林用地内部各构成要素在平面与高程之间有合理的关系。

（2）竖向设计的任务

1）竖向设计是对园林内现有地形、地下管线、道路广场、建筑与场地进行铅垂方向的高程（标高）设计，既要满足园林功能使用的要求，又要符合"经济、实用、美观"的原则，简言之，竖向设计就是园林的高程（标高）设计。

2）竖向设计要与平面布局相配合。竖向设计的目的是创造更好的立面景观，核心是处理景物、设施等要素之间在高程（标高）上的关系，确定园林中场地的标高和坡度。

3）竖向设计中重点关注现有地形变化对排水、交通、建筑和植物的影响，拟定场地的排水组织方式并明确全园的排水系统，建立完整的排水管渠系统和土地保护系统。

4）计算土方工程量，进行土方平衡调配。

（3）竖向设计的原则

竖向设计是在园林总体设计的指导下进行的技术设计工作，它是整个设计工作的重点之一，在竖向设计中遵循以下原则。

1）功能优先，满足各类用地的使用要求

通过对现有地形进行高程上的调整、改造，以满足各类园林用地的使用要求，保证园林中的活动能够顺利开展。园林中不同场地和活动类型对竖向设计的要求不一样，尤其是对坡度的要求不一样（表2-3）。

竖向设计中的坡值标准　　　　　　　　　表2-3

项目	适宜的坡度（%）	坡度的极值（%）	备注
机动车道	0.5 ~ 8.0	0.3 ~ 12.0	—
步行道	0.5 ~ 12.0	0.3 ~ 20.0	最佳散步坡度为 1% ~ 2%
台阶	33 ~ 50	25 ~ 50	—
广场与平台	1 ~ 2	0.3 ~ 3.0	儿童游戏场地坡度以 0.3% ~ 2.5% 为宜
停车场	0.5 ~ 3.0	0.3 ~ 8.0	停车场最理想坡度为 0.2% ~ 0.5%
草坪	1 ~ 3	0.5 ~ 33.0	—

2）因地制宜，顺应现有地形为主，改造为辅

《园冶》中提到"高阜可培、低方宜挖"，大意是说在竖向设计时应遵循"因地制宜"的原则，要因高堆山，就低凿水。因此，竖向设计的基本原则是要对现有地形进行深入研究分析，针对不同类型地形的特点（表2-4），做到尽量利用现有地形并对它进行必要的改造。一方面通过竖向设计，使地形可以满足场地使用需要；另一方面将地形与其他要素有机结合融为一体，营造合乎自然山水规律的空间环境。

几种常见地形设计要点　　　　　　　　　表2-4

项目	图示（等高线）	地貌景观特征	工程规划要点
沉床、盆地		有内向封闭性地形，产生保护感、隔离感、隐蔽感，静态景观空间，闹中取静，香味不易被风吹散，居高临下	总体排水有困难，注意保证有一个方向的排水，有导泄出路或置埋地下穿越暗管，通路宜呈螺旋或之字形展开
谷地		景观面狭窄成带状内向空间，有一定神秘感和诱导期待感，山谷纵向宜设转折焦点	可沿山谷走向安排道路与理水工程系统
山脊、山岭		景观面丰富，空间为外向型，便于向四周展望，脊线为坡面的分界线	道路与理、排水都容易解决，注意转折点处的控制标高，满足规划用地要求
坡地		单坡面的外向空间，景观单一，变化少，需分段组织空间，以使景观富于变化	道路和排水都易安排，自然草地坡度控制在 33% 以下，理想坡度为 1% ~ 3%

项目	图示（等高线）	地貌景观特征	工程规划要点
平原、微丘		视野开阔，一览无余，也便于理水和排水，便于创造与组织景观空间	规划地形时要注意满足地面最小排水坡度，防止地面积水和受涝
梯台、重丘、山丘		有同方位的景观角度，空间外向性强，顶部控制性强，标识明显	组织排水方便，规划布置道路时要防止纵坡过大而造成行车和游人的不便及危险，台阶坡度宜小于 50%

资料来源：引自本章参考文献 [10]。

3）土方平衡，控制成本

地形工程在园林建设成本中占据比较大的比例，因此遵循就地取材的原则可以实现项目建设成本的有效控制，因此，竖向设计要优先考虑如何实现土方平衡以控制成本。

2. 竖向设计的内容

（1）山水地形的竖向设计

园林的山水地形构成园林的基本骨架，大小、高低、比例、尺度、形态、坡度等山水地形的构成要素都要通过竖向设计来解决。山水地形的竖向设计要以总体设计为依据，合理确定地表起伏变化的形态，如峰、峦、谷、坡、湖、河、泉、瀑等。

（2）园路、广场、桥涵和其他铺装场地的竖向设计

园路、广场、桥涵和其他铺装场地是园林中开展各类空间活动的主要场所，它们的竖向设计涉及人在园林中活动的舒适性、安全性和可达性等方面的内容，因此需要将它们的高程关系在图纸上标示清楚，主要园路还需要以设计等高线表示其纵横坡和坡向。

（3）建（构）筑物和园林小品的竖向设计

建（构）筑物和园林小品是园林中的重要节点，也是标志性景观要素，应标出它们的地坪标高（高程）及其与周边环境的高程关系，例如在坡地上的建筑，就要标示它是随形就势还是设台筑屋，而在水边的建（构）筑物和园林小品就要标明它们与水体的关系。

（4）植物种植在高程上的要求

在进行竖向设计时，除了考虑功能、景观的要求外，还要充分考虑为不同植物生长营造出不同的生活环境条件。不同类型的植物因为生态习性的差异，对地形条件的要求也千差万别，有的需要生长在高处，而有的习惯长在低处，有的则喜欢在水边，因此在竖向设计时需要考虑植物在高程上的要求。

还有一种情况是，项目基地上可能会有一些需要保留的树木，有的甚至是古树名木，为了保护它的原生环境，需要对其周边地形进行科学改造，因此需要在图纸上标注出树木保护的范围、高程和适当的工程措施。

（5）地面排水的竖向设计

竖向设计时还要一并考虑排水工程。一般而言，无铺装地面的最小排水坡度设定为1%比较合理，而铺装地面的最小排水坡度为0.5%，这些只是经验参考值，具体情况还要根据场地的汇水区域面积大小、土壤透水性能等因素综合考虑。

（6）管道综合

给水、排水、电力、通信、消防等管道都可能会在园林中布置，很有可能出现交叉碰撞，由于它们有不同的工程技术规范和属于不同的职能部门，因此出现问题时需要综合解决，尤其需要严格处理好平面和空间的相互关系，统筹安排各种管道交会时合理的高程，以及它们和地面建（构）筑物或其他景物的关系。

3. 竖向设计的步骤与方法

（1）竖向设计的步骤

竖向设计是风景园林规划设计工作的一个环节，是总体规划的组成部分，需要与总体规划同步进行，它也是从方案设计阶段过渡到施工图设计阶段最为关键的工程技术落地环节。竖向设计直接影响到设计进度和设计质量，它是一项细致又琐碎的工作，任何一次的调整、修改，工作量都很大，所以从设计生产组织的角度看，需要重视竖向设计的步骤，让竖向设计的每个环节都有明确的任务、目标和标准，从而保证竖向设计的科学性、合理性和可行性。

地形简单缺少变化的园林工程，竖向设计在总平面图中表达，但是对于一些地形复杂或者规模较大的园林工程，总平面图上不易清楚地把总体规划内容和竖向设计内容同时都表达清楚，这时就需要单独绘制园林竖向设计图。

不管园林地形的简单与复杂，竖向设计都有以下实施步骤。

1）竖向设计及其相关资料汇编

开展竖向设计之前，需要对园林内地形地貌、建筑、道路、植被、管线等现状及环境条件的特点了如指掌，熟悉项目基地地形的高低、场地内的沟坎等山形水态，需要收集的主要材料如下所述。

①项目基地及其周边区域的地形图，比例一般为1：500或1：1000，这是竖向设计最基本的资料，必须收集，不可缺少。

②水文、地质、气象、土壤等的现状和历史资料。

③项目基地范围内的市政建设及其地下管线资料。

④其他与竖向设计相关的资料。

资料收集的原则是关键资料必须收集齐全，技术支持材料尽量齐全，与项目相关的资料有目的地选择性收集。

2）场地复勘与现状地形、地物复核

一般情况下，方案设计阶段会进行现场踏勘与调研，这个阶段所关注的更多是项目基地内与外、空间与环境等与总体规划设计相关的内容，未必能够做到对项目地块的现状地形了如指掌，因此需要在竖向设计环节对场地进行复勘，在掌握上述资料的基础上，对现状地形、地物进行认真的调查、核对，仔细核实地形图与真实环境的对应关系，如发现地形、地物现状与地形图上有不吻合或变动处，要了解清楚产生变化的原因，并进行重新测量或现场记录，以修正和完善现状地形图。

要特别关注项目基地内需要保留的建筑、文物古迹、古树名木等地物，还要了解城市市政管网、电力供给等基础设施情况。

3）竖向设计工作

通常在方案设计阶段就需要考虑地形设计，它是在对环境和现状地形的分析研究基础上结合园林的功能组织、空间布局、道路安排、建筑布置、植物种植等要求，从竖向上对全园布局做出统一安排，这些安排为竖向设计工作奠定了坚实的基础。

方案确定后再经过资料收集、场地复勘和地形、地物复核就开始竖向设计工作，它是总体规划的延续，在竖向设计工作中会进一步深入考虑道路的纵横断面及标高、建筑的室内外标高、活动场地的设计标高、可以合理组织场地排水的设计地形等，并要求将这些技术信息在图纸上进行明确的表达。

（2）竖向设计的方法

竖向设计的主要方法有等高线法、断面法、模型法、计算机绘图表示法等，其中等高线法是最常用的方法。

1）等高线法

等高线法是竖向设计的主要方法，在园林设计中广泛使用。目前生产条件下，大多数竖向设计都是在地形图上进行的。一般地形图都是用等高线或点坐标表示高程，它的特点是可以在标示现状地形、地物的地形图上绘制设计地形等高线，从而进行地形的改造和调整，这样在同一张地形图上就可以表达现有地形和设计地形以及它们的关系，通过两者关系显示地形的开挖或者回填，这样方便设计过程中竖向设计方案的比较和修改，也便于进一步计算土方工程量。一般情况下，设计地形等高线用细实线绘制，现有地形等高线则用细虚线绘制。当设计等高线低于现有地形等高线时，则需要在现有地形上进行开挖，称为"挖方"；反之，当设计等高线高于现有地形等高线时，需要在现有地形上增加一部分土壤，称为"填方"（图2-7）。

等高线法进行竖向设计的应用情况如下所述。

①陡坡变缓坡或缓坡改陡坡

等高线间距的疏密表示地形的陡缓。在设计时，如果高差不变，可以改变等高间距来减缓或增加地形的坡度。一般等高线间距越小，表示坡度越大；等高线间距越大，表示坡度越小。

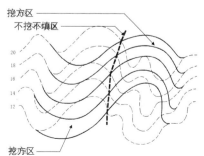

图 2-7　用等高线和设计等高线表示挖方和填方

②平垫沟谷

在园林建设过程中，有些沟谷地形需要垫平。平垫这类场地的设计，可以用平直的设计等高线和拟垫一部分的同值等高线连接。其连接点就是不挖不填的点，也叫"零点"；这些相邻点的连线，叫作"零点线"，即垫土的范围。如果平垫工程不需要按某一坡度进行，则设计时只需将拟平垫的范围在图上大致标出，再以平直的同值等高线连接现有地形等高线即可。如果要将沟谷部分依指定的坡度平整成场地，则所设计等高线应相互平行，并且间距相等（图 2-8 ~ 图 2-10）。

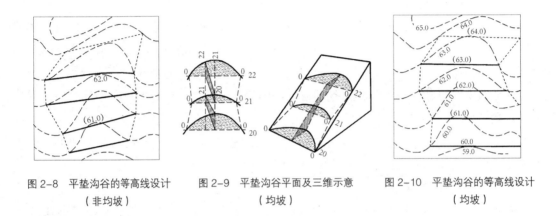

图 2-8　平垫沟谷的等高线设计　　图 2-9　平垫沟谷平面及三维示意　　图 2-10　平垫沟谷的等高线设计
　　　　　（非均坡）　　　　　　　　　　　　　（均坡）　　　　　　　　　　　　　　（均坡）

③削平山脊

平整山脊的设计方法与平垫沟谷的方法相同，只是等高线所切割到现有地形等高线方向正好相反（图 2-11）。

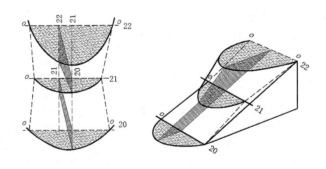

图 2-11　削平山脊的等高线

④平整场地

园林中场地包括铺装广场、建筑地坪及各种文体活动场地和较平缓的种植地段，如草坪、较宽的种植带等。非铺装场地对坡度要求不那么严格，目的是垫洼平凹，将坡度理顺，而地表坡度则任其自然起伏，排水通畅即可。铺装地面对坡度要求严格，各种场地因其使用功能不同对坡度的要求也不一样。铺装地面排水的最小坡度为 0.5%，一般集散广场坡度为 1% ~ 7%，足球场为 3% ~ 4%，篮球场和排球场为 2% ~ 5%，这类场地的排水坡度可以是沿长轴方向或横轴的两面坡，也可以设计成四面坡，这取决于周围环境条件。一般铺装场地都采用规则的坡面。

⑤园路的设计等高线

园路坡度有纵坡和横坡，设计等高线的各种特性在园路的竖向设计中体现得最为明显。园路的平面位置、纵、横坡度，转折点的位置及标高经设计确定后，便可按坡度公式确定设计等高线在图面上的位置、间距等，并处理好它与周围地形的竖向关系。

2）断面法

断面法是用诸多断面表示现有地形和设计地形状况的方法，这样处理表达比较直观明了。断面法适合要求精度不是特别高而且地形相对狭长的竖向设计，它对地形图精度的要求较高。

断面的取法可以沿所选定的轴线取设计地段的横断面，断面间距视所要求精度而定，也可以在地形图上绘制方格网，方格边长可依设计精度确定。设计方法是在每一方格角点上，求出现有地形标高，再根据设计意图求取该点的设计标高。将各角点的现有地形标高和设计标高进行比较，求得各点的施工标高，依据施工标高沿方格网的边线绘制出断面图。沿方格网长轴方向绘制的断面称为纵断面图，沿其短轴方向绘制的断面图称为横断面图。这样从断面图上可以了解各方格上的现有地形标高和设计地形标高，这种图纸便于土方工程量计算，也方便施工。

3）模型法

模型法是用泥土、沙、泡沫等材料按一定比例对设计地形加以形象表达的方法，它不同于等高线法和断面法力求高程和土方计算的精确，而是强调设计地形的直观形象，因此模型法在总体规划阶段可用来斟酌和表现地形地貌形象，它具有三维空间的表现力。不过模型制作费工费时，并且不易搬动，它的应用有一定的限制性。

模型制作一般是按地形图的比例及等高距进行。首先将板材（吹塑纸、泡沫板、厚纸板等）按每条等高线形状大小模印后裁剪切割，并按顺序序号逐层粘叠固定（单层板厚度不够比例等高距尺寸时，可增加板材层数或配合使用厚度不同的板材）。板材间干结牢固后，用橡皮泥在上面均匀敷抹，按设计意图捏出皱纹，使其形象自然。此外，还可以用不同色彩的橡皮泥区别表示不同地形地物，如土黄色表示土山，绿色表示草地，淡蓝色表示水体等。

4）计算机绘图法

随着计算机技术的发展，地形设计与表达的数字化是风景园林设计的发展趋势，比如三维 GIS 和 3DMAX 相结合制作园林地形，以及数字景观、数字三维模型等技术。计算机绘图法和前面几种方法相比，计算能力强，设计地形精度高，它可以通过一系列的计算机辅助设计软件建立地形模型，既可以表达现有地形，又可以叠加设计地形以及对现有地形和设计地形进行比较，更重要的是输出端具有极大的优势，设计师可以在屏幕上从任意视角观察和体验地形的三维形态，甚至可以制作成多媒体动画，从而可以连续地、实时地得到地形变化的印象，并据此对设计地形做出进一步的调整。此外，计算机绘图法大大减轻了土方工程量的计算，使工程技术人员从繁杂的手工土方工程量计算中解放出来，可以大大提高工作效率，从而能够集中精力去考虑地形设计的合理性、景观性和艺术性。可见，计算机绘图法在将来的园林建设中具有无限的可能。

以上几种方法在竖向设计及表达过程中都不是单一使用，而是综合运用的。目前的生产条件下，等高线法还是主要的竖向设计方法，断面法和模型法一般作为辅助方法，不过随着数字景观的发展，计算机绘图法具有很大的发展潜力，可能会取代前面三种方法。

2.2.3 土方工程量计算与平衡调配

1. 土方工程量计算

土方工程基本原则是尽量减少土方的施工量以节约投资和缩短工期，因此在园林建设之前的设计阶段必须对地形工程的土方量进行计算并做到心中有数，以提高工作效率和保证工程质量。另外，土方工程量计算资料又是工程预算和结算的重要依据。可见，土方工程量计算在竖向设计中是必不可少的。

计算土方工程量的方法很多，常用的有体积法、断面法、方格网法和计算机软件计算法。

（1）体积法

园林建设过程中常会有一些类似于基本几何形体（如圆锥、圆台、棱锥、棱台等）的地形单体，它们的工程量可以用体积公式法来计算。这种方法相对比较简单，但精确度较差，一般用于方案总体规划阶段的土方工程量估算（表2-5）。

土方工程量体积公式表　　　　　　　　　　　　　　　　表2-5

序号	几何体名称	几何体形状	体积
1	圆锥		$V = \dfrac{1}{3} \pi r^2 h$
2	圆台		$V = \dfrac{1}{3} \pi h (r_1^2 + r_2^2 + r_1 r_2)$
3	棱锥		$V = \dfrac{1}{3} S \cdot h$
4	棱台		$V = \dfrac{1}{3} h (S_1 + S_2 + \sqrt{S_1 S_2})$
5	球缺		$V = \dfrac{\pi h}{6} (h^2 + 3 r^2)$

注：V——体积；r——半径；S——底面积；h——高；r_1、r_2——分别为上、下底半径；S_1、S_2——分别为上、下底面积。

（2）垂直断面法

垂直断面法是指根据地形图或现场测绘将设计地形划分为若干等距（或不等距）的互相平行的截面，也就是将设计地形分截成"段"，应用截面计算公式逐段计算土方量，最后各段汇总以求得设计地形的总挖、填方量。其计算公式如下：

$$V=V_1+V_2+V_3+\cdots+V_N \tag{2-2}$$

$$V_1=\frac{S_1+S_2}{2}\times L$$

式中　V_1——相邻两断面的挖、填方量，m^3；

　　　S_1——截面 1 的挖、填方面积，m^2；

　　　S_2——截面 1 的挖、填方面积，m^2；

　　　L——相邻两截面间的距离，m。

用此法计算土方工程量，它的精度取决于截取断面的数量。多则较精，少则较粗。横截面可以设在地形变化较大的位置，当地形复杂，要求精度高时，应多设横截面；当地形变化小且变化均匀，要求仅作估算用时，横截面可以少一些（图 2-12）。

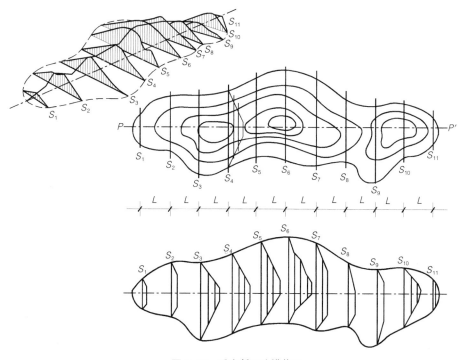

图 2-12　垂直断面法横截面
（图片来源：引自第 1 章参考文献 [7]）

在 S_1 和 S_2 面积相差较大或两相邻断面之间的距离大于 50m 时，其计算结果的误差较大，如遇上述情况，可以改用以下公式计算：

$$V = \frac{L}{6}(S_1 + S_2 + 4S_0) \qquad (2-3)$$

式中 S_0——中间断面面积，m^2。

S_0 的面积中有两种求法：

一是用求棱台中截面的面积公式求：$S_0 = (S_1 + S_2 + 2\sqrt{S_1 S_2})/4$；

二是用 S_1 及 S_2 各相应边的算术平均值求 S_0 的面积。

（3）等高面法

大面积自然山水地形的土方工程量计算适合选用等高面法，它是在等高线处沿水平方向截取断面，断面面积为等高线所围合的面积，相邻断面之间的高差即为等高距（图2-13），计算方法与垂直断面法相似。其计算公式如下：

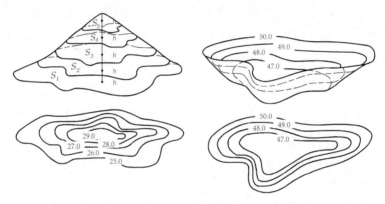

图 2-13 等高面法图示
（图片来源：引自第 1 章参考文献 [7]）

$$V = \frac{S_1 + S_2}{2} \times h + \frac{S_2 + S_3}{2} \times h + \cdots \frac{S_{n-1} + S_n}{2} \times h + \frac{S_n}{3} \qquad (2-4)$$

式中 V——土方体积，m^3；

S——断面面积，m^2；

h——等高距，m。

（4）方格网法

园林建设中的地形工程除挖湖堆山外，还有各种大小不一、用途各异的地坪、缓坡地需要进行平整，也就是将这些高低不平的地形整理为平坦的具有一定坡度的场地，如集散广场、停车场、活动场地等。这类工作最适合采用方格网法。

方格网法是把平整场地的设计工作和土方工程量计算工作结合在一起进行的，用它计算土方工程量相对比较精确，其基本流程如下所述。

1）划分方格网

在附有等高线的地形图上划分若干正方形的小方格网。方格的边长取决于地形状况和精度计算要求。在地形相对平坦的地段，方格边长一般可采用 20 ~ 40m；地形起伏较大的地段，方格边长可采用 10 ~ 20m。

2）填入现有地形标高

根据总平面图上的现有地形等高线确定每一个方格交叉点的现有地形标高，或根据现有地形等高线采用插入法计算出每个交叉点的现有地形标高，然后将现有地形标高数字填入方格网的右下角（图 2-14）。

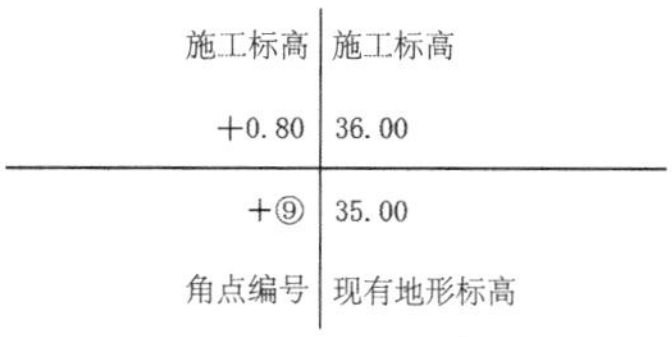

施工标高	施工标高
+0.80	36.00
+⑨	35.00
角点编号	现有地形标高

图 2-14　方格网点标高的注写

当方格交叉点不在等高线上就要采用插入法计算出现有地形标高。插入法求标高公式如下：

$$H_x = H_a \pm \frac{xh}{L} \qquad\qquad (2-5)$$

式中　H_x——角点现有地形标高，m；

　　　H_a——位于低边的等高线高程，m；

　　　x——角点至低边等高线的距离，m；

　　　h——等高距，m；

　　　L——相邻两等高线间最短距离，m。

插入法求高程通常会遇到以下三种情况。

①待求点标高 H_x 在两等高线之间（图 2-15 ①）：

$$h_x : h = x : L \qquad h_x = \frac{xh}{L}$$

$$\therefore H_x = H_a + \frac{xh}{L}$$

②待求点标高 H_x 在低边等高线 H_a 的下方（图 2-15 ②）：

$$h_x : h = x : L \qquad h_x = \frac{xh}{L}$$

$$\therefore H_x = H_a - \frac{xh}{L}$$

③待求点标高 H_x 在高边等高线 H_b 的上方（图 2-15 ③）：

$$h_x : h = x : L \qquad h_x = \frac{xh}{L}$$

$$\therefore H_x = H_a + \frac{xh}{L}$$

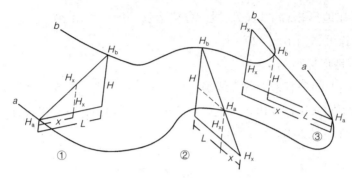

图 2-15　插入法任意点高程图示
（图片来源：引自第 1 章参考文献 [7]）

3）填入设计标高

根据设计平面图上相应位置的标高情况，在方格网点右上角填入设计标高。

4）填入施工标高

施工标高＝现有地形标高－设计标高。

得数为正（＋）数时表示填方，得数为负（－）数时表示挖方。施工标高数值应填入方格网点左上角。

5）求填挖零点线

求出施工标高以后，如果在同一方格中既有填土又有挖土部分，就必须求出零点线。所谓零点线就是既不挖土也不填土的点，将零点互相连接起来的线就是零点线。零点线是挖方和填方区的分界线，它是土方计算的重要依据。

土石方量的方格网计算图式　　　　　　　　　　　　　　表 2-6

		零点线计算
$+h_1$ b_1 0 $+h_2$ 0 c_1 $-h_3$ b_2 $-h_4$ c_2		$b_1=a\cdot\dfrac{h_1}{h_1+h_3}$　　$c_1=a\cdot\dfrac{h_2}{h_2+h_4}$ $b_2=a\cdot\dfrac{h_3}{h_3+h_1}$　　$c_2=a\cdot\dfrac{h_4}{h_4+h_2}$
h_1　h_2 h_3　h_4	h_1 h_2 h_3 h_4	四点挖方或填方 $V=\dfrac{a^2}{4}(h_1+h_2+h_3+h_4)$
h_1 c h_2 h_3 b h_4	h_1 h_2 h_3 h_4	二点挖方或填方 $V=\dfrac{b+c}{2}\cdot a\cdot\dfrac{\Sigma h}{4}$ $\dfrac{b+c}{2}\cdot a\cdot\dfrac{\Sigma h}{4}$

续表

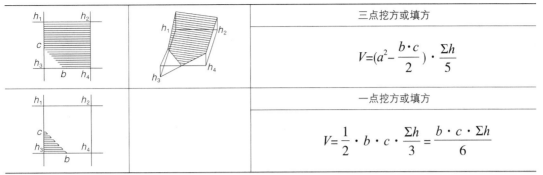

		三点挖方或填方
		$V=(a^2-\dfrac{b\cdot c}{2})\cdot\dfrac{\Sigma h}{5}$
		一点挖方或填方
		$V=\dfrac{1}{2}\cdot b\cdot c\cdot\dfrac{\Sigma h}{3}=\dfrac{b\cdot c\cdot\Sigma h}{6}$

资料来源：引自本章参考文献 [10]。

参照表 2-6 所示，可以用以下公式求出零点：

$$X=\frac{h_1}{h_1+h_3}\cdot a \qquad\qquad (2\text{-}6)$$

式中　　　X——零点距 h_1 一端的水平距离，m；

　　　h_1，h_3——方格相邻二角点的施工标高绝对值，m；

　　　　　　a——方格边长，m。

6）土方量计算

根据方格网中各个方格的填挖情况，分别计算出每一方格土方量。由于每一方格内的填挖情况不同，所以计算所依据的图式也不同。计算中，应按方格内的填挖具体情况，选用相应的图式，并分别将标高数字代入相应的公式中进行计算。几种常见的计算图式及其相应计算公式参见表 2-6。

最后，对每个网格的挖方、填方量进行合计，算出填、挖方总量。

（5）土方工程量软件计算

随着计算机技术的发展，土方工程量计算可以通过计算机辅助设计软件来实现，与人工计算相比它可以减少人工工作量。目前，国内外已有多款可以用于土方工程量计算的软件，它们各有特点，优势与劣势并存。土方工程量计算软件一般基于 AutoCAD 平台开发，依照方格网或断面法求土方工程量原理制作而成，它的计算精度更高，计算速度更快。

土方工程量计算软件具有良好的交互性、友好的界面和快捷的计算速度，可应用于园林土方工程中各种复杂的地形，但前提是要有详细的地形图和已经完成的竖向设计。

2. 土方的平衡与调配

竖向设计的基本目的是实现地形工程中土方开挖与回填的基本平衡，土方平衡就是将已经求出的挖方总量和填方总量进行比较，若两者数值接近，就可以认为达到了土方基本平衡，如果发现挖、填方数量相差较大，就需要考虑余土和缺土的处理措施，甚至调整设计地形。土方平衡的要求是相对的，没必要做到绝对平衡。实际上，无论采用哪种土方工程量计算方法都不可避免会出现一定程度的误差，因此计算土方工程量时能够达到相对平衡就可以了。

　　进行土方平衡与调配，必须综合考虑工程和现场情况、进度要求和土方施工方法以及分批施工工程的土方堆放和调运问题。经过全面研究，在确定平衡调配的原则之后，才可以着手进行土方平衡与调配工作，如划分土方调配区、计算土方的平均运距、单位土方的运价，最后确定土方的最优调配方案。

　　（1）土方平衡与调配原则

　　1）综合考虑各种情况下参与土方平衡与调配项目的内容与特点，如开挖水体、道路、工程管沟等工程的余土，以及松土的余土量、用作建筑材料的土石方等，务求符合实际情况。

　　2）整体考虑，避免出现部分地段取、弃土困难或重复挖填现象。

　　3）挖方与填方基本达到平衡，减少重复倒运。

　　4）分区调配应与全场调配相协调，避免只顾局部平衡，任意挖填而破坏全局平衡的现象。

　　5）选择恰当的调配方向、运输路线、施工顺序，避免土方运输时出现对流和乱流的现象，同时便于机械调配、机械化施工。

　　6）挖、填关系的处理上，尽量做到多挖少填、上挖下填、近挖近填，避免重复挖填。

　　（2）土方平衡与调配步骤

　　1）划分土方调配区。在平面图上划出挖、填方区的分界线，并在挖、填方区划出若干个调配区，确定调配区的大小和位置。

　　2）计算各调配区的土方量并标于图上。

　　3）计算各挖方调配区和各填方调配区之间的平均运距，即各挖方调配中心至填方调配中心的距离。一般当挖、填方调配区之间距离较远或运土工具沿工地道路或规定运土路线行驶时，其距离按实际计算。

　　4）确定最优的调配方案。

　　5）绘出土方调配图，并根据土方工程量计算结果，标出调配方向、土方量和运距。

2.3 土方施工

　　土方施工是园林工程建设的首要环节，土方施工的质量和进度直接影响到其他园林工程的建设，或者说其他园林工程的建设必须在土方工程实施的基础上展开，因此必须重视土方工程，尤其施工前的准备工作要求做到考虑周全、准备充分、科学安排、施工条件充足，而在施工过程中则要求严格按照施工方案有序推进以保证施工的质量和进度。

2.3.1 土方施工的基本知识

1. 土方工程的种类及其施工要求

　　土方工程根据其使用期限和施工要求，可分为永久性和临时性两种，两者都要求具有足够的稳定性和密实度，工程质量和艺术造型都要符合设计要求；同时在施工过程中还要遵守有关技术规范和设计的各项要求，以保证工程的稳定和持久。

2. 土壤的工程性质

不同的土壤有不同的物理性质，它对土方工程的施工方法、工程量及工程投资等有较大的影响，也涉及施工组织和技术的安排，因此，需要对土壤的类型及其特性有一定的了解，掌握其基本知识并能在土方施工中灵活应用。

（1）土壤的密度和含水量

土壤的密度是单位体积内天然状况下土壤的质量，单位为 kg/m³。土壤的密度大小直接影响到施工的难易，密度越大，施工难度就越大。在土方施工中将土壤分为松土、半松土、坚土等类，它将作为施工技术方案制定和定额编制的依据。

土壤的含水量是土壤孔隙中的水重和土壤颗粒重的比值。土壤虽然具有一定的吸持水分的能力，但土壤水的实际含量是经常发生变化的。一般土壤含水量越低，土壤吸水力越大；反之，土壤含水量越高，土壤吸水力越小。土壤含水量在 5% 以内的称为干土，5% ~ 30% 的称为潮土，大于 30% 的称为湿土。土壤含水量对施工的难易有着直接影响，含水量过小，土质硬，不易挖掘；含水量过大，土壤泥泞，也不利于施工。

（2）土壤的自然倾斜角（安息角）

自然堆积的土壤，经沉落稳定后的表面与地平面所形成的夹角就是土壤的自然倾斜角，也称安息角，以度（°）表示。土壤含水量的大小会影响土壤的安息角。在工程设计时，为了使工程稳定，其边坡坡度值应参考相应土壤的安息角。

不论挖方还是填方都要求有稳定的边坡。进行土方工程的设计或施工时，应结合工程本身的要求（如填方或挖方，永久性或临时性）以及当地的具体条件（如土壤的种类及分层情况、压力情况等），使挖方或填方的坡度合乎技术规范的要求，如情况在规范之外，则要进行实地测试来决定。

（3）土壤相对密实度

土壤相对密实度是用来表示土壤填筑后的密实程度的，是检验土方工程施工中土壤密实程度的标准。其计算公式为：

$$D = \frac{\varepsilon_1 - \varepsilon_2}{\varepsilon_1 - \varepsilon_3} \qquad\qquad (2-7)$$

式中　D——D 土壤相对密实度；

　　　ε_1——填土在最松散状况下的孔隙比；

　　　ε_2——经碾压或夯实后的土壤孔隙比；

　　　ε_3——最密实情况下的土壤孔隙比。

注：孔隙比是指土壤孔隙的体积与固体颗粒体积的比值。

设计要求的密实度可以采用人力夯实或机械夯实来达到。一般采用机械夯实，其密实度可达 95%，人力夯实在 87% 左右。大面积填方，如堆山等，通常不加夯压，而是借土壤的自重慢慢沉落，久而久之也可达到一定的密实度。

（4）土壤的可松性

土壤的可松性是指土壤经挖掘后，其原有紧密结构遭到破坏，土体松散而使体积增加的性质。这一性质与土方工程的挖土量和填土量的计算以及运输都有很大的关系。

2.3.2 施工前准备工作

1. 施工计划

（1）施工图纸的研究和审查

检查设计图纸、资料是否齐全，核对平面尺寸和标高及图纸中是否存在错误和矛盾；熟悉和掌握设计内容及各项技术要求，了解工程规模、特点、工程量和质量要求；熟悉土层地质、水文勘察资料；会审施工图纸，搞清建设场地范围与周围地下设施管线的关系；制定好开挖和回填程序，明确各专业工序间的配合关系、施工工期要求；并向参加施工的人员层层进行技术交底。

（2）施工现场的查勘

根据设计总平面图、竖向设计图和现状地形图对项目现场进行查勘核实，全面了解工程建设场地的情况并收集相关资料。

重点关注工程场地与周边环境的关系，考虑施工机具停放、人员临时办公、物料堆放地点的选址，落实工程场地水电、通信情况，全面收集项目地块地形、地貌、地质水文、河流、气象、运输道路、植被、邻近建筑物、地下基础、管线、电缆坑基、防空洞、地面上范围内的障碍物和堆积物状况等方面资料，为制定施工计划方案提供可靠的资料和数据。

（3）施工方案的编制

根据施工图纸研究、施工现场查勘、施工进度要求和施工条件研判来制定土方工程施工方案和措施；绘制施工总平面图和土方开挖图，明确开挖路线、施工次序和范围、土方堆放点、施工人员、施工机具、时间安排、施工进度等计划，有些项目还可以考虑推广新的施工技术。施工方案的制定是为了周密安排施工工作，力求开工后可以有条不紊地展开施工计划。

2. 清理场地

（1）伐除树木

对施工场地内影响施工且没有利用价值的树木，在经有关部门审查同意后，应伐除；凡土方开挖深度不大于 50cm，或填方高度较小的土方施工，其施工现场及排水沟中的树木，必须连根拔除；清理树篼除人工挖掘外，直径在 50cm 以上的大树篼还可用推土机铲除或用爆破法清除。

树木的伐除，尤其是大树篼伐除，应慎之又慎；对施工场地内的名木古树或大树及对施工有一定影响又有利用价值的树木，要尽量设法保留或进行移植，必要时，则应提请建设单位或设计单位对设计进行修改，以便将大树、古树名木和有价值的树木保存下来。

（2）建筑物和构筑物的拆除

对施工场地内没有利用价值和不需要保留的建筑物和构筑物的拆除，应根据其结构特点采取适宜的施工方法，并遵照现行的相关规范进行操作。

（3）其他

施工过程中若发现其他管线或异常物体，应立即请有关部门协同查清。未查清前不可施工，以免发生危险或造成其他损失。

3. 做好排水设施

施工场地内有积水不但不便于施工，还会影响到工程质量，在施工之前，应将施工场地内的积水或影响到施工的过高的地下水排走。

（1）排除地面积水

施工前根据场地实际情况设法排除地面积水，排除地面积水的沟渠可以在原有排水系统的基础上疏通再利用，也可以新建临时性或永久性排水沟渠，将地面积水排走，或排到低洼处再设水泵排走。施工场内排水系统的基本原则：

1）保证场地外地表水不流入施工场内，凡有可能流来地表水的方向，都应设堤或截水沟、排洪沟，保证场外的水不能流入。

2）山坡地区，在离边坡上沿 5 ~ 6m 处，设置截水沟、排洪沟，阻止坡顶雨水流入开挖基坑区域内，或在需要的地段修筑挡水坝阻水。

3）排水沟纵坡方向坡度一般不小于 2%，沟的边坡值一般为 1 : 1.5，沟底宽及沟深不小于 50cm。

（2）排除地下水

在地下水位高的地段和河地湖底挖方时，均应考虑地下水的排除。排除地下水的方法很多，如大口井、轻型井点、电渗井点、明沟排放等，一般多采用明沟排法，通过明沟将地下水引至集水井，并用水泵排出。一般按积水面积和地下水位的高低来安排排水系统，先定出主干渠和集水井的位置，再定支渠的位置和数目，土壤含水量大且要求排水迅速的，支渠分布应密些，其间距一般为 1.5m 左右，反之可疏些。

在挖湖施工中应先挖排水沟，排水沟的深度应深于水体深度，沟可一次挖掘到底，也可依施工情况分层下挖，具体哪种方式应根据出土方向而定。

4. 定点放线

清理场地后，为了确定施工范围及挖土或填土的标高，应按设计图纸的要求，用测量仪器在施工现场进行定点放线工作，这一步工作很重要，为使施工充分表达设计意图，测设时应尽量精确。

（1）平整场地的放线

用经纬仪或红外线全站仪将图纸上的方格网测设到地面上，并在每个方格网交点处设立木桩，边界木桩的数目和位置依图纸的要求设置。木桩上应标记桩号（取施工图纸上方格网交点的编号）和施工标高（挖土用"＋"号，填土用"－"号）。

（2）自然地形的放线

挖湖、堆山等自然地形的放线，也是将施工图纸上的方格网测设到地面上，然后将堆山或挖湖的边界线以及各种设计等高线与方格的交点一一标注到地面上并打桩（对于等高线的某些弯曲段或设计地形较复杂、要求较高的局部地段，应附加标高桩或缩小方格网边长而另设方格控制网，以保证施工质量），木桩上也要标明桩号及施工标高。

（3）山体放线

堆山时由于土层不断升高，木桩可能被埋没，所以桩的高度应保证每层填土后要露出土面。土山不高于5m的，也可用长竹竿做标高桩，在桩上把每层的标高都标出，不同层面用不同颜色标注，以便识别。

对于较高的山体，标高桩只能分层设置。

（4）水体放线

水体的放线与堆山基本相同，但由于水体挖深一般较一致，而且池底常年隐没在水下，所以放线可以粗放些。为了精确施工，可以用边坡板控制坡度。

（5）沟渠放线

开挖沟槽时，用打桩放线的方法在施工中木桩容易被移动，从而影响到校核工作，所以，应每隔30～100m设一块龙门板，其间距视沟渠纵坡的变化情况而定。板上应标明沟渠中心线位置、沟上口和沟底的宽度等。板上还要设坡度板，用坡度板来控制沟渠纵坡。

2.3.3 土方施工

土方施工包括挖、运、填、压四个技术环节，其施工方法可采用人力施工，也可用机械化或半机械施工，具体应根据场地条件、工程量和当地施工条件决定。在规模较大、土方集中的工程中，采用机械化施工较经济；但对工程量不大，施工点较分散的工程或受场地限制，不便采用机械施工的地段，应该用人力施工或半机械化施工。

1. 土方的开挖

（1）人力施工

施工工具主要是锹、镐、钢钎等。人力施工不但要组织好劳动力，而且要注意安全和保证施工质量。在挖土方时施工者要有足够的工作面，一般平均每人应有 4～6m²，附近不得有重物或易塌落物，要随时注意观察土质情况，采用合理的边坡。必须垂直下挖者，松软土不得超过0.7m深，中等密度者不得超过1.25m深，坚硬土不超过2m深，超过以上数值的需要设支撑板。挖方时不得在土壁下向里挖土，以防坍塌。在坡上或坡顶施工者，要注意坡下情况，不得向坡下滚落重物。施工过程中应注意保护基桩、龙门板或标高桩。

（2）机械施工

主要施工机械有推土机、挖土机等。在园林施工中推土机应用较广泛。如在挖掘水体时，以推土机推挖，将土推至水体四周，然后再运走或就地堆置地形，最后岸坡用人工修整。

用推土机挖湖堆山，效率高，但应注意以下几个方面问题：

1）推土机手应会识别施工图纸并了解施工对象的情况。在动工之前应向推土机手介绍拟施工地段的地形情况及设计地形的特点，最好结合模型讲解，使之一目了然；另外，施工前还要了解实地放线情况，如桩位、施工标高等。这样施工起来推土机手心中有数，施工时就能得心应手地按照设计意图去塑造地形。这一步工作做得好，在修饰山体或水体时可以省去许多劳力和物力。

2）注意保护表土。在挖湖堆山时，先用推土机将施工地段的表层熟土（耕作层）推到施工场地外围，待地形整理停当，再把表土铺回来，这样虽比较麻烦，但对今后植物生长却有很大好处。有条件的项目都应该这样做。

3）桩点和施工放线要明显。推土机施工时需要不断进退，其活动范围大，但由于施工地面高低不平，加上进车或退车时司机视线存在某些死角，所以桩木和施工放线容易受破坏，因此应增加桩木的高度，桩木上可做醒目标志，如挂小彩旗或涂明亮的颜色，以引起施工人员的注意。另外，施工期间，测量人员应经常到现场用测量仪器检查桩点和放线情况，掌握全局，以免挖错（或堆错）位置。

2. 土方的运输

一般竖向设计都力求土方就地平衡，以减少土方的搬运量。土方运输是较艰巨的任务，人工搬运一般都是短途的小搬运。在局部或小型施工中还会采用车运人挑的方式。

运输距离较长的，最好使用机械或半机械化运输。不论哪种运输方式，运输路线的选择都很重要，卸土地点要明确，避免混乱和窝工。如果使用外来土围地堆山，运土车辆应设专人指挥，乱堆乱卸必然会给下一步施工增加许多不必要的二次搬运工作，造成人力物力的浪费。

3. 土方的填筑

填土应该满足工程的质量要求，土壤的质量要根据填方的用途和要求加以选择，绿化地段土壤应满足种植植物的要求，而建筑用地的土壤则注重地基的稳定。利用外来土壤围土堆山时，应该先验定土质，劣土及受污染的土壤不应该放入园内以免将来影响植物的生长和不利于游人的健康。

大面积填方应该分层填筑，一般每层深 20 ~ 50cm，有条件的应层层压实。在斜坡上填土时，为防止新填土滑落，应先把土坡挖成台阶状，然后再填方。这样可以保证新填土方的稳定。

土方的运输路线和卸土点,应以设计的山头为中心并结合来土方向进行安排,一般以环形为宜。车辆或人满载上山,土卸在路两侧,空载的车(人)沿路线继续前行下山,车(人)不走回头路,不交叉穿行。如果土源有几个来向,运土路线可根据设计地形特点安排几个小环路,小环路以人流车辆不相互干扰为原则。

4. 土方的压实

人力夯压可用夯、碾等工具,机器夯压可用碾压机。小型的夯压机器有内燃夯、蛙式夯等。为保证土壤的压实质量,土壤应该具有最佳含水率。如土壤过分干燥,需先洒水湿润后再行压实。在压实工作中应该注意以下几点:

1)必须分层进行。

2)要注意均匀压实。

3)压实松土时夯压工具应先轻后重。

4)应自边缘开始逐渐向中间收拢,否则边缘土方外挤容易引起坍落。

总而言之,土方工程施工面较宽,工程量大,施工组织工作很重要,工程可全面铺开也可以分区分期进行。施工现场要有人指挥调度,各项工作要有专人负责,以确保工程按期按计划高质量地完成。

土方工程在某种程度上决定了园林建设的质量。

思 考 题

1. 地形有哪些设计特性?

2. 园林用地竖向设计的原则和要求是什么?

3. 竖向设计应完成哪些内容?

4. 比较竖向设计几种方法的优劣。

5. 有哪些方法可以用来计算土方工程量?各有何优缺点?

6. 土方施工前准备工作有哪些?

7. 土方施工中场地清理有哪些技术细节?

8. 介绍一下土方施工的技术体系。

参考文献

[1] 陈植 . 园冶注释 [M].2 版 重排本 . 北京：中国建筑工业出版社，2017.

[2] 李玉萍等 . 园林工程 [M].2 版 . 重庆：重庆大学出版社，2012.

[3] 郭湧 . 论风景园林信息模型的概念内涵和技术应用体系 [J]. 中国园林，2020，36（9）：17-22.

[4] 刘卫斌 . 园林工程 [M]. 北京：中国科学技术出版社，2003.

[5] 孟兆祯等 . 园林工程 [M]. 北京：中国林业出版社，1996.

[6] 钱剑林 . 园林工程 [M]. 苏州：苏州大学出版社，2009.

[7] 王良桂 . 园林工程施工与管理 [M]. 南京：东南大学出版社，2009.

[8] 武新等 . 园林工程技术 [M]. 湖北：湖北科学技术出版社，2012.

[9] 赵兵 . 园林工程学 [M]. 南京：东南大学出版社，2003.

[10] 赵兵 . 园林工程 [M]. 南京：东南大学出版社，2011.

[11] 朱红华等 . 园林工程技术 [M]. 北京：中国电力出版社，2010.

[12] 朱敏，张媛媛 . 园林工程 [M]. 上海：上海交通大学出版社，2012.

[13] 杨润，刘悦翠 . 三维 GIS 和 3DMAX 相结合制作园林地形场景的应用 [J]. 安徽农业科学，2008，36（2）：550-553.

第 **3** 章

////// 给水排水工程 //////

本章要点

给水排水工程是风景园林工程建设的重要组成内容。水是风景园林工程中非常重要的造景资源和维护资源，通过给水系统为绿地、水景提供水源，通过排水系统组织好风景园林中的雨水和污水。通过雨水花园工程收集雨水、回收利用废弃水资源，构建可持续发展的水循环利用工程技术系统。本章分为绿地喷灌系统工程、雨水排水工程、污水排水工程、雨水花园工程四个部分。

3.1 绿地喷灌系统工程

3.1.1 喷灌系统的组成

喷灌是利用机械加压把水压送到喷头，经喷头作用将水分散成细小水滴后均匀地降落到地面，对植物进行浇水的灌溉方式。喷灌近似于天然降水，灌水均匀，对植物全株进行灌溉的同时能产生降尘，增湿、节水、改良盐碱土等辅助作用。

喷灌系统由水源、输水管道系统、控制设备、过滤设备、加压设备、喷头等部分组成（图3-1）。喷灌系统的设计就是要组建一个完善的供水管网，通过这一管网为喷头提供足够的水量和必要的工作压力，供所有喷头正常工作。

喷灌系统的水源通常有多样的选择，在可能的情况下应首先选择中水或地表水作为喷灌的水源，尽量减少对地下水和市政自来水等优质水资源的依赖，同时喷灌水源的水质应能满足植物生长的要求，以不改变植物原有土壤的物理和化学性质为宜。当用中水作为灌溉用水时，应定期检验中水的出水水质。当一个水源不能完全保证喷灌用水的水量要求时，可以考虑使用多个水源同时供水。

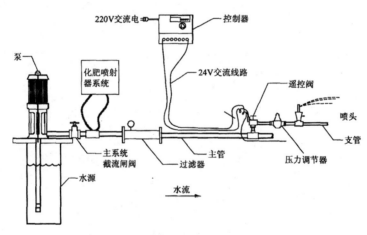

图3-1 喷灌系统的基本构成示意

当选择压力管网作为喷灌系统的水源时，可以直接利用管网压力为喷头供水，当压力不足或无压力水源时，需要采用水泵等动力设备增压。喷灌系统常用的加压设备有离心泵、潜水泵和深井泵。水泵的设计出水量应满足最大轮灌区的用水量，水泵的扬程应满足最不利点喷头的工作压力。

输水管道系统通常由干管、支管和竖管三级管道组成，可以将水配送到各个喷头。干管，也叫总管（总干管），是给水系统中的主进水管道，是将水从引入管输送到用水各区域的管段，始于水源并延伸到支管的控制阀，其管道全部或大部分时间都有水和压力。干管上常常安装闸阀以便于分区管理，也可以安装取水阀，便于临时连接水管取水。支管是从水平干管上接出的工作管道，也是从干管至竖管之间的管段。竖管也称立管，是指从支管上接出并连接喷头的垂直管道，常常按设计间距安装于支管上，将水从支管输送到喷头，只有喷头工作时竖管内才充水。

在管道系统上还接有其他连接和控制的附属配件，如过滤器、化肥及农药添加器、水表，以及各种手控阀门、电磁阀和控制器等。手控阀门包括球阀、闸阀、蝶阀等。喷灌控制器应用于自动控制喷灌系统，可实现园林灌溉无人值守，提高自动化管理水平，其附属设备包括遥控器和传感器等。常用的传感器有降水传感器、土壤湿度传感器和风速传感器等。

图 3-2　摇臂式喷头外观

园林绿地的灌溉往往因水压条件、游人游览需要、再生水利用等原因而选择在夜间或清晨进行，时间控制器可以控制进行喷灌的开始时间、持续时间、间隔时间和结束时间。遥控器和传感器多配合使用，可以感应风力、气温、降水及土壤温（湿）度变化等，可以自动进行定时、定量灌溉。其他控制设备包括减压阀、止回阀、倒流防止器、排气阀、水锤消除阀、自动泄水阀、排空装置等。在使用饮用水作为喷灌水源或灌溉水源之一时，必须通过安装止回阀等措施，防止喷灌系统中的水倒流进入自来水管网系统中，以免污染饮用水，造成卫生安全事故。

喷头是喷灌的专用设备（图 3-2、图 3-3），其作用是将有压力的集中水分散成细小的水滴，均匀撒布到土壤表面。喷头性能参数是喷灌设计的重要数据，可以从工厂提供的产品性能参数中获得，主要包括有效射程、工作压力、仰射角、喷灌强度和单位时间喷水量等。

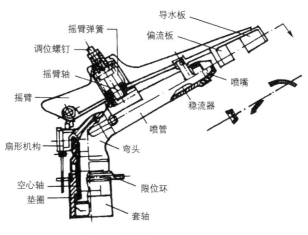

图 3-3　摇臂式喷头构造示意

3.1.2 喷灌系统的分类

依管道敷设方式，喷灌系统可分为移动式、固定式和半固定式 3 类。

1. 移动式喷灌系统

移动式喷灌系统要求灌溉区有天然水源（池塘、河流等），其动力（电动机或发动机）、水泵、管道和喷头等具有可移动性。由于管道等设备不必埋入地下，所以投资较少，机动性强，但管理劳动强度大，比较适用于水网地区的园林绿地、苗圃和花圃的灌溉。

2. 固定式喷灌系统

这种系统有固定的泵站，供水的干管、支管均埋于地下，喷头固定于竖管上，也可临时安装。固定式喷灌系统的设备费用较高，但操作方便，节约劳力，便于实现自动化和遥控操作。

这类系统适于需要经常灌溉或灌溉期较长的草坪、大型花坛、花圃、庭院绿地等。

3. 半固定式喷灌系统

该系统的泵站和干管固定，支管、竖管及喷头可移动，优缺点介于上述二者之间。适用于大型花圃或苗圃。此外，喷灌系统依供水方式可以分为自压型喷灌系统和加压型喷灌系统；依控制方式可以分为程序控制型喷灌系统和手动控制型喷灌系统；依喷头喷射距离可以分为近射程喷灌系统和中、远射程喷灌统。

相对于漫灌、穴灌而言，喷灌改善土壤理化性质的效果最好，三种系统具体选用哪一种需要根据灌溉地的情况酌情采用。

3.1.3 喷灌系统的主要技术要素

1. 喷灌强度

单位时间内水被喷洒到地面后浸入的垂直深度称为喷灌强度，其单位常用 mm/h 表示。由于喷洒时水量常常分布不均匀，因此喷灌强度有点喷灌强度、喷头平均喷灌强度和系统的组合喷灌强度之分。

喷灌强度的选择很重要，如喷灌强度过小，喷灌时间则会相应延长，水量因蒸发而损失较大；反之，如喷灌强度过大，水来不及被土壤吸收便形成地表径流或积水，容易造成土壤结构破坏，而且在同样的喷水量下强度过大，土壤湿润深度反而会减少，喷灌效果会变差。

2. 喷灌均匀度

喷灌均匀度是指通过喷灌系统喷洒在绿地内的喷水量分布的均匀程度，可用喷灌均匀系数来表示，它是衡量喷灌质量好坏的主要指标之一。风向、风速是影响喷灌均匀度的不可控外部因素。顺风使喷洒强度变小，使射程增大；逆风使喷洒强度变大，使射程减小；两者都会改变喷洒面积的形状，使喷洒形状由理想条件下的圆形变成实际的椭圆形，使喷洒面积减少，使喷洒水量分布不均匀。地形是影响喷灌均匀度的另一外部环境因素。上坡处喷洒水量均匀度与单喷头水量分布、工作压力、喷头布置方式、喷头转速的均匀性、竖管安装角度、地面坡度和风速风向等因素有关，一般不应低于 75%。

3. 水滴打击强度

水滴打击强度是指单位受水面积内水滴对植物和土壤的打击动能，它与水滴大小、降落速度和密集程度有关，一般用水滴直径来表示。水滴直径是指落在地面或植物叶面上水滴的直径，以 mm 为单位，常用水滴平均直径或中数直径来代表。水滴直径大，一般来说水滴打击强度也大。水滴太大容易破坏土壤表层的团粒结构并造成板结，甚至会打伤植物的幼苗，或把土溅到植物叶面上影响其生长；水滴太小在空中的蒸发损失大，受风力影响大，因此要根据灌溉物、土壤性质选择适当的水滴直径。一般情况下，要求最远处的水滴平均直径为 13mm。

4. 喷灌雾化指标

由于测量水滴打击强度比较复杂，测量水滴直径的大小也较困难，所以在使用或设计喷灌系统时多用喷灌雾化指标。

喷灌雾化指标是指喷头的设计工作压力（mH₂0）和主喷嘴直径（m）之比，它在一定程度上反映了水滴打击强度，便于实际应用。实践证明，质量好的喷头喷灌雾化指标值在 2500 以上，可适用于一般园林植物的要求。

喷灌强度、喷灌均匀系数和喷灌雾化指标是衡量喷灌质量的主要指标。进行喷灌时要求喷灌强度适宜，喷洒均匀，雾化程度好，以保证土壤不容易板结，植物不受损伤。

3.1.4 固定式喷灌系统设计

1. 喷灌地的勘查

要设计一个喷灌系统首先要在灌区范围内进行调查，收集地形、气象、土壤、水文、植被等有关资料，并进行实地踏勘取得第一手材料。如果地形、土壤等资料不足，还需预先进行测量、实地观测等工作。喷灌系统设计必需的基本资料有以下几类。

（1）地形图。主要包括灌溉区的面积、位置、边界、形状、地形地势以及其他影响喷灌设计的道路、建筑、池塘、湖泊、河溪、洼地及坡地、凹地、高地、人工造型地等周边环境因素的场地地形图，比例尺一般为 1∶1000～1∶500。

（2）气象资料。包括气温、降水、蒸发、湿度、风向、风速等，其中尤以风对喷灌影响最大。作为确定植物需水量和制定灌溉制度的主要依据，风向、风速是确定支管布置方向和确定喷灌系统有效工作时间所必需的资料。

（3）植物配置。包括喷灌区所有的植物种类名称、分布范围、种植形式以及种植位置、规模、形状等。

（4）设施情况。包括喷灌区绿地内、周边各种建筑物以及雕塑、园路、停车场、电线杆、标识物等构造物、景观设施的位置、尺寸、材料及其与园林植物的位置关系。

（5）土壤资料。包括土壤的质地、持水能力、吸水能力和土层厚度等，主要用以确定灌溉制度和最大允许喷灌强度。

（6）生长季节的降水量或降水速度、蒸发速度、土壤类型、植物的蒸腾量、植物的需水量等是喷灌设计的基础资料。喷灌的水量就是植物生长期间所需的水量与天然降水量之间的差值，植物种类不同，该差值也有差异。

（7）水源条件。灌溉区常用的水源有地下水、河溪水、水库水、湖泊水、再生水、雨水以及市政管网水，需要调查水源水质、水量等情况以备设计喷灌系统时参考。

（8）动力条件。可选择高位水、内燃机、电机等，或与水泵组成动力机组等，为喷灌系统提供动力源。

2. 喷灌系统的设计

喷灌系统设计的任务是根据目标绿地的特点采用合适的喷灌系统，使灌溉系统适时适量供给植物健康生长所需要的水分，并满足水的利用率高、不损伤绿地和绿地植物、工程费用低、运行效率高、管理方便等要求。

（1）喷头选择

喷灌区的大小和喷头的安装位置通常是选择喷头类型及其规格、技术参数的主要依据。喷灌区域面积较狭小时应采用低射程喷头；喷灌区面积较大时应选用中、远射程喷头，以降低喷灌系统的工程综合造价。安装在绿地边界的喷头，应选择可调角度或固定角度范围的喷头，避免漏喷或喷出边界。喷头的水力性能应适合植物和土壤的特点，其水滴大小（即雾化指标）应适应植物种类的水分要求，还要满足绿地土壤的透水性要求，使系统的组合喷灌强度小于土壤的渗吸速度。

如果喷灌区地形复杂、构筑物多，由于不同植物的需水量差异大，采用近射程喷头就可以较好地控制喷洒范围，可以满足不同植物的需水要求；反之，采用中、远射程喷头可以降低工程总价。喷头喷射角的大小取决于地面坡度、喷头的安装位置和喷灌地当季的平均风速。如果喷头位于坡地低处时宜采用高射角喷头（30°~40°），如喷头位于坡地高处时宜采用低射角喷头（7°~20°）。当喷灌季节的平均风速较大时宜采用低射角喷头，当喷灌季平均风速较小时可采用标准射角（20°~30°）或高射角喷头。

系统可提供的压力类型也是喷头选择的依据之一。对于自压型喷灌系统，应根据水压力大小来选择喷头，充分利用供水压力，尽量发挥大射程喷头的优势，以降低造价。对于加压型喷灌系统，应对不同喷头射程的方案进行工程造价和运行费用的综合比较，从而选择合适的喷洒射程。在同样的射程下，应优先选择出水量小的喷头，这样可以降低喷灌系统的投资成本和运行费用。

（2）喷头布置

喷头间距是喷头布置十分重要的技术数据，它直接影响绿地的灌水质量，也影响喷灌系统的工程造价。当喷头型号和技术参数已确定的情况下，设计喷灌均匀系数便是确定喷头间距的关键因素。喷头射程的 60% 范围内植物要能获得供正常生长用的喷洒水量。国外一般采用喷头射程作为喷头间距，以保证绿地的各部位均能获得足够的喷洒水量。研究表明，在无风条件下 1.2 倍射程的喷头间距可达到不低于 75% 的均匀度。满足喷灌设计基本参数要求的喷头组合间距与喷头的型号和采用的技术参数、风向和风力有关。国外一些文献推荐的喷头间距见表 3-1，可供设计参考。

喷头间距推荐值　　　　表 3-1

风速（km/h）	最大间距（喷头射程倍数）	
	三角形组合	矩形组合
0 ~ 5	1.2	平行风向：1.2
		垂直风向：1.0
6 ~ 11	1.1	平行风向：1.2
		垂直风向：0.9
12 ~ 19	1.0	平行风向：1.2
		垂直风向：0.8

喷头应等间距、等密度布置，以最大限度地满足喷灌均匀度的要求。布局喷头既要充分考虑风对喷水量分布的影响，将这种影响的程度降到最低，做到无风或微风情况下不向喷灌区域外大量喷洒，又要充分考虑植物与景观设施等对喷洒效果的影响，使喷头与树木、草坪灯、音箱、果皮箱等物体的间距大于其射程的一半，避免由于遮挡而出现漏喷的现象。在有封闭边界的喷灌区域布置喷头时应首先在边界的转折点布置喷头，然后在转折点之间的边界上按一定的间距布置，最后在边界之间的区域里布置喷头，保证一个轮灌区里喷头的密度尽量相等。对于无封闭边界的喷灌区域，喷头应首先从喷灌技术要求最高的区域开始布置，然后向外延伸。

喷头的喷洒方式有圆形喷洒和扇形喷洒两种。除了位于地块边缘的喷头作扇形喷洒外，其余均采用圆形喷洒。喷头的组合形式（也叫布置形式）是指各喷头相对位置的安排。喷头的基本布置形式有矩形和三角形两种。在喷头射程相同的情况下，不同的布置形式，其支管和喷头的间距也不同。表 3-2 所示是常用的几种喷头布置形式。

风可以改变喷洒水形和喷头的覆盖区域，对喷灌有很大影响，不同设计风速条件下喷头组合的间距值可以参考表 3-3。

常用的几种喷头布置形式   表 3-2

序号	喷头组合图形	喷洒方式	喷头间距 L、支管间距 B 与喷头设计射程 R 的关系	有效控制面积 S	适用条件
1	正方形 L	全圆	$L=B=1.42R$	$S=2R^2$	在风向改变频繁的地方效果较好
2	正三角形	全圆	$L=1.73R$ $B=1.5R$	$S=2.6R^2$	在无风的情况下喷灌的均匀度最好
3	矩形	扇形	$B=1.73R$	$S=1.73R^2$	较 1，2 节省管道
4	等腰三角形	扇形	$B=1.87R$	$S=1.865R^2$	较 1，2 节省管道

不同设计风速喷头的组合间距   表 3-3

设计风速[a]（m/s）	相当风力	不等间距布置		无主风向[b] 的等间距布置
		垂直风向	平行风向	
0.3 ~ 1.5	1 级	1.1R	1.3R	1.2R
1.6 ~ 3.3	2 级	1.0R	1.2R	1.1R
3.4 ~ 5.4	3 级	0.9R	1.1R	1.0R

a. "设计风速" 表示当地在喷灌季节的平均风速。

b. "无主风向" 表示当地不存在主风向时，喷头组合间距的参考值。

喷头布置完成以后应该核算喷灌强度和喷灌均匀度，如果不能满足设计要求必须重新进行喷头选型和布置，直到喷灌强度和均匀度均满足设计要求为止。

（3）喷头选型、布置条件

1）开阔平坦且无明显遮挡物

对于面积较大，地形相对平坦且无遮挡的草坪或地被植物覆盖区，适合选用地埋伸缩旋转式喷头。由于这种喷头射程大、喷洒强度小，所以利于加大支管间距和长度，降低工程投资，减少灌溉成本。同时，埋于地面以下的喷头可减少对喷头的人为损坏，并避免喷灌设备影响草坪养护作业和景观效果。

喷灌绿地的喷头布置可采用正三角形或正方形组合，中间喷头采用全圆喷洒的工作方式。对于矩形绿地，边线处喷头可采用向里 180° 范围弧形旋转喷洒，边线交角处喷头采用向里交角角度范围旋转喷洒；对于曲线边绿地，则边线处喷头采用与边线弧度相同的向里喷洒角度。

2）面积较大乔 - 灌 - 地被复层绿地

对于乔 - 灌 - 地被复层配置的植物群落，这类绿地的喷灌一般宜选择射程较小的地埋伸缩散射式喷头，灌木群落也可选用灌木散射喷头。如果各类树木间距较大或分散，则可选用地埋伸缩旋转式喷头。对于矮灌木林可采用伸缩喷头，喷头的弹起高度取决于灌木高度，还可把伸缩敞射式或旋转式喷头安装在竖管上进行树冠喷洒。此类绿地的喷头常常采用不同组合方式进行混合布置。

3）层次丰富且形态多样的绿地

对于空间层次丰富、景观形态多样的园林绿地，较适合选用喷洒半径在 4 ~ 9m 的地埋伸缩式旋转射线喷头（如亨特的 MP 系列喷头）。MP 系列喷头多数具有可调喷洒角度的结构，且不论采用何种喷洒角度、何种喷洒半径，其喷嘴均能保持相同且较低的喷灌强度，所以，通过使用 MP 系列不同射程的喷嘴，可以使绿地周边喷头的喷灌强度与中间喷头的灌水量保持一致，从而可以保证各种自然绿地的喷灌覆盖率及灌溉均匀度。

而对于小块绿地和长条形绿地，可选用喷洒图形与其相适配的低压埋藏散射式喷头，也可选用微喷头、滴灌管等。

4）地形变化丰富多样的绿地

对于地形丰富、坡度较大的绿地，地形低处可选用具有低喷灌强度、低压止溢功能的喷头，以防止停灌瞬间低压溢流，避免产生地表径流。对于土壤入渗率大且坡度较小的绿地，可选用喷灌强度大的喷头。对于抗打击力较差的植物，可选用雾化指标高的喷头或微喷头。

5）其他

对于绿篱和攀缘植物，可选用滴头或涌泉头。对于树池中的乔木或者灌木，可采用涌泉灌或者根部灌水器。对于喷灌期易出现较大风力的绿地，可选用低仰角喷头，同时根据风向和风力适当调整喷头间距，以保证喷灌均匀度。

（4）喷头水力参数的确定

每一种规格型号的园林喷头都配有一个喷嘴系列，且每一号喷嘴在不同工作压力下会有相应的射程、流量和不同组合喷灌强度，所以在选定喷头型号之后须选择合适的喷嘴和工作压力及其相应射程和流量等水力参数。选用合适的喷头水力参数需考虑以下几个方面的因素：①对于水流足、水压高的区域，宜选用大喷嘴、远射程的喷头；②对于入渗率大的轻壤土，宜选组合喷灌强度大的水力性能参数；③对于地面坡度大的区域，宜选组合喷灌强度小的水力性能参数；④对于不耐打击的景观植物，宜选直径小、工作压力大的喷头或微喷头。

（5）设计基本参数

根据《园林绿地灌溉工程技术规程》CECS 243—2008 的规定，园林喷灌工程设计一般采取 75% ~ 85% 的保证率，园林绿地喷灌设计均匀系数应不低于 75%，设计喷灌系统日工作小时数可取 8 ~ 22h，考虑到不影响公众活动，景观区喷灌系统日工作小时数取 8 ~ 14h，绿化地带最大可取 22h。设计植物耗水强度取决于喷灌区的气候条件、植物种类、水源等因素，可通过试验确定，也可通过计算确定。《园林绿地灌溉工程技术规程》CECS 243—2008 提供不同园林绿地植物设计耗水强度参考值（表 3-4），设计喷灌土壤湿润深度参考值见表 3-5，不同土壤允许喷灌强度参考值见表 3-6，不同坡地允许喷灌强度参考值见表 3-7。

园林绿地植物设计耗水强度参考值（单位：mm/d）　　表 3-4

植物类别	乔木	灌木	冷季草	暖季草
设计耗水强度	4 ~ 6	4 ~ 7	5 ~ 8	3 ~ 5

不同植物喷灌土壤湿润深度参考值 （单位：m）　　表 3-5

植物类别	乔木	灌木	草坪
计划土壤湿润深度	0.6 ~ 0.8	0.5 ~ 0.7	0.2 ~ 0.3

不同土壤的允许喷灌强度参考值 （单位：mm/h）　　表 3-6

土壤类别	沙土	沙壤土	壤土	壤黏土	黏土
允许喷灌强度	20	15	12	10	8

不同坡地允许喷灌强度降低参考值　　表 3-7

地面坡度（%）	5 ~ 8	9 ~ 12	13 ~ 29	> 20
允许喷灌强度降低值（mm/d）	20	40	60	75

3.1.5 微灌系统设计

根据微灌所用的设备（主要是灌水器）及出流形式不同，常见的有滴灌系统、微喷灌系统和渗灌系统等。

1. 滴灌系统

与喷灌系统显著不同，微灌是将水直接浇到单个植株上的灌溉系统，通过灌水器以微小的流量湿润植物根部附近土壤，利用轻度但频繁的灌溉以适应不同植物对土壤气候条件的需求。微灌可以按照植物需水要求适时适量地灌水，显著减少水的损失，省水省工。系统工作所需的压力较小，减少了能耗。系统灌水均匀，对土壤和地形的适应性强；缺点是投资较大，对水质要求较高。

滴灌系统是利用安装在末级管道（称为毛管）上的滴灌器将压力水以水滴状湿润土壤。如将毛管和滴灌器放在地面称为地表滴灌；也可以把它们埋入地下 30 ~ 40cm 深，称为地下滴灌。滴灌滴水器的流量通常为 2 ~ 12 L/h。该系统具有极大的灵活性，可以为不同植物选择不同流速的滴灌器或安排不同数量的滴灌器，以适应植物个体的差异，节水的同时，连续地提供水分以创造最佳的土壤湿度。滴灌系统常与喷灌系统同时使用，以满足园林种植的复杂多样性。喷灌系统用于灌溉大面积的草坪或密林，而对于灌木、孤植乔木、行道树等，滴灌系统则具有很大优势。

图 3-4　园林植物的滴灌

滴灌系统的设计主要是安排滴灌管的线路位置和根据灌溉的乔木或灌木的需水量设置滴灌器的数量和相对植物体的安放位置。滴灌器是滴灌系统的关键部件（图 3-4），选用的依据是其出流量、过滤条件、成本和当地的适用性。

滴灌管线常使用黑色的聚乙烯（PE）管，材质柔软易于弯曲，以适应自然式种植植物的灌溉需求，且因不透光所以可以避免管内水体滋生藻类而堵塞滴灌器。PE 管在紫外线的照射下容易老化，在地面敷设的滴灌管需要进行化学处理以防紫外线辐射。在滴灌线路中因滴灌器的出流通道非常狭小，因此堵塞是滴灌系统的主要问题，需要增加过滤器以防止堵塞的发生，而在管道系统的末端也需要设置反冲洗装置。

2. 微喷灌系统

微喷灌系统是利用直接安装在毛管上或与毛管连接的微喷头将压力水以喷洒状湿润土壤，微喷头的流量通常为 20 ~ 250 L/h（图 3-5）。微喷灌是通过低压管道系统，以小的流量将水喷洒到土壤表面进行局部灌溉。微喷灌时水以较大的流速由微喷头喷出，在空气阻力的作用下粉碎成细小的水滴降落到地面。微喷灌的特点是灌水流量小，一次灌水延续时间较长，灌溉周期短，需要的工作压力较低，能够较精确地控制灌水量，把水和养分直接输送到植物根部附近的土壤中。

图 3-5　常见微喷系统喷头

微喷灌系统在园林中适用于宽度和面积较小的绿地、花池、花坛及灌丛、树丛等的灌溉。

雾喷灌（又称弥雾灌溉）是微喷灌系统的另外一种表现形式，它也是用微喷头喷水，只是工作压力较高（可达 200 ~ 400 kPa），因此，从微喷头喷出的水滴极细而形成水雾。雾喷灌在给植物降温和增加湿度方面有明显效果。

微喷灌与喷灌系统的设计方法相似，微喷灌系统主要由水源、首部、管网和微喷头四部分组成。其设计内容和步骤可参考喷灌系统的设计。需要特别强调的是，由于微喷头喷射口较小，喷灌系统易发生堵塞，必须采用过滤才能保证系统正常运行。

3. 渗灌系统

渗灌系统是将渗水毛管埋入地下一定深度，压力水通过渗水毛管管壁的毛细孔以渗流形式湿润周围的土壤，其流量一般为 2 ~ 3 L/（h·m）。渗灌是一种地下节水灌溉方法，又称地下滴灌（图 3-6）。灌溉水通过渗灌管直接供给植物根部，地表及植物叶面均保持干燥。植物蒸发减至最小，

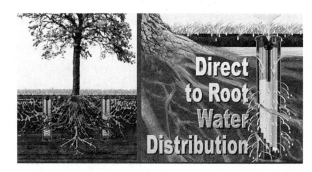

图 3-6　渗灌系统终端湿润效果

计划湿润层土壤含水率均低于饱和含水率，因此，渗灌技术水的利用率是目前所有灌溉技术中最高的。渗灌系统可为植物定量提供水、肥、药、气等生长所必需要素，具有疏松土壤、增强地力、提高肥力、增加地表温度、减少杂草和病虫害的功效。

渗灌系统的设计和安装方法与滴灌系统基本相同，所不同的是尾部地埋。渗灌系统全部采用管道输水，比滴灌系统节水约 20%。渗灌系统的构成包括有压水源、首部控制、输水管网、区域控制装置和渗灌管 5 个部分。

由于各地水源情况不同，必须结合本地区水源情况进行选择，但水源与灌溉面积必须相适应。有条件的地区可安装自控压力罐，以达到有限自动控制供水。渗灌水源应具备一定压力，其压力既可通过水泵加压获得，也可利用水位差获得，其首部压力在 0.3 ~ 0.5MPa 即可满足使用。

首部控制包括过滤器、施肥罐和保护设施。渗灌最主要的问题是淤堵，经对淤堵物的分析，渗水孔除了固体微粒堵塞外，主要是生物堵塞。因此首部控制应采取细致的过滤，使用前后进行高压冲洗。过滤器的最佳组合方式是前级离心式过滤器，后级吸砂石式过滤器，然后再用筛网或叠片式过滤器进行三级过滤。过滤的好坏决定着渗灌的成败。

渗灌系统中输配水管网一般用塑料制品。塑料管管径在 63mm 以下的一般采用聚乙烯（PE）半软管，管径较大的多采用聚氯乙烯（PVC）或聚丙烯（PP）硬管。输配水管网应埋入地下一定深度，以防冬季冻裂。

区域控制装置的作用是将经过过滤的水或肥按需要流入渗灌管，主要采用闸阀控制。为防止闸阀本身氧化产生杂质而堵塞渗灌管，一般使用塑料或 ABS 球阀。为了及时了解局部区域植物的灌溉水量，还需安装相应尺寸的流量计和压力表等。

渗灌管渗水量的主要制约因素是土壤毛细管力和渗灌管的入口压力，所以渗灌系统运行时的主要控制条件是流量，而滴灌系统完全是通过调节压力来控制流量。整个灌区的设计选定与最大流量的确认以及水网中的干、支管网的计算，是设计的决定因素。渗灌管一般埋入土 25 ~ 30cm 深，这样可避免人为活动损坏渗灌管并减少渗灌水的蒸发。大型乔木可以埋深至 30 ~ 50cm。渗灌系统的使用年限一般为 10 ~ 15 年，主要由渗灌管的寿命决定。

渗灌系统投资较大，一般为喷灌系统的 4 倍，检查、维修都比较麻烦。因此应用推广的速度较慢。但由于其节水、节能、省工、保持土壤团粒结构、减少病虫害等显著的特点，因而具有广阔的应用前景。

3.2 雨水排水工程

风景园林的排水是城市排水系统的一个组成部分，但园林环境中的地形条件、建筑设施布局等与城市环境有很大的差异，在排水类型、排水方式、排水量构成、排水工程构筑物以及废水重复利用等方面应充分考虑园林自身的特点。

3.2.1 风景园林排水的特点与方式

相对于城市排水系统，风景园林绿地排水具有以下特点：

（1）以排降水为主，排少量生活污水为辅。

（2）地形起伏多变，通过地形组织地面水。

（3）多有景观水体，雨水可适近排入水体。

（4）排水方式多种，适时适地分区段选用。

（5）排水设施多样，设施尽量和造景相融。

（6）排水功能多样，地表孔渗透蓄积雨水。

结合以上特点，在风景园林绿地中雨水的排放采取地面排水为主，沟渠排水和管道排水为辅的方式，并以地面排水最为经济、生态。

3.2.2 利用地面组织雨水

在我国，绝大多数公园绿地都以地面组织雨水为主，以沟渠和管道排水为辅，如北京颐和园、广州动物园、杭州动物园、上海复兴岛公园等就完全采用地面和浅明沟排水。地面组织雨水不仅经济、生态，而且景观自然。

利用地面组织雨水时，既要排除过多的地表径流，又需要消除降水所带来的水土流失。地面组织雨水的方式可以归结为拦、阻、蓄、分、导 5 个字。

拦：将地面水拦止于园林绿地或局部边线外。

阻：沿地表径流方向在径流路线上设置障碍物，挡雨水、降流速。

蓄：可土壤蓄水，可地表洼处或池塘蓄水。

分：利用地形、山石、建筑、墙体等将大股地表径流分成多支小股细流。

导：利用地面、明沟、边沟、地下管引开多余的地表水，疏导会产生危害的地表径流。

3.2.3 防止地表被冲蚀的措施

1. 地形设计

造成地表冲蚀的主要原因是地表径流的流速过大，冲蚀了地表土层。基于地形设计解决地表被冲蚀的措施表现在以下几个方面。

（1）控制地面坡度范围

地面越陡，地面越不容易透水；雨越大，雨水径流越迅速，侵蚀就越容易发生。修剪草地坡度最大不超过25%；自然植被区坡度自然情况下最大不超过50%。如果排水区面积大于 $0.2hm^2$，则最大坡度不能超过10%。

（2）控制同一坡面长度

要避免地表径流一冲到底。试验表明，只要坡度一致，即使坡度很小，地面雨水在这种地形上径流150m的表面距离即会冲刷出一条小河沟，并且径流冲刷距离随坡度的增大而变短。地形的变化可以削弱地表径流流速加快的趋势，避免形成大流速的径流。

（3）控制汇水径流速度

通过山路、山谷线等拦截和组织排水，通过丰富的沟、谷、涧、路等变化来组织雨水径流，降低雨水径流速度，使其汇集至就近的管渠或使径流多向散开。

2. 功用地被

充分发挥地被植物的生态功能，既要利用地被植物阻隔雨水对地面的直接打击，从而减缓雨水径流，又要利用地被植物根系"主根锚固、须根加筋"的生态固土作用，使表层土壤颗粒不易被地表径流冲蚀走，从而增强表土的稳固性。乔、灌、地被相结合的复层植物种植方式最有利于防止地表土壤被冲蚀。

3. 工程措施

在利用地形和地被植物的生态防护功能的同时，往往需要借助一定的工程措施来防范雨水径流过大所造成的冲刷危害。有关防冲刷、固坡及护岸等的园林工程措施很多，现介绍我国常见的几种。

（1）"谷方"

"谷方"是指山谷或山洼汇水线上安置的用以降低雨水径流的流速，减少其对地表的冲刷力，从而保护好地表的合适山石。"谷方"通常深埋浅露，且具有一定体量，以抵消雨水径流的冲击力。合理选用，科学而艺术地布置"谷方"，不仅可以消解雨水径流，而且可以丰富区域景观，形成特色独具的景点（图 3-7）。

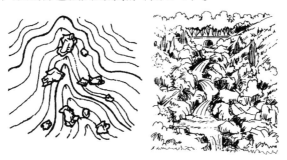

图 3-7　"谷方"示意
（图片来源：引自本章参考文献 [15]）

（2）挡水石

挡水石是指台阶两侧或道路边沟陡坡处设置的用以阻挡雨水径流，减缓水流速度以保护表土土层及路基的置石。挡水石以其自身的形体美，或与植物、园路及其附属设施、设施景观小品等共同构成游览路线上的靓丽景观构筑物（图 3-8）。无论场地地形如何变化，园路始终都是汇集、拦截雨水的重要途径，充分发挥园路及其附属设施的雨水组织作用至关重要。

（3）护土筋

护土筋通常是指沿径流方向在园路两侧坡度较大或边沟沟底纵坡较陡的地段敷设的用以消滞雨水径流的块材。护土筋常常采用砖材或其他块材，与道路中线成一定角度，成行布置于道路两侧，深埋于土中，仅露出地面 3 ~ 5cm，并每隔 10 ~ 20m 设置 3 ~ 4 道。护土筋的疏密主要取决于区域纵向坡度的陡缓，坡陡多设，反之则少设（图 3-9）。

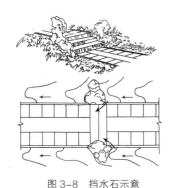

图 3-8　挡水石示意
（图片来源：引自本章参考文献 [15]；王希媛改绘）

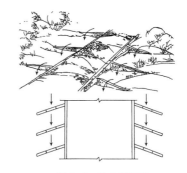

图 3-9　护土筋示意
（图片来源：引自本章参考文献 [15]；王希媛改绘）

（4）明沟

明沟通常是指在园路两侧或一侧设置的用以汇集园路或绿地中雨水的各种凹形构筑物。当需要汇集的雨水量较少或场地坡度较小时，明沟可以采用土明沟和草皮衬砌的方式。

当需要汇集的水量较大或场地明沟坡度较大时，可在明沟沟底以卵石、砾石等较粗糙的材料加以装饰衬砌，以防止径流冲刷。

（5）出水口

将通过地面或明渠收集的雨水排入水体时，其出水口都需采取适当的工程艺术措施，以保护岸坡，同时通过造景的手段化解出水口的单调或"丑陋"，常见的做法有"水簸箕"。"水簸箕"是一种敞口型排水槽，槽身常常采用三合土、浆砌块石、砖、混凝土等来加固。当排水槽上、下口高差较大时，可在下口前端设栅栏以起到消力和拦污作用，也可在槽底设置"消力阶"，或将槽底做成礓磋状，亦可在槽底铺砌消力块（图3-10），还可以和园路相结合做成自然式的爬山蹬道（图3-11）。

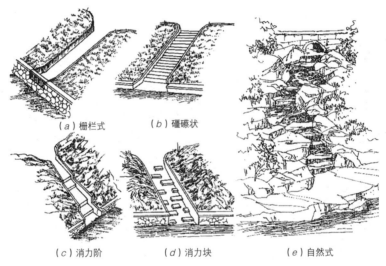

（a）栅栏式　　　　（b）礓磋状

（c）消力阶　　　　（d）消力块　　　　（e）自然式

图3-10　各种排水口处理示意

（图片来源：引自本章参考文献[15]；邱榆蓓改绘）

图3-11　出水口景观化处理

（6）暗管

当园林绿地汇集的雨水逐渐增加而来不及消纳时，应及时引导雨水通过雨水生态收集系统进入暗管或通过园路两侧的明沟再经雨水口将雨水引入暗管，然后通过暗管网将雨水输送至雨水集中滞纳地或水体区，或通过排放点排出（图3-12、图3-13）。

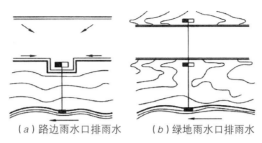

（a）路边雨水口排雨水　　　　（b）绿地雨水口排雨水

图 3-12　用暗管将雨水排入水体示意

图 3-13　边沟与排水管的连接示意
（图片来源：引自本章参考文献 [15]；邱榆蓓改绘）

3.2.4 雨水管渠系统及其布置要点

1. 雨水管渠系统的组成

风景园林绿地应尽可能通过自然地形来组织好雨水，不过对难于通过地面来组织雨水的某些局部区域可以用雨水管或明渠来协助组织好雨水，将雨水直接或间接地引入附近水体或雨水灌渠系统。雨水管渠系统是由雨水口、雨水管渠、检查井、出水口等构筑物所组成的一整套工程设施，其主要任务是及时地汇集并排除暴雨形成的地面径流，以防绿地被淹。

（1）雨水口

雨水口是将地面径流的雨水引入雨水管网的入口，一般应设置在绿地、园路、广场、停车场等地的低洼处和汇水点上，建筑物的入户处或入口处，以及其他低洼、易积水的地段，其大小和形式往往对园林景观影响较明显，形状在保证排水速度的前提下可以有变化，有时需要根据具体情况进行专门设计。常用的雨水口形式有平箅式（图 3-14）、边沟式和联合式 3 种。雨水口的构造材料既可以选择常用的铸铁材料，也可以考虑石材、PVC 塑料、钢材等。

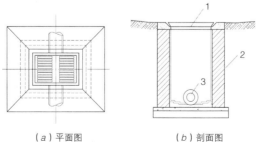

（a）平面图　　　　　　　　（b）剖面图

1—进水箅；2—井筒；3—连接管

图 3-14　平箅式雨水口示意
（图片来源：引自本章参考文献 [15]；邱榆蓓改绘）

（2）检查井

检查井是雨水管渠系统中用于管道检查、清理、维护，并连接其他管段的设施构筑物。检查井一般布设于雨水管道的转弯处、交接处、管径或坡度改变处、跌水处、直线雨水管道上一定间隔距离处。检查井主要由井基、井底、井身、井盖座和井盖等构成（图3-15）。一般，相邻检查井之间的管段应在一条直线上，以方便检查和清理。

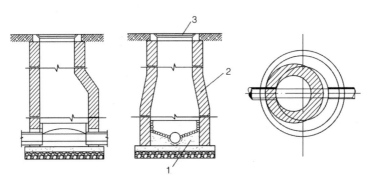

1—井底；2—井身；3—井盖

图3-15 检查井示意

（图片来源：引自本章参考文献[15]；邱榆蓓改绘）

（3）跌水井

跌水井是指雨水管渠系统中布设于地形较陡或跌落处，并伴有消能设施的检查井（图3-16）。在地形较陡处设置跌水井时，为了保证管道有足够的覆土深度，管道有时需跌落若干高度。

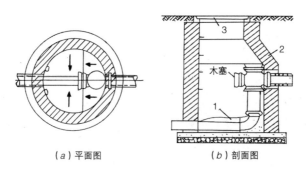

（a）平面图　　　　　　（b）剖面图

1—井底；2—井身；3—井盖

图3-16 竖管式跌水井示意

（图片来源：引自本章参考文献[15]；邱榆蓓改绘）

（4）出水口

出水口是雨水管渠中雨水排入水体的构筑物，其形式和位置视水位、水流方向而定，与水体连接处最好能结合护坡，融合造景，以保护河岸或池壁，固定出水口。管渠出水口不宜淹没于水中，最好令其露出水面。常见的出水口形式有一字式、八字式等（图3-17）。

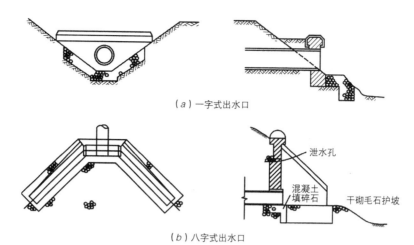

（*a*）一字式出水口

泄水孔
混凝土
填碎石
干砌毛石护坡

（*b*）八字式出水口

图 3-17　常用出水口形式示意

（图片来源：引自本章参考文献 [15]；邱榆蓓改绘）

风景园林中的雨水口、检查井和出水口不仅仅是雨水管渠系统的一部分，也应是场地园景的一部分。在不影响这些排水构筑物功能发挥的前提下，井箅子、井盖可以铸（塑）出各种美丽的图案花纹，或运用园林艺术手法，以山石、植物等为材料加以点缀。图 3-18 是雨水口、检查井盖的常用处理手法，仅供参考。

1—基础；2—井身；3—井口；4—井箅；5—支管；6—井室；7—草坪窨井盖；8—山石围护雨水口

图 3-18　雨水口构造与常见景观处理手法示意

（图片来源：引自本章参考文献 [15]）

2. 雨水管渠系统的布置要点

（1）雨水管网布置

雨水管网应按照管线短、转弯少、埋深小、自流出的原则沿园路和建筑物的周边平行布置，管道尽量布置于园路外侧的人行道或草地下方，不宜布置于乔木的下方，同时应尽量减少管线交叉，在雨水管道必须与园路交叉时应尽量使管道垂直于园路的中心线。

在建筑密度较高的区域一般应选用暗管，在建筑密度较低、游人量较少的大面积林地、草地可选用明渠，地形平坦地区及埋设深度或出水口深度受限地区也可选用明渠或加盖明渠。雨水暗管与明渠的衔接处应采取一定的工程措施，以保证连接处有良好的水力条件。

雨水干管应根据建筑物和园路的分布及地形特点等来布置，平面和竖向的布置应考虑与其他地下构筑物在相交处相互协调，在池塘和坑洼处考虑雨水调蓄，同时充分利用地形，以最短的距离凭重力流就近排入水体。一般情况下，当地形坡度变化较大时，雨水干管宜布置在地形较低处或溪谷线上；当地形平坦时，雨水干管宜布置在排水流域的中间，以便于支管接入，尽可能扩大重力流排除雨水的范围。雨水干管的始端应尽可能利用道路边沟排除路面雨水，以降低造价。

雨水管道通常可选用塑料管、加筋塑料管、混凝土管、钢筋混凝土管等，当需要穿越管沟等特殊地段时应选用钢管或铸铁管。非金属承插口管采用水泥砂浆接口或水泥砂浆抹带接口，铸铁管采用石棉水泥接口，钢管一律采用焊接接口。

雨水管道在检查井内时宜采用管顶平接法，井内出水管管径不宜小于进水管。检查井内同高度上接入的管道数量不宜多于 3 条。检查井的形状、构造和尺寸可按国家标准图集选用。检查井在车行道上时应采用重型铸铁井盖。井内跌水高度大于 1 m 时，应设跌水井。室外或居住小区的直线管段上检查井间的最大间距应符合相关规定。

道路上的雨水口宜每隔 25 ~ 40 m 设置一个。当道路纵坡大于 0.02 时，雨水口的间距可大于 50 m。雨水口与干管常用 DN200mm 的连接管连接，连接管的长度不宜超过 25 m，连接管上串联的雨水口不宜超过 3 个。

（2）排水明渠

风景园林绿地中的排水明渠一般有道路边沟、截水沟和排水沟等几种形式。

①道路边沟：指主要设置在道路路基两侧，以排除道路边坡和路面汇集地面水的横截面呈凹形的排水构筑物，有时也作截水沟使用。

②截水沟：指平行等高线设置于坡面的底部，用以拦截坡上方的地表径流而有组织地排放地表径流的横截面呈凹形的排水构筑物。截水沟的长短、宽窄、深浅等尺寸需视雨水量的大小而定，其具体的形式需要根据其所处的环境条件来设置，沟底的纵坡一般不宜小于 0.5%。园林中的截水沟截面尺寸大者可达 1.0 m × 0.7 m，小者可小至 5cm × 5cm 以内。截水沟既可以用混凝土、块石、片石等材料衬砌，也可用夯实的土沟作截水沟，甚至可以在岩石上开凿截水沟，或用条石凿出浅沟。

③排水沟：指为应对山地雨洪、山泉对风景区道路、建筑物、构筑物以及其他景观设施的威胁而在景区建筑设施周围设置的断面呈梯形或矩形的凹形排水构筑物。设计排水沟需要根据风景区建筑的总体规划、山区自然流域范围、山坡地形及地貌特点、原有天然排洪沟情况、洪水流向和冲刷情况以及当地工程地质、水文地质和当地气候特点等进行综合考虑，合理布置，最好能与风景区的建筑规划统一同步考虑，尽量设于建筑区的一侧，与建筑基础保持不小于 3m 的垂直距离，并尽可能利用区域内原有天然沟的基础条件，避免大的水力条件的改变。排水沟的纵坡不应太大，浆砌片石排水沟最大允许纵坡为 30%，混凝土排水沟最大允许纵坡为 25%，一般以 1% ~ 3% 为宜。当排水沟的纵坡大于 3% 时需要加固，大于 7% 时需要改成跌水或急流槽。跌水或急流槽不应设置在排水沟弯道处。排水沟需要转弯时，其半径一般不小于沟内水面宽度的 5 ~ 10 倍。排水沟的建设材料及加固形式需要根据沟内最大流速、当地地形及地质条件、当地材料供应等情况来确定。一般，排水沟常选用片石、块石来铺砌。常用排水沟的超高一般为 0.3 ~ 0.5 m，截水沟的超高为 0.2 m。

3.2.5 雨水管网设计要点与步骤

1. 雨水管网设计要点

设计雨水管渠系统的目的就是及时、有效地收集、输送、汇聚、排除天然降水，管护废水。雨水排水管网的计算和设计，必须满足能迅速组织好园林地面径流的总要求。在具体设计中，需要注意以下几个方面的问题。

尽可能充分发挥场地内的先天地形条件，就近排水。依据地形的起伏变化，尽可能利用重力自流方式来布局雨水管道，并尽量使雨水管道布置在最短的线路上，使雨水能就近排放到园林水体中。为了就近排放和使线路最短，可将出水口的位置分散布置，安排到垂直距离最短的水体边。与集中布置相比较，出水口分散布置具有构造简单、规模小、径流量较小、总造价较低的优点，比较适合向一些面积较小的水体，如鱼池、花池、溪流等排放。

充分利用重力自流管道组织雨水时，应尽量避免设置雨水泵站，对于地形坡度变化较大的区域雨水主干管宜布置于地形较低处，对于较平坦地形主干管宜布置在相应区域的适中地带。

由于受雨水管道的上部荷载，冬季地面的冰冻深度及雨水连接管的坡度等因素的影响，雨水管的埋深应稍深一些，最小覆土深度不小于 0.6 m，且务必在冬季冻土层以下。

各种雨水管道在自流条件下的最小允许流速不得小于 0.75 m/s（个别地段允许 0.6m/s）。最大允许流速同管道材料有关，金属管道不大于 10 m/s，非金属管道不大于 5m/s。

雨水管道的最小纵坡坡度不得小于 0.0005，否则无法施工。一般管道纵坡可按表 3-8 取值。

园林绿地常见管径雨水管道的最小坡度　表 3-8

管径（mm）	200	300	350	400
最小坡度	0.004	0.0033	0.003	0.002

一般雨水管的最小直径不小于 200mm。由于风景园林绿地的地表径流中常夹带泥沙以及枯枝落叶，容易堵塞雨水管道，因此雨水管管径的最小限值可适当放大，如上海园林采用的雨水管管径最小值为 300mm。一般可凭经验来选择雨水管道的管材和管径，辅以查阅有关资料进行计算、验证。

布置定线管网后，需要明确雨水口的位置。雨水口的位置选择以能保证迅速有效地收集地面雨水为准，一般设于绿地地势低洼处、树木种植地、园路交叉处雨水汇流点、路侧边沟合适位置以及设有路边石的低洼地、易积水地等地方，以利于收集雨水和预防雨水漫过园路而影响游览及通行。道路上雨水口的间距一般为 20 ~ 50m。

园林绿地应参照水体的常水位和最高水位来明确雨水管出水口的高程设置。一般来说，为了不影响园林景观，出水口最好设于常水位以下，不过需要考虑预防雨季水位涨高时发生倒灌现象。

2. 雨水管网系统的设计步骤

雨水管网系统的设计，一般可按下述程序进行。

首先，根据雨水管网使用地的气象数据、降水量记录以及风景园林生产、游乐等产生的有关废水资料，推算雨水排放的总流量。

然后，在与园林总体规划图比例相同的园林总体平面图上，绘制出场地地形的分水线、集水线，标注各个区域的地面自然坡度和排水方向，初步确定雨水管道的出水口，并注明控制标高。按照雨水管网设计原则、具体的地形条件和园林总体规划的要求，确定主干渠道、管道的走向及其具体位置，支渠、支管的分布以及各条渠道、管道的连接方式，同时确认出水口的位置。

其次，根据各雨水管网管段对应的汇水面积，按照从上游到下游、从支渠支管到干渠干管的顺序，依次计算各管段的设计雨水流量。依照各设计管段的设计流量，再结合具体设计条件并参照设计地面坡度，确定各管段的设计流速、坡度、管径或渠道的断面尺寸。

再次，基于管网水力、高程的计算结果，结合《给水排水标准图集》或地区的给水排水通用图集选定检查井、雨水口的形式，以及管道的接口形式和基础形式等。在保证管渠最小覆土厚度的前提下，确定雨水管网管渠各个区域的埋设深度，并保证管渠的埋设深度不超过该地区的最大限埋深度。

最后，绘制雨水排水管网的设计平面图及纵断面图，并编制必要的设计说明书、水力及高程等相关计算书和工程概预算。

一些大型管网工程的设计过程和工作内容因其复杂性需要根据具体情况灵活处理。

3.3 污水排水工程

3.3.1 污水及分类

园林污水排放的基本任务是收集园林污水并及时输送至适当地点，将园林污水妥善处理后排放或再循环利用。人类每天的各种生活和生产活动都需要大量的水，水在这些过程中受到不同程度的污染，从而改变了其原有的化学成分和物理性质，被称为污水或废水。园林污水在各类污水中相对污染较轻。按污染的来源不同，污水可以分为生活污水、工业废水和降水三类。

（1）生活污水：指人们在日常生活过程中所用过的水，包括从厕所、浴室、盥洗室、厨房、食堂、洗衣房等处排放的水。这类污水常含有较多的有机物如蛋白质、动植物脂肪、碳水化合物、尿素和氨氮等，还含有肥皂和合成洗涤剂等，以及常在粪便中出现的病原微生物等，这类污水需要经过处理才能排入水体、灌溉农田或循环再利用。

（2）工业废水：指在工业生产中所排放的废水，主要有生产污水和生产废水两大类。由于工业生产的生产类别、工艺过程、使用的原材料以及用水成分的不同，工业废水的水质差别很大。

（3）降水：指大气降水，主要指降雨，除此之外还有露水以及雪、冰雹、霜等固态降水。降落的雨水水质受环境污染情况的影响较大，一般会受到不同程度的污染，生态较好的地区降水多比较清洁，但是其形成的径流大，若不及时排泄，则会积水为害。在降雨初期雨水冲刷了地表的各种污物，这些雨水污染程度很高，需要进行控制和处理后再排放。

污水经净化处理后，主要的排放途径包括排入水体、灌溉田地和循环再利用。排入水体是污水的自然归宿，由于水体具有一定的稀释和净化能力，所以可使污水得到进一步净化，但同时也可能使水体遭受污染。

3.3.2 城市污水的性质和污染指标

城市污水的性质特征与人们的生活习惯、当地的气候条件、生活污水与生产污水所占的比例以及所采用的排水体制等有关。城市污水的性质包括物理性质、化学性质、生物性质等方面。表示污水物理性质的主要指标是水温、色度、臭味、固体含量及泡沫等。

污水中的污染物质按化学性质可分为无机物和有机物。无机物包括酸碱度、氮、磷、无机盐类及重金属离子等。有机物主要来源于人类排泄物及生活活动产生的废弃物、动植物残片等，主要成分是碳水化合物、蛋白质、尿素及脂肪。有机物按被生物降解的难易程度可分为两类：可生物降解有机物和难生物降解有机物。有机物的污染指标用氧化过程所消耗的氧来进行定量，主要包括生化需氧量（BOD）、化学需氧量（COD）、总需氧量（TOD）、总有机碳（TOC）。

污水中的有机物是微生物的食料，污水中的微生物以细菌与病菌为主。污水中的寄生虫卵，80%以上可在沉淀池中沉淀去除。但病原菌、炭疽杆菌与病毒等，不易沉淀，在水中存活的时间很长，具有传染性。污水生物性质的检测指标有大肠菌群数（或称大肠菌群值）、大肠菌群指数、病毒及细菌总数。

3.3.3 城市排水系统的体制及其选择

如前所述，在城市和工业企业中通常有生活污水、工业废水和雨水。这些污水采用一个管渠系统来排除，或是采用两个或两个以上各自独立的管渠系统进行排除。污水的这种不同排除方式所形成的排水系统，称作排水系统的体制（简称排水体制）。排水系统的体制一般分为合流制和分流制两种类型（图3-19、图3-20）。

（1）合流制排水系统

合流制排水系统是将生活污水、工业废水和雨水混合在同一个管渠内排除的系统，常采用的是截流式合流制排水系统。这种系统是在临河岸边建造一条截流干管，在合流干管与截流干管相交前或相交处设置溢流井，并在截留干管下游设置污水处理厂。晴天和初降雨时所有污水都排送至污水处理厂，经处理后排入水体；随着雨水径流的增加，混合污水的流量超过截流干管的输水能力后，就有部分混合污水经溢流井溢出，直接排入水体。采用截流式合流制时，在暴雨径流之初，原沉淀在合流管渠的污泥被大量冲起，经溢流井溢入水体，同时，雨天时有部分混合污水经溢流井溢入水体。实践证明，采用截流式合流制的城市，水体仍然遭受污染，甚至达到让人不能容忍的程度。

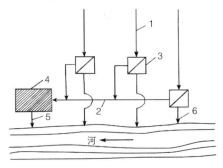

1—合流干管；2—截流主干管；3—溢井；4—污水处理厂；5—出水口；6—溢流出口

图3-19　合流制（截流式）排水系统示意

（图片来源：毛嘉俪绘制）

（2）分流制排水系统

分流制排水系统是将生活污水、工业废水和雨水分别在两个或两个以上各自独立的管渠内排除的系统。排除生活污水、城市污水或工业废水的系统称污水排水系统，排除雨水的系统称雨水排水系统。根据排除雨水方式的不同，分流制排水系统又分为完全分流制和不完全分流制两种排水系统。

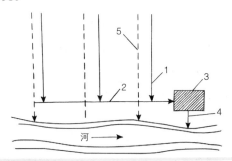

1—污水干管；2—污水主干管；3—污水处理厂；4—出水口；5—雨水干管

图3-20　分流制排水系统示意

（图片来源：毛嘉俪绘制）

3.3.4 风景园林污水的处理与排放

1.污水处理技术

风景园林中的污水是城市污水的一部分，但和一般城市污水相比，它所产生的污水的成分较简单，污水量也较少。这些污水基本上由两部分组成：一是餐厅、茶室、小卖等饮食部门的污水；二是由厕所等卫生设备产生的污水，在动物园或带有动物展览区的公园里还有部分动物粪便及清扫禽兽笼舍的脏水。由于园林环境的特殊性，在有条件的城市公园中污水可以经一级或二级处理后引入城市污水管网中；而在偏远的城郊或山岳型风景区、滨海游览区以及其他对环境污染特别敏感的地区，污水需要进行有效处理并达到无害化后方可排入园内或其他水体中，不能因排放造成环境污染和其他不利影响。

污水处理技术就是采用各种方法将污水中含有的污染物分离出来，或将其转化为无害和稳定的物质，从而使污水得到净化。污水处理技术按其作用原理，可分为物理法、化学法和生物法三类。

（1）物理处理法：利用物理作用分离污水中主要呈悬浮状态的污染物质，在处理过程中不改变其化学性质。如沉淀、筛滤、气浮、离心分离等技术。

（2）化学处理法：通过投加化学物质，利用化学反应来分离、回收污水中的污染物，或使其转化为无害的物质。如混凝、中和、化学沉淀、氧化还原、电解、吸附、离子交换、电渗析等，这些方法主要用于工业废水的处理和污水的深度处理中。

（3）生物处理法：利用微生物的新陈代谢作用，使污水中呈溶解和胶体状态的有机污染物被降解并转化为无害的物质，使污水得以净化。生物处理法的工艺主要有活性污泥法、生物膜法、自然生物处理法和厌氧生物处理法等。

2. 污水处理等级

污水处理技术按处理程度划分，可分为一级、二级、三级处理和深度处理。

（1）一级处理

采用物理处理方法，主要去除污水中的固体污染物质，BOD 去除率只有 30% 左右，通常用于污水的预处理，不能直接排放。在某些风景区如果水体环境容量大，有足够的自净能力来消纳这些污水，且对游人和景区的环境质量不产生有害影响，可以选择远离游览区域的地段直接排放水体或用来浇灌农田等。

（2）二级处理

采用生物处理方法，可去除有机污染物质，BOD 去除率达 90% 以上，从有机物的角度来说可以达到排放标准的要求，对氮、磷的去除尚不能满足相应的要求。二级处理后的水体中含有大量无机物和营养物质，如果排放到水体中会造成水体的营养物质增加，而营养物质积累到一定程度后会导致水体的富营养化，使水体变黑发臭，对环境产生危害。

（3）三级处理

在一、二级处理的基础上，进一步处理难降解的有机物、氮和磷等无机营养物等，主要方法有生物脱氮除磷、混凝沉淀、活性炭吸附、离子交换、电渗析等。三级处理用于对排放标准要求非常高的水体或污水水量不大时。

（4）深度处理

深度处理是指以污水回用为目的，在一级或二级处理的基础上增加的处理工艺。

3.3.5 绿地常用的污水处理方法

在城市园林绿地中，污水可经化粪池处理后排入城市污水管；在没有城市污水管的郊区公园或风景区，如污水量不大，可设小型污水处理器或稳定塘对污水进一步处理，达到国家规定的排放标准后再排入水体。污水量大时应设置专门的污水处理厂进行无害化处理。

园林绿地净化这些污水应根据其不同性质，分别处理。如果排出的生活污、废水中含有较多的泥沙，应设沉沙池进行适当处理。

园林绿地中餐饮部门的污水中含有较多的油脂，应首先进行除油处理。通过设置带有沉淀室的隔油池进行，生活污水及其他排水不能排入隔油池。废水在池内的流速不大于5mm/s，停留时间为2～10min。隔油池内存油部分的容积，应根据顾客数量和清掏周期确定，不得小于该池有效容积的25%。

如果有温泉或其他使用温水的设施，排出的污、废水温度高于40℃，应设降温池进行降温处理。降温池一般应设在室外。对于温度较高的废水，可考虑将其所含热量回收利用。降温可以利用喷泉、跌水等形式，也可利用低温水进行冷却。

1. 化粪池

化粪池就是流经池子的污水与沉淀污泥直接接触，有机固体借厌氧细菌作用分解的一种沉淀池。风景园林绿地中常使用化粪池进行粪便污水的处理。污水在化粪池中经沉淀、发酵、沉渣后，可以去除大部分的有机废物。含有油脂的废水（包括经过隔油池的废水）不得流入化粪池，以防影响化粪池的腐化效果。化粪池一般采用埋地砖砌或钢筋混凝土水池，外形多为矩形，内部分格，进、出水口各有3个方向可选，按容积由小到大分多种规格。化粪池应设在室外，不得设在室内。化粪池外壁距建筑物外墙不宜小于5m，并不得影响建筑物基础。池外壁距室外给水构筑物外壁不小于30m。

化粪池应根据每日排水量、地形、交通、污泥清掏和排水排放条件等因素综合考虑分散或集中设置。化粪池的有效容积应根据每人每日污、废水量和污泥量，污、废水在池中停留时间以及污泥清淘周期来确定。化粪池的尺寸结构及选型可参考各地的给排水标准图集。

2. 稳定塘

稳定塘也叫生物塘、氧化塘，是利用经过人工适当修整的土地设围堤和防渗层的污水池塘，是主要依靠自然生物净化功能对污水进行处理的设施，属于自然生物处理法。污水在塘内缓慢流动，较长时间停留，通过污水中微生物的代谢作用和包括水生植物在内的多种生物的综合作用使有机物降解。塘内的溶解氧由塘内生长的以藻类为主的水生浮游植物的光合作用及塘面的臭氧作用提供。

稳定塘现多作为二级处理技术使用，如果将其串联起来，能够完成一级、二级以及深度处理全部系统的净化功能。其净化的全过程包括好氧、兼性和厌氧 3 种状态。

稳定塘可分为 4 种：好氧塘、兼性塘、厌氧塘和曝气塘。在不影响公园绿地的使用安全的前提下，可以利用好氧和兼性稳定塘进行少量污水的二级处理和深度处理。更可靠的利用方式是将稳定塘作为处理已经过二级处理的中水或雨水，可以在不产生环境危害的前提下提高水资源的利用效率，并与景观建设有机结合。

3.4 雨水花园工程

3.4.1 雨水花园的内涵

1. 雨水花园的概念

雨水花园是指在城乡风景建设中采取多种生态水文和低影响开发雨水系统的生物工程技术，使该区域在有降水时能够像海绵一样，最大限度地留住来自屋顶或地表的雨水径流，对降水表现出良好的"弹性"，并通过植物吸纳、土壤下渗和微生物渗滤等过程实现净化雨水、降低径流量及协调景观等多功能目标，以适应水分环境变化和应对暴雨灾害等的一种生态可持续的雨水自然净化与处置利用的景观设施。

广义来讲，凡是城乡建设中采用了雨水收集、处理、利用等生态技术并呈现较好景观品质的绿地环境都是雨水花园。按功能来分，雨水花园一般可分为雨水渗透型和雨水收集型两种。

2. 雨水花园的功能

雨水花园作为一种在低洼区域种植灌木、花草乃至乔木等植物的海绵设施，它既能借助土壤和植物的过滤作用净化雨水，也具有将雨水短时滞留而后慢慢渗入土壤来减少峰值流量的作用，还具有一个小生态系统的功能而可以减轻城市的热岛效应，美化和净化环境，是城市暴雨最佳管理措施（BMPs）中的一项关键技术。

雨水花园既适于公寓、别墅以及小区等建筑庭院空间，也适于公园、广场、道路周边等园林空间，用以收集建筑屋面、停车场、广场及道路等不易透水区域的雨水径流。雨水花园通过雨水资源综合利用、雨洪调节、水质净化、雨水渗透、水面增加、绿地增加等改善局部小气候环境，展现生态优势，通过环境改善、气候调节、景观塑造等提升区域环境品质与形象，通过亲近活动、游览体验、知识感悟等丰富教育内涵，创新教育形式，塑造人格品质。

3. 雨水花园的水流特征

雨水花园以天然降水为处理对象，雨水花园中的水流速度、径流量和蓄水量与降雨密切相关。降雨期间雨水花园中蓄积的雨水较多，水流速度较快，冲刷作用较强。降雨过后，雨水花园中的雨水呈平稳渗透、蒸发态势，雨水的横向流动趋缓甚至暂停，随时间的推移雨水花园局部区域甚至可能出现干枯现象。干旱季节，雨水花园中蓄积的雨水渗透、蒸发殆尽，露出雨水花园地表及种植层。

4. 雨水花园的污染物特征

研究表明，雨水中的污染物主要有铅（Pb）、锌（Zn）、总铁（TFe）、氯（Cl）、总磷（TP）、溶解磷（PO_4-P）、总氮（TN）、铵态氮（NH_4^+）、BOD_5、悬浮物（SS）、有机污染物（COD）等，并以悬浮物（SS）和有机污染物（COD）为主。这些污染物具有以下共同特征：污染物变化幅度较大，随机性很强；污染物浓度随降雨历时呈下降趋势，初期雨水水质较差，特别是 SS、COD 等指标超标严重；COD、Pb、Zn 与 SS 之间存在较好的线性相关关系，SS 不仅本身是一种污染物，而且组成它的颗粒表面还为其他污染物提供了附着的条件。

来自屋面径流的初期污染物主要有 COD、SS、TN、TP、重金属、无机盐等，随降雨时间的延长，径流污染物浓度逐渐下降，色度也随之降低，降雨持续一段时间后屋面径流主要污染物浓度变化趋势基本一致，并趋于一个稳定值，COD 值范围大致在 30 ~ 100mg/L，TN 浓度值一般在 2 ~ 10mg/L，SS 浓度范围在 20 ~ 200mg/L。机动车道雨水径流污染严重，尤其是机动车道初期径流污染物含量很高，COD、SS、TN 指标浓度超过了生活污水的浓度。

由于绿地土壤对降雨具有入渗能力，所以在降雨初期绿地一般不产生径流，尤其在降雨强度较小、总量也不大的降雨过程中。若绿地低于周围硬化铺装 50mm，五年一遇降雨，绿地不产生径流；若绿地低于周围硬化铺装 100mm，十年一遇的降雨绿地也不产生径流。即使在降雨强度较大、绿地坡度较大时，由于绿地土壤及种植植被对降雨径流污染物的拦截、过滤与吸附等作用，绿地的径流水质要优于其他形式的下垫面，且变化幅度也较小，其主要污染物 COD、SS、TN 等浓度较低。

3.4.2 雨水花园的应用简史

1. 我国雨水花园的应用简史

在我国，收集雨水、利用雨水的历史非常悠久。公元前 6000 多年前，居住在干旱少雨地区的居民，为了解决对水资源的需求问题，满足生存之需，便收集雨水并加以利用。早在 4100 年前的夏朝，人们就已开始通过高低畦种植、筑造池塘等方法来集聚地表雨水、自然泉水等，用于生活和农事生产。孙叔敖于 2500 年前在安徽寿县主持修建了最古老的水利工程——芍坡水库，用于拦蓄雨水，灌溉农田。我国西北地区的人民创造了干旱地区所独特的土窑、坎儿井（图 3-21）等著名的拦蓄雨水设施，满足了人们对雨水最初的需求，保障了生产生活。

图 3-21　坎儿井示意
（图片来源：引自本章参考文献 [16]）

早在 20 世纪 90 年代，我国农村地区就实现了雨水的集蓄利用，此时雨水主要用于农业灌溉。21 世纪初，各主要城市开始重视雨水资源化的利用，先后出台了多个相关规划方案，这标志着我国城市开启雨水资源化的利用。我国现代对雨水的收集利用主要始于 2004 年，深圳市率先引入低冲击开发这一先进技术，积极探索城市建设发展的新道路。经过十多年的不断探索，通过出台相关政策法规、标准，加强低冲击开发的基础研究，加强国际交流，创建低冲击开发示范点，低冲击开发模式在深圳市取得了较好的成效。2014 年中华人民共和国住房和城乡建设部编制的《海绵城市建设技术指南——低影响开发雨水系统构建》指出了建设海绵城市的基本原则，明确了未来城市规划、设计、建设、维护及管理内容、要求和方法。

2. 国外雨水花园的应用简史

3000 多年前，南美洲沿海居民因自然地形建造了不同形态的蓄水设施，台地种植耐旱植物，沟底种植耐涝植物。古代阿拉伯人将房屋檐壁设计成可收集雨水的设施，将收集的雨水作为生活用水，缓解了干旱少雨地区的用水难题。2000 多年前，阿拉伯纳巴泰人在沙漠中创造了雨水径流收集系统，将极少的沙漠降水收集起来种植庄稼，满足生产生活之需。古罗马人创造了水池、水窖、石堤、水坝等雨水收集设施，应用于生产生活，满足生存需要。

20 世纪 60 年代，较缺水的中东国家最早提倡雨水利用，一些发达国家也开始重视雨水的收集利用。德国是雨水花园技术最为成熟的国家，处于世界领先地位。20 世纪 90 年代起美国雨水花园技术发展最快，建立一系列配套政策。日本是雨水利用规模最大的国家，对雨水资源的利用范围非常广泛。澳大利亚也是水资源相对短缺的国家，其提倡将城市规划、雨水管理和景观设计相结合，通过自然生态与景观结合帮助雨水下渗，打造绿色循环城市。

3.4.3 雨水花园形式

1. 按雨水花园的功能来划分

（1）控制雨水径流量的雨水花园

此类雨水花园的主要功能是通过植物的吸收和土壤的滞留或渗透来减少雨水径流量，

此外兼有净化水质、补充地下水的作用。此类雨水花园一般不需作专门的排水设施，比较适于住宅小区、建筑庭院、公共建筑等处污染较轻的小面积雨水径流。

（2）降低雨水径流污染的雨水花园

该类雨水花园的主要功能是通过更加严格的土壤配比以及底层结构、植物选择来达到降低雨水径流污染的目的，同时渗透、滞留雨水。一般要求土壤为沙壤土（沙土含量为35%～60%，黏土含量不大于25%，配直径大于25mm的木屑、碎石、树根或其他腐质材料等），渗透系数不小于0.3m/d，设溢流装置。多适于停车场、广场、道路等雨水径流污染相对较重的区域。

2. 按雨水花园的空间形态来划分

（1）点状雨水花园

点状雨水花园是指分散布置于建筑周边，相对独立，面积较小（通常在1000m²以下），且长宽比小于4∶1的雨水花园。屋顶雨水被汇集流入地面后，通过建筑周边的雨水花园得以净化，净化后的雨水便可储存利用。雨水花园若设计有水景，须要考虑其水质、水深对花园亲水性体验者的安全影响。城市建筑的屋顶面积多占城市硬化表面的30%左右，可结合屋顶绿化及其雨水收集系统形成立体雨水管理系统。散置于建筑周边的点状雨水花园，可减轻屋顶雨水的污染，有利于控制来自建筑屋顶的雨水径流，有助于缓解热岛效应，生态效益和景观效益明显。对于建筑旁小面积场地的雨水管理，一般采用集中处理的方式，通过管道、沟渠等设施将屋顶的雨水引入雨水花园。当雨量超过花园的承受范围时，多余雨水由溢水口就近排入其他排水系统，同时须注意雨水花园入渗雨水不能影响到建筑基础安全。

（2）线状雨水花园

线状雨水花园是指长宽比值大于4∶1，空间形状呈狭长线性的雨水花园，以依附于道路绿地的狭长带状雨水花园为典型代表。街道是城镇建设中重要的基础设施，但由于在街道建设中采取不透水的工程技术等原因，致使街道雨洪问题越来越凸显。街道线状雨水花园就是一种通过将街道绿地路沿石平齐街面或将路沿石设间隔性豁口，就近收集街道路面及其周边硬化地面的地表径流，构建自然雨水循环系统的一种绿色基础设施。这种利用街道线状雨水花园的生态方式来收集、渗透、净化、处理城市雨水的街道，常常被称为绿色街道。街道雨水花园为城市街道搭建起一个处理城镇道路雨水的绿色循环处理体系，街道雨水大部分在街道雨水花园中被净化与渗透。街道雨水花园既改善了局部小气候环境条件，又减轻了市政排水系统的压力，还节约了市政排水工程投资。但当降雨量过大时，多余的雨水还是需要借助城市雨水处理系统来排放。

（3）面状雨水花园

面状雨水花园也叫雨水公园，通常指规模较大，面积在0.2hm²（1 hm² = 10000 m²）及以上，具有雨水调蓄、收集等功能设施的园林绿地，是一种大面积的汇水、渗水、保水型绿地。面状雨水花园在尺度上向公园看齐，具有更大尺度的雨洪调节能力、水质控制能力，其大面积的集中绿地便于雨水的收集、渗透，丰富的地形变化结合植被群落可有效地收集和净化雨水，公园湖泊及河流结合人工湿地使得面状雨水花园绿地成为雨水集蓄、水质处理的天然雨洪滞纳场。面状雨水花园将雨水系统、污水净化系统、公园水系统有机结合起来，注重雨水的收集及循环使用，实现水资源可持续利用。这既有利于调节城市雨洪和控制城市水质，也有利于缓解城市用水紧张、降低公园绿地的浇灌及养护成本，还有利于改善城市生态条件。

3.4.4 雨水花园水文水质过程模拟

1. 研究区概况及概化

以江苏省宜兴市中心城区某区域为例，该区域主要包括广场与道路、屋面及非道路铺装、绿地、植草砖停车位，面积分别为 1.167 hm^2、2.763 hm^2、0.671 hm^2、0.131 hm^2，总面积为 4.732 hm^2，具体组成见图 3-22。

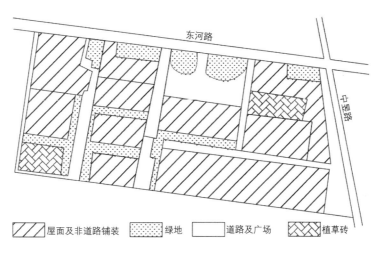

图 3-22　研究区域概况图
（图片来源：引自参考文献 [4]，赵红霞改绘）

根据现场具体资料和雨水管网分布图，结合 SWMM 手册中模型概化方法，将研究区域划分为 32 个汇水区域、25 个节点、25 条雨水管渠及 1 个雨水排放口。其划分结果见图 3-23。

2. 参数确定方法

（1）水文参数确定。通过比较，使用 Horton 入渗模型计算地表产流中的渗透过程，其中最大入渗率、最小入渗率分别为 755.0 mm/h、3.5mm/h，入渗过程中的衰减系数取 4h^{-1}；各子汇水区汇流的动力波水利计算方法采用非线性水库法，其余参数综合参考 SWMM 模型用户手册及相关文献，并由实测资料率确定。

（2）水质参数确定。将绿化用地、道路与广场建筑、屋面与非道路铺装区三种类型作为研究区域下垫面，SWMM 模型中不同的下垫面设置不同的水质参数，并将 4 种常规污染物 SS、COD、TN、TP 作为研究对象。天然雨水中的污染物 SS、COD、TN、TP 浓度取值分别为 10.00mg/L、20.00 mg/L、1.00mg/L、0.02mg/L，将此参数设置为模型各水质参数的起始增长值，将各个子汇水区域正规化进行计算。

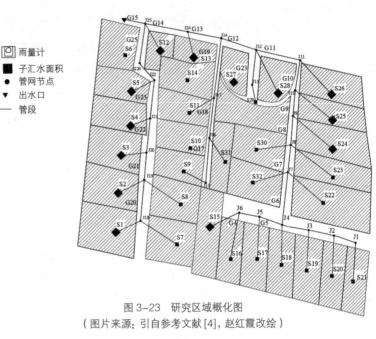

图 3-23 研究区域概化图
（图片来源：引自参考文献 [4]，赵红霞改绘）

（3）参数率定。根据宜兴市公用工程质监站提供的数据，采用 2016 年 7 月 14 日的实际降雨数据对 SWMM 模型进行参数率定，该场降雨的降雨强度峰值达 193.6mm/h。研究区域出口流量见图 3-24。SS、COD、TN、TP 四种地表特征污染物污染过程的模拟结果与实际监测数据对比见图 3-25。率定结果见表 3-9、表 3-10。

（4）模型验证。参数率定后，选取 2016 年 7 月 13 日的实际降雨数据进行模型验证，该场降雨的降雨强度峰值达 96.75mm/h。将 4 种特征污染物 SS、COD、TN、TP 污染过程的模拟结果与实际监测数据进行对比（图 3-26）可知，研究区域出水口 4 种特征污染物污染过程的模拟结果与实际监测数据拟合较好。模拟研究区域出口流量与实际监测流量对比见图 3-27。由图 3-27 可知，模拟洪峰流量与实际监测流量较为接近，说明模拟流量过程与实际监测流量过程拟合较好。

综上可知，模型率定满足精度要求，可用来模拟研究雨水花园水文水质过程。

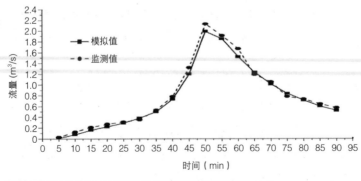

图 3-24 研究区域出口流量
（图片来源：引自参考文献 [4]）

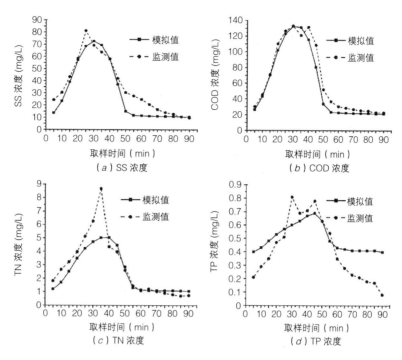

图 3-25　模型率定结果

（图片来源：引自参考文献 [4]）

不同土地利用类型污染物冲刷参数值设置　　表 3-9

参数	绿地			道路及广场			屋顶及非道路铺装区		
	冲刷系数	冲刷指数	清扫率（%）	冲刷系数	冲刷指数	清扫率（%）	冲刷系数	冲刷指数	清扫率（%）
SS	0.006	1.1	0	0.007	1.7	70	0.008	1.6	0
COD	0.005	1.1	0	0.006	1.7	70	0.007	1.6	0
TN	0.002	1.1	0	0.005	1.7	70	0.005	1.6	0
TP	0.003	1.1	0	0.002	1.7	70	0.002	1.6	0

资料来源：引自参考文献 [4]。

不同土地利用类型污染物累积参数值设置　　表 3-10

参数	绿地			道路及广场			屋顶及非道路铺装区		
	最大累积量（kg/hm²）	累积速率常数	半饱和累计时间（d）	最大累积量（kg/hm²）	累积速率常数	半饱和累计时间（d）	最大累积量（kg/hm²）	累积速率常数	半饱和累计时间（d）
SS	40.0	1	12	132.00	1	12	60.0	1	12
COD	25.0	1	12	74.00	1	12	50.0	1	12
TN	10.0	1	12	8.00	1	12	4.0	1	12
TP	1.6	1	12	0.75	1	12	0.5	1	12

资料来源：引自参考文献 [4]。

130

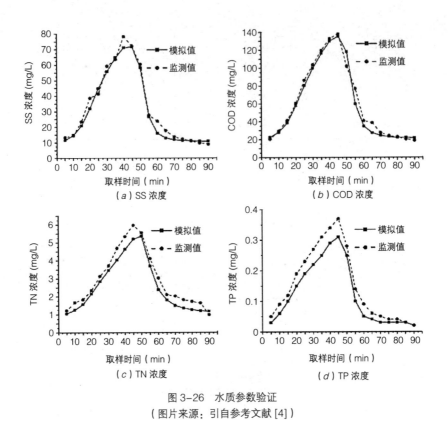

图 3-26 水质参数验证
（图片来源：引自参考文献 [4]）

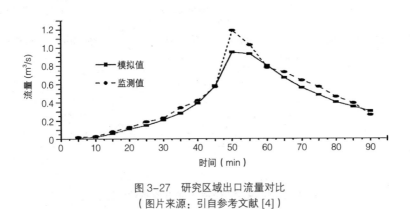

图 3-27 研究区域出口流量对比
（图片来源：引自参考文献 [4]）

3. 雨水花园"渗滞蓄"水文效应

研究区域雨水花园总布置面积为 0.514 hm²；雨水花园蓄水层厚度为 160 mm；种植土层厚度为 500 mm；过渡层厚度为 100 mm，粗沙粒径为 2 mm；砾石排水层厚度为 300 mm，孔隙率为 45%；雨水花园内设有溢流设施，溢流的雨水将经过溢流口排入市政管网。雨水花园平面布置见图 3-28，具体结构见图 3-29。

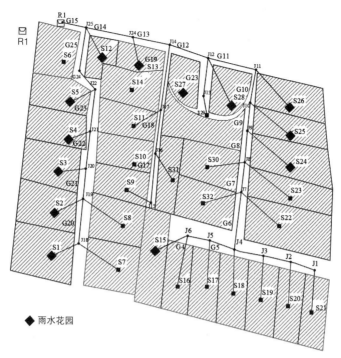

图 3-28　雨水花园平面布置图
（图片来源：引自参考文献 [4]，赵红霞改绘）

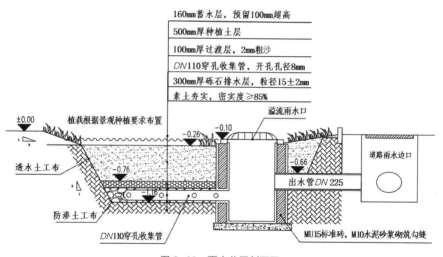

图 3-29　雨水花园剖面图

　　本模拟设计重现期为 3 年、10 年、50 年、100 年，分别在无雨水花园和有雨水花园的情况下使用 SWMM 模型对研究区域进行水文控制效果模拟，其模拟结果及其对比见表 3-11。由表 3-11 可知，与无雨水花园措施相比，设置雨水花园后在相同设计重现期平均入渗量分别增加了 22.46 %、22.42 %、22.46 %、22.81 %，平均径流量分别降低了 11.65 %、12.11 %、12.46 %、12.66 %，峰值流量分别降低了 6.82 %、7.28 %、8.46 %、8.26 %，平均径流系数分别降低了 22.22 %、21.33 %、21.79 %、23.46 %。

雨水花园水文模拟与分析   表 3-11

设计重现期（年）	平均入渗量（mm）		增长率（%）	平均径流量（mm）		削减率（%）	峰值流量（m³/s）		削减率（%）	平均径流系数		削减率（%）
	无	有		无	有		无	有		无	有	
3	11.69	14.31	22.46	54.85	48.46	11.65	0.98	0.92	6.82	0.72	0.56	22.22
10	11.87	14.53	22.42	75.55	66.40	12.11	1.42	1.31	7.28	0.75	0.59	21.33
50	12.04	14.74	22.46	103.29	90.42	12.46	2.02	1.85	8.46	0.78	0.61	21.79
100	12.09	14.85	22.81	115.25	100.66	12.66	2.29	2.10	8.26	0.81	0.62	23.46

4. 雨水花园"净"水质效应

通过设置 SWMM 模型中雨水花园的参数，分别在无雨水花园和有雨水花园的情况下，利用 SWMM 模型分别对重现期为 3 年、10 年、50 年、100 年的污染物累计和冲刷过程及其变化规律进行相关性分析，结果见表 3-12。由表 3-12 可知，排放口各污染物负荷总量随降雨强度的增大而增大，设置雨水花园后当重现期从 3 年增至 100 年时 SS、COD、TN、TP 的负荷总量分别增大了 23.16%、22.92%、21.26%、21.42%；与无雨水花园时的水质模拟结果相比，雨水花园在不同重现期下对污染物 SS、COD、TN、TP 有一个稳定的衰减速率，说明雨水花园可去除一定量的污染物，达到净化水质的效果。

雨水花园措施净化水质模拟与分析   表 3-12

设计重现期（年）	SS（kg）		削减率（%）	COD（kg）		削减率（%）	TN（kg）		削减率（%）	TP（kg）		削减率（%）
	无	有		无	有		无	有		无	有	
3	62.17	56.69	8.98	122.57	111.87	8.73	5.82	5.37	7.83	0.11	0.10	6.36
10	67.99	61.53	9.50	133.68	121.32	9.25	6.28	5.75	8.52	0.12	0.11	6.78
50	74.93	67.49	9.93	147.47	133.12	9.73	6.91	6.29	9.00	0.13	0.12	7.81
100	77.47	69.66	10.08	152.58	137.56	9.84	7.16	6.51	9.09	0.13	0.12	8.33

由不同重现期 3 年、10 年、50 年、100 年下排放口污染因子的浓度变化可知，各污染物浓度在 50 min 左右快速上升，达到峰值后迅速下降到平时水平，且随着重现期的增大，污染物达到峰值的时间逐渐提前。

3.4.5 影响雨水花园布局的因素

雨水花园的布局受到多方面因素的制约或影响。按照不同因素对雨水花园功能的影响程度，简要阐释一下影响雨水花园布局的几个因素。

1. 降雨情况

雨水花园的布局受区域降雨分布的影响。降雨的地区差异导致水旱灾害地区分布的不同。城镇场地布局受限，降雨时空分布不均，而雨水花园是一种净化效果好、占地面积小、应用灵活且公众接受度高的削峰减量措施，自然要根据降雨情况来安排雨水花园的设置。降雨时雨水花园发挥滞留、净化、收集雨水的作用，旱季时雨水花园可以成为美化环境的重要景观组成。

2. 地下水

地下水因其水位高低、污染情况对雨水花园的布局产生重要影响，所以在计划设计雨水花园时就要着重调查场址的地下水情况。地下水的水位越高，雨水花园所收集的雨水就越不能及时下渗，易造成雨水集散不畅、水质不净的局面，间接导致植物腐烂、病菌及蚊虫滋生等问题，无法达成雨水花园的既有功能。设置雨水花园与否取决于相关专业机构对经雨水花园处理的雨水的检测评估结果，如果经过雨水花园处理的雨水无法达到预期的要求，则该地不能设置雨水花园。

3. 与建筑的关系

作为一种雨水干预设施，雨水花园中的雨水渗透、流动可能会对周边建筑基础造成影响，严重时可能会造成建筑基础受损，甚至造成建筑沉降或者墙体变形，因此雨水花园应当与周边建筑保持一段安全距离，并尽可能布局于建筑的阳面，以提高雨水花园中植物的生活力，提高雨水花园对雨水的处理能力和雨水的蒸发效率，减少雨水花园的渗透性造成建筑基础发生破坏的可能性。研究表明，雨水花园离无地下建筑空间的建筑基础的水平距离应大于或等于 3m，距含有地下空间的建筑的水平距离应大于或等于 9m。

4. 与硬质面的关系

硬质面主要包括建筑屋顶面、不透水人工设施顶面、广场路面、道路路面、停车场路面等，雨水花园最好能在保证这些建筑或设施或路面基础安全可靠的基础上尽可能靠近这些硬质面所在地，以便于近距离收集、净化与入渗雨水，便于近距离源头控污，利于缩短雨水径流的输送距离和提高污染控制效率，同时利于节约管材、减少工程量。若这些硬质面紧邻绿地，且绿地适于改造，则宜营建雨水花园。若这些硬质面未紧邻绿地，或场地不适于营建雨水花园时，则可考虑将雨水花园布置于离硬质面较远的绿地中。

5. 地形

地形决定了雨水径流的方向，设计雨水花园时需要尽可能依托地形的起伏变化将雨水自然引到雨水花园中，尽可能使绝大部分雨水都能通过雨水花园过滤、下渗到土层（图3-30），甚至可以补充地下水。场地没有自然的地形条件时则需要通过人工塑造地形或者人工引流的方法将雨水导入，同时又要尽量避免雨水花园的蓄水层局部积水，除非雨水花园的蓄水层具有优异的蓄水能力而又不会影响到雨水花园结构的安全。

图 3-30　自然地形组织雨水径流示意
（图片来源：引自本章参考文献 [12]）

6. 土壤

土壤质地和结构决定了雨水径流在雨水花园中的下渗效率和速率。场地中的土壤是否适于建雨水花园，可以通过观察一个浅坑中水的下渗速率来判断。如一个放满水的浅坑24h 内没有明显的水位下降，说明该土质结构不适于建雨水花园。若必须在此地建雨水花园，则可以按照这个配方改土：50% ~ 60% 的沙土和碎石：20% ~ 30% 的腐殖土：20% ~ 30% 的表层土。

3.4.6 雨水花园的竖向尺寸设计

1. 雨水花园纵向排水坡度

合适的雨水花园纵向排水坡度既可确保周边雨水能自流汇入雨水花园，并且可以使雨水流经土壤面层时能保持合适的表面径流速度，方便雨水径流保持合理的入渗效率，增强雨水花园的雨水蓄积能力，又可避免雨水径流速度过快，造成场地积水，同时可避免对雨水花园土壤表面的覆盖层、种植层造成径流冲刷，还有利于雨水径流与植物、土壤充分接触，从而更加充分地净化污水。设计雨水花园的表面纵向坡度时，应陡缓结合，表面纵向排水坡度宜大于雨水径流自流坡度而小于土壤的自然安息角，建议设置为 2% ~ 20%。

渗透型雨水花园不仅要有较小的纵向排水坡度，还要有大规模的绿地。较缓的坡度引起低地表径流率，较缓的雨水汇流速度，增加雨水渗透时间的同时，也增加了渗透量，能更好地发挥绿地的渗透力。拦蓄起来的雨水有较强的渗透力，跌水式陡坎处理高差有利于集蓄雨水。

2. 雨水花园表面下沉深度

雨水花园表面下沉深度是指雨水花园竖向高程低于周边地面的平均深度。一般雨水花园表面下沉深度要在 100 ~ 200mm，以便雨水花园既能保持一定的蓄水能力，又能避免大量明水引起蚊虫滋生。具体深度需要视雨水花园现场条件、规模、土壤渗透性能以及所选植物的耐淹性能来确定。

3. 雨水花园溢水口高度

雨水花园溢水口高度需要与雨水花园的设计蓄水深度保持一致，超过该深度时雨水通过溢水口或溢水管口溢出。通常渗透型雨水花园的溢流口顶部标高宜高于雨水花园下沉深度 50 ~ 100mm。雨水花园溢水口的具体高度应根据雨水花园的类型、储水要求、基础入渗率等来确定。

4. 雨水花园溢流水管埋深

雨水花园溢流水管管底标高与溢水管终端管底标高之间需要保持较好的自重力关联，溢水管终端管底宜与衔接处的雨水循环系统雨水返利用水管标高相同。雨水花园溢水管的埋深须保证雨水依自重力经溢水管口后在管内顺畅流入溢水管终端，一般要求衔接处向终端方向至少有 0.5% 的向下倾斜坡度。

5. 雨水花园底部基础埋深

雨水花园底部的基础埋深需要与雨水花园的蓄积量、蓄积深度保持良好的协同关系。一般，雨水花园底部的基础埋深宜控制在 2 m 内。为了防止发生次生灾害，在雨水花园底部渗透面距离季节性最高地下水位或岩石层小于 1m 及距离建筑物基础水平距离小于 3m 的区域内，最好采取合适的工程技术保障措施。

雨水花园的竖向设计是衡量雨水花园雨水集蓄能力、蓄渗能力大小的一个重要指标，只有协调好雨水花园和周围地表面、汇水面、溢水面、底部渗透面、最高地下水位等之间的高程关系，雨水才能更好地蓄积、入渗、溢流，实现雨水花园雨洪调节、补给地下水、循环利用的系统性目标。

3.4.7 雨水花园的竖向构造设计

1. 渗透型雨水花园竖向构造设计

渗透型雨水花园结构较简单，基本构造结构相同，只是各部分构造比例略有差异，但都需要保证其渗水能力及雨水平衡。最下面的砾石层中设穿孔管盲管是为了将雨水净化后由穿孔管引出，用于道路喷洒、绿地浇灌等，实现雨水资源的循环利用（图 3-31）。

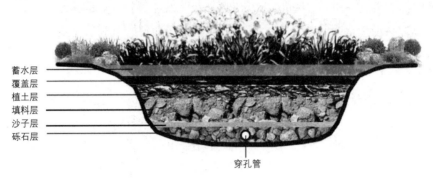

蓄水层
覆盖层
植土层
填料层
沙子层
砾石层

穿孔管

图 3-31　渗透型雨水花园常用构造示意

（1）蓄水层

蓄水层位于雨水花园竖向结构上的最上层，为地表雨水径流提供暂时的滞留、储存空间，发挥雨洪调节功效，同时部分沉淀物在此层沉淀，并去除附着在沉淀物上的有机物和金属离子。其深度需要根据周边地形和当地降水特点等因素确定，一般为 100 ~ 250mm。

（2）覆盖层

覆盖层通常选由 30 ~ 50mm 厚的树皮、树根、树叶、木屑或者细沙等材料组成，不仅可以减少雨水径流对表层土壤的侵蚀，保持土壤的湿度，避免土壤板结而降低土壤的渗透性能，也可以促进微生物在树皮、树根、树叶、木屑、土壤界面上良好地生长和发展，促进微生物降解有机物，净化水体。

（3）植土层

植土层一般选用渗透系数较大的沙壤土，其中沙含量为 60% ~ 85 %，有机成分含量为 5% ~ 10 %，壤土含量为 10% ~ 20 %，尽量不用黏土，如必须用时其含量不宜超过 5 %。其厚度需要根据所种植的植物种类来确定，草本植物种植土层一般厚 250 mm 左右，灌木种植土层通常厚 500 ~ 800 mm，乔木种植土层则需 1 m 以上的厚度。植土层为植物根系吸附以及微生物降解雨水中的碳氢化合物、金属离子、营养物和其他污染物提供了温床，发挥较好的过滤和吸附功能。

（4）填料层

填料层是雨水花园的主体部分，设施通过填料的物理、化学和其中微生物的综合作用削减径流污染。早期的设计手册推荐用渗透速率较高的沙土作为填料，美国马里兰州、卡罗来纳州相继提出 50% 沙、30% 土壤、20% 有机质；85% ~ 88% 沙、8% ~ 12% 黏土和粉沙、3% ~ 5% 有机质作为改良填料。对黏粒含量高的土壤，需要添加大量沙以改善其渗透速率。土壤掺沙的同时应添加锯末、木屑等有机质，提高保水性能，提供适宜植物生长的条件。

填料的组成对渗透速率有直接的影响。美国环保局要求设施渗透速率至少为 12.7 mm/h，奥地利要求为 36 ~ 360 mm/h，澳大利亚要求为 50 ~ 200 mm/h。渗透速率越大，则径流在设施中停留的时间越短，从而影响设施对径流污染的处理效果。渗透速率过小，处理能力减小且容易造成设施的堵塞。研究认为初始渗透速率是雨水花园的重要设计参数，长期运行后渗透速率为初始速率的 1/2 左右。因此控制初始渗透速率在 25.4 mm/h 以上才可保证 12.7 mm/h 的最低标准。

填料层多选用如沙石、陶粒、煤渣等渗透性较强的天然或人工材料，其具体厚度需要根据当地的降水特点、雨水花园的生态服务范围等来确定，一般 500 ~ 1200 mm 为宜。选用沙壤土时，其主要成分同植土层。选用炉渣或砾石时，其渗透系数一般不小于 10^{-5} m/s。

填料深度首先要满足植物生长要求。同时，填料深度影响设施污染物去除和水量削减效果。雨水花园对不同污染物的去除机理不同，研究发现，重金属在填料上层 200 mm 以内基本得到去除，750 mm 的填料深度对 N、P 的去除率可达 60% 以上。据此，北卡罗来纳州导则建议按照污染物类型选择填料深度：重金属、TN、TP、热污染为目标污染物时，最小填料设计深度分别为 450mm、760mm、610mm、910mm。

试验表明：在 pH 为 1 ~ 6 的条件下，沸石对氨氮的吸附量在每个盐碱度条件下都最多，吸附量为 675.95 ~ 1 826.16 mg/kg，粉煤灰陶粒则表现得最为稳定，吸附量为 492.38 ~ 632.08 mg/kg；沸石和粉煤灰陶粒对 TP 的吸附量分别为 838.89 ~ 872.41mg/kg、893.16 ~ 945.10 mg/kg，表现得非常稳定，且吸附量较多。

（5）沙子层

在填料层和砾石层之间铺设一层 150 mm 厚的沙子层，防止土壤颗粒渗漏入砾石层而堵塞穿孔管道，沙层上下都铺以土工布，既隔离沙土，又能通风透气。

（6）砾石层

砾石层为雨水花园竖向结构最下部的基础层，通常由 200 ~ 300 mm 厚，直径不超过 50 mm 的砾石构成。

（7）水管

雨水花园中的水管一般有溢水管和穿孔管两种。溢水管主要是为了在雨水的收集量超出雨水花园的承载量时能将多余的雨水通过直接接入的场地排水系统就近排入其他排水系统，且雨水花园溢流水管溢流口标高与雨水循环利用系统衔接处标高一致。穿孔管一般埋于下部的砾石层中，经过渗滤的雨水由穿孔管收集并进入其他雨水处理利用系统，以满足雨水净化后的利用要求。当需增强脱氮时，可提高排水管出口高度，强制形成饱水层，营造适宜反硝化的环境。条件允许的地区，雨水花园作为"入渗"径流处理设施更利于水文循环，并可减少建设费用。

2. 收集型雨水花园竖向构造设计

收集型雨水花园结构既要保证雨水在收集过程中得到净化，又要将净化后的雨水引出，因此其结构在通用结构的基础上，需要增加植被缓冲带、有机覆盖层、地下穿孔管、溢流管等。收集型雨水花园常用构造见图 3-32。

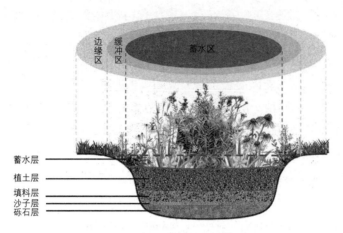

边缘区 缓冲区 蓄水区

蓄水层
植土层
填料层
沙子层
砾石层

图 3-32 收集型雨水花园常用构造示意

雨水花园是雨水处理与场地平衡的生态系统工程，其选址和布局直接影响场地的景观形象，环境的生态效益、社会效益。

3.4.8 雨水花园的植物选择

1.雨水花园植物选择原则

（1）以乡土植物为主，外来植物为辅

乡土植物对当地的气候条件、土壤条件和环境条件表现出很好的适应性，挑选植株造型优美的当地乔、灌木作为基调植物，便于塑造地方特色景观，也便于管理维护。

（2）根系发达，净污力强

植物对于雨水中污染物质的降解和去除机制主要表现在三个方面：一是通过光合作用吸收利用氮、磷等物质；二是通过根系将氧气传输到基质中，在根系周边形成有氧区和缺氧区穿插存在的微处理单元，使得好氧、缺氧和厌氧微生物均各得其所；三是植物根系对污染物质，特别是对重金属表现较好的拦截和吸附作用，净水能力较强，在雨水花园中能发挥很好的去污能力。以削减径流量为目的的雨水花园，宜选择根系发达的四季性植物。试验结果表明，莎草科、灯芯草属等根系发达植物表现出了良好的去污性能。

（3）既耐涝又抗旱

雨水花园的主要功能是处理降雨，降雨与停雨的相互间隔与交织使得雨水花园呈现出满水期与枯水期交替出现的现象，其蓄水区种植的植物既要对湿地环境、水环境有较好的适应能力，又要对干旱环境也有一定的适应性，即具有一定的抗旱能力。这就要求雨水花园植物耐水、耐湿性好，根系发达，生长快速，茎叶肥大。

（4）生态互补强，去污性和观赏性强

植物的合理搭配可提高植物对水体净化能力的累加效应。根系泌氧性强的植物与泌氧性弱的植物混合配植，有利于有氧微区和缺氧微区协同环境的创建，有利于 TN 的降解。

木本植物与草本植物的合理配植，有利于丰富植物群落的结构层次和提高植物群落的观赏价值。常绿草本植物与落叶草本植物混合配植，有利于提高雨水花园的冬季净水能力。

（5）多利用香花植物

芳香植物有助于吸引蜜蜂、蝴蝶等昆虫，创造更加良好的景观效果，如：美人蕉、姜花、慈姑、黄菖蒲等。

2. 适于雨水花园的常见植物种类

适于雨水花园的湿生植物有芦苇、芦竹、香根草、香蒲、美人蕉、马蹄金、细叶莎草、纸莎草、姜花、茭、慈姑、薏苡、灯心草、石菖蒲、风车草、条穗薹草、千屈菜、黄菖蒲、泽泻、锦绣苋、三白草等，适于雨水花园的水生植物有凤眼蓝、水皮莲、水蕹、水芹、睡莲、荇菜、萍蓬草等，适于雨水花园的耐水湿乔木有湿地松、水杉、落羽杉、池杉、垂柳、旱柳、柽柳、枫杨等，适于雨水花园的草坪草和观赏草有狗牙根、雀稗、马蹄金、斑叶芒、芒、花叶燕麦草、细叶针茅、红棕薹草、窄叶薹草、卷柱头薹草、扁囊薹草、漂筏薹草等。

3.4.9 雨水花园植物配置

1. 控制径流污染的雨水花园的植物配置

侧重于控制径流污染的雨水花园多用于雨水污染较严重的停车场、广场、道路周边，需配置对污染物有较强吸收能力的植物，以人工湿地的形式，通过植物、动物、栽培基质构成的生态系统来净化、吸收雨水。设计场地内如湿地基础、水文条件较好，适宜营建自然式的湿地系统，否则适宜营造人工湿地。前者如美国华盛顿州 Renton 的雨水花园就由原有的一块湿地发展而来，从停车场和周围道路汇集而来的雨水经 11 个相互关联的沉淀池将悬浮污染物加以沉淀，通过在长而曲折的湿地中的缓慢流淌，沉淀后的雨水由于植物、微生物和野生动物的综合生态效应而得到进一步的净化。后者如成都活水公园，成都府南河五类水经厌氧沉淀池、兼氧池、配置水生动植物群落的植物塘（5 个）和植物床（12 个）等所共同构成的人工生态净化系统的吸附、过滤、氧化、还原及分解（微生物）作用而逐步达到三类水质标准，最终回流到府南河中。用于净化雨水的人工湿地可依水质情况设厌氧池或兼氧沉淀池，依雨水流量设植物塘。

自然式湿地沉淀池的沿岸可成片种植芦苇、香根草等湿生植物，人工式湿地沉淀池的沿岸植物床种植湿生植物，池塘中限制性种植凤眼蓝等水生植物，沉淀悬浮物的同时，去除雨水中的部分有机污染物。自然式湿地沿线带状种植各种既能去除有机污染物又有一定观赏价值的湿生植物，如香蒲、灯心草等，并适当配植常绿湿生植物，如石菖蒲、风车草等，保证冬季的净水能力。在净水缓冲区可种植睡莲、荇菜等观赏性水生植物。人工式湿地植物塘中可引入鱼类、蛙类等动物形成更复杂的动植物群落。

2. 控制径流量的雨水花园的植物配置

侧重于控制径流量的雨水花园多用于处理公共建筑或小区屋面雨水、道路雨水等。由于这些场所人员密集，雨水花园植物配置需要兼顾雨水处理、活动开展和观赏的功能需求。

（1）控制径流量与活动相结合

与活动相结合的雨水花园适于居住区、公园。该类雨水花园面积较大，与周边区域过渡平缓，其设计形式类似于公共绿地。基于雨水渗透和回收利用的要求，雨水花园植物以耐踩踏、耐涝的草本和耐水湿的乔灌木为主。雨水花园的草坪活动区可选狗牙根、雀稗等耐涝能力较强的草坪草种，与园路衔接处可选中华天胡荽、三白草、鸭跖草等耐涝且可吸收污染物的地被植物，活动、休息区配植耐水湿的高大乔木，为居民提供遮阴环境，丰富花园的立体层次。

（2）控制径流量与观赏相结合

与观赏相结合的雨水花园适于办公、商业、学校等公共区域。该类雨水花园面积较小或较狭长，讲究精致，以体现其景观价值，类似水景园。雨水是雨水花园的唯一水源，而地表具有良好的渗透性，因此雨水花园存在丰水期和枯水期的交替变化，其植物应以耐涝又耐旱的观赏性湿生草本为主。对于长条形的雨水花园，可选择美人蕉、黄菖蒲、千屈菜、泽泻、锦绣苋、石菖蒲等中小型湿生植物，以吸收雨水中的污染物。随意而自然的点缀不仅可以丰富景色，而且可以固定雨水花园中的碎石和沙土。如初期雨水所含污染物较多，可以考虑在雨水花园进水口限制性地种植凤眼蓝等去污能力较强的水生植物，充分发挥其净水能力。对于面积较小的雨水花园，可重点选择禾本科、莎草科中的小型湿生植物和具有一定耐涝能力的观赏草，如旱伞草、细叶莎草、花叶燕麦草、蒲苇、斑叶芒、芒等，呈现观赏草群体的色彩美和叶片的线形美。

思 考 题

1. 如何解决高陡坡景观绿地的养护问题？

2. 固定式喷灌系统和微喷灌系统有何区别和联系？如何开展生产应用？

3. 风景园林绿地的排水有何特点，如何统筹考虑自然风景区的排水问题？

4. 如何布局雨水花园？试阐释雨水花园的竖向设计和结构设计技巧。

5. 针对雨水花园的类型特点，试分析如何开展雨水花园植物的选择，其植物景观设计需要注意哪些方面的问题？

参考文献

[1] 白洁 . 北京地区雨水花园设计研究 [D]. 北京：北京建筑大学 .2014.

[2] 车伍，李俊奇 . 城市雨水利用技术与管理 [M]. 北京：中国建筑工业出版社，2006.

[3] 陈韬，李研，李业伟，等 . 城市雨水水质模拟研究进展 [J]. 市政技术，2014，32（3）：115-121.

[4] 程桂 . 海绵城市水文水质过程模拟与关键技术研究：以宜兴市某试验区为例 [D]. 苏州：苏州科技大学，2017.

[5] 代红艳 . 人工湿地植物的研究 [J]. 太原大学学报，2007（12）：129-131.

[6] 方乔西 . 雨水花园设计研究初探 [D]. 北京：北京林业大学，2010.

[7] 贺靖雄，李翠梅，程桂，等 . 海绵城市雨水花园水文水质过程模拟 [J]. 水电能源科学，2019，37（4）：9-12.

[8] 胡爱兵，李子富，张书函，等 . 城市道路雨水水质研究进展 [J]. 给水排水，2010，36（3）：123-127.

[9] 李海燕，岳利涛，黄延 .SWMM 中典型水质参数值确定方法的研究 [J]. 给水排水，2011，37（S1）：159-162.

[10] 李小霞，解庆林，游少鸿 . 人工湿地植物和填料的作用与选择 [J]. 工业安全与环保，2008（3）：54-56.

[11] 李卓熹，秦华鹏，谢坤 . 不同降雨条件下低冲击开发的水文效应分析 [J]. 中国给水排水，2012，28（21）：37-41.

[12] 刘家琳，张建林 . 雨水径流控制的景观设计途径及在公园绿地中的应用分析 [J]. 西南大学学报：自然科学版，2015，37（11）：186.

[13] 刘佳妮 . 雨水花园的植物选择 [J]. 北方园艺，2010（17）：129-132.

[14] 刘亮 . 邯郸市街道雨水径流污染物变化规律研究 [J]. 甘肃科技，2008（14）：62-63.

[15] 刘万和，黄琦珊，乐文彩 . 海岛地区雨水花园设计及应用 [J]. 中国农村水利水电，2021（6）：30-37.

[16] 孟兆祯 . 风景园林工程 [M]. 北京：中国林业出版社，2012.

[17] 牛聪聪 . 基于海绵城市的雨水花园应用研究：以石家庄市中心城区为例 [D]. 石家庄：河北师范大学，2015.

[18] 孙慧珍 . 排水工程（上册）[M].4 版 . 北京：中国建筑工业出版社 .1999.

[19] 孙奎永 . 雨水花园在规划设计中的应用研究 [D]. 石家庄：河北工业大学，2014.

[20] 王书吉，姚兰，孙红 . 城市道路雨水污染物浓度随产流过程变化规律研究 [J]. 水科学与工程技术，2006（5）：13-15.

[21] 王向荣，林菁 . 西方现代景观设计的理论与实践 [M]. 北京：中国建筑工业出版社，2002.

[22] 吴建强，丁玲 . 不同植物的表面流人工湿地系统对污染物的去除效果 [J]. 环境污染与防治，2006（6）：432-434.

[23] 熊赟，李子富，胡爱兵，等 . 某低影响开发居住小区水量水质的 SWMM 模拟 [J]. 中国给水排水，2015，31（17）：100-103.

[24] 杨锐，王丽蓉 . 雨水利用的景观策略 [J]. 城市问题，2011（12）：51-55.

[25] 中国农业大学 .CECS 243—2008 园林绿地灌溉工程技术规程 [S].2008.

[26] 张钢 . 雨水花园设计研究 [D]. 北京：北京林业大学，2010.

[27] 张自杰 . 排水工程（下册）[M].4 版 . 北京：中国建筑工业出版社 .2000.

[28] 郑耀泉，刘婴谷，严海军，等 . 喷灌与微灌技术应用 [M]. 北京：中国水利水电出版社，2015.

[29] 中华人民共和国住房和城乡建设部 . 海绵城市建设技术指南：低影响开发雨水系统构建（试行）[S].2014.

[30] Clar M L，Green R.Design Manual for Use of Bioretention in Stormwater Management[Z].Dept of Environmental Resources Prince George's County，MD，1993.

[31] Diblasi C J，Li H，Davis A P，et al.Removal and fate of polycyclic aromatic hydrocarbon pollutants in an urban stormwater bioretention facility[J].*Environmental Science and Technology*，2009，43（2）：494-502.

[32] Hong E, Seagren E A, Davis A P.Sustainable oil and grease removal from synthetic stormwater runoff using bench –scale bioretention studies closure[J].*Water Environment Research*, 2007, 79 (4) : 448–449.

[33] Hunt W F, Lord W G.Bioretention Performance, Design, Construction and Maintenance, North Carolina Cooperative Extension[R].Raleigh, N.C, 2006.

[34] Le Coustumer S, Fletcher T D, Deletic A, et al.Hydraulic performance of biofilter systems for stormwater management: influences of design and operation[J].*Journal of Hy- drology*, 2009, 376 (1–2) : 16–23.

[35] Princes George's County.The Bioretention Manual[Z].Prince George's County Government, Department of Environmental Protection.Watershed Protection Branch, Landover, MD, 2002.

[36] Sharkey L J.The Performance of Bioretention Areas in North Carolina: A Study of Water Quality Water Quantity and Soil Media[D].Raleigh N C: North Carolina State Univ, 2006.

[37] Hunt W F, Lord W G.Bioretention Performance, Design, Construction and Maintenance, North Carolina Cooperative Extension[R].Raleigh, N.C, 2006.

4

第 4 章

////// 水景工程 //////

本章要点

水景工程是风景园林中因水成景的工程总称。水在古今中外的园林中都发挥着重要作用，"理水"更是中国自然山水园的主要手法之一，古代造园家甚至认为"园可无山，不可无水"，可见水在中国古典园林中的突出地位。随着时代发展，在现代园林中，水仍然是一个不可或缺的主题。伴随着科学技术的不断进步以及人们审美水平的不断提高，水景工程在工艺水平和表现手法上都得到了更大程度的发展和进步。本章分为水岸工程、水闸工程、湖池工程、喷泉工程 4 个部分。

4.1 水岸工程

4.1.1 水体护坡

1. 水体护坡的定义和作用

护坡是岸坡表面由人工增设的，具有稳定坡体作用的一种防护措施，主要用于抵御雨水冲刷、侵蚀等，可用于公路两侧、湖泊底部的保护或溪边岸坡的防护建设。其中建设在水体边缘的边坡，可称为水体护坡。水体护坡的作用主要是防止坡体的滑动的发生，减轻水体的冲刷。自然式缓坡护坡亲水效果更加显著，在园林工程中较为常见。

2. 水体护坡的基本构造

园林中的河岸湖边，常常采用斜坡伸入水中的形式，能更贴近自然而不突兀，同时形成护坡。护坡的典型构造层包括护面层、垫层和下嵌。

护面层是护坡的主要部分，它由岸顶一直延伸到岸脚，可抗击流水冲刷和抵御土坡滑动。护面层的透性与柔性是关系其性能的两个重要工程特性。透性决定了垫层和基土受外力水运动和压力的影响；柔性使护面层能适应沉陷而产生的较小变形，减少下游材料的损失和流动，维持铺砌护坡的复合物的完整性和同一性。一般选用块石、草皮、混凝土等作为护面层的材料。

垫层位于护面层与基土层之间，垫层的材料选择较多样，一般有颗粒材料、土工织物和混合材料，可以多种材料结合使用使其功能更全面。垫层对整个护坡的工程构造好坏有很大影响，值得注意的是，垫层内水分的累加作用以及设计时需对这些累加作用采取有效措施来防止其对整个护坡工程产生潜在威胁。垫层一般具有较多的功能：作为滤层，主要是防止基土层的移动；提供排水层以利于垫层和基土的排水；避免水流冲刷基土层表面；在铺砌工程中调整基土层表面，使其地基较平整；也可作为除护面层外的第二层保护。

下嵌位于岸脚处，工程中常用块石作下嵌材料，主要作用是防止护面层和垫层遭受流水的冲击侵蚀。

3. 水体护坡的形式

水体护坡的形式较多，在园林中使用时应考虑实际中护坡的用途，周边景观设计的要求，护坡周围的地质情况和水流冲刷的情况等。常见的有编柳抛石护坡、铺石护坡、草皮护坡与灌木护坡。

（1）编柳抛石护坡

该种护坡采用新截取的柳条以十字交叉式编织成格筐，向编柳格框内抛填 20 ~ 40cm 厚的块石，块石下设厚度接近块石一半的砾石层来排除多余水分（图 4-1）。柳格平面尺寸一般为 0.3m×0.3m 或 1m×1m，厚度为 30 ~ 50cm，柳条发芽成灌木可加强其护坡效果。

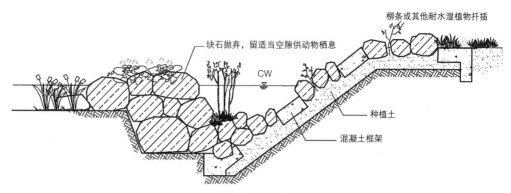

图 4-1　编柳抛石护坡典型剖面图
（图片来源：钟秀惠改绘，底图引自本章参考文献 [1]）

（2）铺石护坡

铺石护坡常见于抵御风浪变化大的坡岸边，当坡岸并非平直类型时也应用铺石护坡做防护。可以采用块石、卵石等作为其填铺材料。铺石护坡抗冲刷能力较强，有较好的耐受性、耐用性，是园林建设中常见的一种护坡形式。

铺石护坡的三种类型如图 4-2 所示。首先整理岸坡，选用长度适宜的块石，长宽边比最好为 1∶2，铺石护坡在寒冷天气下的抵御能力较强，工程构造中一般采用花岗岩、砂岩、砾岩、板岩等石料。建设铺石护坡时需要在块石下面设倒滤层垫底，并在护坡坡脚设下嵌（大块石砌筑或混凝土浇筑），能增强坡体的稳定。

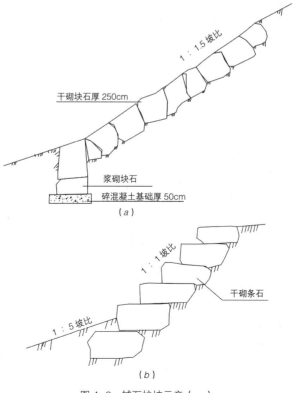

图 4-2　铺石护坡示意（一）

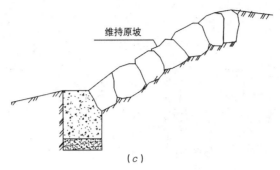

（c）

图4-2 铺石护坡示意（二）

（图片来源：底图引自本章参考文献[3]；钟秀惠改绘）

在水流流速不大的情况下，块石可设在砂层或砾石层上，否则应以碎石层作倒滤的垫层，如单层铺石厚度为20～30cm，垫层厚度可采用15～25cm。如水深在2m以上则可考虑下部护坡用双层铺石，如上层厚30cm，下层厚20～25cm，砾石或碎石层厚10～20cm。

图4-3所示为斜坡护坡结构示意。斜坡坡度为1∶1.5，坡高为6m，河水常水位应高于斜坡底约4m。大部分处于水中的岸坡可用块石砌面层于透水层上，稳定其面层结构，块石在坡岸底部砌双层，面层沿不同厚度的碎石层向上铺砌。不同位置的石层厚度也有相应的变化，坡岸底部厚度可为20m，介于常水位及常水位以上50m之间石层的厚度约为在底部时厚度的一半。从斜坡水位线以上不再采用双层块石铺面，而是砌单层，坡肩处块石厚14～16cm，底部设置护脚棱体用于支撑砌体。

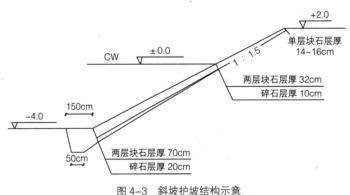

图4-3 斜坡护坡结构示意

（图片来源：底图引自本章参考文献[4]；钟秀惠改绘）

在不冻土地区，若湖水较浅且其边岸并非陡直，一般其水体冲刷力较小，这时可考虑作单层块石护坡，支撑构造也可不必过于复杂（图4-2c）。

（3）草皮护坡

考虑应用草皮护坡（图4-4）时，岸体坡度应在自然安息角之内，且地形坡度变化在1∶20～1∶5之间。

图 4-4 草皮护坡
（图片来源：钟秀惠摄）

草皮护坡选择的草种一般要求对潮湿度较高的环境耐受力较强，根系发达，适应力强，生长速度快，易存活。可选用假俭草、狗牙根、菖蒲等，更显原生态景象。

草皮护坡的做法应根据坡面实际情况设定，一是可在事先准备好的混凝土砖内种草；二是在坡面上直接播种草种并盖上一层塑料薄膜，并用竹钉固定，如图 4-5 所示；三是在坡面上直接种植草皮，不论是块状还是带状草皮，其施工步骤均沿坡面自下而上成网状铺设。

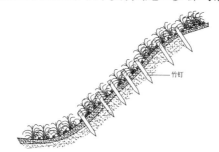

图 4-5 草皮护坡示意
（图片来源：底图引自本章参考文献 [3]；钟秀惠改绘）

（4）灌木护坡

通常湖面面积较大并且坡岸较舒缓的可采用灌木护坡。灌木要求具有根系发达，对水体淹没的耐受力较强，韧度较突出等特性，从而有利于减弱水体风浪的冲击力，保持土壤。灌木护坡在施工时可以直接种植苗木或直接撒种子，同时保持合适的种植密度，也可形成乔 - 灌 - 草多层结构来丰富天际线变化，以达到更好的景观效果（图 4-6）。

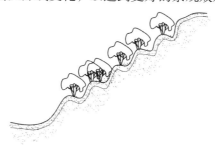

图 4-6 灌木护坡示意
（图片来源：钟秀惠绘）

4. 水体护坡施工要点

岸坡建设时需将湖内水体排空或围堰从而方便施工：新挖掘的湖池一般在岸坡施工前先不往里注水；对于城市中早已积存着大量水体的湖泊，则可分段围堵截流，排空施工现场围堰以内的水。

第一步，开槽。先整理湖边坡岸地基不平坦处，使其平整后再勾出基槽轮廓，可用石灰辅助放出轮廓（基槽两侧各加 20cm 作为开挖线），最后根据设计深度挖出基础梯形槽，再夯实土基。

第二步，铺倒滤层、砌坡脚石。为了保持坡面上的土壤，要求护坡具有一定的透水性，可在块石下一层填筑倒滤层。倒滤层选用的颗粒材料要求大小及厚度均匀，其结构一般做1 ~ 3层，总厚度为15 ~ 25cm；第一层可以填入粗砂层，第二层倒入小卵石层或小碎石层，第三层可用级配碎石；可用块石作为沟槽中浆砌的坡脚石，浆砌坡脚石施工时先将厚10 ~ 20cm 的水泥砂浆在基底铺层，为保证坡脚石的稳固应再砌石并灌满砂浆。

第三步，铺砌块石。从坡脚石开始从下往上砌筑块石。砌筑石块时要注意平行于坡面，石块间应保持紧密贴合，对于突出的棱角要磨平并把表面的碎石嵌入土壤中，若石块不够稳固可用碎石填充石间存留的缝隙。

4.1.2 挡土墙

1. 挡土墙的定义与作用

挡土墙是指支撑路基填土或山坡土体，防止填土或土体变形失稳的构筑物。具体来说，由自然土体形成的陡坡有一定的极限坡度（土壤自然安息角），若超过这个限定值，土体的稳定性会产生变化而产生滑坡和塌方，天然山体甚至会发生泥石流现象；为保持土坡稳定而不出现崩塌塌方现象而增设的人工工程结构体（构筑物）即为挡土墙。

2. 挡土墙的基本构造与适用情况

在挡土墙横断面中，与被支承土体直接接触的部分称为墙背；墙面是相背于墙背的临空的一面，墙面一般均为平面，起坡度应与墙背坡度相协调；与地基直接接触的部位称为基底；与基底相对的，墙的顶面称为墙顶，墙顶宽度最小，具体尺寸需根据挡土墙类型来确定；基底的前端称为墙趾，基底的后端称为墙踵（图4-7）。挡土墙可以适用于陡坡地段，为避免大量挖方及降低边坡高度的路堑地段，可能产生塌方、滑坡的不良地质地段，高填方地段，水流冲刷严重或长期受水浸泡的沿河路基地段，为保护重要建筑物、生态环境或其他特殊需要而设置的地段。挡土墙在选择过程中，首先要对其承载力进行分析，根据地貌、水文、高差选择合适的挡墙形式和材质，确保挡土墙在日后使用过程中安全稳定，不发生倾斜，同时兼顾景观效果。

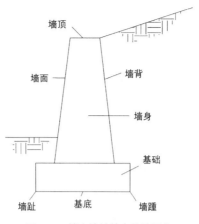

图 4-7　挡土墙的基本构造示意
（图片来源：钟秀惠绘）

3. 挡土墙的分类

挡土墙类型可以按挡土墙的位置、结构形式和墙体材料来划分。

（1）按位置划分的挡土墙常见类型

①路堑挡土墙，一般设置在路堑边坡底部，主要用于支撑开挖后自身不够稳定的山坡，同时可减少挖方工程量，降低挖方边坡的高度（图 4-8）；②路肩挡土墙，设置在路肩部位，墙顶是路肩的组成部分，它还可以保护临近路线存在的重要建筑物（图 4-9）；③路堤挡土墙，设置在高填土路提或陡坡路堤的下方，可以防止路堤边坡或路堤沿基底滑动，同时可以收缩路堤坡脚，减少填方数量，减少拆迁和占地面积，其用途与路肩墙相同（图 4-10）；④山坡挡土墙，设置在路堑或路堤上方，用于支撑山坡上可能坍滑的覆盖层、破碎岩层或山体滑坡。

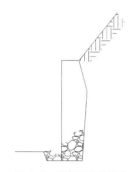

图 4-8　路堑挡土墙示意
（图片来源：钟秀惠绘）

图 4-9　路肩挡土墙示意
（图片来源：钟秀惠绘）

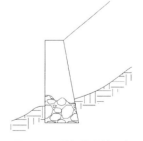

图 4-10　路堤挡土墙示意
（图片来源：钟秀惠绘）

（2）按结构形式划分的挡土墙常见类型

1）重力式挡土墙。该类挡土墙是以挡土墙自身重力来维持挡土墙在土压力作用下的稳定。常见的挡土高度一般在 5 ~ 6m 以下，大多采用工程结构较简单的形式。常见的重力式挡土墙有以下几种。

一是直立式挡土墙，它是指墙面基本与水平面垂直，但也允许在适当范围内有倾斜的挡土墙，由于施压在墙背面的水平压力较大，因此直立式挡土墙的高度应控制在不高于2m。二是倾斜式挡土墙，它常指墙背一侧向土体倾斜，倾斜坡度控制在20°以内的挡土墙。倾斜式挡土墙墙背坡度与自然土层相对较贴合，这样不仅可以减少水平方向的压力，还能减少挖方数量和墙背回填施工的数量，常见于中等高度的挡土墙。

2）衡重式挡土墙。当挡土高度较高时（不低于5m），一般考虑采用衡重式挡土墙，其最大的优点是下墙的衡重平台能使基底应力趋于平衡，原因主要是衡重平台能迫使墙身整体重心后移。但衡重式挡墙基底宽度的大小受到构造形式的限制，不可能做得很大（相对于重力式挡土墙），因此相较于衡重式挡土墙而言，重力式挡土墙的挡土墙基底应力会更有优势。采用衡重式挡土墙能够提高的挡土墙高度也是有限的（图4-11）。

3）扶壁式挡土墙。这种形式的挡土墙的挡墙砌筑高度可进一步提高，其挡土墙底板必须有足够的宽度，特别是在前趾部位，否则基底应力仍很大。钢筋混凝土扶壁式挡土墙消耗的钢材量大，而且墙体均为立模现浇，施工程序较复杂，所以其造价会颇高（图4-12）。

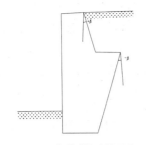

图4-11　衡重式挡土墙示意
（图片来源：钟秀惠绘）

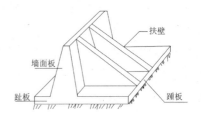

图4-12　扶壁式挡土墙示意
（图片来源：钟秀惠绘）

4）加筋挡土墙。加筋挡土墙适用于建设场地中地基土壤较软的情况。它是在土中加入拉筋，利用拉筋与土之间的摩擦作用，改善土体的变形条件和提高土体的工程特性，从而达到稳定土体的目的。加筋挡土墙由面板、拉筋组成，依靠填土、拉筋之间的摩擦力使填土与拉筋结合成一个整体。其造价低廉，具有良好的经济效益，并且可利用装配式构件加快施工效率，但加筋挡土墙并未广泛使用，主要原因是城市道路敷设地下管线多，与挡墙筋带形成垂直交叉而互有干扰；此外，还要考虑到路面开挖维修管道会影响到挡土墙的安全（图4-13）。

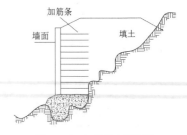

图4-13　加筋挡土墙示意
（图片来源：钟秀惠绘）

（3）按墙体材料划分的挡土墙常见类型

石砌挡土墙，如图4-14所示；混凝土挡土墙，如图4-15所示；钢板挡土墙，如图4-16所示。

4. 挡土墙施工要点

挡土墙的工程建设过程中首先需要确定适合场地的基本墙身构造。如仰斜式墙背适用于路堑墙及墙趾处地面平坦的路肩墙或者是路堤墙，仰斜式墙背的坡度不宜缓于 1 ∶ 0.3，通常在 1 ∶ 0.15 ～ 1 ∶ 0.25；俯斜式墙背适用于路堤墙、路肩墙，坡度常用 1 ∶ 0.15 ～ 1 ∶ 0.25，低于 4m 的矮墙可以用直立式墙背；折背式墙背多用于路堑墙，也可以用于路肩墙，上、下墙的墙高比一般采用 2 ∶ 3；衡重式墙适用于山区地形陡峻处的路肩墙和路堤墙，也可用于路堑墙，上墙俯斜式墙背的坡度为 1 ∶ 0.25 ～ 1 ∶ 0.45，下墙仰斜式墙背坡度在 1 ∶ 0.25 左右，上、下墙的墙高比一般采用 2 ∶ 3（图 4-17）。为保证交通安全，在地形险峻地段或者过高过长的路肩墙的墙顶应设置护栏。

图 4-14　石砌挡土墙
（图片来源：钟秀惠摄）

图 4-15　混凝土挡土墙
（图片来源：钟秀惠摄）

图 4-16　钢板挡土墙
（图片来源：钟秀惠摄）

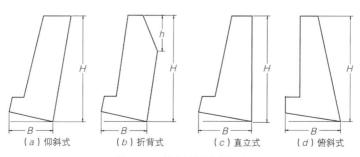

（a）仰斜式　　　（b）折背式　　　（c）直立式　　　（d）俯斜式

图 4-17　挡土墙的墙背类型
（图片来源：钟秀惠绘）

大多数挡土墙都直接修筑在天然地基上，若场地地形较平坦但地基承重力不足，为减小基底压力和增加抵抗倾覆的稳定性，一般采用扩大基础的形式；当挡土墙修筑在陡坡上，而地基又为完整、稳固，对基础不产生侧压力的坚硬岸石时，可设置台阶基础，以减少基坑开挖（图4-18）。而基础的埋置深度应根据土质实际情况设置：无冲刷时，应在自然土壤地面以下不少于1m；有冲刷时，应在冲刷线以下不少于1m；对于基石地基应清除表面风化层，将基底嵌入岩层一定深度，当风化层较厚难以全部清除表面时，可依据地基的风化程度及容许承载力将基底埋入风化层中；在冻胀地区，基础埋置深度应在冻结线以下不少于0.25m，地基应填筑一定厚度的砂石或者碎石垫层，垫层底面亦应位于冻结线以下不少于0.25m。

对于雨水较充足的地区和寒冷的冻土地区，不仅要保证挡土墙的基本功能，还要考虑到挡土墙后土坡的排水设置。挡水墙的排水措施通常由地面和墙身排水两部分组成。地面排水主要是为了防止地表水渗入墙后土体或者地基，在山林等游人稀少的广阔地带，可设置平行于挡土墙的一定数量的地面排水沟，截引地表水，墙背反滤层和排水层的材料、隔水层的混凝土强度等级应符合设计要求；也可通过减少地表渗水的措施，即通过夯实回填土顶面和地表松土来防止雨水和地面水下渗，必要时可设铺砌层，也可用草皮、胶泥、混凝土来封闭或夯实黏土层，土层厚度一般为20～30cm。常见的墙身排水是在挡土墙上设置泄水孔（图4-19）。泄水孔尺寸要视泄水量大小而定，孔眼间距一般设为2～3m，而浸水挡水墙的孔眼间距一般为1.0～1.5m，干旱地区可适当加大，孔眼上下错开布置。为防止水分渗入地基，下排泄水孔进入的底部应铺设30cm厚的黏土隔水层，泄水孔的进水口部分应设置粗粒料反滤层，以免孔道阻塞（图4-20）。

图 4-18　台阶形挡土墙基础示意
（图片来源：钟秀惠绘）

图 4-19　挡土墙泄水孔
（图片来源：钟秀惠摄）

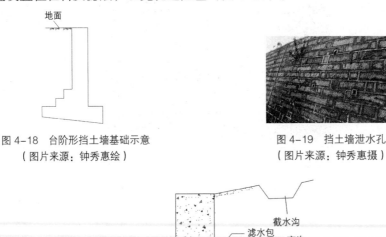

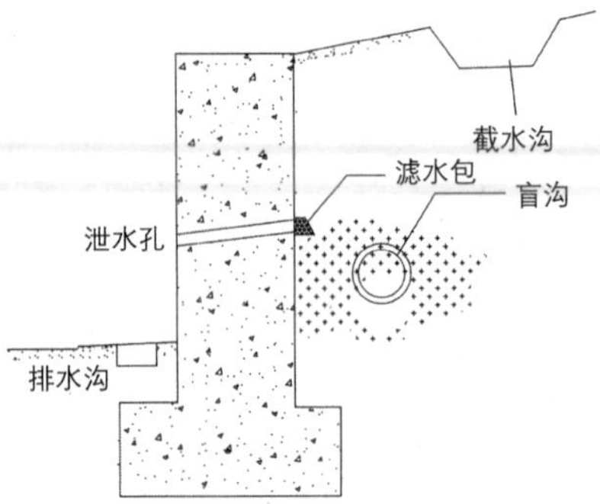

图 4-20　挡水墙的排水处理示意
（图片来源：钟秀惠绘）

挡土墙在设计时一般将沉降缝和伸缩缝合并设置，沿路线方向每隔 10 ~ 15m 设置一道，兼起两者的作用。缝内一般可用胶泥填塞，但在渗水量大、填料容易流失或冻害严重地区，则宜用沥青麻筋或涂以沥青的木板等具有弹性的材料。挡土墙墙面应平顺整齐，墙后回填土在墙体结构强度达到要求时才能进行，严格做到分层填筑、分层夯实。挡土墙风格尽量朴素，材质的使用尽量简约、单一，与周边环境融合为佳。过分的装饰往往会将高差突兀于景观之中，打破景观空间的稳定性，取得适得其反的效果（图 4-21）。

图 4-21　挡土墙与周边环境融合
（图片来源：钟秀惠摄）

4.1.3 园林驳岸

1. 园林驳岸的定义和作用

驳岸是应用工程措施加工岸坡使其达到稳固进而对岸坡起防护作用的工程构筑物。园林驳岸作为园林水景工程中不可或缺的一部分，处于水体边缘与陆地交界处，其造型应与周围景观协调统一，同时修筑驳岸时要注意陆地和水面面积的比例协调，防止驳岸边上的陆地被水淹没或由于冻胀、风浪拍击冲刷等自然因素造成水岸的破坏、倒塌。

设计园林驳岸时还应注意不同方位的视角。如当人们在对岸看景物时，全部景物会显得平板，而驳岸容易引起注意；但当人们乘船观赏沿岸景色时，靠近驳岸后更容易看清驳岸的细部。因此视角的不同会带来不同的观赏体验，所以驳岸的处理方式也应视具体情况而定。

园林驳岸位于园林工程中重要的水陆相交边界处，其除具有基本的保护功能外，还具有园林中所强调的诸多功能，主要为水文基本功能、景观亲水功能和生态功能。

（1）驳岸的水文基本功能

水文功能是驳岸的基本功能，它能够降低水流速度，保护坡岸免受风浪的拍击与侵蚀，以及减少水土流失等。驳岸最重要的功能是保护岸坡工程结构免受流水侵蚀，防止岸坡位置和形态发生较大程度的变化和转移，同时可利用植物、块石等材料来减缓水的流速，使岸坡的土壤更加稳固。

（2）驳岸的景观亲水功能

驳岸的景观亲水功能是其一大特色。驳岸的景观包括驳岸本身的构造和与其邻接的水体周边的景色，驳岸与周边水景的协调统一构成了具有特色的景观环境。驳岸可以通过所用材料的变化、自身多变的形式以及与水体的不同组合构成各式赏心悦目的驳岸景观，展示特色亲水体验，增加游者的游览兴趣。

驳岸构造中采用的材料性质不同，带来的体验效果也不尽相同。如硬景材料与软景材料两者形成坚硬与温和、刚与柔的对比，产生的视觉效果和美学效果也各不相同。同时，应赋予驳岸一定的场所特征，提倡因地制宜地使用乡土材料来表达场地特色，尽量减少千篇一律的景观。在遵循有关规定的前提下，可以根据场地需要适当设置亲水设施，增加人与水体的亲近互动，促进人与自然的和谐相处。

（3）驳岸的良好生态功能

驳岸的良好生态功能主要体现在缓冲功能和保护生物上。如对于生长在驳岸边的一些耐水湿植物及水生植物来说，当突发大水、暴雨和洪水时，驳岸可以在一定程度上缓解它们对植物的损害，并对周边的自然生态也起到一定的保护和缓冲作用。驳岸还能为部分植物、动物和微生物提供生长、栖息地，在一定程度上保护了大自然环境中的生物。且由于驳岸位于水体边缘与陆地这一交界处，它能为许多生物或者生长过程中某个阶段需要水陆交界这类环境的某些动植物、微生物提供栖息地。

2. 园林驳岸的基本构造

园林中使用的驳岸形式以重力式驳岸为主，它主要依靠墙身自重来保持岸壁的稳定，支撑墙体背土的压力。其基本构造有压顶、墙身、基础、垫层、基础桩、沉降缝、伸缩缝、泄水口、倒滤层等（图 4-22）。

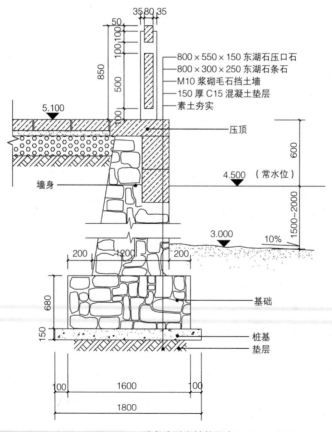

图 4-22　重力式驳岸结构示意

（图片来源：钟秀惠绘）

压顶位于驳岸的顶端，犹如盖帽，它对墙体起到保护和过渡衔接的作用。墙身是重力式驳岸的主体，根据墙身陡缓情况，可以把重力式驳岸分为仰斜式、直立式和俯斜式。基础是驳岸的底层结构，在一定高度范围内，厚度常为 400mm，宽度在高度的 3/5 ~ 4/5。垫层位于基础的下层，常用道渣、碎石、碎砖等材料去整平地坪，以保证基础与土基均匀接触。基础桩位于垫层下方，是增加驳岸的稳定性，防止驳岸滑移或倒塌的有效措施，同时也兼有加强土基承载能力的作用。沉降缝是由于墙身高度、墙后土压力、地基沉降不均匀等原因而必须设置的断裂缝。伸缩缝是为了避免因砌体收缩结硬和湿度、温度的变化所引起的破裂而设置的缝道。设置泄水口的目的是为了排除地面渗入水和防止地下水在墙后滞留。假如驳岸所处地段排水不良，那么大量雨水经墙后填土下渗，会使墙后土的抗剪强度降低，重度增大，土压力增大，从而造成对驳岸的破坏。尤其是渗入水或地下水的水位在冰冻线以上时，其冻胀作用会对驳岸造成极大的破坏。

设置倒滤层的目的是：防止泄水口入口处土壤颗粒流失，防止因土壤颗粒流失而发生驳岸背后土坡下陷，甚至发生岸坡后退现象；排除地下水，常用易于渗水的粗颗粒材料，如细沙、粗沙、碎石、卵石等。

其他构造形式还有：黏土隔水层，主要为防止墙后积水渗入地基，一般在压顶后铺设黏土层并夯实；截水沟，应用在墙后有山坡时，在坡下设置，以利于集中排水和防止坡上雨水对驳岸的冲刷。

3. 园林驳岸形式

园林驳岸常按结构形式、造景、所用材料和驳岸造型进行分类。按结构形式一般分为重力式、后倾式、插板式、板桩式和混合式；接造景可分为自然式、人工式和混合式；按所用材料一般分为天然材料驳岸和人工材料驳岸；根据驳岸的造型可分为规则式驳岸、自然式驳岸、混合式驳岸。

（1）规则式驳岸：指用块石、砖、混凝土等砌筑的较规整的工程构造。常见的重力式驳岸有浆砌块石驳岸（图 4-23）、半重力式驳岸和扶壁式驳岸等（图 4-24）。园林中的驳岸以重力式为主，这类驳岸简洁明快，坚固耐冲刷，但其形式不够灵动，景观效果较差。

（2）自然式驳岸：其外观遵循自然，不局限于某种特定规格形状，如常见的假山石驳岸（图 4-25）、石矶驳岸（图 4-26）、木桩驳岸（图 4-27）等。这类驳岸自然亲切，景观效果好，一般能与周围环境更好地融合。

（3）混合式驳岸：包含了规则式驳岸和自然式驳岸的特点，一般为毛石岸墙，自然山石封顶。这类驳岸在园林工程中也较为常用，易于施工且具有一定的装饰性，但要注意尽量使人工砌石部分做在最低水位线以下（图 4-28）。

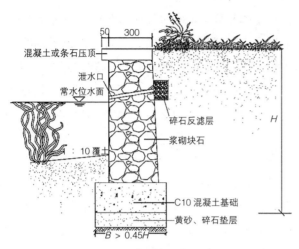

图 4-23　浆砌块石驳岸示意
（图片来源：底图引自本章参考文献 [4]；钟秀惠改绘）

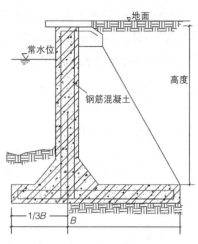

图 4-24　混凝土扶壁式驳岸示意
（图片来源：钟秀惠绘）

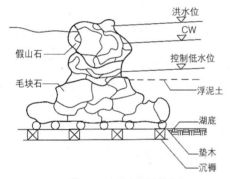

图 4-25　假山石驳岸示意
（图片来源：钟秀惠绘）

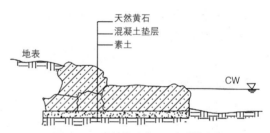

图 4-26　天然黄石（石矶）驳岸示意
（图片来源：钟秀惠绘）

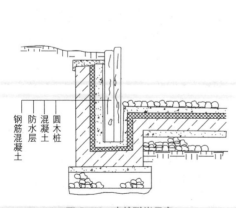

图 4-27　木桩驳岸示意
（图片来源：钟秀惠绘）

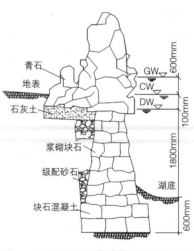

图 4-28　混合式驳岸示意
（图片来源：钟秀惠绘）

4. 驳岸稳定性的潜在威胁

根据所处的环境威胁的强弱程度，将主要以抗土压力为目的，水冲刷影响很小的驳岸称为抗土压力型驳岸；而在抗土压力基础上，还得考虑水流冲刷影响的驳岸称为抗水冲刷型驳岸。两者都有着各自不同而且突出的潜在威胁。

（1）抗土压力型驳岸的潜在威胁

抗土压力型驳岸目前在园林中属于较常见的形式。由于水体流速对驳岸的冲刷影响较小，可忽略不计，因此对于该种类型可只考虑土压力对驳岸的潜在影响及威胁。

对于这种驳岸，基本需要依靠其自身重力来抵抗背后的土压力向外的趋势，当岸坡角度超过土壤安息角时，土压力对驳岸的推力作用更显著，因此该种驳岸的工程结构构造设计要考虑周全。

（2）抗水冲刷型驳岸的潜在威胁

抗水冲刷型驳岸不仅要抵抗驳岸背后受到的土压力，还要抵御水体流速对驳岸的冲刷侵蚀。这种类型的驳岸在施工过程中需考虑各方面潜在因素可能存在的威胁，提前采取预判措施。

5. 破坏驳岸的主要因素

驳岸可分为地基部分、常水位以下部分、常水位至高水位部分和最高水位以上部分，不同部分有不同的主要破坏因素（图4-29）。

在不透水的坚实地基上设置水底地基为最佳选择，否则一旦岸顶的荷载强度超过水底地基可承受的极限值就会造成地基一定程度的沉降，导致驳岸出现裂缝甚至造成某一部分驳岸的坍塌。在冰冻地带水体深度较浅的情况下，需注意由于寒冷气候的冻胀会导致地基变形，如以木桩作桩基要考虑到木质材料容易腐朽坏掉；在水深地带则容易因水下的浮托力影响底下桩基的稳固。

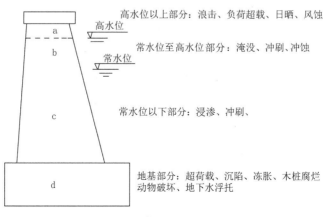

图4-29　破坏驳岸的主要因素
（图片来源：钟秀惠绘）

常水位以下部分常年处于淹没状态，这部分可能遭受破坏的主要因素是由于水的侵蚀。在我国北方寒冷地区水流容易渗入驳岸内，天气寒冷时会引起驳岸的冻胀进而产生断裂影响。水面冰冻时，冻胀力作用于常水位以下驳岸，使常水位以上的驳岸向水面方向位移。而岸边地面冰冻产生的冻胀力也使常水位以上驳岸向水面方向移动，岸的下部则向陆面位移，这样便造成驳岸位移。

常水位至高水位这部分驳岸虽不会常年浸泡在水中，但也会经受周期性淹没，水位的上下变化与水流的作用也会对这部分驳岸结构造成冲刷侵蚀，若不设驳岸保护，岸边的土壤或植物容易受到冲击，引起岸土脱落、水位等的变化。

最高水位以上部分避免了水流的冲刷侵蚀，主要受浪击、日晒和风化剥蚀，驳岸顶部则可能因超重荷载和地面水的冲刷遭到破坏。另外，驳岸上部的稳固与驳岸下部的完好度也是息息相关的（表4-1）。

驳岸各部分受破坏的因素　　　　　　　　　　　　　　　　　　　　　表4-1

部位	破坏的主要因素
地基部分	超荷载、沉陷、基础变形（冻胀）、木桩腐烂、动物破坏、地下水浮托
常水位以下部分	浸渗、冲刷、冲蚀
常水位至最高水位部分	淹没、冲刷、冲蚀
最高水位以上部分	浪击、负荷、超载、日晒、风蚀

资料来源：引自本章参考文献[3]。

6. 驳岸平面位置与岸顶高程的确定

（1）驳岸平面位置的确定

水位高、水面大、岸边地形平坦的情况下，对于游人量少的次要地带可以考虑将短时间被最高水位侵蚀，与城市河流接壤的驳岸按照城市河道系统规定平面位置建造。园林内部驳岸则根据湖体施工设计来确定驳岸位置；在平面图上以常水位线显示水面位置，若岸壁为直墙，常水位线即为驳岸至水面的平面位置；整形式驳岸岸顶宽度一般为30～50cm；如为倾斜的坡岸，则根据坡度和岸顶高程推求驳岸平面位置。

（2）岸顶高程的确定

岸顶高程应根据当地风浪拍击驳岸的实际情况而定，一般比最高水位高出25～100cm，以防止风浪拍击掀起的水体涌向岸边陆地。因此湖面广大、风大、空间开旷的地方，岸顶高程应比最高水位高出多一些；反之可高出少些。从造景角度看，为促进游人与水体的亲近互动，驳岸应尽量与水面贴近，这样也能营造整体丰盈饱满的水面效果。

7. 驳岸常见施工方法

（1）施工准备

驳岸与水体护坡的施工不同于其他简单的砌体工程，施工时要严格遵守砌体工程的操作规程与施工验收规范，同时应注意驳岸和水体护坡施工前必须放干湖水，新挖的湖池应在蓄水前进行施工，城市排泄河道、蓄洪湖泊的水体亦可分段堵截逐一排空。在干旱季节施工应以灰土为基础，否则会影响灰土的固结，影响工程构造的持久和坚固。

岸坡有时会设置伸缩缝并兼做沉降缝，主要是为了防止冻凝。伸缩缝在做好防水处理的同时应考虑与周边环境相结合，打造灵活变化的岸坡。同时应注意泄水孔的设置以排除地面渗水和防止地面水在岸墙后滞留，泄水孔按等距离均匀分布，平均 3 ~ 5m 设置一个。还要注意设置反滤层以防泄水孔孔隙的堵塞。

（2）驳岸施工要点

现以浆砌块石驳岸为例，说明其施工流程。

第一，测量放样。施工人员及机械进场后，首先按设计图纸进行总体上的放样，并用石灰线放出驳岸的土方挖样线，并按施工规范引测水准测量点沿线每隔 50 ~ 100m 设置一个临时水准点。

第二，驳岸沿线留出相应宽度的保护层，再用人工或机械挖掘土方。基坑边坡的坡度一般采用 1 ：0.67，当采用机械挖槽时，应留有足够的机械工作面，一般每边 0.5m 以上。为防止基槽受水浸泡，工作面外侧可设排水沟和集水坑，但应按设计要求设置。另外对于土质差的地段，需要考虑到塌方问题，可采用挡土板进行支撑。

由于部分驳岸位于河道中，故需在驳岸外侧筑围堰。可采用圆木柱围堰，即在用挖掘机开挖土方时，及时将土抛向河中，在离岸外边线 0.5m 处开始进行筑堰，堰边坡的坡度采用 1 ：1.5，顶高高出现水位 80cm，顶宽为 150cm 以上，在机械开挖基坑土方结束后，再人工对堰边坡及堰顶进行修正，以保证其坡度及不漏水。在土质较差的地段，还需在堰两侧打圆木柱，以防止土方过度向河中坍塌，影响河道或危及堰体安全。筑堰后可将多余的土方集中放置以便回填时使用。另外，在施工时应在基底开挖排水沟及集水坑以便施工水和雨水及时排出。

第三，基础施工前，可以进行人工突击开挖保护土方，然后复测基面高程。

第四，如用浆砌块石基础，则灌浆务必饱满，施工时尽量保证水泥砂浆渗进石间空隙，如有大间隙应以小石填实。冬期施工可在砂浆中加入 3% ~ 5%（按质量比）的氯化钙（$CaCl_2$）或氯化钠（NaCl）以防冻，使水泥砂浆正常凝固。

在混凝土基础上放出浆砌块石的边线，并在两端架设木制浆砌块石断面的样架；按事先试验确定的配合比拌制砌筑砂浆，并运至现场备用。先确定前后边线，再填墙腹。

第五，砌筑时可以采用坐浆法进行施工。先确定石块与样线对齐再坐浆，砌块石，有缝隙时可采用砂浆及石块填充。石间灌浆填平过程中不能产生通缝和平缝，要求一层层地砌，以保证岸墙墙面的平整美观，砌浆后要进行洒水养护。为防止沉降过大，每天砌筑的高度须低于 1.5m。另外，如果驳岸高差变化较大，一般设置宽 20mm 的沉降缝。

第六，在墙体砌筑至顶后，在墙前搭设 1.5m 宽的双排脚手架，对压顶进行立模浇筑混凝土，安装栏杆，并对外露面勾凸缝。回填土根据设计要求采用土质好的土壤，并在排水孔下填筑一层黏土,再做好排水孔的反滤层。填土前还须对隐蔽工程进行验收,排尽积水、杂物、淤泥等,再进行填土作业。对构筑物的回填土进行分层填筑,每层铺设厚度不大于25cm,并在填筑时不得碰伤构筑物。对于河道中的围堰,用挖泥船进行挖泥工作,并将表层好土用于回填,以降低成本。

思 考 题

1. 人工湖、池底采取的主要工程措施有哪些?
2. 砌石驳岸包括哪些基本组成部分?
3. 驳岸的定义是什么?
4. 园林中常见的护坡形式有哪些?

4.2 水闸

"水是自然界的活动因素,也是历史发展的动力,更是刺激文化发展的力量。"正如梅契尼科夫在《文化与伟大的历史河流》中所言,人类的发展离不开水,而人类聚居的城市更是与周边水系休戚相关。从大禹治水到京杭大运河的开凿,再至南水北调,以及现今海绵城市的兴起,治水与社会的物质创造与文化繁荣联系得越加紧密。

水闸自被发明用以治理河流以来,已经有了几千年历史,在古典园林中,水闸先于园景而布置,故而水闸不单具有控制水位、排水冲淤、节流蓄水的功能,更是作为造景的工程基础而被历代造园者细细考量。杭州西湖历代清淤疏浚,苏堤、白堤本来是因水利上的需要而砌筑的,而后借以造景。乾隆扩建清漪园时也以加固昆明湖西堤为由,将西堤变东堤,从而有了湖光山色,也控制了河水的泛滥。

4.2.1 水闸的由来

水闸,古称"水门""斗门",其中"水门"一词多出现在汉代及三国时期。而后出现的"斗门"一词,唐宋后逐渐不用。宋代第一次出现"闸"与"牐"这两个名称。元《都水监改修庆丰石闸记》中记载"牐(闸)于字为毕城门具,或曰以板有所蔽,近代水工用之,以时蓄泄水行船",此时闸指旧时城门的"悬门",水闸作为控制水流通道设置之意而沿用下来。制闸工艺经多个朝代积累与完善,至清朝后期广泛使用石闸,石闸的应用标志着中国古代水闸集大成时期的到来,此时的制闸工程无论是施工工艺还是营作制度,都已十分成熟与完善(图4-30)。

图 4-30　清乾隆时期水闸
（图片来源：引自《〈京杭大运河〉治河方略》）

4.2.2 水闸的作用

在风景园林工程中，水闸是用来控制进水和泄水，从而抬高或降低园内水体水位，调节园内水量的水工构筑物。水闸通常修建在园内的进、出水口，水闸按其使用功能可分为以下几种。

（1）进水闸，设置在水体的进水口，为满足水体需要，是自上游取水控制水体水量的水工构筑物。

（2）节制闸，设置在河流顺直，水势相对稳定的水体出口，是向下游放水控制水体水量的水工构筑物。

（3）泄水闸，设置在低洼地段排水通畅处，可排出多余的水量，并具有冲淤的作用（图 4-31）。

（4）分水闸，设置在支流的进、出水口，控制支流水体（图 4-32）。

图 4-31　颐和园青龙闸
（图片来源：王凯亮摄）

图 4-32　颐和园二龙闸
（图片来源：王凯亮摄）

4.2.3 水闸选址

闸址的选址应考虑水闸的功能、特点和应用等要求，了解地形、地质、水流、冲淤、环境、施工、管理、投资等因素。首先要了解河道的宽度、深度，水速、水量，以及闸址土质，避免出现土质无法承受水闸自身的重量与水流冲击的情况。而后因地制宜地考虑如何最有效地控制整个场地，自此选择出几个闸址的适合位置，综合考虑之后，选定具体位置。在选择时还应考虑以下几个方面的问题。

（1）水闸设置应避免与水流方向相冲突，通过对河道的宽度、深度，水情与土质的判定，决定水闸的大小形制及闸孔大小。划定的基坑尺寸应略大于闸基，以方便施工。

（2）水闸在使用期间应具有安全稳定性，故闸址应选择在地形较为平整，土壤土质均匀且地下水位较低的地段，从而有效避免闸址因承载力和稳定性不足，发生不均匀沉降而毁坏闸室。

（3）考虑地形地势，避免在水流转弯处、地形低洼处建闸，如必须设立时，则须改变局部水道，使其呈平直或缓曲状。

（4）闸址选择应有利于生态环境的保护和美化。

（5）闸址的选择还应考虑当地材料的收购与运输，施工时的水力电力供应条件，以及建成后的工程管理维修成本等。

4.2.4 水闸结构

水闸结构由下至上可分为三个部分：地基、水闸底层结构、水闸上层构筑物（图4-33）。

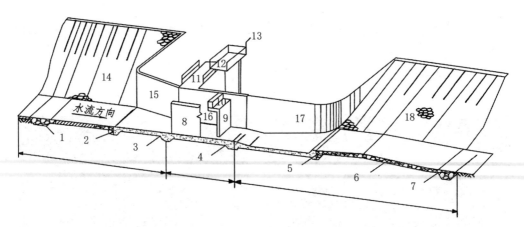

1—上游防冲槽；2—上游护底；3—铺盖；4—底板；5—护坦；6—海漫；7—下游防冲槽；8—闸墩；
9—闸门；10—胸墙；11—交通桥；12—工作桥；13—启闭阀；
14—上游护坡；15—上游翼墙；16—边坡；17—下游翼墙；18—下游护坡

图4-33 水闸基础结构

（图片来源：引自沈振中《水利工程概论》）

1. 地基

在选定闸址前应首先明确闸址处的土壤土质、土壤稳定性，根据水闸地基情况测算其稳定性与地基沉降程度。为确保水闸运行安全，水闸地基应满足承载力和稳定性的要求，地基选择应根据土壤性质和工程要求，尽量选取满足水闸所需承载力、稳定性和变形要求的天然地基（表 4-2、表 4-3）。

岩石土地基允许承载力　　表 4-2

岩石类别	风化程度				
	未风化	微风化	弱风化	强风化	全风化
硬质岩石（kPa）	≥ 4000	4000 ~ 3000	3000 ~ 1000	1000 ~ 500	< 500
软质岩石（kPa）	≥ 2000	2000 ~ 1000	1000 ~ 500	500 ~ 200	< 200

资料来源：引自本章参考文献 [12]。

碎石土地基允许承载力　　表 4-3

颗粒骨架	密实度		
	密实	中密	稍密
卵石（kPa）	1000 ~ 800	800 ~ 500	500 ~ 300
碎石（kPa）	900 ~ 700	700 ~ 400	400 ~ 250
圆砾（kPa）	700 ~ 500	500 ~ 300	300 ~ 200
角砾（kPa）	600 ~ 400	400 ~ 250	250 ~ 150

资料来源：引自本章参考文献 [12]。

当天然地基无法满足水闸地基承载力、稳定性时，应针对不足的情况进行地基改造处理，避免在地基安全条件不足的情况下直接建闸。

2. 水闸底层结构

水闸底层结构是指地基之上、水闸上层建筑之下的结构体，主要由闸底板、铺盖、防冲护坦、海漫等部分组成（图 4-34）。

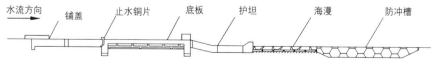

图 4-34　水闸底层结构示意
（图片来源：王凯亮绘）

（1）闸底板

闸室与上游下游相接，需承受因上下游水位高差不同造成的跌水急流的冲击，为避免由上下水位差造成的地基土壤管涌和经受的渗流推力，在闸身与地基相连接的部分需要设置具有一定厚度和长度的闸底板，其一般为混凝土浇筑的弹性基础板。

（2）铺盖

铺盖布置于闸室之前，多由不透水土料、土工织物等材料构成，设置在水闸上游，作用在于增加渗流的渗径长度，防止水流由闸底渗透从而使地基因渗透变形。

（3）护坦

护坦由混凝土或浆砌块石做成，设置于闸把下游消力降压的保护段，可保护河床免受冲刷。使用护坦时往往用工程手段加设钢筋进行加固，护坦的长度需根据所处地段地基情况与上下游水位差而定。

（4）海漫

海漫设置在护坦之后，可进一步削减水流的动能，保护河床免受水流冲刷。

3. 水闸上层构筑

（1）闸墙

闸墙是设于水闸两侧，起引导水流、挡土作用的墙，一般于两侧呈对。对于一般小型水闸，则应力求结构简单，施工方便。

（2）翼墙

翼墙是起挡水作用的过水构筑物，与闸墙相接，可引导水流。为了力求平顺，翼墙一般在形状上有所要求，常见如双翼般转合。无论进口或出口，翼墙都起到扩散水流的作用，在平面设计上要考虑避免墙前出现回流、旋涡，还要考虑岸边防渗的要求。

（3）闸墩

闸墩是起支撑闸门、分隔闸孔作用的构筑物。一般用坚固的石材制成，也可用钢筋混凝土浇筑。为方便过水，闸墩一般在形状上有所要求，如上游墩头可采用半圆形，下游墩头宜采用流线型，闸墩高度同边墙。

（4）闸门

通过启闭阀门来控制水流进出，从而有效控制水体质量的构筑物称为闸门，应根据其受力情况决定闸门的形式。当挡水高度和过水孔径均较大时，水闸宜采用弧形闸门（图4-35）。

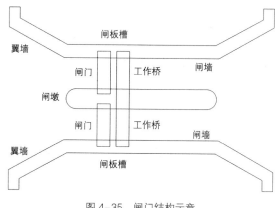

图 4-35　闸门结构示意
（图片来源：王凯亮绘）

4.2.5 水闸的结构尺寸选定

1. 数据收集

水闸的设立不仅需要严谨的计算和科学的比较，而且要根据闸址地质、水文情况、上层构筑物结构等因素进行计算设计。首先要了解水文情况，记录外有水位、内湖水位、地下水位高程，湖底与安全超高，再通过水闸附件的土壤种类、性质计算其承载力，选择具有稳定荷载与整体稳定性的闸址，对水闸结构尺寸进行设计，以满足水流需要。

2. 水闸结构计算

闸室结构初步可以根据底板、闸墩、闸墙、闸门、工作桥等部分结构的尺寸和要求拟定。根据闸室稳定性要求计算各部位的具体尺寸，最后确定水闸结构。各个部分结构的形式和尺寸在结构设计的过程中还会有所改动。

（1）闸底板长度及厚度计算

由于闸底板受刚性很大的闸墩约束，其顺水流方向的弯曲变形远小于垂直水流方向的弯曲变形，因此可把闸底板简化为单向受弯板，并以闸门为界，分别从上、下游底板段的适当位置切取有代表性的单宽板带，将板带作为梁进行内力分析。

对于小型水闸可采用倒置梁法进行近似计算，沿水闸底板横向切取单宽板带，按倒置于闸墩（或边墩）上的梁进行内力计算。计算时，需进行稳定分析，根据抗滑需求，得出闸底板长度及厚度。

闸底板长度计算：

根据已建工程的经验数据初步拟定闸底板的长度

$$L=（2.0-4.0）_{\triangledown}H \tag{4-1}$$

式中　$_{\triangledown}H$——水闸上下游最大水位差，m；

L——前进闸闸底板初步拟定长度，m。

166

闸底板厚度计算：

可根据《水工建筑物》（中国水利水电出版社，2005 年），得到闸底板厚度取值，比如进水闸是平原区中型水闸，则底板厚度可取闸孔净宽的 1/7。

$$d=B_0/4 \times 1/7 \qquad (4-2)$$

式中　d——闸底厚度，m；

　　　B_0——闸孔总净宽，m。

在小型水闸施工中，可按上下游最大水位差及地基土壤种类得到闸底板参考长度（表4-4），根据闸上下游最大水位差得到闸底板参考厚度（表4-5）。

各种土壤底板长度与水位差　　　　　　　　　　　表 4-4

土壤种类	底板长度等于水位差的倍数
细沙土和泥土	9.0
中沙和粗沙	7.6
细砾和中砾	6.0
顽固砾和石砂的混合体	6.0
重壤土（重沙质黏土）	8.0
轻壤土（沙质黏土）	7.0
黏土	6.0
黏土砾石土	6.0

资料来源：引自本章参考文献 [4]。

闸底板厚度与闸上下游水位差对应关系参考表　　　　表 4-5

闸上下游水位差（m）	底板厚度（m）
1.0	0.3
1.5	0.4
2.0	0.5
2.5	0.5
3.0	0.5
4.0	0.6

资料来源：引自本章参考文献 [4]。

（2）闸顶高程

水闸闸顶计算高程应根据挡水和泄水时不同运用情况而定，挡水时，闸顶高程不低于水闸正常蓄水位（或最高挡水位）相应安全加高值之和；泄水时，闸顶高程不低于设计洪水位（或校核洪水位）与相应安全加高值之和。水闸安全加高下限值应符合表4-6的规定。

水闸安全加高下限值 表 4-6

运用情况		水闸级别			
		1 级	2 级	3 级	4 级、5 级
挡水时	正常蓄水位（m）	0.7	0.5	0.4	0.3
	最高挡水位（m）	0.5	0.4	0.3	0.2
泄水时	设计洪水位（m）	1.5	1.0	0.7	0.5
	校核洪水位（m）	1.0	0.7	0.5	0.4

资料来源：引自本章参考文献 [12]。

（3）闸墩的外形与尺寸

在早期的水闸中，常使用砌石、素混凝土这类材料，现在一般都是用钢筋混凝土。在设计闸墩时，一般考虑 3 种工况：正常挡水期闸门全关、一孔检修、闸门全关遭遇地震。在不同工况下，根据上下游水位最大差值计算其受力，以免出现安全隐患。闸墩的外形应使水流平顺，减少侧向收缩，增大闸孔的过水能力。闸墩的尾部形状有三角形、半圆形（图 4-36）。三角形构造简单、施工方便，多用于小型工程，缺点是水流条件较差。

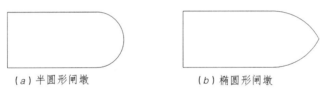

（a）半圆形闸墩　　　　（b）椭圆形闸墩

图 4-36　闸墩外形示意
（图片来源：王凯亮绘）

（4）闸门

木闸门是园林小型水闸常用的一种闸门，整体木闸门的构造如图 4-37 所示。

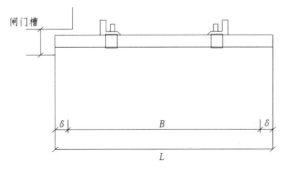

δ—闸门板厚度；B—闸孔宽；L—闸门宽；

图 4-37　木闸门结构示意
（图片来源：王凯亮绘）

叠梁闸是较简便的闸门，使用时根据水位要求将闸板逐一放置在闸槽中，较长的叠梁闸板设有吊环（图4-38）。

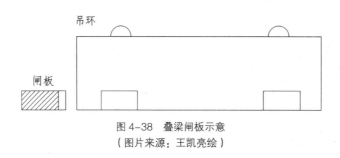

图 4-38　叠梁闸板示意
（图片来源：王凯亮绘）

4.2.6 水闸维护的注意事项

1. 闸门防腐问题

设计时需考虑城市河道水质，以便对闸门的运行方式和防腐提出指标要求。管理方应定期在枯水期对闸门进行检查、保养。

2. 闸门淤积问题

在现代园林水闸应用中，出于景观考虑，园林水闸往往处于常关状态以挡蓄景观水位，长此以往导致部分水闸闸前淤积情况严重。日常管理时通过小开度开启闸门能达到一定的冲淤效果，但是不能完全解决淤积问题，且经常小开度开启闸门会加快水闸磨损速度，减少其使用寿命。因此在水闸设计时，还应考虑一定的冲淤方案。如在闸墩上布置水泵，设置冲淤管，或者利用高压水清理闸底及门槽内的淤积物等。

3. 检修闸门问题

由于景观水闸一般跨度较大，如果采用常规的围堰抽水检修，工程量很大，而且该类型水闸一般位于城区内河道上，检修起来困难不小。管理方应在物资仓库内储备一批倒T型的木制或钢制支架或者是浮运检修闸，作为工程检修用。

4. 运行管理问题

由于景观水闸平时运行较少，容易造成启闭设备运转不灵，所以管理方应定期对启闭设备进行开启，对于淤积严重的应及时冲淤。

4.2.7 水闸的功能与景观结合

1. 水闸景观结合沿考

在中国古典园林中，景观与水闸结合设计并不少见，其往往能带来不错的视觉效果，在立意上也更能体现地域性特征，引起地域文化共鸣（图 4-39）。

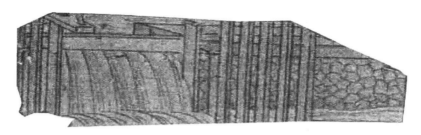

图 4-39　宋《水殿招凉图》中的水闸与水利工事相结合的景观

如在网师园引静桥南侧所藏的一小巧水闸，周围用山石、草木掩映。在 500mm 左右宽的水域，两侧用水闸阻断，其中闸槽宽约 50mm，深约 35mm，水闸所用的条石宽约 300mm，高约 700mm，侧旁置一景石，题有"待潮"二字，显然设立此水闸是为了控制园林中部的水位（图 4-40）。

图 4-40　网师园引静桥处水闸
（图片来源：王凯亮摄）

2. 承德避暑山庄水心榭

承德避暑山庄水心榭为清代"乾隆三十六景"之一，其合乎体宜的建筑外形、水闸与建筑的完美融合使其成为水工建筑与园林古建筑双重角度下的佳作（图 4-41）。

图 4-41　水心榭实景
（图片来源：王凯亮摄）

思 考 题

1. 园林工程中的水闸与水利工程的水闸有何不同？

2. 水闸选址有哪些步骤？

3. 举一个水闸与景观结合设计的案例。

4.3 湖池工程

　　水池、湖泊主要指汇集到一个区域的水面。水池形式规则而简洁，少有岛、桥等建筑，岸线相对平直而少有叠石点缀，可养植荷花、荇菜、睡莲、藻等观赏植物。而湖泊往往是指相对开阔的水面，其岸线更加自然且多变。本节所说湖池主要包括河湖和水池，并简要介绍溪流、落水等水景工程。

4.3.1 河湖

　　湖属于静态水体，可分为天然湖和人工湖。前者多指自然水域，如杭州西湖、南京玄武湖等；后者指人工依地势而造的水域，如深圳仙湖和现代城市公园的人工大水面。河流多以地势自然形成，水面如带，流速缓慢，蜿蜒曲折。湖泊因其相对静止而不同于河流。湖泊也由于成因不同，可分为构造湖、火山湖、河成湖、牛轭湖、人工湖等。

1. 人工湖的确定与要求
（1）湖的布置要点
人工湖在筑造时都要依据地形地貌及周边环境进行设计，充分表现湖面与周围环境的协调与美感，体现湖的水体特色。

①人工湖的基址选择条件为土质细密且上层厚实的壤土之地，不宜选择土质过黏或渗透性过高之地。

②注重考虑湖体的水位设计，注重排水设施的选择，如水闸、溢流孔、排水孔等。

③水面较大的湖体应由一个主要空间和几个次要空间组成，以岛屿、桥、涵或岸线转折等方法进行分割与联系，体现水面变化；同时湖面设计必须与岸上景观相呼应。

④湖岸线应以自然流畅的曲线为主，有收有放；同时应注意水岸结合处的细节设计，避免单调。

（2）湖的平面构图

湖的平面构图直接影响到其水景形象和景观效果。人工湖的水面可根据曲线岸边的围合情况设计成多种形状，我国的人工湖岸线型设计以自然曲线为主（图4-42）。

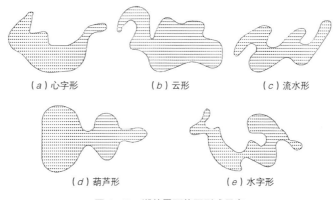

（a）心字形　　　　　（b）云形　　　　　（c）流水形

（d）葫芦形　　　　　（e）水字形

图 4-42　湖的平面构图形式示意
（图片来源：陈琪川绘）

在人工湖平面设计过程中，应注意以下几点。

①应注意水面的缩、放、广、狭、曲、直等变化，达到自然且无人工造作痕迹的效果。

②水面形状大致与所在场地的轮廓相协调，可在细部给予曲折变化，尽量避免形成对称、规则的水面。

③现代园林中较大的湖面设计，最好能考虑水上运动和亲水赏景的需求。

2. 人工湖的工程设计

（1）水源的选择

人工湖用水需求量较大，从经济和可行性角度考虑，应优先选择蓄积天然降水或引河湖水作为水源。城市园林中小型人工湖在条件允许的情况可选择经过相应处理，达到景观用水相应标准的城市生活用水作为补充水源。

（2）人工湖基址选择（对土壤）的要求

①基土为沙土、卵石层等易漏水的材质时不宜筑湖。若漏水不严重，则需探明下部透水层的位置后，视情况设截水墙等工程措施。

②倘若基土为淤泥或草煤等，需挖除或换填至稳定。

③纯黏土透水性小，但不适合筑湖池驳岸、堤，但可以作为湖底防渗材料。因为黏土干时容易开裂，湿时又易成为泥浆状。

（3）人工湖的水量损失的测定和估算

人工湖水量的损失主要是由风吹、蒸发、溢流、渗漏和排污等造成的。

1）水面蒸发量的测定和估算

测定湖面水分蒸发量对合理设计人工湖的补水量是很有必要的。目前我国测定水面的蒸发量的设备主要是 E-601 型蒸发器，但其测得的数值比实际的蒸发量大，因此必须采用折减系数（一般取 0.75 ~ 0.85）。

也可用下式估算：

$$E=0.22(1+0.17W_{200}^{1.5})(e_0-e_{200}) \tag{4-3}$$

式中　E——水面蒸量，mm；

　　　e_0——对应水面温度的空气饱和水汽压，mbar（1mbar = 100Pa）；

　　　e_{200}——水面上空 2m 处的空气水汽压，mbar（1mbar = 100Pa）；

　　　W_{200}——水面上空 2m 处的风速，m/s。

2）人工湖渗漏损失

计算水体的渗漏损失十分复杂，园林水体可参照表 4-7 进行计算。

全年水量损失参照表　　　　　　　　　　　　　　　　　表 4-7

情况等级	全年水量损失（%）
良好	5 ~ 10
中等	10 ~ 20
较差	20 ~ 40

资料来源：引自本章参考文献 [5]。

根据湖面蒸发水的总量及渗水的总量，可得出湖水体积的减少总量，据此可算出其最低水位；根据雨季湖中降雨的总量，可计算出其最高水位；根据湖中给水总量，可计算出其常水位。合理的计算为人工湖水位设计和驳岸设计提供了重要的数据。

3. 人工湖底、驳岸的处理

常规湖底自下到上一般分为基层、防水层、保护层、覆盖层。

（1）基层

一般土层经平整夯实即可，基层需再铺上 15cm 厚的细土层。如遇有城市生活垃圾等废物应彻底清除，再用土回填夯实。

（2）防水层

用于湖底的防水层的材料多种多样,常用的有聚乙烯防水毯、聚氯乙烯(PVC)防水毯、三元乙丙(EPDM)橡胶、膨润土防水毯、土壤固化剂、赛柏斯掺合剂等。

这些材料之中,经多方论证,膨润土防水毯最终被选定为 2008 年北京奥运龙形水系防渗工程的基本防渗材料(图 4-43)。

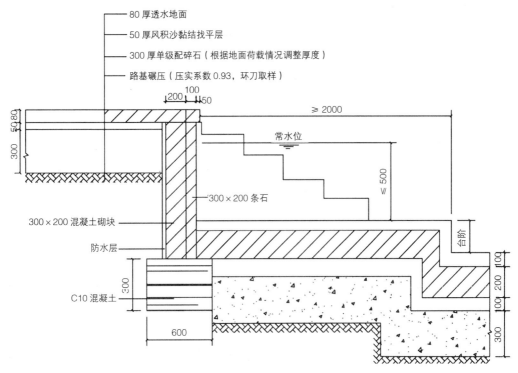

图 4-43　2008 年北京奥运龙形水系无地下建筑的硬质河床防渗设计(单位:mm)
(图片来源:底图引自朱海明,陈琪川改绘)

（3）保护层

在防水层上覆盖 150mm 厚的过筛细土,以防止塑料膜被破坏。

（4）覆盖层

在防水层上平铺 500mm 回填土,使防水层不被撬动,其寿命可维持 10 ~ 30 年。

4. 河、湖的施工要点

（1）土方量确定

仔细分析图纸并确定土方量,建立施工组织流程,完成施工准备。

（2）施工放线

对现场进行详细勘察,按设计用石灰、黄沙等定点放样。打桩时,应沿湖岸线外围 150 ~ 300mm 处加打一圈木桩,第一根桩即基准桩,其他桩都基于此,基准桩高度为湖缘高度。

（3）考察基址，制定施工方法和工程措施

全年水量损失占水体体积5%～10%的为渗漏状况较好的湖底，占20%～40%的为渗漏状况较差的湖底，一般湖底的渗透率为10%～20%，以此制定适宜的施工方法及工程措施。

（4）湖底做法和防水层

应重视排水在湖体施工时的重要性，若水位太高，可使用多台水泵排水，也可通过梯级排水沟排水，同时地下水的排放也不容忽视。一般围绕湖底四周挖环状排水沟和集水井，然后排水，以降低地下水位。此外，在湖底开挖时要注意岸线的稳定，最好做到护坡、驳岸的同步施工，同时可用木（竹）条、板等作为支撑保护。通常具有良好基址条件的湖底适当夯实即可，不需做特殊处理。

（5）湖岸处理

先按照设计图纸，用石灰将湖岸线放出。放线时应控制驳岸（或护坡）的宽度，并标记好各控制桩。开挖后要用竹木、块石等作为支撑，遇到渗漏性大的地方如洞、孔等，要采用抛石、填灰土、三合土并结合施工材料等进行处理。

5. 常见其他问题

（1）防渗处理

渗漏较严重的湖底应采取措施，如灰土层湖底、塑料薄膜湖底和混凝土湖底等为较常见的做法（表4-8）。

人工湖常用的湖底做法　　表4-8

序号	项目	说明
1	灰土层湖底	400~450mm 厚3：7灰土夯实 素土夯实 灰、土比例为3：7，土料用16～20mm筛子过滤，生石灰粉可直接使用，注意搅拌均匀（两次以上）。灰土层厚度大于200mm时要分层压实
2	塑料薄膜湖底	450mm厚黄土夯实 0.50mm厚聚乙烯膜 50mm厚找平黄土层 素土夯实 选用的塑料薄膜延展性强、抗老化能力好，铺贴时注意衔接部位要有0.5m以上的重叠，上层黄土的摊铺动作要轻，防止损坏薄膜

续表

序号	项目	说明
3	混凝土湖底	60~100mm 厚碎石混凝土　双层塑料薄膜　60mm 厚混凝土　200mm 厚碎石　素土夯实　较塑料薄膜湖底增加了 200mm 厚碎石、60mm 厚混凝层及 60 ~ 100mm 厚碎石混凝土层，有利于湖底加固和防渗，但成本较高

资料来源：引自宁荣荣，《园林水景工程设计与施工从入门到精髓》。

　　湖底防渗工程采用铺设防渗膜的方法较多，但大面积地将防渗膜铺设于湖底与湖岸边虽能形成较大的水域景观，却会对湖底和湖岸边的植物生长有害，是缺乏科学性的，也是不应提倡的。

　　（2）南北差异

　　南方水源充盈，而北方水资源相对短缺。就人工湖而言，南方一般以防止渗透为主，而北方除此外，水源也是一大问题，必须要对人工湖采取综合的节水与补水措施，以防止湖水的过度渗漏及解决水源不足的问题。

4.3.2 水池

　　水池也属于静态水体，与湖有较大的不同，多为人工水源，面积较小，水浅。水池在园林中的用途广泛，可用于广场中心及道路尽端，与亭、廊、花架等各种园林小品结合构成丰富多样的景观。可在缺乏天然水源的地方开辟水面，以改善局部小气候，为水生动植物提供适宜的生存环境，并活化园林空间。

1. 水池的分类

　　目前，园林景观人工水池按修建的材料和结构可分为三种：刚性结构水池、柔性结构水池、临时简易水池。

　　（1）刚性结构水池

　　钢筋混凝土水池即刚性结构水池（图4-44）。这种水池的池底、池壁均配钢筋，防漏性好，寿命长，适用于多数水池。

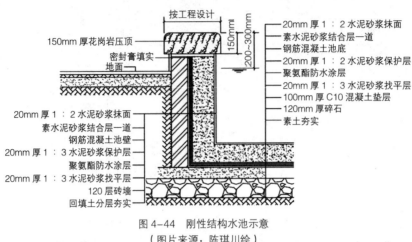

图 4-44　刚性结构水池示意
（图片来源：陈琪川绘）

（2）柔性结构水池

随着建筑材料的不断革新，出现了多种柔性材料，改变了以往光靠加厚混凝土或加粗加密钢筋网来达到防水效果的做法。柔性材料的特点是寿命长，施工方便且不漏水，自重轻，在小型水池和屋顶花园水池中广泛应用。例如，北方地区水池为避免渗透和冻害，多选用柔性防渗材料做防水层（图 4-45）。目前，在水池工程中常用的柔性材料有三元乙丙橡胶（EPDM）薄膜、聚氯乙烯（PVC）衬垫薄膜、膨润土防水毯等。

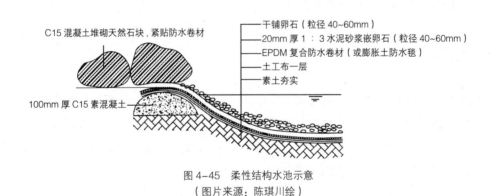

图 4-45　柔性结构水池示意
（图片来源：陈琪川绘）

（3）临时简易水池

这类水池结构简单且安装方便，使用完毕后可随时拆除，甚至还能反复利用。一般适用于节日、庆典、小型展览等。

临水水池的结构形式不一。对于铺设在硬质地面上的水池，一般可采用钢焊接、红砖砌筑或者泡沫塑料制成池壁，再用吹塑纸、塑料布等分层铺垫池底或池壁，并且池壁外侧需用塑料布反卷包住，用素土或其他重物固定（图 4-46），内侧池壁可用树桩做成驳岸，或用盆花遮挡，池底可依需要再铺设砂石或点缀少量卵石。

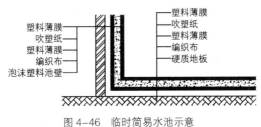

图 4-46　临时简易水池示意
（图片来源：陈琪川绘）

另一种则用挖水池基坑的方法建造：先按设计要求挖好基坑并夯实，再铺上塑料布，塑料布应至少留 15cm 在池缘，并用天然石块压紧，池周按设计要求种上草坪或铺上苔藓，这样一个临时水池便可完成。

2. 水池的基本结构和做法

（1）压顶

压顶位于池壁顶端，可以保护池壁，使污水泥沙不易流入池内。下沉式水池压顶至少要高出地面 50 ~ 100mm，且压顶距水池常水位 200 ~ 300mm，一般采用花岗岩等石材或混凝土，厚 10 ~ 15cm。常见的压顶形式主要有两种，一种是有沿口的压顶，它可以减少水花溅溢，使波动的水面较快平静下来；另一种是无沿口的压顶，会使浪花四溅，有强烈的动感。

（2）池壁

池壁承受池水的水平向压力，常用混凝土、钢筋混凝土或砖块等建造。钢筋混凝土池壁厚度一般小于 300mm，常用 150 ~ 200mm，配直径 8mm、12mm 的钢筋，200mm 的中心距，再浇筑 C20 混凝土。同时，混凝土中可加入适量防水粉，以加强其防渗效果，防水粉一般占混凝土总量的 3% ~ 5%，若过多则会降低混凝土的强度。

（3）池底

池底直接承受水的垂直压力，应较为坚固。多现浇钢筋混凝土，厚度应不小于 200mm，如果水池容积较大，则应设置双层双向钢筋网。池底应设计排水坡度，一般不小于 1%，坡度为向泄水口的方向。

（4）防水层

防水层的好坏是保证水池质量的关键。当前，水池防水材料的种类较多，有防水卷材、防水涂料、防水嵌缝油膏等。一般水池可采用普通防水材料，而钢筋混凝土水池的防水层可采用抹五层防水砂浆的做法，每层厚 30 ~ 40mm，还可以用沥青、聚氨酯、聚苯酯等防水涂料。

（5）基础

基础为水池的承重部分，通常由灰土或砾石三合土组成，要求较高的水池可用级配碎石。一般灰土层厚 15 ~ 30cm，C10 混凝土层厚 10 ~ 15cm。

（6）施工缝

水池池底与池壁混凝土一般分开浇筑，为使池底与池壁紧密连接，在基础上方 200mm 处应设置池底与池壁连接处的施工缝。施工缝可采用台阶式，也可采用加金属止水片或遇水膨胀胶带的做法（图 4-47）。

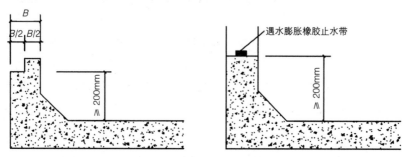

图 4-47　施工缝做法示意
（图片来源：陈琪川绘）

（7）变形缝

长度大于 250mm 的水池应设变形缝，以减轻局部受力。变形缝间距若小于 200mm，则要求完全断开池壁到池底结构，并采用止水带或浇灌沥青进行防水处理。

3. 水池设计

水池设计包括平面设计、立面设计、剖面设计和管线设计。

（1）平面设计

水池的平面设计意在表明水池在地面以上的平面位置形状和尺寸。图纸上必须标注各部分的高程以及进水口、溢水口、泄水口、喷头、集水坑、种植池等的位置信息和所取剖面的位置。

水池的大小和形状需要根据场地的整体设计来确定，其中水池形状最为关键，在设计中可根据具体情况设计形式多样，既美观又耐用的水池（图 4-48）。

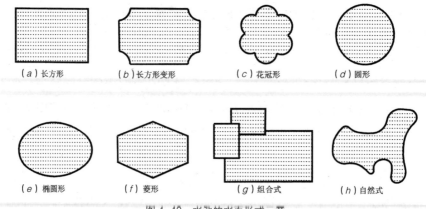

图 4-48　水池的水面形式示意
（图片来源：陈琪川绘）

（2）立面设计

水池的立面图重点反映水池主要朝向的池壁的高度变化。水池的深度通常根据景观和功能要求进行设计，池壁顶面与周围的环境要有适宜的高程关系，以最大限度地满足游人的亲水需求。池壁顶部离地面的高度不宜太大，通常为 200mm 左右，考虑到游人池边休息的便利性，可增高到 350 ~ 450mm。

（3）剖面设计

水池的剖面设计应重点反映水池的结构和要点。剖面图应表明从池壁顶部到池底基础各层的材料、厚度及施工要点。剖面图要有足够的代表性，为了准确反映水池各部分的结构，可用多个剖面图，如复杂的组合式水池，建议用两个或两个以上平行平面或相交平面剖切表达。

1）砖水池。水池深不大于 1m，面积较小且防水要求不高时，可以采用图 4-49 的设计；如果对水池的防水要求较高，则应采用砖墙加二毡三油防水层（图 4-50）。砖的外形较毛石规整，浆砌后密实，易达到防水效果。

2）钢筋混凝土池壁水池。这种结构的水池可以尽量避免池底、池壁产生裂缝。池底、池壁可以按构造配 $\phi8$ ~ $\phi12$ 钢筋，间距 200 ~ 300mm。水池深度为 600 ~ 1000mm 的钢筋混凝土水池的构造厚度配筋及防水处理可参考图 4-51。

3）柔性水池。使用柔性防渗的材料，如沥青玻璃布、三元乙丙橡胶薄膜防水带、再生橡胶膜、二毡三油防水层、膨润土防渗毯等做水池夹层，防漏性能好，尤其适用于北方防冻害、易渗漏地区（图 4-52、图 4-53）。柔性材料相比刚性材料不仅易操作且节省成本。

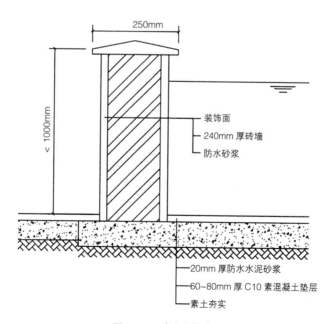

图 4-49　砖水池构造示意
（图片来源：陈琪川绘）

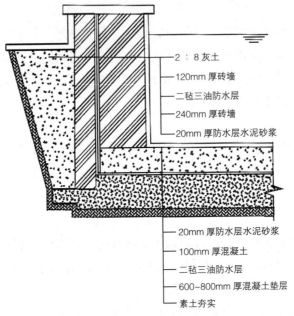

图 4-50　外包防水层水池构造示意
（图片来源：陈琪川绘、卢磊改绘）

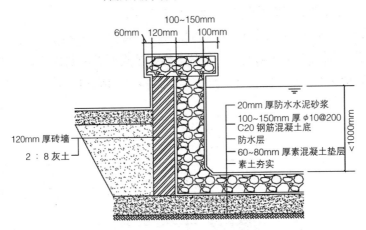

图 4-51　钢筋混凝土水池构造示意
（图片来源：陈琪川绘、卢磊改绘）

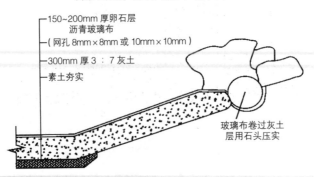

图 4-52　沥青玻璃布防水层水池构造示意
（图片来源：陈琪川绘、卢磊改绘）

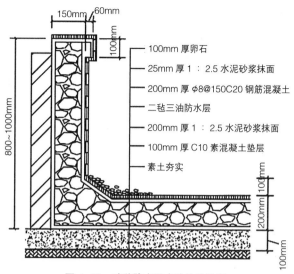

图 4-53　油毡防水层水池构造示意
（图片来源：陈琪川绘）

（4）管线设计

水池中的基本管线包括给水管、补水管、排水管、溢水管等。水池的管线设计可以结合水池的平面布置图进行，平面图要标明给水管、排水管、溢水管的位置及安装方式；如果是循环用水，还要标出水泵及电机的位置；剖面图要标出井的基础、井壁的结构材料，进水管、排水管、溢水管的高程及井盖、壁、底部的结构和材料（图 4-54、图 4-55）。

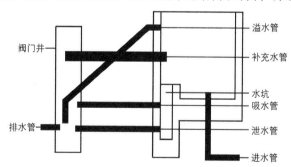

图 4-54　水池管线平面布置示意
（图片来源：陈琪川绘）

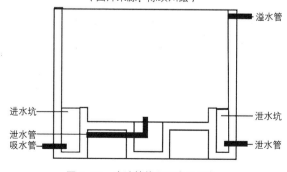

图 4-55　水池管线立面布置示意
（图片来源：陈琪川绘）

4. 水生植物种植池

（1）概述

在公园、住宅小区、庭园等的水体景观中，可在水池边种植花草，以丰富水池景观；大型水池的岸边也会修建种植池栽种水生植物以软化池岸，同时为动植物提供生存空间。

水生植物种植池应根据水生植物生长需求进行设计，配置上应高低错落，平面上应留出 1/3 ~ 1/2 水面，疏密有致。

主要水生植物群落要求的水深范围　　　　　　　　　　　　　　表 4-9

群落类型 ＼ 特征	水深（m）	群落形态	主要植物种类
浅水沼泽挺水禾草、莎草、高草群落	0.3 以下	高 1.5m 以上的以线形叶为主的禾本科、莎草科密集湿生高草丛	芦苇、芦竹、香蒲、菖蒲、水葱、水竹、苔草、美人蕉、萍蓬草、水生鸢尾类、千屈菜、野慈姑、中华水韭、宽叶香蒲、箭叶雨久花、水蜡烛、薄荷、泽泻、菱角、荇菜、红蓼、水蓼、两栖蓼等
浅水区挺水、浮叶、沉水植物群落	0.3 ~ 0.9	以叶形宽大，高出水面 1m 以下的睡莲科、天南星科的挺水、浮叶植物为主	荷花、芡实、睡莲、萍蓬草、黑藻、苦草、眼子菜等
深水区沉水、漂浮植物群落	0.9 ~ 2.5	水面不稳定的群落分布和水下不显形的沉水植物	黑藻、苦草、眼子菜、槐叶萍、雨久花、凤眼莲、竹叶眼子菜、微齿眼子菜、篦齿眼子菜、苦菜、密齿苦菜、穗花狐尾藻、大茨藻等

资料来源：引自本章参考文献 [4]。

（2）做法

栽植水生植物可采用两种不同的做法：一是在容器中种植水生植物，然后将容器沉入水中；二是在池底砌筑种植槽，铺上至少 150mm 厚的培养土，然后将水生植物植入其中。

图 4-56 所示为水生植物种植池做法。做法一为分层式设计，即阶梯式种植池，可分为深水区、浅水区及池边湿地区等。土壤最好用 40% 培养土加上 40% 田土及 20% 的溪沙的混合物。如水太深，应先将植物种植在种植箱等容器内，并在池底砌砖或垫石作为基座，再将种植箱放置在基座上。

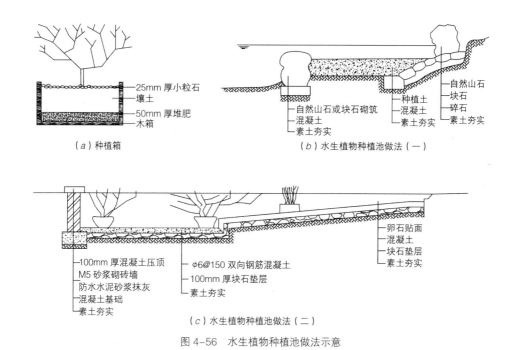

（a）种植箱

（b）水生植物种植池做法（一）

（c）水生植物种植池做法（二）

图 4-56　水生植物种植池做法示意
（图片来源：陈琪川绘）

5. 水池的施工要点

以刚性水池为例，说明水池的施工要点。

（1）材料准备和放样

根据混凝土型号准备相应配料，另根据防水设计准备防水剂或防水卷材。

按照图纸定点放样，放线时水池的外轮廓应将池壁厚度包括在内。

（2）池基开挖

挖方方法有人工挖方和人工结合机械挖方两种，具体要根据现场施工条件确定。挖掘至设计标高后整平并夯实，再覆盖一层碎石或碎砖作为垫层。如果池底设有沉淀池，沉淀池应与池底同时建造。

池基挖方遇到的排水问题常用既经济又简易的基坑排水来解决，即沿池基边挖临时性排水沟，并在池基外侧每隔一定距离设一个集水井，通过人工或机械排水。

（3）池底、池壁施工

依据设计要求，结构主体为钢筋混凝土时，必须先支模板，然后扎池底和池壁钢筋；两层钢筋之间需采用专用钢筋撑脚支撑，严禁踩踏已完成的钢筋。

浇筑混凝土时应按先底板、后池壁的顺序。如基层土质不均匀，为防止水池开裂，可分段浇捣橡胶止水带；如水池面积过大，造成混凝土收缩产生裂缝，则可采用后浇带法解决。施工缝采用 3mm 厚钢板止水带，预留在底板上方 300mm 处。施工前先凿去缝内的混凝土浮浆及杂物并用水冲洗。一般池底可根据景观需要进行色彩形式上的变化，以增加美感，如贴蓝的面层材料等。

（4）池壁抹灰

1）内壁抹灰前两天应将墙面清理干净并用水洗刷，用铁皮将所有灰缝刮一下，要求凹进 10 ~ 15mm。

2）应采用 42.5 级普通硅酸盐水泥配制水泥砂浆，混合比为 1 : 2，可适量掺入防水粉，搅拌均匀。

3）在抹第一层底层砂浆时，用铁板将砂浆挤入砖缝内，使砂浆与砖壁更贴合；第二层为墙面找平，厚度为 5 ~ 12mm；第三层为面层压光，厚度为 2 ~ 3mm。

4）应特别注意砖壁与钢筋混凝土底板结合处的操作，并加强转角抹灰的厚度，使其圆润，防止渗漏。

5）可用 1 : 3 水泥砂浆进行外壁抹灰，用一般做法操作即可。

（5）压顶

自然式水池应突出与周围自然景观的联系，常使用草皮、散石、卵石甚至植物等在池边容易得到的天然材料。根据需要，水池池沿应有明显的边际，以示安全。有时在适当的位置，可将顶石放宽，以便放置种植容器等（图 4-57）。

（6）试水

试水工作应在水池全部施工完成后进行，以检测施工质量及渗漏性。试水时，先关闭管道孔，从池顶向池内放水。一般分多次进水，每次进水口的高度应根据具体情况进行控制。从周围区域进行观测，并做好记录，如无特殊情况，可继续将水灌到蓄水设计标高，同时要做好沉降观测。灌水到设计标高，一天后进行观测，并做好水面高程标记。连续观察 7 天，如无渗漏且水位无明显降落方为合格。

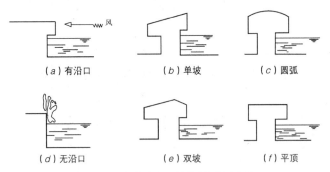

（a）有沿口　　　　　（b）单坡　　　　　（c）圆弧

（d）无沿口　　　　　（e）双坡　　　　　（f）平顶

图 4-57　水池池壁压顶形式与做法示意
（图片来源：陈琪川绘）

6. 其他问题

（1）防渗

1）土工膜防渗

新建重力式浆砌石墙，土工膜绕至墙背后的防渗方法如图 4-58 所示。这种方法的关键是在浆砌石墙基槽内铺复合土工膜，并将其绕至墙背后一部分，然后在其上浇筑垫层混凝土，砌筑墙体。这种方法主要适用于新建的岸墙。

　　在原浆砌石挡墙内侧再砌浆砌石墙，在新墙与旧墙之间铺设土工膜的防渗方法见图4-59。土工膜的施工比前述方法更为严格，施工时应着重保护土工膜不被新旧浆砌石墙破坏。在池岸防渗加固中，此方法的造价要低于混凝土防渗墙，但浆砌石墙较厚，因此会占用池面面积。这种方法适用于旧岸墙防渗加固。

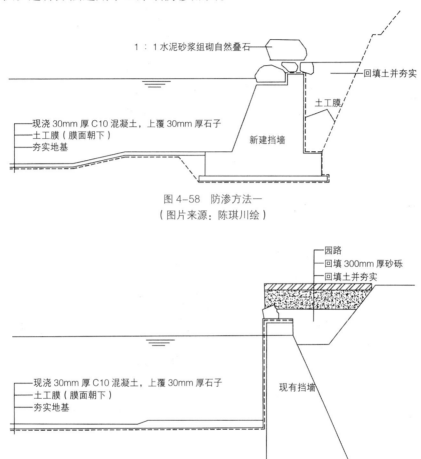

图 4-58　防渗方法一
（图片来源：陈琪川绘）

图 4-59　防渗方法二
（图片来源：陈琪川绘）

　　2）混凝土防渗

　　可采用混凝土防渗墙上砌料石的方法进行防渗，其断面如图4-60所示。这种方法主要用于原有浆砌石岸墙的旧池区的防渗加固，与浆砌石墙后浇土工膜的方法相比，它可以减少池区侵占面积，在保证防渗加固的同时，池区的容水能力和面积也不会大量减少。

　　（2）防冻

　　冬季池壁防冻，可将排水性能较好的轻骨料用于池壁外侧，如矿渣、焦渣或砂石等，解决地面排水问题，使池壁外回填土不发生冻胀情况（图4-61），池底花管将池壁外积水排除；而大型水池则应将池中冰层破开，池中为不结冰的水面，使池水对池壁的压力与冻胀推力可相互抵消。

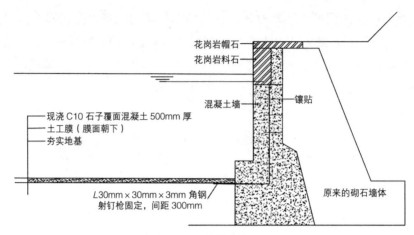

花岗岩帽石
花岗岩料石
混凝土墙 — 镶贴
现浇 C10 石子覆面混凝土 500mm 厚
土工膜（膜面朝下）
夯实地基
原来的砌石墙体
L30mm×30mm×3mm 角钢
射钉枪固定，间距 300mm

图 4-60　防渗方法三
（图片来源：陈琪川绘）

4.3.3 溪流

溪流是一种水被限制在具有坡度的渠道中，受重力作用而产生自流的一种动态水景。就平面形状而言，其是一种线形组合，除本身的观赏价值外，在设计上可以用溪流来串联其他不同的景观元素，形成一个连续有序的整体，在狭长的园林用地中应用十分广泛。

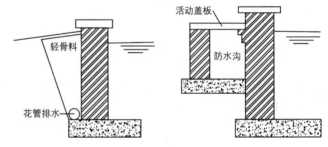

活动盖板
轻骨料
防水沟
花管排水

图 4-61　池壁防冻措施示意
（图片来源：陈琪川绘）

1. 溪流概述

（1）溪流组成

溪流的一般组成模式如图 4-62 所示。

1）溪流狭长呈带状，曲折流动，水面有宽窄变化。

2）溪中常分布沙心滩、沙漫滩，岸边和水中有岩石、汀步、矶石、小桥等。

3）岸边有可近可远的自由的小路。

（2）溪流的设计要点

溪流作为园林水景的重要表现形式，它不仅能给人愉快、活跃的感觉，而且能加深各景物间的层次，使景物丰富而多变。溪流是天然河流艺术的表

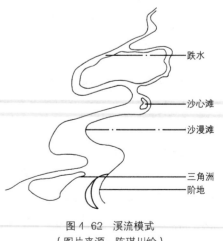

跌水
沙心滩
沙漫滩
三角洲
阶地

图 4-62　溪流模式
（图片来源：陈琪川绘）

现形式，是带状的动态之水。

1）溪流的形态设计需考虑水量、流速、环境、水深、水面宽和所用材料等因素。

2）溪流中常设汀步、小桥、滩地、点石等，还有随流水可近可远的自由的小路。

3）溪流上通水源，下达水体，途中有瀑布或涌泉景点，为带状组合，蜿蜒曲折，有缓有陡，对比强烈，富有节奏，最后回归大水体。

4）溪流的布置离不开石景，运用溪道中散点山石可创造具有各种流态及声响的水，地形的高低起伏造就水的蜿蜒流动，急湍跌落与坦荡宁静的表现过程（图4-63）。

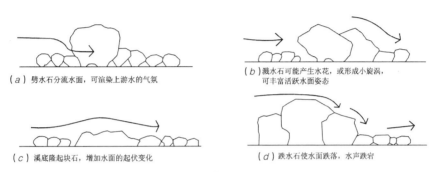

图 4-63　溪底粗糙情况对水面波纹的影响
（图片来源：陈琪川绘）

2. 溪流施工要点

溪流结构见图 4-64。

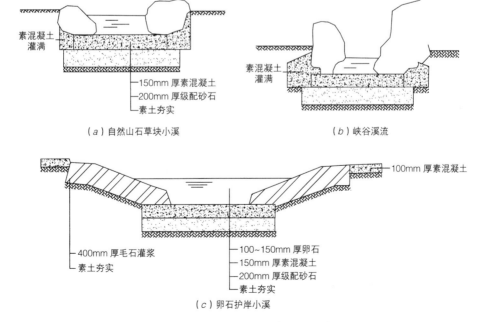

图 4-64　人工溪流流水道沟岸结构示意
（图片来源：陈琪川绘）

（1）施工准备

主要环节是进行现场勘察，熟悉设计图纸，准备施工材料和确定施工人员；同时还要清理和平整施工现场，接通水电，设置必要的临时设施等。

（2）溪道放线

按照确定的图纸放样，用石灰、黄沙或绳子在地面上画出溪流的轮廓，确定溪流循环出水口与承水池之间的管道路线。由于溪道宽窄变化较多，所以放线时应增加打桩量，各桩应标明相应的设计高程，并专门标明坡度变化点。

（3）溪槽开挖

溪流最好挖成 U 形坑，而挖掘的沟槽要有足够的宽度及深度用来安装散乱的石料。一般的溪流在落入下一段之前都应有至少 70 ~ 100mm 的水深。若溪底用混凝土结构，应先在溪底铺 100 ~ 150mm 厚碎石层作为垫层。

（4）溪底施工

混凝土结构：在砾石垫层上铺较细的沙子，垫层厚 25 ~ 50mm，覆盖防水材料，然后现浇混凝土（参阅水池施工），厚度 100 ~ 150mm，北方地区可适当加厚，铺设约 30mm 厚水泥砂浆，然后再铺 20mm 厚素水泥浆、卵石即可。

柔性结构：若小溪较小，水又浅，溪基土质良好，则可直接在压实的溪道上铺 25 ~ 50mm 厚的沙土，然后覆盖衬垫膜。衬垫薄膜纵向的搭接长度不得小于 300mm，溪流的宽度不小于 200mm，并用砖、石等重物压实，再直接在衬垫薄膜上贴上石块。

（5）溪壁施工

溪岸可铺上大卵石等材料，并在溪岸上设置防水层，避免溪流渗漏。草坪护坡适用于环境开朗，溪面宽、水浅的小溪，在施工时，斜坡应尽可能小，临水处应用卵石封边。

（6）溪道装饰

在溪床上放置少量的卵石，使得溪流更自然有趣，同时安装管网，最后装饰少量的景石与小品。

4.3.4 落水

落水是水体从上往下下落的一种自然形态，最常见的是瀑布与跌水。人工瀑布和跌水不仅能湿润周围空气，清除尘埃，还能产生大量对人体有益的负氧离子。

1. 瀑布

（1）瀑布结构

瀑布是一种由河床下沉而形成的自然景观，当水从断层流下时，会形成美丽动人的壮丽景色，从远处看起来犹如一块长布，所以称为瀑布。瀑布的总体结构为：背景、上游积累水源、落水口、瀑身、承水潭及下流的溪水（图 4-65）。

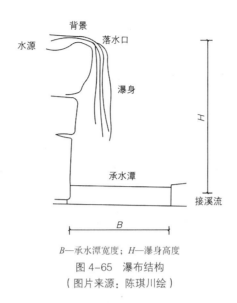

B—承水潭宽度；*H*—瀑身高度
图 4-65 瀑布结构
（图片来源：陈琪川绘）

人工瀑布常以假山上的岩石和植物为背景，将蓄水池作为上游积累的水源（或用水泵动力提水），将岩石布置为落水口，处理岩石落水口形状和设计瀑身，并在下方设置水池作为承水潭。

（2）瀑布设计

1）用水量估算

瀑布的用水量与瀑身的高度有直接关系。瀑布顶蓄水池中的水向外输送，为了使水幕整齐顺直，水流外溢时的速度一般不应大于 0.9m/s，用水量估算见表 4-10。

瀑布用水量估算 表 4-10

瀑布落水高度（m）	0.3	0.9	1.5	2.1	3.0	4.5	7.5	>7.5
溢水厚度（mm）	6	9	13	16	19	22	25	32
用水量（L/s）	3	4	5	6	7	8	10	12

资料来源：引自本章参考文献 [8]。

2）瀑布营建

①顶部蓄水池的设计。根据瀑布的流量来确定蓄水池的容量，如果要形成一个壮观的景象，则需要其容量大；相反，如果想要瀑布薄如轻纱，则容量不必太大。池宽不宜小于 500mm，深度控制在 350 ~ 600mm 为宜，并且设置多孔供水管，以确保供水。蓄水池结构可参考普通水池做法。

②堰口处理。堰口是指可以改变瀑布水流方向的岩石部分。不同的堰口处理方式对瀑布的形状有很大的影响。在园林中，常用青铜或不锈钢板制作堰口，使出水口平滑平整，形成稳定、朦胧的瀑布；或将堰口做拉道，凿出细沟，形成带状和直线型的瀑布；还可以处理蓄水池水面与堰口之间的高差，从而制造瀑布的声势。

③瀑身设计。瀑布水幕的形态称为瀑身，其形状是由堰口及堰口下方岩石的堆叠形式所决定的。堰口处的岩石虽然在一个水平面上，但可以通过水际线的凹陷和延伸，使瀑布形成的景观具有层次感。瀑身设计表现了瀑布的各种水性特征，注重通过瀑身的变化创造出多种多样的水景。

④潭（承水池）。天然瀑布落水口下面通常为一个水潭。在设计瀑布时，也应在落水口下面设计一个承水池。为避免水流下落时水花四溅，承水池的宽度不能小于瀑身高度的2/3，且不宜小于1m。潭底的结构按照瀑布的落水高度即瀑身来决定。

⑤结合音响与灯光。运用音效渲染气氛，展现水声如波的意境。也可以在瀑布的对面安装彩灯，在晚上就可以展现彩色瀑布的美丽景象，但应注意防止水的反射与折射，避免眩光。

2.跌水

跌水是指台阶状下落的水态。跌水的形态就像一道道阶梯，高低有序，层次分明，有韵律感及节奏感，其使用的材料更加自然美观，如经过修饰的混凝土、厚石板、砖块等。跌水形式主要分为三种：规则式、自然式及其他。在园林中跌水得到了广泛的应用，其表现出了不同的形态、水量和水声，是一种结合地形的理想的美化水态。

（1）跌水的形式

根据跌水的落水的水态，可将跌水分成多种形式，一般可分为以下五种。

1）单级式跌水。无阶状落差，即为单级跌水（一级跌水）。

2）二级式跌水。下落时具有两阶落差的跌水称为二级式跌水，通常上级落差小于下级落差。

3）多级式跌水。下落时具有三阶以上落差跌水称为多级式跌水（图4-66）。各级均可设置规则式或者自然式的消力池，因为多级式跌水水流量一般较小。为了防止上一级落水的冲击，水池内可点铺卵石；为了渲染气氛，使整个水景充满乐趣，可以配装彩灯。

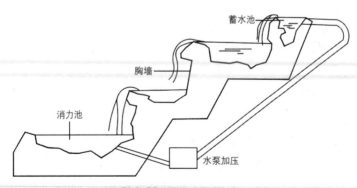

图4-66 多级式跌水示意
（图片来源：陈琪川绘）

4）悬臂式跌水。悬臂式跌水的特点是将泄水石突出成悬臂状，使水能泄到池中间，让落水更具吸引力，其落水口处理与瀑布泄水口处理非常相似。

5）陡坡跌水。在园林中，大多使用陡坡跌水的方式过渡上下水池，以陡坡连接高低渠道。因为坡度陡峭，水流湍急，所以需有坚实的基础。

（2）跌水的施工要点

1）因地制宜，因势利导。设置跌水，最先应该分析地形条件，重点分析地势高差变化，水量情况及周边景观空间等。

2）根据水量确定跌水形式。单级式跌水适用于落差较为单一，水流量较大的情况；多级式跌水适用于地形呈台阶状落差，水流量较小的情况。

3）充分利用环境，综合造景。跌水应与泉、溪涧、水池等其他水景综合考虑，并注意利用山石、植物等隐蔽管线，美化水岸，丰富立面层次。

思　考　题

1. 人工湖选址的基本要求有哪些？

2. 人工湖如何做湖底处理？

3. 简述水池的基本结构及做法？

4. 水池防渗防冻技巧有哪些？

4.4 喷泉工程

4.4.1 概述

1. 喷泉的概念

喷泉原本是一种自然景观，是指由地下喷射出地面的泉水。而人工喷泉是一种将水或其他液体经过一定压力通过喷头喷洒出来，具有特定形状的组合体。

2. 喷泉的作用

喷泉作为理水的重要手法之一，广泛应用于我国各大城市的广场、公共建筑中。它的作用是使人们振奋精神，陶冶情操，丰富城市的内涵和面貌；有效增加城市局部公共空间的空气湿度，减少尘埃，改善环境；增加空气中负氧离子的含量和浓度，促进人们的身心健康。

3. 历史沿革

（1）国外喷泉发展

最早的喷泉水景可以追溯到古巴比伦时期，当时的巴比伦国王为他的王后所修建的空中花园中出现了喷泉。但一直到古罗马时期，水景仅仅是为皇室贵族服务，并没有完全融入百姓的生活。随着文艺复兴的到来，由于科学理念与工艺技艺有了显著的发展，水景设计者在设计水景时将自然水景按照一定的比例进行分割后再重构，通过坡道或花池将流水联系起来，形成建筑周围的景观延伸，以此来增加建筑的美感，例如意大利的伊斯特别墅，就是将建筑和水景进行完美融合的优秀代表。

16 ～ 18 世纪，科学技术得到了更进一步发展，人们也将更多的技术使用在水景设计与构建之上。人们利用压力对水的形态进行改造，形成灵动多样的动态水景。比如法国凡尔赛宫广场上的法兰西大花园中，就有千姿百态的喷泉，为凡尔赛宫增添了不少灵动感。到 19 世纪中后期，随着科学技术的进步，喷泉设计也有了长远的发展，这是喷泉设计发展史上一段里程碑式的时代。例如位于比利时布鲁塞尔的小于廉喷泉（俗称小孩撒尿喷泉），就通过生动形象的雕塑将富有寓意的故事与水景有机地结合起来，使喷泉水景在具有历史厚重感的同时也更加具有艺术美感。20 世纪之后，科学技术已经广泛地应用于喷泉水景之上。随着人们对艺术美感的追求越来越高，喷泉的形式也有了更多变化。当时的美国就已经将先进的计算机技术应用到了喷泉设计之上，他们利用计算机计算出喷泉的喷水量，并且融合光学、声学，制作出了早期的音乐喷泉。

（2）国内喷泉发展

我国的园林水景出现的时间较早，古代人们在进行园林营造时就已经开始使用静态水对园林景观进行设计和修饰，但人工动态水景观应用比较少。一直到 18 世纪，西方式的喷泉才逐渐传入了中国，最为著名的喷泉景观就是清代在北京圆明园西洋楼院内建造的"谐奇趣""海晏堂""大水法"三大喷泉。

改革开放之后，我国科学技术水平不断提高，现代喷泉技术也随之快速发展。目前我国许多从事喷泉设计的技术专家，利用给水排水、电气控制等一系列专业技术，结合光学、声学技术，通过对电机及电磁阀的综合利用，设计出了众多形态优美的喷泉水景，给人们一种强烈的视觉震撼，例如杭州西湖音乐喷泉。

4.4.2 喷泉的组成、类型及设计要求

1. 喷泉的组成

喷泉的基本组成有土建池体、管道阀门系统、动力水泵系统、灯光照明系统等。

2. 喷泉的分类

（1）基本类型

1）普通装饰性喷泉：由各种花型或图案组成固定的喷水形态。

2）与雕塑结合的喷泉：喷泉的喷水形态与雕塑等要素共同组成立体景观。

3）水雕塑：用人工或机械塑造出各种大型水柱的形态。

4）自控喷泉：利用各种先进的数控电子技术，按照程序控制各个喷头，水、光、音、色相结合，形成千姿百态的自控喷泉立体景观。

（2）按控制形式分

1）程序控制喷泉：按照预先编辑的程序变换水造型与灯光色彩。设计程序一般可以随时修改，也可以储存多种程序，随意调用。

2）手动控制喷泉：通过人工控制开关来实现对喷泉水型的控制，现代喷泉工程较少采用，一般小型喷泉采用此种控制方式。

（3）按喷水池的布置形式分

1）水池喷泉：喷泉水池暴露于地表，一般情况下池体高于地面，水位相对稳定，游人可直接清楚地看到池内水流。此类水池的优点为池体结构布置较简单，工作人员易于清理和检修；其缺点为水体易污染，需要经常换水和清理池内杂物。

2）旱地喷泉：将喷泉水池设于地表之下，水柱从地下喷出，管线喷头等设备都布置于池内，池体上部加盖板，盖板上面可用光滑的石材做装饰，铺设成各种图案和造型。此类水池的优点为停喷后，不阻碍交通，可照常行人；其缺点为池体结构布置较复杂。

（4）其他喷泉形式

1）超高喷泉：泛指喷水高度在 100m 以上的大型喷泉，也称为百米喷泉。

2）大型水幕：指大型喷水幕墙，结合激光发生器或电影播放器材在水幕上进行激光表演或播放水幕电影。

3）大型瀑布：模拟自然界自高处向下跌落的水流速度和形态，跌落的水流可为均速，也可为变速。

4）跑泉：有多个线性排列的喷头，按时序控制喷水，构成各种形态的喷泉。可形成跑动、跳动、波动等形态，还可以构成固定造型的喷水形态。

3. 喷泉的设计要求

喷水池的形式分为自然式和规则式。喷水的位置可以居于水池中心，组成中轴对称的图案，也可以偏于一侧或自由布置。此外要根据周围环境的空间尺度来确定喷水的形式、规模及喷水池的大小比例。

喷水的高度和喷水池的面积与喷泉周围的场地有关。根据人眼视域的生理特征，对于喷泉、雕塑、花坛等景物，人的垂直视角在 30°，水平视角在 45° 的范围内拥有良好的视域。对于喷泉，要确定"合适视距"，总体来说，大型喷泉合适的欣赏视距约为喷水高度的 3.3

倍；小型喷泉合适的欣赏视距约为喷水高度的3倍；水平视域的合适视距约为景宽的1.2倍。当然也可以缩短视距，造成仰视的效果，来强化喷泉高耸的感觉（图4-67）。

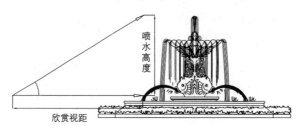

图 4-67　欣赏视距与喷水高度关系示意
（图片来源：程晨绘）

4.4.3 喷头类型

1. 喷头概述

喷泉喷头是指利用管道系统的压力水（无需其他额外能源或动力机构）喷出射流的整体装置。它仅由接头、流道与喷嘴三部分组成；单个喷头只有一个接头，但可具有多流道与多喷嘴。

喷头是整个喷泉的重要组成部分，它的结构和作用主要是将喷泉中具有一定温度和压力的水，经过整个喷嘴的流动和造型，形成不同造型的喷头水花；因此，喷头的各种形式、结构、质量和外观等，都会对整个喷泉的艺术效果产生重要影响。

喷头因受到低速流动水流（有时为高速流动水流）的运动影响（产生剧烈摩擦），所以多数采用耐磨性好、耐生锈、不易受到腐蚀，具有一定的抗摩擦力和强度的优质不锈黄钢或其他优质青铜复合材料焊接制成。为了节约所用钢料，有时也会考虑选择使用金属复合材料或金属尼龙（又称几内铣氮）等制造低压喷头，这种低压机械喷头的优点主要为耐磨、润滑性好、加工容易、轻便（其加工质量仅为一般黄钢或普通青铜的1/7）、成本低等，但其缺点主要表现为易松动（零件老化）、使用寿命短、零件的外形尺寸不易得到严格控制等，因此主要应用在各种低压喷头上。

2. 喷头主要类型

喷泉喷头有三种基本类型：直流式、水膜式和雾化式。不同类型喷头进行排列与组合，可以构成千姿百态的喷泉形式。喷头类型的选择要综合考虑喷泉造型的要求、组合形式控制方式、周围环境条件和经济状况等因素（表4-11、图4-68）。

喷头组、型与喷射水形对应表　　　　　表 4-11

序号	组		型	
	名称	代号	名称	代号
1	纯射流	C	固定单嘴	D
2			可调单嘴	W
3			层花	C
4			集流	J
5			开屏	K
6	水膜射流	M	半球	H
7			喇叭花	L
8			蘑菇	M
9			扇形	S
10			锥形	Z
11	泡沫射流	P	冰塔	T
12			玉柱	U
13			涌泉	Y
14	雾状射流	W	扇形水雾	S
15			玉柱水雾	U
16			锥形水雾	Z
17			高压冷雾	G
18	旋转射流	X	旋转水晶球	Q
19			盘龙玉柱	U
20	复合射流	F	扶桑	F
21			半球蒲公英	H
22			蒲公英	P

资料来源：引自本章参考文献 [20]。

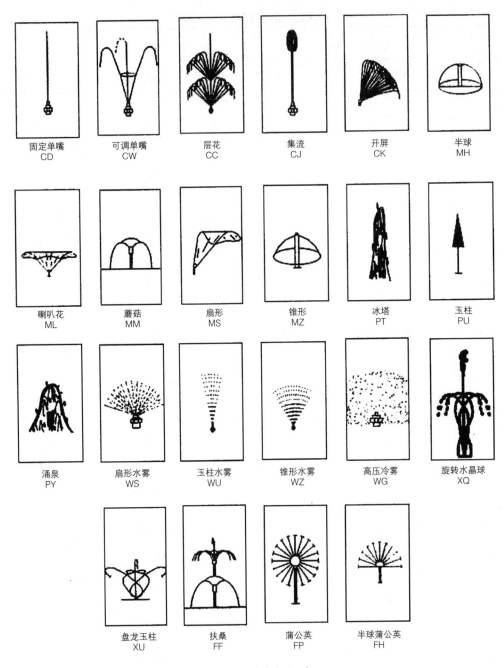

图4-68 喷头水形示意

（图片来源：引自本章参考文献[20]）

目前园林水景中使用的喷头类型很多，常用的有以下几种。

（1）水膜喷头（以喇叭喷头与半球喷头为例）

喇叭喷头与半球喷头因其形成的水膜薄而均匀，造型优美，噪声极小，因此被广泛用在室内和庭院的喷水池中。但两种喷头抗风性较差，需通过调节阀门和顶部喷盖去获得最佳喷水形状（表4-12、表4-13）。

喇叭喷头参数表   表 4-12

型号	规格		工作压力 （MPa/10）	喷水量 （m²/h）	喷水高度 （m）	水面覆盖直径 （m）	备注
	喷嘴口径 （mm）	INCH					
PML-01	25	G1	0.07 ~ 0.09	1.40 ~ 1.88	0.56 ~ 0.71	0.40 ~ 0.85	
PML-02	40	G3/2	0.06 ~ 0.09	1.7 ~ 2.7	0.54 ~ 0.80	0.35 ~ 1.20	
PML-03	50	G2	0.05 ~ 0.08	3.0 ~ 5.0	0.50 ~ 0.67	0.5 ~ 1.3	可调成喇叭花 及蘑菇形
PML-04	15	G1/2	0.07 ~ 0.08	1.0 ~ 1.5	0.5 ~ 0.6	0.3 ~ 0.5	
PML-05	20	G3/4	0.07 ~ 0.08	1.0 ~ 1.5	0.5 ~ 0.6	0.3 ~ 0.5	

资料来源：杭州西湖喷泉设备成套有限公司。

半球喷头参数表   表 4-13

型号	规格		工作压力 （MPa/10）	喷水量 （m²/h）	喷水高度 （m）	水面覆盖直径 （m）	备注
	喷嘴口径（mm）	INCH					
PMB-01	25	G1	0.06 ~ 0.08	1.0 ~ 2.0	0.3 ~ 0.5	0.4 ~ 0.8	
PMB-02	40	G3/2	0.06 ~ 0.08	1.5 ~ 2.5	0.3 ~ 0.5	0.4 ~ 1.2	
PMB-03	50	G2	0.06 ~ 0.08	2.5 ~ 3.5	0.4 ~ 0.6	0.6 ~ 1.2	可调成 荷叶形
PMB-04	15	G1/2	0.06 ~ 0.09	0.7 ~ 0.8	0.3 ~ 0.4	0.3 ~ 0.4	
PMB-05	20	G3/4	0.06 ~ 0.08	0.8 ~ 1.2	0.3 ~ 0.4	0.3 ~ 0.6	

资料来源：杭州西湖喷泉设备成套有限公司。

（2）直射喷头（以可调直流喷头为例）

直射喷头能达到高低、角度不同的喷射效果。它也是音控、程控喷泉的必选喷头（表 4-14）。

可调直射喷头参数表   表 4-14

型号	规格		工作压力 （MPa/10）	喷水量 （m²/h）	喷水高度 （m）	水面覆盖直径 （m）	可调花形
	喷嘴口径（mm）	INCH					
PMB-01	15	G1/2	0.10 ~ 2.50	0.5 ~ 2.0	0.40 ~ 10.00	—	
PMB-02	20	G3/4	0.10 ~ 2.50	0.8 ~ 3.5	0.56 ~ 12.00	—	皇冠形、 扇形、 宝塔形、 拱形、 花篮形
PMB-03	25	G1	0.10 ~ 2.50	0.8 ~ 4.7	0.44 ~ 15.00	—	

资料来源：杭州西湖喷泉设备成套有限公司。

（3）散射喷头（以可调花柱喷头为例）

散射喷头由中心直上和两圈不同层次的可调直流喷头组成，喷水形成向外辐射的两层抛物线水柱和较高的中心水柱，层次分明，婀娜多姿，在灯光的配合下呈花篮状（表4-15）。

可调花柱喷头参数表   表4-15

型号	规格		工作压力（MPa/10）	喷水量（m²/h）	喷水高度（m）			水面覆盖直径（m）
	喷嘴口径(mm)	INCH						
PSH-01	40	G3/2	0.2 ~ 1.5	3.0 ~ 10.0	0.6 ~ 4.0	0.4 ~ 2.5	0.16 ~ 1.5	1.2 ~ 3.0
PSH-02	50	G2	0.3 ~ 1.5	4.0 ~ 12.0	0.6 ~ 6.0	0.5 ~ 4.5	0.2 ~ 2.5	1.5 ~ 3.5
PSH-03	80	G3	0.3 ~ 1.5	8.0 ~ 30.0	2.0 ~ 8.0	0.7 ~ 6.0	0.4 ~ 3.5	1.5 ~ 6.0
PSH-04	100	G4	0.4 ~ 1.5	10 ~ 45	2.0 ~ 10.0	0.8 ~ 8.0	0.6 ~ 4.5	2.0 ~ 8.0

资料来源：杭州西湖喷泉设备成套有限公司。

（4）加气喷头（以加气涌泉喷头为例）

涌泉喷头在室内外喷水池中广泛使用，水声较大，并形成丰富的乳白色泡沫，在阳光下反光强烈，抗风力强，气氛强烈，但对水位有一定的要求（表4-16）。

加气涌泉喷头参数表   表4-16

型号	规格		工作压力（MPa/10）	喷水量（m²/h）	喷水高度（m）	水面覆盖直径（m）	可调花形
	喷嘴口径(mm)	INCH					
PJY-01	25	G1	0.18 ~ 1.00	3.5 ~ 5.8	0.65 ~ 2.00	0.20 ~ 0.80	可调成涌泉形冰树状
PJY-02	40	G3/2	0.10 ~ 1.00	4.4 ~ 13.0	0.23 ~ 2.50	0.20 ~ 1.50	
PJY-03	50	G2	0.26 ~ 1.20	8.5 ~ 18.0	0.45 ~ 3.80	0.30 ~ 1.60	

资料来源：杭州西湖喷泉设备成套有限公司。

（5）蒲公英喷头

蒲公英喷头是由众多支管的小喷头连接在同一中心球体上而组成的一个大放射状球体，喷水时效果相当华丽，可通过调节每个小喷盖来控制喷水的雾状程度。该喷头对水质要求很高，水源上宜加装滤网箱。主要适用于室外的各种喷水池中（表4-17）。

蒲公英喷头参数表　　　　表 4-17

型号	规格		工作压力（MPa/10）	喷水量（m²/h）	喷水高度（m）	水面覆盖直径（m）	备注
	喷嘴口径（mm）	INCH					
PQP-01	40	G3/2	0.2 ~ 0.5	20 ~ 35	0.8 ~ 1.8	1.2 ~ 2.0	
PQP-02	50	G2	0.4 ~ 0.8	40 ~ 60	0.8 ~ 2.5	1.6 ~ 2.6	—
PQP-03	80	G3	0.5 ~ 0.8	50 ~ 70	0.8 ~ 3.0	2.0 ~ 3.0	
PQP-04	100	G4	0.6 ~ 1.0	60 ~ 80	0.8 ~ 6.0	3.0 ~ 4.0	

资料来源：杭州西湖喷泉设备成套有限公司。

（6）水雾喷头（以雾状喷头为例）

雾状喷头的喷头内受到高压，会在空中散发出极小的水珠，就像是晨雾一般。通常在雕塑周围布置一排雾状喷头，加以灯光配合，效果极佳（表 4-18）。

雾状喷头参数表　　　　表 4-18

型号	规格		工作压力（MPa/10）	喷水量（m²/h）	喷水高度（m）	水面覆盖直径（m）	备注
	喷嘴口径（mm）	INCH					
PWZ-01	15	G1/2	0.9 ~ 2.0	0.5 ~ 2.0	2.0 ~ 5.0	5.0 ~ 8.0	
PWZ-02	20	G3/4	0.9 ~ 2.0	0.5 ~ 2.0	2.0 ~ 6.0	5.0 ~ 8.0	—
PWZ-03	25	G1	0.9 ~ 2.0	0.58 ~ 3.50	2.5 ~ 6.0	5.0 ~ 10.0	
PWZ-04	50	G2	0.25 ~ 2.00	0.58 ~ 2.68	2.5 ~ 7.0	5.0 ~ 10.0	

资料来源：杭州西湖喷泉设备成套有限公司。

（7）复合喷头（以双喇叭喷头为例）

双喇叭喷头的效果犹如银光闪闪的两条大喇叭，上下交叠成景，因水膜均匀，造型优美，广泛用于室内及庭院的喷水池中，配合灯光效果会更好（表 4-19）。

双喇叭喷头参数表　　　　表 4-19

型号	规格		工作压力（MPa/10）	喷水量（m²/h）	喷水高度（m）		水面覆盖直径（m）	
	喷嘴口径（mm）	INCH			H_1	H_2	上	下
PFS-01	40	G3/2	0.1 ~ 0.2	5.0 ~ 6.5	0.2 ~ 0.3	0.2 ~ 0.3	0.45 ~ 0.55	0.45 ~ 0.70

资料来源：杭州西湖喷泉设备成套有限公司。

（8）旋转喷头

旋转喷头的旋转力由喷水时的后坐力产生，在旋转过程中水流始终成螺旋状曲线，似少女舞蹈，情趣美妙。各种场合的喷水池中均可使用（表 4-20）。

旋转喷头参数表

表 4-20

型号	规格		工作压力 (MPa/10)	喷水量 (m²/h)	喷水高度 (m)		水面覆盖直径 (m)	转速 (转/min)
	喷嘴口径(mm)	INCH			H₁	H₂		
PUP-01	25	G1	0.15 ~ 1.00	2.5 ~ 6.2	1.0 ~ 4.0	0.7 ~ 2.5	1.5 ~ 2.5	50 ~ 80
PUP-02	50	G2	0.5 ~ 1.5	8.0 ~ 15.0	2.0 ~ 8.0	1.5 ~ 6.0	2.0 ~ 5.0	55 ~ 75

资料来源：杭州西湖喷泉设备成套有限公司。

4.4.4 喷水池的水源及供水系统

1. 传统水池水处理方法及存在问题

（1）物理方法

景观水体净化的物理方法有磁处理、静电水处理、电子水处理、高频电子处理、超声波处理等，这些方法虽效果明显，但不易普及，难以大规模实施。以下介绍几种景观水体中常用的净化方法。

1）曝气充氧。曝气充氧分为自然跌水和机械曝气两种方法。对于分散的水景，通过水位调节、底面造型或者机械动力，依靠自然跌水或机械流动连通水景实现水体的内外循环，做到"流水不腐"。同时采用"低进高出"的流动方式，防止污染物囤积的同时也破坏藻类生长。对于独立的水景，可利用人工曝气的方式实现水体内循环，为水体自然复氧创造条件。机械曝气是直接在静观水体中设置曝气机，保证静观水体的溶解氧大于曝气充氧，是目前景观水体水质控制的最普遍方法。曝气充氧的优点为可提高景观效应，操作简单，管理难度小，投入少，见效快；缺点为该方法不能根除水体中的污染物，只能起到延缓水质恶化的作用，仅仅作为景观水处理的辅助手段。

2）湖岸整治。为防止污染程度较高的初期雨水进入景观水体，一方面利用水景附近的生态湖岸和绿化拦截污染物；另一方面在湖岸的四周修建引水暗沟，用于收集初期雨水和可能进入湖体的污染物，同时将引水暗沟与池体的溢流口相连最终排入城市雨水系统。该方法多用于硬化湖岸的改造。

3）机械过滤。通过机械动力推动水体流动，在流动的过程中设置过滤装置，如石英砂过滤，截留水中部分悬浮物、漂浮物、有机物质和藻类等，净化水质。有时为了提高处理效果，还会在过滤材料上接种生物菌种，或将过滤材料与杀藻剂和混凝剂相结合，提高污染物的去除率。此方法主要是需要动力消耗来推动水体流动，并且为了保证过滤效率，过滤材料需要定期进行清洗和更换，主要适用于小面积水景。同时过滤系统将水中大量的微生物及有用的藻类过滤掉了，破坏了系统中某些重要的生物链，从而影响了景观水体的洁净程度。

（2）化学方法

在水体的自然或者机械流动的过程中投加化学混凝剂，如漂白粉、硫酸铜等，再通过过滤设施或者定期对池底清淤的方式来保持水质。投加化学药剂，可有效抑制藻类的繁殖。但是在投加化学药剂的同时会造成池底淤积以及水生动植物的死亡，同时为了控制成本，降低维护难度，该方法多用于水体污染的紧急情况或者未放养水生生物的小型景观水体。

（3）生物方法

1）微生物处理。向水中投加经过培养、驯化和发酵的特定微生物，依靠假山或者生物浮岛为微生物提供生长的载体，利用生物群落的共生关系，定期进行微生物的筛选、培育、恢复，使微生物对污染物的去除处于高效、可控的环境下，从而净化水质。该方法运行费用较低。

2）水生植物的种植。利用植物和基质的吸附和接触氧化作用净化水质。同时水生植物对藻类的生长具有一定的克制效应，如水葫芦、水花生、水浮萍、满江红和紫菜能够克制雷氏衣藻的生长。景观水体种植的水生植物包括挺水植物、浮水植物、沉水植物和滨水植物等。为防止外来物种的入侵，应多选用本土水生植物。水生植物的作用主要在于为微生物提供栖息地，维持系统的稳定，促进有机物的积累，防止水土流失，此外到收获季节，还可以获得一定的经济收益。

2. 水池水处理方法

自然界是一个十分复杂的系统，要处理水池水较为科学的方法是综合治理——外师造化、师法自然。只有这样，才能营造出长期清澈美丽又生动的自然水景。

（1）水清问题：运用适当技术治理水质，使水体清澈自然。

（2）水美问题：为体现观赏性，通过养种水生动植物，可营造出生动美丽的水岸、水面、水中和水底景观。

（3）维护问题：水景要保持长期稳定和清澈美丽，需要日常维护，维护成本需低廉。

3. 喷泉供水系统

一般而言，目前城市喷泉的水源大多来自城市供水系统。喷泉用水，应该是清洁的、无腐蚀性的、无色无味的、符合卫生要求的，因而天然水源应经过处理后才能通过水泵而进入蓄水设备，以供作喷泉水源。

水泵是一种运输液体或使液体增压的装置。它的工作原理是将原动机的机械能或其他外部能量传送给液体，使液体能量增加。由于一般的城市供水的自来水水压不稳以及喷嘴的形状等不同，从而不能保证喷射的水形稳定，因而需要进行加压以及循环使用喷射的水源。喷泉工程系统中使用较多的是卧式或立型离心泵和潜水泵。小型喷泉的供水系统可用管道泵、微型泵等。

水泵的主要设计和性能指标包括设计流量、总扬程、吸水扬程和功率等。选择具体的水泵时必须根据整个喷泉系统的最大设计吸水流量和最高设计扬程，按水泵型号参数表确定所选的具体水泵的性能型号。考虑到喷泉系统运转的过程中由于水泵的磨损和喷泉

系统效能的降低，通常选用的水泵设计流量应略大于水泵流量和吸水扬程，一般多采用
10% ~ 15% 的性能附加值。

以离心泵为例，离心泵工作特性曲线一般形式见图 4-69。在最高效率点 A 附近，用
BC 表示的曲线即为水泵的高效率区。高效区的技术数据可查询水泵样本的水泵性能表，
以供选择水泵。

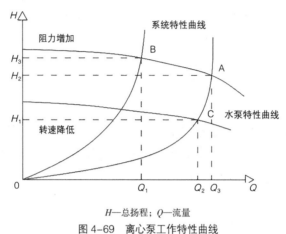

H—总扬程；Q—流量

图 4-69　离心泵工作特性曲线

（图片来源：程晨绘）

4. 循环供水系统

（1）循环供水系统原理

循环供水系统的工作原理是水源通过水泵提水被送到供水管，然后进入配水槽，使各
喷头有同等压力，再经过控制阀门，最后经喷头喷出。当水回落至水池，经过滤净化后回
流到水泵形成循环供水。如果喷水池水位超过设计水位，水就经溢流口流出，进入排水井
排走。当水池水质太差时可通过泄水管排出（图 4-70）。

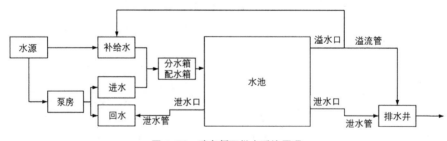

图 4-70　喷泉循环供水系统原理

（图片来源：程晨绘）

（2）离心泵循环供水

离心泵循环管道供水方式能够有效保证喷水高度和射程的稳定，适合各种规模和形式
的水景工程。该泵房和供水管道的特点是要另设一个泵房来放置水泵和供水循环加压管
道，水泵将池水吸入后经加压送入供水管道再回到水池中，使水资源得以有效循环利用（图
4-71）。其主要优点是耗水量小，运行维护费用低，在一个泵房内即可调控水形的变化，
操作方便，水压稳定；缺点为系统复杂，占地大，造价高，管理复杂。

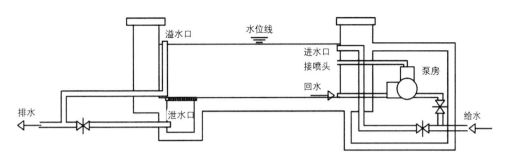

图 4-71　离心泵循环供水示意
（图片来源：程晨绘）

（3）潜水泵循环供水

潜水泵供水与离心泵供水一样都非常适合于各种类型的水景工程，只是其安装的方式和水泵放置位置不同。这种潜水泵的优点是可将水泵安装在水池内与供水的管道直接相连，水经喷头喷射后直接落入池内，再直接于吸入泵内进行循环使用（图 4-72）。潜水泵的优点为结构布置灵活，系统简单，不需另建泵房，占地小，管理容易，耗水量小，运行方便费用低；缺点为调控方式不如离心泵方便，对于水位高度也有一定的要求。

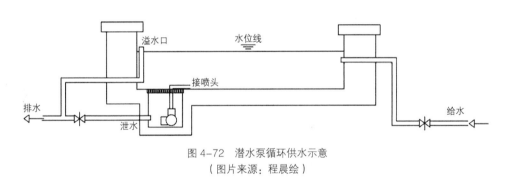

图 4-72　潜水泵循环供水示意
（图片来源：程晨绘）

4.4.5 喷水池的组成及设计要点

喷泉最常见的设置形式可分为池喷和旱喷两种，其组成及做法也有所不同，下面分别进行介绍。

1. 池喷

池喷是使用最多的一种喷泉形式。池喷主要由喷水池、进水口、泄水口、溢水口、泵房、补水池（箱）等结构组成。

（1）喷水池

喷水池由基础、防水层、池底、压顶等部分组成，是池喷的重要构成部分。除了维持正常的水位以保证喷水外，其本身也能独立成景，可以说是集审美功能与实用功能于一体的结构。

喷水池的形状可根据周围环境灵活设计。水池大小则要结合喷水高度来考虑，喷水越高，则水池越大。一般水池半径为最大喷高的 1.0 ~ 1.3 倍，以保证设计风速下水滴不致大量被吹至池外，保证行人通行、观赏。在实践中，如用潜水泵循环供水，当水泵停止时，水位急剧升高，需考虑水池容积的预留。因此喷水池的有效容积不得小于最大一台水泵 3min 的出水量。水池水深则应根据潜水泵喷头，水下灯具的安装要求确定，综合考虑水池设计池深。

（2）进水口

进水口一般设置在水池的液面下部，且应尽量隐蔽，其造型需与喷水池造型相协调。

（3）泄水口

喷水池设泄水口的目的是便于清扫、检修，防止停用时水质腐败或结冰。泄水口设在水池最低位置处，泄水口处可设沉泥井，并设格栅或格网以防止杂物堵塞，其做法如图4-73所示。

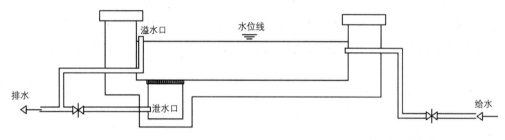

图 4-73 泄水口位置示意
（图片来源：程晨绘）

（4）溢水口

为保证喷水池水面具有一定的高度，需设置溢水口，当水位超过溢水口标高后水就会流走，若水池面积过大，可设置多个溢水口。溢水口的常见形式有附壁式、直立式和套叠式（图4-74）。

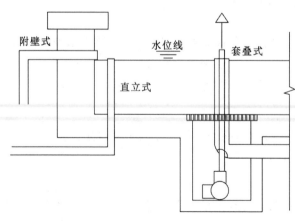

图 4-74 溢水口常见形式
（图片来源：程晨绘）

（5）泵房

泵房多采用地下或半地下式，应考虑地面排水，地面要有不小于 0.5% 的坡度，将水导向集水坑。集水坑宜设水位信号计和自动排水泵。泵房宜设机械通风装置，尤其是在电气与自控设备设在泵房内时，更应加强通风。

（6）补水池（箱）

因喷水池水量会有损失，为向水池补水和保持一定的水量，需要设置补水池（箱）。在池（箱）内设水位控制器（杠杆式浮球阀、液压式水位控制器等），保持水位稳定。并在水池与补水池（箱）之间用管道连通，使两者水位维持相同。

2. 旱喷

旱喷是用藏于地下的承接集水池（沟）代替地面承接水池，配水管网、水泵喷头及彩灯都安装在地下集水池（沟）内。集水池（沟）顶铺栅格盖板，且盖板与周围地坪齐平。喷泉运行时，喷泉水柱从地面上冒出，散落在地上，并迅速流回地下集水池（沟）形成循环供水。旱喷常结合广场进行设计，相对于池喷，它融娱乐、观赏于一体，具有较高的趣味性和可参与性，同时停喷后不阻碍交通，可照常行人。

旱喷的效果取决于喷泉造型的设计与选择，同时施工中要处理好水的收集及循环系统。其设计要点如下所述。

喷射孔距与喷出水柱高度有关，一般喷高 2m，间距在 1 ~ 2m，喷出水柱高度 4m 左右，横向可在 2 ~ 4m，纵向在 1 ~ 2m。

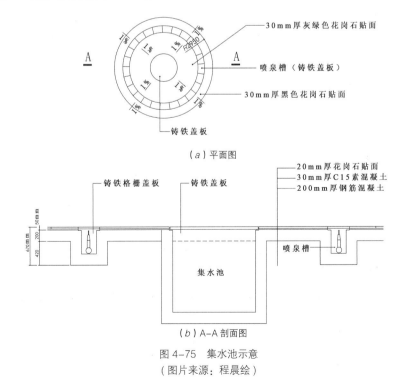

（a）平面图

（b）A–A 剖面图

图 4-75　集水池示意
（图片来源：程晨绘）

旱喷的集水设备可以是集水池（图4-75），也可以是集水沟（图4-76），在沟、池中设集水坑，坑上应有铁箅，铁箅上可敷不锈钢丝网，防止杂物进入水管，回收水进入集水砂滤装置后，方可再由水泵压出。其中喷头上端箅子有外露与隐蔽两种。外露箅可采用不锈钢、铜等材料，直径400～500mm，正中为直径50～100mm的喷射孔，使用时往往与效果射灯一起安装；隐藏箅采用铸铁箅，箅上宜放不锈钢丝网，上面再铺卵石层，也可在箅上放置花岗岩板。

旱喷地下集水池（沟）的平面形状，取决于所在地周围环境、喷泉水形及规模，主要形状有长条形、圆环形、梅花形、S形及组合式等。集水池（沟）的断面形状为矩形，有效水深不小于900mm。

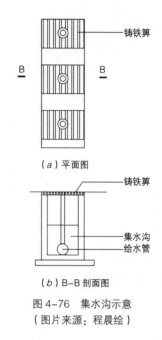

（a）平面图

（b）B-B剖面图

图4-76　集水沟示意
（图片来源：程晨绘）

所有喷水散落到地面后，经1%坡面流向集水口。水口可采用活动盖板，留宽为10～20mm的缝回流或采用箅子。池顶或沟顶应采用预制钢筋混凝土板，以备大修、翻新。

4.4.6 喷水池管网设计

1. 水力计算

各种喷头因流速、流量不同，喷出的花形会有很大差别，但若达不到预定的流速和流量，则不能形成设计的花形。

（1）喷头流量基本计算公式

$$q = uf\sqrt{2gH} \times 10^{-3} \tag{4-4}$$

式中　q——喷头流量，L/s；

　　　u——流量系数（一般在0.62～0.94）；

　　　f——喷嘴断面积，mm^2；

　　　g——重力加速度，m/s^2；

　　　H——喷头入口水压，mH_2O。

流量可从喷泉厂家提供的喷嘴技术参数表中查得。

（2）喷泉总流量的计算（Q）

一个喷泉喷水的总流量，是指在某一时间内，同时工作的各个喷头喷出的流量之和的最大值：

$$Q = q_1 + q_2 + q_3 + \ldots + q_n \tag{4-5}$$

式中　Q——总流量 L/S；

q——各喷头流量，L/S。

（3）计算管径

$$D = \sqrt{4Q}/\sqrt{\pi v} \tag{4-6}$$

式中　D——管径，mm；

　　　Q——总流量，L/S；

　　　π——圆周率；

　　　v——流速，通常选用 0.5 ～ 0.6m/s。

（4）求总扬程（H）

$$H = h_1 + h_2 + h_3 + h_4 \tag{4-7}$$

式中　H——总扬程，mH$_2$O；

　　　h_1——水泵和进水管之间的高差，m；

　　　h_2——进水管与喷头的高差，m；

　　　h_3——喷头所需的工作水头，mH$_2$O；

　　　h_4——沿程水头损失和局部水头损失之和，mH$_2$O。

净扬程＝吸水高度＋压力高度。

损失扬程—— 一般喷泉可粗略地取净扬程的 10% ～ 30%。

喷泉设计中影响的因素较多，有些因素不易考虑，因此设计出来的喷泉不可能全部达到预计要求。对于结构特别复杂的喷泉，为了达到预期的艺术效果，应通过试验加以校正，最后运转时还必须经过一系列的调整，甚至局部修改，以达效果。

2. 常用管材及连接方式

常见的管材主要是钢管与塑料管。

（1）钢管的连接方式

钢管可采用螺纹连接、焊接和法兰连接。

螺纹连接（又称丝扣连接）是利用配件连接，镀锌钢管必须用螺纹连接，多用于明装管道。

焊接的优点为接头紧密，不漏水，施工迅速，不需配件；缺点为不能拆卸。焊接只能用于非镀锌钢管，多用于暗装管道。

法兰连接一般用在连接闸门、上回阀、水泵、水表等需要经常拆卸、检修的管段上。在较大管径的管道上（DN ＞ 50mm），常用法兰盘焊接或用螺纹连接在管端，再以螺栓连接。当 DN ≤ 100mm 时宜选用螺纹连接，当 DN>100mm 时宜用法兰连接。

（2）塑料管的连接方式

塑料管可采用螺纹连接（配件为注塑制品）、焊接（热空气焊）、法兰连接、粘接等方法。

4.4.7 喷泉控制系统

随着科学技术的发展以及人们对水景欣赏要求的提高，一般小型喷泉采用的以时间继电器为主体的定时控制喷泉已不能满足要求，进而要求声、光、电同时控制，因此计算机控制的音乐喷泉、激光喷泉等受到人们的喜爱。常用的控制方式为程序控制，它是用继电器、接触器等进行控制，现已极少采用。单片机、可编程控制器（PLC）工控机等已占主流。

喷泉控制系统主要由计算机控制系统、音频控制系统、喷泉系统和灯光控制系统等组成。

1. 计算机控制系统

（1）单片机控制的音乐喷泉

单片机是将CPU，部分IVO（输入/输出）接口等集成在一片芯片上，它适用于城市广场、住宅小区等场合。由于其价格低廉，因而得到广泛应用。

（2）可编程控制器（PLC）控制的音乐喷泉

可编程控制器是一种将CPU、存储器、输入模块、输出模块整体组装在一起的一种小型工控机，通过选择不同的输入、输出模块，可组成不同的控制系统。运用PLC可按时间进行分段，每段时间通过程序控制不同的输出，从而启动相应的水泵、喷嘴以形成不同的水形、彩灯、传动机械、音响等，使喷泉按照设计有序运行。高级PLC还可输出多种模拟信号，通过变频器控制水泵转速等，产生各异形状。

（3）多媒体音乐控制喷泉

随着科学技术的发展，喷泉已将音乐、动画、控制以及管理等系统集成于一体，出现了水幕电影、多媒体演示、仿真、激光表演等人工智能系统。

该系统主要由工业PC、IVO卡、A/D（模拟量/数字量）转换卡、声音信号处理系统、喷头控制系统等组成。在系统复杂的多媒体音乐控制喷泉系统中还采用现场网络总线（由多台计算机、多台控制器组成）。

2. 音频控制系统

音频控制系统主要是将音乐信号进行频谱分析和延时处理，提取音乐信号中适合喷泉控制的有效成分送给主控机，并能将音乐信号进行延时，使喷泉和音乐达成同步。音频控制系统主要由音乐播放器、前置放大器、功率放大器、监听音箱及音柱等部分组成。

音乐喷泉是指喷泉随着音乐节拍不断改变喷头的形状花形、水量以及喷水大小等，富有青春活力。喷泉的灯光控制管理系统通过对整个喷泉的音频及整个灯光编码中的MIDI等信号的快速处理和自动识别，进行喷泉语音数字译码和喷泉视频数字编码，最终将喷泉音频译码信号自动输出并发送到喷泉灯光控制系统中心，使得整体喷泉及整个灯光色彩的变化与整个喷泉中的音乐表演节奏完美保持同步，让整个喷泉的表演更生动。

3. 灯光控制系统

由灯光控制系统控制的喷泉是集声、光、电为一体的大型工程，一般而言，灯光的变化与音乐的变化是同步的，在喷泉控制系统中同样受到计算机的控制。

（1）水下灯的分类

1）按水下彩灯的结构分类

①全封闭式水下彩灯。其光源全部安装在防水的灯壳内，光线通过灯具的保护玻璃射出。灯壳用密封圈进行防水，其防水密封程度靠机械压力来保证。

②半封闭式水下彩灯。其光源的透光部分直接浸在水中，而光源与电源的接线部分在密封的灯壳内。灯壳用密封圈进行防水，其防水密封性由机械压力来保证。

③高密封水下彩灯。是用特殊的环氧树脂，将光源和电源的连接部分全部灌封，使它既无漏水间隙，又无储水空间，杜绝了漏水的可能，实现光源与灯壳的一体化。

2）按灯壳的材料分类

塑料、铝合金、黄铜及不锈钢等材料。

3）按光源的发光原理分类

钨丝灯、卤素灯、金卤灯、LED、光纤灯等，均可作水下灯的光源。但随着节能及防止光污染的要求越来越高，绿色光源的水下灯已广泛地运用在音乐喷泉中。

（2）水下灯的型号

水下灯的型号众多，下面以菲力普彩灯与彩色水下灯为例。

菲力普彩灯采用进口灯泡配以彩色塑壳铜拉杆固定，产品结构合理，色彩鲜艳，防水性能好，除广泛用于喷泉、瀑布水下照明外，还可用于假山、建筑物立面等的投光照明（表 4-21）。

菲力普水下彩灯参数表　　　表 4-21

型号	D（mm）	H（mm）	功率（W）	电压（V）	颜色	照射高度（m）	备注
SXCD-220-80	φ163	210	80	220	红、黄、蓝、绿	3.0～5.0	水陆两用

资料来源：杭州西湖喷泉设备成套有限公司。

SXCT-220 系列彩色水下灯色彩为红、黄、蓝、绿、白五种，主要适用于各种喷泉、瀑布、洞溶及地下暗河等工程中。该灯色彩艳明，给人以美妙的遐想。可直接进行声控、程控，调光效果好，使用寿命长，是非常理想的永久性水下光源，为各种配色水景的首选灯具（表 4-22）。

型号	D （mm）	H （mm）	功率 （W）	电压 （V）	颜色	照射高度 （m）	备注
SXCT-220-100A	φ190	186	100	220	红、黄、蓝、 绿、白	3.0～5.0	必须水下 使用散光

彩色水下灯参数表　　　　　表4-22

资料来源：杭州西湖喷泉设备成套有限公司。

（3）水下灯的选择

LED：安全、可靠，平均寿命1000h，可达5～10年之久，光效50～2001m/W，光谱窄，无需过滤可直接发出有色可见光，耗电量少，单管功率0.03～0.06W，采用直流驱动，常用直流电压DC12V，其防护等级为IP65，功率为5～12W。

4.4.8 喷泉工程设计实例

1. 案例简介
本案例为杭州某公园水景工程部分，该设计以人为本，突出了乐趣、活力、进步、和谐。整体水形简洁，但富有变化，给人以大方、简洁、美丽的视觉感受。其与雾喷区乃至周围的环境有力地融合，相映生辉。该喷泉位于全园最高点，观赏效果好，设计也充分结合地形。

2. 造型选择
该喷泉地势大致分为四层，两边有弧形楼梯。由高到低分别是水幕型、旋转型、扇形、半球蒲公英、凤尾形。水形相辅相成，配合比较合理（图4-77、图4-78）。

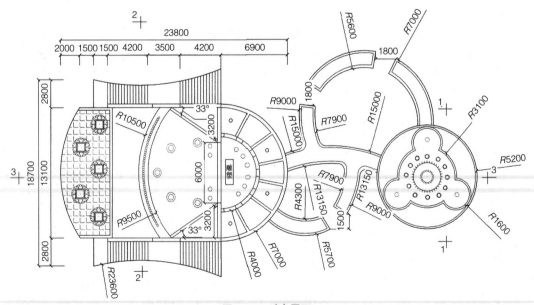

图 4-77　喷泉平面
（图片来源：张颖绘）

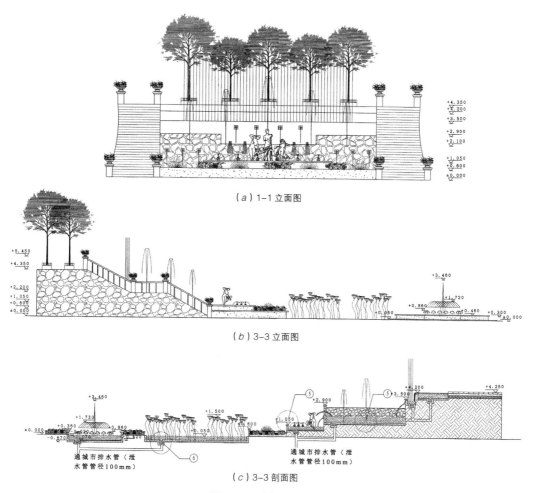

（*a*）1—1 立面图

（*b*）3—3 立面图

通城市排水管（泄
水管管径100mm）

通城市排水管（泄
水管管径100mm）

（*c*）3—3 剖面图

图 4-78　喷泉立、剖面
（图片来源：张颖绘）

3. 主要设备布置

根据水景工程的造型设计要求，选用了如表 4-23 所列的主要喷头和设备。喷头总数 85 个，潜水泵 8 个。设备的布置如图 4-79 所示。

主材表　　　　　　　　　　　　　　　　　表 4-23

编号	名称	型号	规格（mm）	数量	备注
1	单射流喷头	PZK-03	25	51	
2	旋转型喷头	PUP-01	50	5	
3	扇形喷头	PMS-02	40	4	
4	蒲公英形喷头	PQP-04	100	12	
5	半球蒲公英喷头	PBP-04	100	8	
6	凤尾喷头	PSF-01	25	5	
7	潜水泵 1	QP200-8-5.5	250	1	

续表

编号	名称	型号	规格（mm）	数量	备注
8	潜水泵2	QP40-6-1.1	100	1	
9	潜水泵3	QDX15-10-0.75	70	1	
10	潜水泵4	350QJ400-105/3	350	1	
11	潜水泵5	QP30-25/2-3	80	1	
12	潜水泵6	QP60-20-5.5	125	1	
13	潜水泵7	650QJ1000-35/1	500	1	
14	潜水泵8	300QJ240-24/1	250	1	
15	水泵软接头			8	与水泵匹配
16	闸阀			39	
17	钢管		25、50、70、80	27.5m	
18	铸铁管		100、125、150、200、300、350、500	50m	

资料来源：张颖。

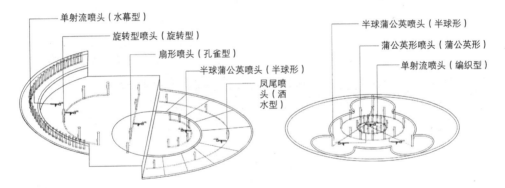

图4-79 设备布置图
（图片来源：张颖绘）

纯射流单喷嘴喷头水力性能参数　　　　　　　　　　附表1

喷嘴口径（mm）	工作压力（kPa）	流量（m³/h）	垂直喷射高度（m）
3	10	0.10	0.9
5	20	0.40	1.8
5	30	0.49	2.6
5	40	0.56	3.3
6	20	0.57	1.8
6	30	0.70	2.6
6	40	0.81	3.4
8	30	1.25	2.7
8	40	1.44	3.5

续表

喷嘴口径（mm）	工作压力（kPa）	流量（m³/h）	垂直喷射高度（m）
8	50	1.61	4.3
10	50	2.52	4.4
10	70	2.98	5.9
10	80	3.19	6.6
12	60	3.97	5.3
12	80	4.59	6.8
12	90	4.87	7.6
14	70	5.84	6.2
14	100	6.98	8.5
14	120	7.65	9.9
14	140	8.26	11.2
16	100	9.12	8.7
16	140	10.79	11.5
16	160	11.54	12.9
16	200	12.90	15.4
18	120	12.64	10.3
18	170	15.05	13.9
18	200	16.32	15.8
20	160	18.03	13.5
20	220	21.14	17.5
20	280	23.85	21.1
24	240	31.79	19.6
24	300	35.54	23.4
24	380	40.00	28.0
30	400	64.13	31.2
30	450	68.02	34.1
30	500	71.70	36.9
40	500	127.46	40.4
40	550	133.68	43.6
40	700	150.81	52.6
45	500	229.90	30.0
45	830	231.50	50.0
45	1000	253.50	60.0

资料来源：引自《喷泉喷头》CJ/T 2009—2016。

高喷喷头水力性能参数

附表2

喷嘴口径（mm）	工作压力（kPa）	流量（m³/h）	垂直喷射高度（m）
50	850	259.66	66.30
50	1 000	281.65	75.10
50	1 200	308.53	85.90
56	900	335.34	70.20
56	1 000	353.48	75.10
56	1 300	403.03	93.05
63	1 000	447.37	78.00
63	1 320	514.00	96.00
63	1 650	638.51	107.00
70	1 300	605.02	99.13
70	1 600	653.05	115.00
70	1 900	676.44	119.00

资料来源：引自《喷泉喷头》CJ/T 2009—2016。

水帘喷头水力性能参数

附表3

喷嘴口径（mm）	工作压力（kPa）	流量（m³/h）	可悬挂高度（m）
4	50	0.4	
4	100	0.57	
8	50	1.61	
8	100	2.28	6
14	50	4.94	
14	100	6.99	
16	50	6.45	
16	100	9.12	

资料来源：引自《喷泉喷头》CJ/T 2009—2016。

水幕喷头水力性能参数

附表4

喷水口缝隙（mm）	当量口径（mm）	工作压力（kPa）	流量（m³/h）	扇形角（°）	喷高（m）	喷宽（m）
5	68.3	60	130	150	5.5	15
5	70.3	106	183	150	10.0	30
6	72.1	162	238	150	20.0	60
6	71.4	193	255	150	25.0	75

资料来源：引自《喷泉喷头》CJ/T 2009—2016。

思 考 题

1. 喷泉的作用有哪些?

2. 喷头主要有哪些类型?

3. 简述离心泵与潜水泵循环供水系统的异同点。

参考文献

[1] 李胜.园林驳岸构造设计与实例解析 [M].武汉：华中科技大学出版社，2012.

[2] 沈志娟.园林工程施工必读 [M].天津：天津大学，2011.

[3] 梁伊任，瞿志，王沛永.风景园林工程 [M].北京：中国林业出版社，2010.

[4] 孟兆祯.园林工程 [M].北京：中国林业出版社，2012.

[5] 朱敏，张媛媛.园林工程 [M].上海：上海交通大学出版社，2012.

[6] 杨志德.园林工程 [M].武汉：华中科技大学出版社，2013.

[7] 宁荣荣，李娜.园林水景工程设计与施工从入门到精髓 [M].北京：化学工业出版社，2016.

[8] 韩琳.水景工程：设计与施工必读 [M].天津：天津出版社，2012.

[9] 闫宝兴，程炜.水景工程 [M].北京：中国建筑工业出版社，2005.

[10] 刘祖文.水景与水景工程 [M].哈尔滨：哈尔滨工业大学出版社，2009.

[11] 李旭.元大都水系及水工建筑物规划研究 [D].北京：北京工业大学，2016.

[12] 中华人民共和国水利部.SL 265—2016 水闸设计规范 [S].2016.

[13] 吕志方.平原区水闸设计 [D].郑州：郑州大学，2015.

[14] 蔡新明，韩晔.城市景观水闸的选型探讨 [J].浙江水利科技，2014（7）：63-65.

[15] 马文祥.城市河道治理中的景观构建研究 [D].杭州：浙江农林大学，2016.

[16] 桂超.基于地域特色的水环境景观规划设计研究 [D].福州：福建农林大学，2011.

[17] 胡浩.宋画《水殿招凉图》中的建筑研究 [D].北京：北京林业大学，2009.

[18] 张静.水利工程与城市休闲、景观的融合研究 [D].福州：福建农林大学，2013.

[19] 吴晨.水利工程景观化设计研究 [D].北京：北京林业大学，2016.

[20] 中华人民共和国住房和城乡建设部.CJ/T 209—2016 喷泉喷头 [S].2016.

[21] 丁茂晨.水处理设备维护及改进探索 [J].石化技术，2018，25（11）：183.

[22] 屈计宁，陈洪斌.城镇及小区污水处理技术与应用 [J].同济大学学报自然科学版，2004（12）：1664-1670.

[23] Gross A，Shmueli O，Ronen Z，et al. Recycled vertical flow constructed wetland（RVFCW）—A novel method of recycling greywater for irrigation in small communities and households Elsevier[J].2007，66：916-923.

[24] 李春丽，周律.再生水回用于景观水体的水质控制系统研究 [J].现代城市研究，2005（4）：32-35.

[25] 高蔚.浅谈人工湖的水质净化系统建设 [J].广东园林，2006（1）：43-45.

第 **5** 章

风景园林
建筑工程

本章要点

风景园林建筑是风景园林中满足人类活动需求的重要组成部分，人工成分较多，既包括亭、廊、榭、舫、厅、堂、楼、阁、馆、轩等游憩类园林建筑，也包括接待住宿类、餐饮类、商业类等服务类园林建筑，还包括入口建筑、游艇码头、公共厕所等公用设施类园林建筑，以及景墙、花架、景桥、雕塑、导向牌、护栏等设施小品类园林构筑物。风景园林建筑物及构筑物的建设是风景园林工程的重要组成内容，其建设成败直接影响到风景园林建设的质量。立足于风景园林建筑的共性，充分考虑到当代社会的科学技术及发展现状，本章从地基与基础工程、砌筑工程、钢筋混凝土工程、仿木构建筑工程、装饰工程出发对风景园林建筑工程进行了系统阐释。

5.1 地基与基础工程

5.1.1 概述

1. 地基与基础

任何风景园林建筑物都须建造在土层介质上，其受到的各种荷载都将通过承接结构部件最终传递到相应的土层中。建筑物一般以室内地面标高（±0.000）为界，室内地面以上称建筑物的上部结构，室内地面以下称建筑物的基础。与建筑物基础相接并受建筑物影响的那部分土层称该建筑物的地基。

一般来说，建筑物上部结构强度大、变形小，地基土层强度低、变形大，因此需要通过一定结构形式和尺寸的基础来承上启下。基础受上部结构传递的荷载和地基反作用力的共同作用，基础底面对上部荷载的反作用力就是地基承受的荷载，使地基产生应力与变形。如果地基应力超过地基土层的允许承载力，或地基土层的变形超过基础、上部结构的允许幅度，那么建筑物的上部结构和基础就必须做出相应的调整或改变，或改变上部结构的形式、布置，或改变基础形式、扩大基础尺寸。当然，也可以对地基土层进行处理，提高地基土层的刚度，提高其承载能力，减少其压缩变形。建筑物的上部结构、基础和地基三者，虽然功能各有不同，研究方法相异，但在荷载作用下，三者却是彼此联系、相互制约、共同工作的整体。地基基础工程是建筑物的"根"。

2. 地基基础类型

地基基础主要有天然地基上浅基础、人工地基、桩基、深基础等四类（图5-1）。

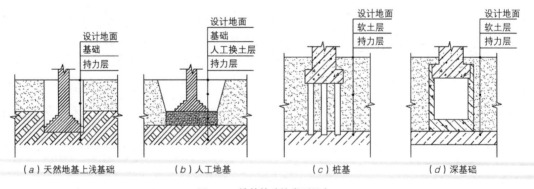

（a）天然地基上浅基础　　　（b）人工地基　　　（c）桩基　　　（d）深基础

图5-1　地基基础的类型示意

（1）天然地基上的浅基础：也称"天然地基"，地基内部都是坚实土层，或上部有较厚的坚实土层，一般将基础直接做在天然土层上，基础埋置深度小，可用普通方法施工。

（2）人工地基：对地基上部软土层进行加固处理，提高其承载能力，减少其变形，基础做在这种经过人工加固的土层上。

（3）桩基础：在地基中打桩，基础做在桩上，建筑物的荷载由桩传到地基深处的坚实土层或岩石中（端承桩），或由桩与地基土层接触面的摩擦力承担（摩擦桩）。

（4）深基础：用特殊的施工手段和相应的基础形式（如地下连续墙等）将基础做在地基深处承载力较高的土层或岩石层上。

3. 地基处理方法

地基处理方法多种多样，按照不同的分类标准就有不同的处理方法。地基处理方法按时间可分为临时处理和永久处理，按处理深度可分为浅层处理和深层处理，按处理对象土层特性可分为沙性土处理和黏性土处理或饱和土处理和非饱和土处理，按地基处理的作用机理可分为如表 5-1 所示的几类。

地基处理方法分类　　　　　　　　　　　表 5-1

分类	处理方法	原理及作用	适用范围
换填垫层	砂石垫层、粉质黏土垫层、灰土垫层、粉煤灰垫层、矿渣垫层、土工合成材料加筋垫层	挖除浅层软弱土，通过分层碾压或夯实来压实土，按回填的材料可分为沙垫层、碎石垫层、灰土垫层、粉煤灰垫层、矿渣垫层、人工合成材料加筋垫层和素土垫层等。它可提高持力层的承载力，减少沉降量，消除或部分消除土的湿陷性和胀缩性，防止土发生冻胀，改善土的抗液化性	换填垫层适用于浅层软弱土层或不均匀土层的地基处理；对于工程量较大的换填垫层，应按所选用的施工机械、换填材料及场地的土质条件进行现场试验，确定换填垫层压实效果和施工质量控制标准；换填垫层的厚度应根据置换软弱土的深度以及下卧土层的承载力确定，厚度宜为 0.5～3.0m
预压地基	堆载预压、真空预压、真空和堆载联合预压	在地基上进行堆载预压或真空预压，或联合使用堆载和真空预压，形成固结压密的地基；真空预压是对覆盖于竖井地基表面的封闭薄膜内抽真空排水使地基土固结压密的地基处理方法	预压地基适用于处理淤泥质土、淤泥、冲填土等饱和黏性土地基，真空预压适用于处理以黏性土为主的软弱地基，当设计地基预压荷载大于 80kPa，且进行真空预压处理地基不能满足设计要求时可采用真空和堆载联合预压地基处理
压实地基和夯实地基	压实地基、夯实地基（强夯地基、强夯置换处理地基）	压实地基是利用平碾、振动碾、冲击碾或其他碾压设备将填土分层密实处理的地基；夯实地基是反复将夯锤提到高处使其自由落下，给地基以冲击和振动能量，将地基土密实处理或置换形成密实墩体的地基	压实地基适用于处理大面积填土地基，夯实地基可分为强夯和强夯转换处理地基，强夯处理地基适用于碎石土、沙土、低饱和度的粉土与黏性土、湿陷性黄土、素填土和杂填土等，强夯转换适用于高饱和度的粉土与软塑–流塑的黏性土地基上对变形要求不严格的工程
复合地基	振冲碎石桩和沉管砂石桩复合地基、水泥土搅拌桩复合地基、旋喷桩复合地基、灰土挤密桩和土挤密桩复合地基、夯实水泥土桩复合地基、水泥粉煤灰碎石桩复合地基、多桩型复合地基	砂石桩复合地基是将碎石、砂或砂石混合料挤压入已成的孔中，形成密实砂石竖向增强体的复合地基；夯实水泥土桩复合地基是将水泥和土按设计比例拌合均匀，在孔内分层夯实形成竖向增强体的复合地基；水泥土搅拌桩复合地基是以水泥作为固化剂的主要材料，通过深层搅拌机械，将固化剂和地基土强制搅拌形成竖向增强体的复合地基；旋喷桩复合地基是通过钻杆的旋转、提升，高压水泥浆由水平方向的喷嘴喷出，形成喷射流，以此切割主体并与土拌合形成水泥竖向增强体的复合地基；灰土桩复合地基是用灰土填入孔内分层夯实形成竖向增强体的复合地基；多桩型复合地基是采用两种及两种以上不同材料增强体，或采用同一材料、不同长度增强体加固形成的复合地基	振冲碎石桩和沉管沙石桩复合地基适用于挤密处理松期散沙土、粉土、粉质黏土、素填土、杂填土等地基，以及用于处理可液化地基；水泥土搅拌桩复合地基适用于处理正常固结的淤泥、淤泥质土、素填土、黏性土、粉细沙、中粗沙、饱和黄土等土层；旋喷桩复合地基适用于处理淤泥、淤泥质土、黏性土、粉土、沙土、素填土和碎石土等；灰土挤密桩和土挤密桩复合地基适用于处理地下水位以上的粉土、黏性土、素填土、杂填土和湿陷性黄土等地基，可处理地基的厚度为 3～15m；夯实水泥土桩复合地基适用于处理地下水位以上的粉土、黏性土、素填土和杂填土等地基，可处理地基的深度不宜大于 15m；水泥粉煤灰碎石桩复合地基适用于处理黏性土、粉土、沙土和自重固结已完成的素填土地基；多桩型复合地基适用于处理不同深度存在相对硬层的正常固结土，或浅层存在欠固结土、湿陷性黄土、可液化土等特殊土

续表

分类	处理方法	原理及作用	适用范围
注浆加固	注浆法、混合搅拌法（高压喷射浆法、深层搅拌法）	通过将水泥或其他化学浆液注入地基土层中，增强土颗粒间的联结，使土体强度提高，变形减少，渗透性降低的地基处理方法	适用于处理沙土、粉土、黏性土及人工填土的地基。尤其适用于对已建成的由于地基问题而产生工程事故的托换技术
微型桩加固	树根桩、预制桩、注浆钢管桩	用桩工机械或其他小型设备在土中形成直径不大于300mm的树根桩、预制混凝土桩或钢管桩	树根桩适用于淤泥、淤泥质土、黏性土、粉土、沙土、碎石土及人工填土等地基处理；预制桩适用于淤泥、淤泥质土、黏性土、粉土、沙土和人工填土；注浆钢管桩适用于淤泥质土、黏性土、粉土、沙土和人工填土等地基处理

5.1.2 地基工程

1. 沙垫层和砂石垫层

沙垫层和砂石垫层是将基础下一定范围内的土层挖去，然后回填以强度较大的沙或碎石等，并夯实至密实，以起到提高地基承载力，减小沉降量，加速软弱土层的排水固结，防止冻胀和消除膨胀土的胀缩等作用。该垫层适用于处理透水性强的软弱黏性土地基，但不宜用于湿陷性黄土地基和不漏水黏性土地基。

（1）构造要求

沙垫层和砂石垫层的厚度一般根据垫层底面处土的自重应力与附加应力之和不大于同一标高处软弱土层的容许承载力确定，0.5m ≤垫层厚度≤ 3m。垫层宽度除要满足应力扩散的要求外，还要根据垫层侧面土的容许承载力来确定，以防止垫层向两边挤出。一般情况下，垫层的宽度应沿基础两边各放出 200 ~ 300mm，如果侧面地基土的土质较差，还要适当增加垫层宽度。

（2）材料要求

沙垫层和砂石垫层宜选用碎石、卵石、角砾、圆砾、砾砂、粗沙、中沙或石屑，并应级配良好，不含植物残体、垃圾等杂质，但允许有不超过5%的含泥量，而在用于排水固结地基时含泥量不应超过 3%。当使用粉细沙或石粉时，应掺入不少于总重量 30%，不大于总重量 50% 的碎石或卵石，其最大粒径不宜大于 50mm，对湿陷性黄土可膨胀土地基，不得选用砂石等透水性材料。

（3）施工要领

1）施工前应先行验槽，须保证浮土被清除，边坡被稳定，防止塌方。基坑（槽）两侧附近如有低于地基的孔洞、沟、井和墓穴等，应在未做垫层前加以填实。

2）沙和砂石垫层底面宜铺设在同一标高上，如深度不同时，基土面应挖成踏步或斜坡搭接。搭接处应注意捣实，施工应按先深后浅的顺序进行。分段铺设时，接头处应做成斜坡，每层错开 0.5 ~ 1.0m，并应充分捣实。

3）人工级配的砂石垫层，应将砂石拌和均匀后，再行铺填捣实。捣实砂石垫层时，应注意不要破坏基坑底面和侧面土的强度。在基坑底面和侧面应先铺设一层厚150~200mm的松沙，只用木夯夯实，不得使用振捣器，然后再铺砂石垫层。

4）垫层应分层铺设，然后逐层振密或压实，每层铺设厚度、砂石最佳含水量及操作要点见表5-2，分层厚度可用样桩控制。施工时应在下层的密实度检验合格后，方可进行上层施工。

5）在地下水位高于基坑（槽）底面时，应采取排水或降低地下水位的措施，使基坑（槽）保持无积水状态。如用水撼法或插入振动法施工，应有控制地注水和排水。冬季施工时，应注意防止砂石内水分冻结。

<table>
<tr><td colspan="6" style="text-align:center">沙和砂石垫层每层铺筑厚度及最优含水量</td><td>表5-2</td></tr>
<tr><th>项次</th><th>捣实方法</th><th>每层铺筑厚度（mm）</th><th>施工时最优含水量（%）</th><th>施工说明</th><th>备注</th></tr>
<tr><td>1</td><td>平振法</td><td>200~250</td><td>15~20</td><td>用平板式振捣器往复振捣</td><td rowspan="2">不宜使用细沙或含泥量较大的沙所铺筑的沙垫层</td></tr>
<tr><td>2</td><td>插振法</td><td>振捣器插入深度</td><td>饱和</td><td>用插入式振捣器，插入间距依机械振幅大小来定，不应插至下卧黏性土层，抽离振捣器所留的孔洞，应用沙填实</td></tr>
<tr><td>3</td><td>夯实法</td><td>150~200</td><td>8~12</td><td>用木夯或机械夯，木夯重400N，落距400~500mm</td><td>—</td></tr>
<tr><td>4</td><td>碾压法</td><td>250~300</td><td>8~12</td><td>60~100kN压路机往复碾压</td><td>适于大面积沙垫层，不适于地下水位以下的沙垫层</td></tr>
</table>

注：在地下水位以下的垫层，其最下层的铺筑厚度可比上表增加50mm。

（4）质量检查

1）环刀取样法。在捣实后的沙垫层中用容积不小于200cm^{3}的环刀取样，测定其干土密度，以不小于该沙料在中密状态时的干土密度数值为合格，如中沙一般为1.55~1.60g/cm^3。若系沙石垫层，可在垫层中设置纯沙检查点，在同样的施工条件下取样检查。

2）贯入测定法。检查时先将表面的沙刮去30mm左右，用直径20mm、长1250mm的平头钢筋举离沙层面700mm自由下落，或用水撼法使用的钢叉举离沙层面500mm自由下落。以上钢筋或钢叉的插入深度，可根据沙的控制干土密度预先进行小型试验确定。

2. 灰土垫层

灰土垫层是将基础底面下一定范围内的软弱土层挖去，用按一定体积比配合的石灰和黏性土拌和均匀，在最优含水量情况下分层回填夯实或压实而成。适用于处理1~4m厚的软弱土层。

（1）构造要求

灰土垫层厚度确定原则同沙垫层。垫层宽度一般为灰土顶面基础砌体宽度加 2.5 倍灰土厚度之总和。

（2）材料要求

灰土的土料，宜选用粉质黏土，不宜使用块状黏土，且不得含有松软杂质，使用前应过筛，其粒径不得大于 15mm。用作灰土的熟石灰宜选用新鲜的消石灰，应过筛，粒径不得大于 5 mm。熟石灰中不得夹有未熟化的生石灰块，也不得含有过多的水分。灰土的体积配合比一般为 2：8 或 3：7（石灰：土）。

（3）施工要领

1）灰土垫层施工前须先行验槽，如发现坑（槽）内有局部软弱土层或孔穴，应挖出后用素土或灰土分层填实。

2）施工时，应将灰土拌和均匀，颜色一致，并适当控制其含水量。

现场检验方法是用手将灰土紧握成团，两指轻捏即碎为宜，如土料水分过多或不足，应晾干或洒水润湿。灰土拌好后及时铺好夯实，不得隔日夯打。

3）灰土的分层虚铺厚度，应按所使用的夯实机具选择（表5-3）。每层灰土的夯打遍数，应根据设计要求的干土密度在现场试验确定。

灰土最大虚铺厚度 表 5-3

夯实机具种类	重量（kN）	虚铺厚度（mm）	备注
石夯、木夯	0.4 ~ 0.8	200 ~ 250	人力送夯，落距 400 ~ 500mm，一夯压半夯
轻型夯实	—	200 ~ 250	蛙式打夯机、柴油打夯机
机械压路机	60 ~ 100	200 ~ 300	双轮

4）垫层分段施工时，不得在墙角、柱基及承重窗间墙下接缝。上、下两层灰土的接缝距离不得小于 500mm，接缝处的灰土应注意夯实。

5）在地下水位以下的基坑（槽）内施工时，应采取排水措施。夯实后的灰土，在 3d 内不得受水浸泡。灰土地基打完后，应及时修建基础和回填基坑（槽），或作临时遮盖，防止日晒雨淋，刚打完或尚未夯实的灰土，如遭受雨淋浸泡，则应将积水及松软灰土除去并补填夯实；受浸湿的灰土，应在晾干后再夯打密实。冬季施工不能用冻土或夹有冻块的土。

（4）质量检查

灰土垫层的质量检查，宜用环刀取样，测定其干土密度。质量标准可按压实系数 λ_e 鉴定，一般为 0.93 ~ 0.95。λ_e 为土在施工时实际达到的干土密度 ρ_d 与室内采用击实试验得到的最大干土密度 ρ_{dmax} 之比。

如设计对灰土质量标准提出要求，可按表 5-4 规定执行。如用贯入仪检查灰土质量，应先进行现场试验以确定贯入度的具体要求。

灰土质量要求   表 5-4

土料种类	粉土	粉质黏土	黏性土
灰土最小干密度（g/cm³）	1.55	1.50	1.45

3. 碎砖三合土垫层

碎砖三合土是用石灰、砂或黏性土、碎砖（石）和水拌匀后分层铺设夯实而成的。配合比（体积比）除设计有特殊要求外，一般采用 1：2：4 或 1：3：6（消石灰：砂或黏性土：碎砖或石）。

（1）材料要求

石灰用未粉化的生石灰块，使用时临时加水化开；砂用中砂、粗砂或砂泥；砂或黏性土（砂泥）中不得含有草根、贝壳等有机杂物；碎砖可用一般废断砖打碎后加以使用，其粒径应为 20 ~ 60mm，并不得夹有杂物。

（2）施工要领

1）垫层铺设前应先行验槽。坑（槽）有积水时，应采取措施排水和清除泥浆。

2）预先拌好灰浆，其稠度要适当，谨防浆水分离，然后将碎砖与灰浆拌和均匀后铺入基坑（槽）内，铺设厚度可在坑（槽）壁上分层标出样桩控制，第一层为 220mm，其余各层为 200mm，每层应分别夯实至 150mm。

3）垫层夯实可采用人力夯或机械夯。夯打应密实，表面应平整，如发现三合土太干，可补浇灰浆并随浇随打。铺好后的三合土不得隔日夯打。

4）垫层分层铺设至设计标高后进行最后一遍夯打时，应浇浓灰浆。待表面灰浆略微晾干后，再铺上一层薄沙土或炉渣并整平夯实。表面平整度的允许偏差不得大于 20mm。

5）夯打完的三合土，如因雨水冲刷或积水使表层灰浆被破坏，可在排出积水后，重新浇浆夯打坚实。

4. 碎石与矿渣垫层

碎石或矿渣垫层是用碎石或矿渣分层铺设碾压或振捣密实而成的。因碎石和矿渣有足够的强度，变形模量大，稳定性好，而且垫层本身还可以起排水层的作用，以加速下部软弱土层的固结，因而是目前国内常用的一种地基加固方法。

（1）材料要求

要求质地坚硬，粒径为 5 ~ 40mm 的自然级配碎石，含泥量不得大于 5%。当矿渣垫层大面积铺填时，多采用高炉混合矿渣（即破碎后不经筛分的矿渣），最大粒径不得超过 200mm；小面积铺填时，可用粒径为 20 ~ 60mm 的分级矿渣，其泥土及有机质含量不得超过 5%。

（2）施工要领

1）基坑（槽）开挖后须先行验槽。在基坑（槽）底部及四周应设置一层 150 ~

300mm 厚的砂垫层，以防止基坑（槽）表层软弱土与碎石或矿渣在压力作用下相互挤入引起沉陷。砂料应采用中、粗砂，含泥量不大于 5%，然后再分层铺设碎石或矿渣垫层。当软弱土厚度不同时，垫层应做成阶梯形（图 5-2），但两垫层的高差不得大于 1m，同时阶梯须符合 b > 2h 的要求，砂垫层可用平板式振捣器振实。

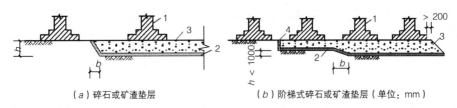

（a）碎石或矿渣垫层   （b）阶梯式碎石或矿渣垫层（单位：mm）

1—基础；2—砂垫层；3—碎石或矿渣垫层；4—砂或混凝土挡墙

图 5-2 碎石或矿渣垫层示意

2）碎石或矿渣垫层的压实可用碾压法或平振法。碾压法系采用重 80 ~ 120kN 的压路机或用拖拉机牵引 50kN 重的平碾分层碾压，每层铺设厚度为 200 ~ 300mm，用人工或推土机推平后，往返碾压 4 ~ 6 遍，每次碾压均与前次碾压轮迹重叠半个轮宽，碾压时应适当洒水湿润以利于密实。平振法仅适用于小面积垫层的压实，系用功率大于 1.5kW，频率为 2000 次 /min 以上的平板式振捣器往复振捣，每层铺设厚度为 200 ~ 250mm，振捣时间不少于 60s，振捣遍数由试验确定，一般振捣 3 ~ 4 遍，做到交叉、错开、重叠。施工时按铺设面积大小，以总的振捣时间来控制碎石或矿渣分层振实的质量。

5. 土和灰土挤密桩

土和灰土挤密桩是在形成的桩孔中，回填土或灰土加以夯实而成，桩间挤密土和填夯的桩体组成人工"复合地基"。适用于地下水位以上深度为 5 ~ 10m 的湿陷性黄土、素填土或杂填土地基。

（1）构造要求

桩身直径以 300 ~ 600mm 为宜，根据当地的常用成孔机械型号和规格确定；桩孔宜按等边三角形布置（图 5-3a），可使桩四周土的挤密效果均匀。桩距 D 按有效挤密范围，可取 2.0 ~ 3.0 倍桩直径，地基的挤密区应每边超出基础宽度的 0.2 倍；桩顶一般设 0.5 ~ 0.8m 厚的土或灰土垫层（图

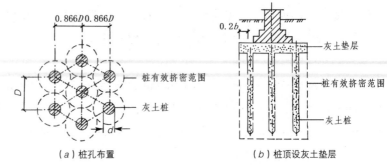

（a）桩孔布置   （b）桩顶设灰土垫层

d—灰土桩桩径；D—桩距（2.0 ~ 3.0d）；b—基础宽

图 5-3 灰土桩及灰土垫层布置示意

（图片来源：毛嘉俪改绘）

5–3*b*）。桩孔的最少排数，土桩不少于 2 排，灰土桩不少于 3 排。

（2）施工要领

1）施工前，应在现场进行成孔、夯填工艺和挤密效果试验，并确定分层填料的厚度、夯击次数和夯实后的干土密度等要求。

2）土和灰土桩填料的质量及配合比要求同灰土垫层。填料的含水量如超过最佳值的 3% 或低于最佳值的 3%，宜予晾干或洒水润湿。

3）开挖基坑时，应预留 200 ~ 300mm 厚土层，然后在坑内进行桩的施工，基础施工前再将已搅动的土层挖去。桩的成孔可选用下列方法。

①沉管法。用柴油机或振动打桩机将带有特制桩尖的钢制桩管打入地层至设计深度，然后缓慢拔出桩管即成桩孔。

②爆扩法。用钻机或洛阳铲等打成小孔，然后装药，爆扩成孔。

③冲击法。用冲击钻机将 0.6 ~ 3.2t 锥形锤头提升 0.5 ~ 2.0m 高度后自由落下，反复冲击使土层成孔，可冲成孔径达 500 ~ 600mm。

4）桩的施工顺序应先外排后里排，同排内应间隔 1 ~ 2 孔，成孔达到要求深度后，应立即清底夯实，夯击次数不少于八次，然后根据确定的分层回填厚度和夯击次数及时逐次回填土或灰土夯实。

5）回填桩孔用的夯锤最大直径应比桩孔直径小 100 ~ 160mm，锤重不宜小于 1kN，锤底面静压力不宜小于 20kPa，夯锤形宜为呈抛物线的锥形体或下端尖角为 30° 的尖锥形，以便夯击时产生足够的水平挤压力使整个桩孔夯实。夯锤上端宜成弧形，以便填料能顺利下落。

（3）质量检查

采用随机抽样检查的方法确定土和灰土桩夯填的质量。抽样检查桩的数量，需不少于桩孔数的 2%，并保证每个台班至少抽查一根。常用的检查方法如下所述。

1）检验时以轻便触探方式检查"检定锤击数"，以实际锤击数不少于"检定锤击数"作为合格评判标准。

2）利用洛阳铲在桩孔中心挖土，然后通过环刀取出夯击土样，测定其干密度。必要时，剖开桩身从桩基底部开始沿桩孔每隔 1m 深取一夯实土样，测定其干密度。测出的干密度应按表 5–4 的规定检验。

5.1.3 基础工程

1. 刚性基础

刚性基础是指利用混凝土、毛石混凝土、砖、毛石、灰土和三合土等抗压强度较高，而抗拉和抗弯强度较低的材料建造的基础。刚性基础多适于高 15m 以下的风景园林建筑，三合土基础适于高 12m 以下的风景园林建筑。

（1）构造特点

刚性基础的断面通常有矩形、阶梯形、锥形等，基础底面宽度应符合下式要求（图5-4）：

$$B \leqslant B_0 + 2H\tan\alpha \qquad (5-1)$$

式中　B_0——基础顶面的砌体宽度，m；

　　　H——基础高度，m；

　　$\tan\alpha$——基础台阶的宽高比，可按表5-5选用。

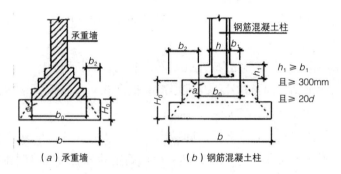

（a）承重墙　　　　　（b）钢筋混凝土柱

d—配筋直径（柱中纵向筋直径）

b—墙/柱在基础顶面缩进宽度；h—柱的宽度；H—基础高度；

B_0—基础顶面的砌体宽度；H_0—基础顶面的砌体高度；B—基础宽度

图5-4　无筋扩展基础构造示意

（图片来源：王希媛改绘）

无筋扩展基础台阶宽高比的允许值　　　　表5-5

基础材料	质量要求	台阶宽高比的容许值		
		$P_k \leqslant 100$	$100 < P_k \leqslant 200$	$200 < P_k \leqslant 300$
混凝土基础	C15 混凝土	1：1.00	1：1.00	1：1.25
毛石混凝土基础	C15 混凝土	1：1.00	1：1.25	1：1.50
砖基础	砖不低于 MU10、砂浆不低于 M5	1：1.50	1：1.50	1：1.50
毛石基础	砂浆不低于 M5	1：1.25	1：1.50	—
灰土基础	体积比 3：7 或 2：8 的灰土，其干质量密度：粉土 1550kg/m³，粉质黏土 1500kg/m³，黏土 kg/m³	1：1.25	1：1.50	—
三合土基础	体积比 1：2：4～1：3：6（石灰：砂：骨料），每层约虚铺 220mm，夯至 150mm	1：1.50	1：2.0	—

注：1. P_k 为作用的标准组合时基础底面处的平均压力值（kPa）。

　　2. 阶梯形毛石基础每阶伸出宽度不宜大于200mm。

　　3. 基础由不同材料叠合组成时对接触部分做抗压验算。

　　4. 混凝土基础单侧扩展范围内基础底面处的平均压力值超过300kPa时，尚应进行抗剪验算，对基底反力集中于立柱附近的岩石地基，应进行局部受压承载力验算。

（2）施工技术

1）混凝土基础。混凝土应分层进行浇捣，对阶梯形基础，每一台阶高度内应整分浇捣层，每浇筑完一个台阶应稍停 0.5 ~ 1.0h，待其初步沉实后，再浇筑上层以防止下层台阶混凝土溢出；对锥形基础，其斜面部分的模板要逐步地随捣随安装，并需注意边角处混凝土的密实。单独基础应连续浇筑完毕。浇捣完水泥终凝后，混凝土外露部分要加以覆盖和浇水养护。

2）毛石混凝土基础。所掺用的毛石数量不应超过基础体积的 25%。毛石尺寸不得大于所浇筑部分的最小宽度的 1/3，且不大于 300mm。毛石的抗压极限强度不应低于 $300kg/cm^2$。施工时先铺一层 100 ~ 150mm 厚的混凝土打底，再铺毛石，每层厚 200 ~ 250mm，最上层毛石的表面上，应有不小于 100mm 厚的保护层。

（3）其他基础

砖基础同砌体工程，灰土、三合土同灰土垫层、三合土垫层。

2. 杯形基础

杯形基础一般以钢筋混凝土为材料，装于装配式钢筋混凝土柱下（图 5-5），$t \geq 200mm$ 时，轻型柱可用 150mm；$a_1 \geq 200mm$ 时，轻型柱可用 150mm；$a_2 \geq a_1$。

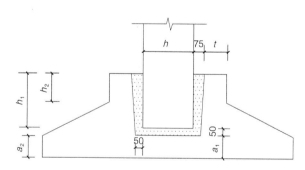

t—杯壁厚度；a_1—杯底厚度；a_2—杯外底厚度；h_1—柱插入杯中深度；h_2—杯身上口和矩形截面厚度

图 5-5　预制钢筋混凝土柱与杯口基础的连接示意（注：$a_2 \geq a_1$）

（图片来源：王希媛改绘）

（1）构造要求

1）柱的插入深度 H_1 一般可按表 5-6 选用，且应满足锚固长度的要求，一般为 20 倍的纵向受力筋的直径，同时考虑吊装时的稳定性要求，插入深度应大于 0.05 倍的柱长（吊装时的柱长）。

2）基础的杯底、杯壁厚度可根据表 5-7 选用。

3）杯壁配筋可按表 5-8 及图 5-6 进行。

柱的插入深度　　　　　表5-6

矩形或工字形柱				双肢柱
$h < 500$	$500 \leqslant h < 800$	$800 \leqslant h \leqslant 1000$	$h > 1000$	
$(1.0 \sim 1.2)h$	h	$0.9h$ 且 $\geqslant 800$	$0.8h$ 且 $\geqslant 1000$	$(1/3 \sim 2/3)h_a$ $(1.5 \sim 1.8)h_b$

注：1. h 为柱截面长边尺寸，h_a 为双肢桩全截面长边尺寸，h_b 为双肢柱全截面短边尺寸。
　　2. 柱轴心受压或小偏心受压时，h_1 可适当减小，偏心距大于 $2h$ 时，h_1 应适当加大。

基础的杯底厚度及杯壁厚度　　　　　表5-7

柱截面长边尺寸（mm）	杯底厚度 a_1（mm）	杯壁厚度 t（mm）	备注
$h < 500$	$\geqslant 150$	$150 \sim 200$	①双肢柱的杯底厚度值可适当加大； ②当有基础梁时，基础梁下的杯壁厚度应满足其支承宽度的要求； ③柱子插入杯口部分的表面应凿毛，柱子与杯口之间的空隙应用比基础混凝土强度等级高一级的细石混凝土充填密实，其达到材料设计强度的70%以上时，方能进行上部吊装
$500 \leqslant h < 800$	$\geqslant 200$	$\geqslant 200$	
$800 \leqslant h < 1000$	$\geqslant 200$	$\geqslant 300$	
$1000 \leqslant h < 1500$	$\geqslant 250$	$\geqslant 350$	
$1500 \leqslant h < 2000$	$\geqslant 300$	$\geqslant 400$	

杯壁配筋　　　　　表5-8

轴心或小偏心受压 $0.5 \leqslant t/h_2 \leqslant 0.65$			
柱截面长边尺寸（mm）	$h < 1000$	$1000 \leqslant h < 1500$	$1500 \leqslant h \leqslant 2000$
钢筋网直径（mm）	$8 \sim 10$	$10 \sim 12$	$12 \sim 16$

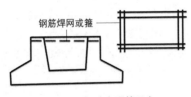

图5-6　杯壁内配筋示意

（2）施工要领

1）浇筑杯口时应注意其模板位置，宜从外侧对称浇筑，以防杯口模板被挤向一侧。

2）施工基础时应在杯口底留出50mm厚的细石混凝土找平层。

3）施工高杯口基础时，可计划先施工下层基础，后安装杯口模板，再施工上层基础。

3. 板式基础

板式基础一般是指柱下钢筋混凝土单独基础和墙下钢筋混凝土条形基础，如图 5-7 所示。

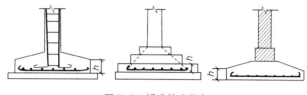

图 5-7　板式基础示意

（1）构造要求

1）锥形基础边缘高度一般不小于 200mm；阶梯形基础的每阶高度一般为 30 ~ 500mm。

2）垫层厚度一般为 100mm。

3）底板受力钢筋的最小直径不宜小于 8mm，间距不宜大于 200mm。当有垫层时钢筋保护层的厚度不宜小于 35mm，无垫层时不宜小于 70mm。插筋的数目及直径应与柱内纵向受力钢筋相同。

4）混凝土强度等级不低于 C20。

（2）施工要领

1）垫层混凝土宜用表面振捣器进行振捣，要求垫层表面平整，垫层干硬后弹线，铺放钢筋网，垫钢筋网的水泥块厚度应等于混凝土保护层的厚度。

2）基础混凝土应分层浇捣。对于阶梯形基础，每一台阶高度内应整分浇捣层，在浇捣上台阶时，要注意防止下台阶表面混凝土溢起，每一台阶表面应基本抹平。对于锥形基础，应注意锥体斜面坡度的正确，斜面部分的模板应随混凝土浇捣分段支设，模板切勿上浮，边角处的混凝土必须捣实。基础上有插筋时，要保证插筋位置正确，不要因浇捣混凝土而位移。

5.2 砌筑工程

5.2.1 砌筑砂浆

1. 砌筑砂浆原材料

砌筑砂浆是指砌筑砖、石、砌块等砌体时用于胶粘块体的一种砂浆。按胶凝材料的种类，砌筑砂浆可分为石灰砂浆、水泥砂浆、水泥混合砂浆。

（1）水泥砂浆

水泥应分别按品种、标号、出厂日期规范堆放，防酸防碱并保持干燥。如水泥标号不清晰或水泥出厂日期超过 3 个月等，应经相关检测机构试验鉴定，并根据鉴定结果确定使用范围。不同品种的水泥，不能混放，也不能混杂使用。

（2）水泥混合砂浆

砂浆不能混有杂物，也不得含有机物。

水泥砂浆和强度等级不小于 M5 的水泥混合砂浆，含泥量不应超过 5%；强度等级小于 M5 的水泥混合砂浆，含泥量不应超过 10%；混凝土强度等级不大于 C25 时，含泥量不大于 5%；混凝土强度等级为 C30 ~ C55 时，含泥量不大于 3%；混凝土强度等级不少于 C60 时，含泥量不大于 2%；对于有抗冻、抗渗或其他特殊要求的小于或等于 C25 的混凝土砂浆，含泥量应不大于 3%。

（3）石灰

1）建筑生石灰

建筑生石灰是指将以碳酸钙为主要成分的石灰岩置于窑中，在适温（低于烧结温度）下煅烧形成的以氧化钙为主要成分的生料。生石灰通常分为优等品、一等品、合格品三种，其技术指标应符合表 5-9 的规定。

建筑生石灰的技术指标 表 5-9

项目	钙质生石灰			镁质生石灰		
	优等品	一等品	合格品	优等品	一等品	合格品
CaO + MgO 含量，不小于	90	85	80	85	80	75
未化残渣量（5mm 圆孔筛余）（%），不大于	5	10	15	5	10	15
CO_2（%），不大于	5	7	9	6	8	10
产浆量（L/kg），不小于	2.8	2.3	2.0	2.8	2.3	2.0

2）建筑生石灰粉

建筑生石灰粉是指将建筑生石灰研磨成的粉状物，其技术性能指标应符合表 5-10 的规定。

建筑生石灰粉技术指标 表 5-10

项目		钙质生石灰			镁质生石灰		
		优等品	一等品	合格品	优等品	一等品	合格品
CaO + MgO 含量，不小于		90	85	80	85	80	75
CO_2（%），不大于		5	10	15	5	10	15
未消化残渣含量（5mm 圆孔筛余）（%），不大于		5	7	9	6	8	10
	产浆量（L/kg），不小于	2.8	2.3	2.0	2.8	2.3	2.0

（4）石灰膏

生石灰熟化成石灰膏时，应用网过滤，并使其充分熟化，熟化时间不得少于 7 天，生石灰粉熟化时，熟化时间不得少于 2 天。沉淀池中贮存的石灰膏，应防止干燥、冻结和污染。严禁使用脱水硬化的石灰膏。

（5）粉煤灰

粉煤灰是从煤粉炉烟道中收集的粉末，作为砂浆掺和料的粉煤灰成品应满足表 5-11 的要求。

粉煤灰技术指标　　　　　表 5-11

序号	指标	级别		
		I	II	III
1	细度（0.045mm 方孔筛筛余）（%），不大于	12	20	45
2	需水量比（%），不大于	95	105	115
3	烧失量（%），不大于	5	8	15
4	含水量（%），不大于	1	1	不规定
5	SO_3（%），不大于	3	3	3

（6）有机塑化剂

砂浆中掺入的有机塑化剂，应符合相应的产品标准和说明书的要求。当对其质量不能确定时，应通过试验鉴定后方可使用。水泥石灰砂浆中掺入有机塑化剂时，石灰用量最多减少一半；水泥砂浆中掺入有机塑化剂时，砌体抗压强度较水泥混合砂浆砌体降低 10%。水泥黏土砂浆中，不得掺入有机塑化剂。

（7）水

拌制砂浆应采用不含有害物质的洁净水，其水质标准可参照混凝土拌和用水的标准。

（8）外加剂

外加剂需根据砂浆的性能要求、施工及气候条件，结合砂浆中的材料及配合比等因素，经试验后确定外加剂的品种和用量。

2. 砌筑砂浆强度

（1）砂浆的强度等级

砂浆的强度等级是指砂浆试块在标准养护条件下，28 天龄期的抗压强度，分 M2.5、M5、M7.5、M10、M15 等 5 个等级。

（2）试块取样

施工时应至少从搅拌机出料口、砂浆运送车、砂浆槽等 3 个不同部位进行砂浆随机试验取样。每 250m³ 各种强度等级的砂浆砌体每台搅拌机应至少检查一次，每次应至少制作一组试块（每组 6 块）。遇砂浆强度等级或配合比发生变更时，还应增制试块。

（3）强度要求

同品种、同强度等级砂浆各组试块的平均强度不小于 $f_{m,k}$，任意一组试块的强度不小于 $0.75f_{m,k}$，具体要求见表 5-12。自然养护砂浆试块时，试块的抗压强度需按表 5-13 进行换算。

砌筑砂浆强度等级   表 5-12

强度等级	龄期 28 天抗压强度（MPa）	
	各组平均值不小于	最小一组平均值不小于
M15	15.0	11.25
M10	10.0	7.50
M7.5	7.5	5.63
M5	5.0	3.75
M2.5	2.5	1.88

注：砂浆强度按单位工程内同品种、同强度等级砂浆为同一验收批。当单位工程中同品种、同强度等级砂浆按取样规定，仅有一组试块时，其强度不应低于 $f_{m,k}$。

32.5 号 /425 号普通硅酸盐水泥拌制的砂浆强度增长表   表 5-13

龄期（天）	不同温度条件下的砂浆强度（%）							
	1℃	5℃	10℃	15℃	20℃	25℃	30℃	35℃
1	4	6	8	11	15	19	23	25
3	18	25	30	36	43	48	54	60
7	38	46	54	62	69	73	78	82
10	46	55	64	71	78	84	88	92
14	50	61	71	78	85	90	94	98
21	55	67	76	85	93	96	102	104
28	59	71	81	92	100	104	—	—

注：砂浆在 20℃条件下自然养护 28 天时的强度为 100%。

3. 砌筑砂浆的配合比

砂浆的配合比以重量比来计算，并通过试验最终确定。一旦砂浆的组成材料（胶凝材料、掺和料、集料）有任何变更，其配合比就需要重新确定。下面简要介绍一下水泥砂浆配合比设计的步骤。

（1）确定砂浆的配制强度

按设计强度等级的 115% 试配砂浆，以满足砂浆强度不低于设计强度等级的技术要求：

$$f_P = 1.15f_m \qquad (5-2)$$

式中　f_P——砂浆试配强度，MPa；

　　　f_m——砂浆强度等级，MPa。

（2）确定水泥用量

基于砂浆试配强度 f_P 和水泥强度等级确定每立方米砂浆的水泥用量：

$$Q_{co} = \frac{f_p}{\alpha f_{co}} \times 1000 \qquad (5-3)$$

式中　Q_{co}——每立方米砂浆所用水泥量，kg；

　　　α——经验系数（参见表 5-14）；

　　　f_{co}——水泥强度等级，MPa。

经验系数 a 值 　　　　　　　　　表 5-14

水泥标号	砂浆强度等级				
	M10	M7.5	M5	M2.5	M1
525	0.885	0.815	0.725	0.584	0.412
425	0.931	0.855	0.758	0.608	0.427
325	0.999	0.915	0.806	0.643	0.450

（3）确定石灰膏用量

根据所用水泥量计算每立方米砂浆石灰膏用量：

$$Q_{po} = 350 - Q_{co} \qquad (5-4)$$

式中　Q_{po}——每立方米砂浆石灰膏用量，kg；

　　　350——经验系数，在保证砂浆和易性的条件下多处于 250 ~ 350。

所用石灰膏在试配时的稠度应为 12cm。

（4）确定砂用量 Q_s

含水率为 0 的过筛净砂，每立方米砂浆用 0.9m³ 砂子；含水率为 2% 的中砂，每立方米砂浆用 1m³ 砂量；含水率大于 2% 的砂，酌情增加砂量。

（5）确定水用量

通过试拌，以满足砂浆的强度和流动性要求来确定用水量。

通过以上计算所得到的配合比需经过试配进行必要的调整，得到符合要求的砂浆，这时所得到的配合比才能作为施工配合比。

4. 砌筑砂浆的制作与利用

（1）砂浆的制备

1）砂浆的制备必须按试验室给出的砂浆配合比进行，严格进行计量，其各组成材料的重量误差应控制在以下范围之内。

①水泥、有机塑化剂、冬期施工中掺用的氯盐等不超过 ±2%。

②砂、石灰膏、粉煤灰、生石灰粉等不超过 ±5%。其中，石灰膏使用时的用量，应按试配时的稠度与使用的稠度予以调整，即用计算所得的石灰膏用量乘以换算系数，该系数见表5-15。同时还应对砂的含水率进行测定，并考虑其对砂浆组成材料的影响。

石灰膏不同稠度时的换算系数　　　　　　　　表 5-15

石灰膏稠度（mm）	120	110	100	90	80	70	60	50	40	30
换算系数	1.00	0.99	0.97	0.95	0.93	0.92	0.90	0.88	0.87	0.86

2）砂浆搅拌时应采用机械拌和。现国内使用的砂浆搅拌机一般多为 200L 和 325L 两种容量型号，而按卸料方式可分为活门卸料式和倾翻卸料式。砂浆用量较大时多采用商用砂浆。

3）搅拌砂浆时，应先加入水泥和砂，干拌均匀，再加入石灰膏和水，搅拌均匀即成。

若砂浆中掺入粉煤灰，则应先加入水泥、砂和粉煤灰以及部分水，干拌均匀，再加入石灰膏和水，搅拌均匀即成。

水泥砂浆和水泥石灰砂浆中掺用微沫剂时，微沫剂掺量应事先通过试验确定，一般为水泥用量的 0.5/10000 ～ 1.0/10000（微沫剂按 100% 纯度计）。微沫剂宜用不低于 70℃ 的水稀释至 5% ～ 10% 的浓度。

微沫剂溶液应随拌和水加入搅拌机内。稀释后的微沫剂溶液，存放时间不宜超过 7 天。此外，砂浆中掺加微沫剂时，必须采用机械拌和。

4）砂浆的搅拌时间，自投料完算起，不得少于 1.5min，其中掺加微沫剂的砂浆搅拌为 3 ～ 5min。

5）砂浆制备完成后应符合下列要求。

①设计要求的种类和强度等级。

②施工验收规范规定的稠度，见表5-16。

砌筑砂浆的稠度　　　　　　　　表 5-16

砌体种类	砂浆稠度（mm）
烧结普通砖砌体	70 ~ 90
混凝土实心砖、混凝土多孔砖砌体、普通混凝土小型空心砌块砌体、蒸压灰砂砖砌体	50 ~ 70
烧结多孔砖、空心砖砌体、轻骨料小型空心砌块砌体、蒸压加气混凝土砌块砌体	60 ~ 80
石砌体	30 ~ 50

③良好的保水性能（分层度不宜大于 30mm）。

（2）砂浆的使用

砂浆拌成后和使用时，均应盛入贮灰器内。如砂浆出现泌水现象，应在砌筑前再次拌和。

砂浆应随拌随用。水泥砂浆和水泥混合砂浆必须分别在拌成后 3h 和 4h 内使用完毕；如施工期间最高气温超过 30℃，必须分别在拌成后 2h 和 3h 内使用完毕。

5.2.2 砌砖工程

1. 砌砖材料

（1）砌筑用砖

砖的品种主要有烧结普通砖、蒸压灰砂砖和粉煤灰砖，其规格一般为 240mm×115mm×53mm（长 × 宽 × 厚），外观等级见表 5-17，强度等级与相应的强度指标见表 5-18。

烧结普通砖的外观等级　　　　表 5-17

项目	指标	
	一等品	二等品
长度允许偏差（mm），不大于	±5	±7
宽度允许偏差（mm），不大于	±4	±5
厚度允许偏差（mm），不大于	±3	±3
两个条面的厚度相差（mm），不大于	3	5
弯曲（mm），不大于	3	5
完整面不得少于	一条面或一顶面	一条面或一顶面
缺棱掉角的三个破坏尺寸（mm），不得同时大于	20	30
裂纹的长度（mm），不大于：大面上宽度方向及其延伸到条面上的长度	70	110
大面上长度方向及其延伸到顶面上的长度和条顶面上的水平裂纹的长度	100	150
杂质在砖面上造成的凸出高度（mm），不大于	5	5
混等率（指本等级中混入该等级以下各等级产品的百分数）	不得超过 10%	不得超过 15%

注：凡有下列缺陷之一者，不能称为完整面：①缺棱掉角在条顶面上造成的破坏面同时大于 10mm×20mm 者；②裂缝宽度超过 1mm 者；③有黑头、雨淋及严重沾底者。

烧结普通砖的强度指标				表 5-18

强度等级	抗压强度（MPa）		抗折强度（MPa）	
	五块平均值不小于	单块最小值不小于	五块平均值不小于	单块最小值不小于
MU20	20	14	4.0	2.6
MU15	15	10	3.1	2.0
MU10	10	6.0	2.3	1.3
MU7.5	7.5	4.5	1.8	1.1

注：若试验结果数值中，有一项达不到强度等级要求的四个指标之一者，应予降级。

砌筑时，砖的品种、强度等级必须符合设计要求，并应规格一致。用于清水墙、柱表面的砖，尚应边角整齐、色泽均匀。当砌筑烧结普通砖、烧结多孔砖、蒸压灰砂砖和蒸压粉煤灰砖砌体时，砖应提前 1 ~ 2 天适度湿润，不得采用干砖或吸水饱和状态的砖砌筑。砖湿润程度宜符合下列规定：烧结类砖的相对含水率宜为 60% ~ 70%；混凝土多孔砖及混凝土实心砖不宜浇水湿润，但在气候干燥炎热的情况下，宜在砌筑前对其浇水湿润；其他非烧结类砖的相对含水率宜为 40% ~ 50%（《砌体结构工程施工质量验收规范》GB 5020—2011）。

（2）砌筑砂浆

砂浆的品种主要有水泥砂浆和水泥石灰砂浆，其强度等级常用的有 M10、M7.5、M5 和 M2.5 等，相应的强度指标和重量配合比见表 5-19、表 5-20。

砌筑砂浆的强度指标			表 5-19

强度等级	抗压极限强度（MPa）	强度等级	抗压极限强度（MPa）
M10	10.0	M5	5.0
M7.5	7.5	M2.5	2.5

施工时，砂浆的品种、强度等级必须符合设计要求，砂浆稠度可按表 5-21 的规定执行。拌制砂浆所用的水泥品种和标号，应根据砌体部位和所处环境来选择。不同品种的水泥，不得混合使用。

砂浆配合比								表 5-20

水泥标号	水泥砂浆				水泥石灰砂浆			
	M10	M7.5	M5	M2.5	M10	M7.5	M5	M2.5
425	1 : 5.5	1 : 6.7	1 : 8.6	1 : 13.6	1 : 0.3 : 5.5	1 : 8.6 : 6.7	1 : 1 : 0.6	1 : 2.2 : 13.6
325	1 : 4.8	1 : 5.7	1 : 7.1	1 : 11.5	1 : 0.1 : 4.8	1 : 0.3 : 5.7	1 : 0.7 : 7.1	1 : 1.7 : 11.5
275	—	1 : 5.2	1 : 6.8	1 : 10.5	—	1 : 0.2 : 5.2	1 : 0.6 : 6.8	1 : 1.5 : 10.5

砖砌体的砂浆稠度　表 5-21

项次	砖砌体种类	砂浆稠度（cm）	项次	砖砌体种类	砂浆稠度（cm）
1	实心砖墙、柱	7 ~ 10	3	空心砖墙、柱	6 ~ 8
2	实心砖平拱式过梁	5 ~ 7	4	空斗墙、筒拱	5 ~ 7

所用生石灰的等级指标见表 5-22。生石灰在灰池中加水熟化成为石灰膏，熟化时间不应少于 7 天。贮存在灰池中的石灰膏应防止干燥、冻结和污染，拌制时严禁使用脱水硬化的石灰膏。

生石灰等级指标　表 5-22

项目	钙质生石灰			镁质生石灰		
	一等品	二等品	三等品	一等品	二等品	三等品
有效氧化钙＋氧化镁含量（%），不小于	85	80	70	80	75	65
未消化残渣含量（5mm 圆孔筛的筛余）（%），不大于	7	11	17	10	14	20

注：硅、铝、铁氧化物含量之和大于 5% 的生石灰，有效氧化钙＋氧化镁含量指标分别为：一等品 ≥ 75%，二等品 ≥ 70%，三等品 ≥ 60%；未消化残渣含量指标与镁质生石灰相同。

砂宜采用中砂，使用前应过筛，并不得含有草根等杂物。水泥砂浆和强度等级大于或等于 M5 的水泥混合砂浆，砂的含泥量不得超过 5%；强度等级小于 M5 的水泥混合砂浆，含泥量不得超过 10%。水应采用无有害物质的洁净水。

砂浆搅拌宜采用机械拌和。拌和时间自投料完算起，不得少于 1.5min。若采用人工拌和，应先将水泥与砂干拌均匀，再加入其他外掺料拌和。砂浆拌成后和使用时，均应盛入贮灰斗内。如砂浆出现渗水现象，应在砌筑前再次拌和。

砂浆应随拌随用。水泥砂浆和水泥混合砂浆必须分别在拌成后 3h 和 4h 内使用完毕，如施工期间最高气温超过 30℃，必须分别在拌成后 2h 和 3h 内使用完毕，否则砂浆的强度和黏着力将受影响。

2. 砖墙施工

（1）实心砖墙的砌法

实心砖墙是用普通砖和砂浆砌筑而成的，其厚度一般为半砖（115mm）、一砖（240mm）、一砖半（365mm）和二砖（490mm）等。

实心砖墙常用的砌筑形式有一顺一丁、梅花丁、三顺一丁和全顺等（图 5-8）。砌筑时应上下错缝，内外搭砌。

砖墙的转角处，为使各皮间竖缝相互错开，可在外角处砌 3/4 砖（图 5-9）。

在砖墙的丁字交接处，应分皮相互砌通，内角相交处竖缝错开 1/4 砖长，并在横墙端头处加砌 3/4 砖（图 5-10）。

砖墙的十字交接处，应分皮相互砌通，交角处的竖缝错开 1/4 砖长（图 5-11）。

（2）砖墙施工要点

1）砌筑前，先根据砖墙位置定出墙身轴线及边线。开始砌筑时先要进行摆砖，排出灰缝宽度。摆砖时应注意门窗位置、砖垛等对灰缝的影响，同时要考虑窗间墙的组砌方法，务必使各皮砖的竖缝相互错开。同一墙面上各部位的组砌方法要统一，上下要一致。

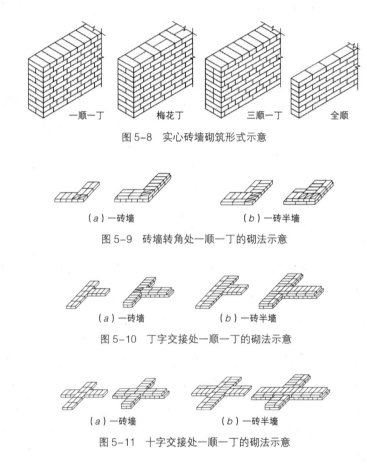

一顺一丁　　梅花丁　　三顺一丁　　全顺

图 5-8　实心砖墙砌筑形式示意

（a）一砖墙　　　　　　（b）一砖半墙

图 5-9　砖墙转角处一顺一丁的砌法示意

（a）一砖墙　　　　　　（b）一砖半墙

图 5-10　丁字交接处一顺一丁的砌法示意

（a）一砖墙　　　　　　（b）一砖半墙

图 5-11　十字交接处一顺一丁的砌法示意

2）砌墙前应先设置皮数杆，并根据设计要求、砖的规格和灰缝厚度，在皮数杆上标明皮数及墙体竖向构造的变化部位。皮数杆竖立于墙角及某些交接处，间距不宜超过 15m。立皮数杆时用水准仪进行抄平，使其上的楼地面标高线位于设计标高位置上。

3）砌砖时，必须先拉准线。一砖半厚以上的墙要双面拉线，砖块依准线砌筑。

4）砖墙的水平灰缝和竖向灰缝宽度一般为 10mm，但不应小于 8mm，也不应大于 12mm。水平灰缝的砂浆饱满度不得低于 80%，竖向灰缝宜采用挤浆或加浆方法，使其砂浆饱满，严禁用水冲浆灌缝。

5）砖墙的转角处和交接处应同时砌筑。对不能同时砌筑而又必须留置的临时间断处，应砌成斜搓，斜搓长度不小于高度的 2/3（图 5-12）。当留斜搓有困难时，除转角处外，也可留直搓，但必须做成阳搓，并加设拉结筋。拉结筋的数量为每 120mm 墙厚放置一根 φ6 钢筋；间距沿墙高不超过 500mm；埋入长度从墙的留搓处算起，每边均不小于 500mm，其末端应有 90° 弯钩（图 5-13）。抗震设防地区不得留直搓。

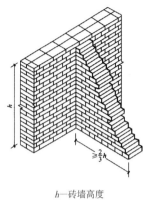

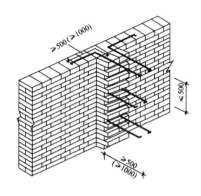

h—砖墙高度

图 5-12　斜搓示意　　　　　　图 5-13　直搓示意（单位：mm）

6）隔墙与墙如不同时砌起而又不留成斜搓时，可于墙中引出阳搓，并在墙的灰缝中预埋拉结筋，其构造与上述相同，但每道不少于 2 根（图 5-14）。抗震设防地区的隔墙，除应留阳搓外，还应设置拉结筋。

7）纵、横墙均为承重墙时，在丁字交接处留搓，可在接搓下部约 1/3 接搓高处砌成斜搓，上部留成直搓，并加设拉结筋（图 5-15）。

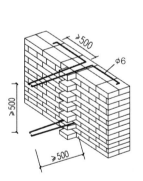

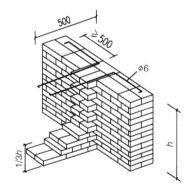

图 5-14　隔墙与墙接搓示意（单位：mm）　　　图 5-15　承重墙丁字交接处接搓示意（单位：mm）

8）砖墙接搓时，必须将接搓处的表面清理干净，浇水润湿，并填实砂浆，保持灰缝平直。

9）每层承重墙的最上一皮砖，应用丁砌层整砖砌筑。在梁或梁垫的下面，砖砌体的阶台水平面上以及砖砌体的挑出层（挑檐、腰线等）中，也应用丁砌层整砖砌筑。宽度小于 1m 的窗间墙，应选用整砖砌筑。

10）隔墙和填充墙的顶面与上层结构接触处宜用侧砖或立砖斜砌挤紧。

11）若施工时需在砖墙中留置过人洞，其侧边离交接处的墙面不应小于 500mm，洞口顶部宜设置过梁。

12）砖墙相邻工作段的高度差，不得超过一个楼层的高度，也不宜大于 4m。工作段的分段位置应设在伸缩缝、沉降缝、防震缝或门窗洞口处。砖墙临时间断处的高差，不得超过一步脚手架的高度。砖墙每天砌筑高度以不超过 1.8m 为宜。

13）下列墙体或砖墙有关部位不得设置脚手眼。

①半砖墙。

②砖过梁上与过梁成 60° 角的三角形范围内。

③宽度小于 1m 的窗间墙。

④梁或梁垫下及其左右各 500mm 的范围内。

⑤砖墙的门窗洞口两侧 180mm 和转角处 430mm 的范围内。

3. 砖柱施工

（1）砖柱的砌法

砖柱一般砌成矩形断面，常用的砖柱尺寸有 240mm×240mm、365mm×365mm、365mm×490mm、490mm×490mm 等，砌筑方法见图 5-16。

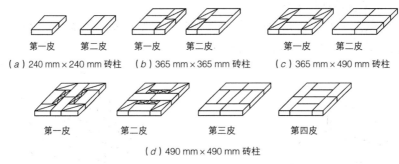

图 5-16 砖柱砌筑法示意

砌筑砖柱时，应使柱面上下皮的竖缝相互错开 1/2 砖或 1/4 砖长，在柱心无通天缝，少砍砖，并尽量利用 1/2 砖。严禁先砌四周后填心的包心砌法。

（2）砖柱施工要点

1）单独的砖柱砌筑时，可立固定的皮数杆，也可用流动皮数杆检查高低情况。当几个砖柱在同一直线上时，可先砌两头的砖柱，然后拉通线，依线砌中间部分的砖。

2）砖柱水平灰缝和竖向灰缝的宽度以及对砂浆饱满度的要求同砖墙。

3）隔墙与柱如不同时砌筑而又不留斜搓时，可于柱中引出阳搓，或于柱灰缝中预埋拉结筋，其构造与砖墙相同，但每道不少于 2 根。

4）砖柱每天砌筑高度不宜大于 1.8m，宜选用整砖筑砌。砖柱上不得留置脚手眼。

4. 砖基础施工

（1）砖基础的材料要求

砖基础用普通黏土砖与水泥混合砂浆砌成。因砖的抗冻性差，所以对砂浆与砖的强度等级，根据地区的寒冷程度和地基土的潮湿程度有不同的要求。砖基础所用材料的最低强度应符合表5-23的要求。

基础用砖、石料及砂浆最低强度等级　　表5-23

基土的潮湿程度	黏土砖		混凝土砌块	石材	混合砂浆	水泥砂浆
	严寒地区	一般地区				
稍潮湿	MU10	MU10	MU5	MU20	M5	M5
很潮湿	MU15	MU10	MU7.5	MU20	—	M5
含水饱和	MU20	MU15	MU7.5	MU30	—	M7.5

注 1. 石材的重度不应低于18kN/m³。

　2. 地面以下或防潮层以下的砌体，不宜采用空心砖。当采用混凝空心砌块砌体时，其孔洞应采用强度等级不低于C15的混凝土灌实。

　3. 各种硅酸盐材料及其他材料制作的块体，应根据相应材料标准的规定选择采用。

（2）砖基础的构造

砖基础下部通常加以扩大，形成所谓大放脚。为保证基础外挑部分在基底反力作用下不致发生剪切破坏，大放脚有两皮一收和两皮一收与一皮一收相间隔两种砌筑形式（图5-18）。两皮一收是每砌两皮砖长，收进1/4砖长；两皮一收与一皮一收相间隔是砌两皮砖，收进1/4砖长，再砌一皮砖，收进1/4砖长，如此往复。在相同底宽的情况下，后者可减小基础高度，但为保证基础的强度，底层需用两皮一收砌筑。

大放脚的底宽应根据计算而定，各层大放脚的宽度应为半砖宽的整倍数。

大放脚下面一般需设置垫层。垫层材料可用2∶8或3∶7的灰土，也可用1∶2∶4或1∶3∶6的碎砖三合土。防潮层可用1∶2.5水泥防水砂浆在离室内地面下一皮砖处设置，厚度约20mm。

大放脚一般采用一顺一丁砌法。竖缝要错开，要注意丁字及十字接头处砖块的搭接，在这些交接处，纵横墙要隔皮砌通。大放脚的最下一皮及每层的上面一皮应以丁砌为主。

图5-17和图5-18所示为二砖半底宽大放脚两皮一收的分皮砌法。

242

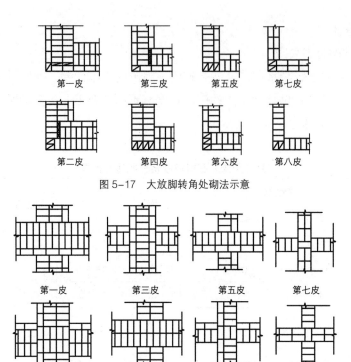

第一皮　第三皮　第五皮　第七皮

第二皮　第四皮　第六皮　第八皮

图 5-17　大放脚转角处砌法示意

第一皮　第三皮　第五皮　第七皮

第二皮　第四皮　第六皮　第八皮

图 5-18　大放脚十字交接处砌法示意

（3）砖基础施工要点

1）砌筑前，应将垫层表面的浮土及垃圾清除干净。

2）基础施工前，应在主要轴线部位设置引桩，以控制基础、墙身的轴线位置，并从中引出墙身轴线，而后向两边放出大放脚的底边线。砌筑前可在垫层转角、交接及高低踏步处预先立好基础皮数杆，并标明砖皮数、退台情况及防潮层位置等。

3）砌基础时可先在转角及交接处砌几层砖，然后在其间拉准线砌中间部分。内外墙砖基础应同时砌起，如不能同时砌起时应留置斜搓，斜搓长度不应小于高度的 2/3。

4）有高低台的砖基础，应从低处砌起，在其接头处由高台向低台搭接。如设计无要求，搭接长度不应小于基础扩大部分的高度。

5）砌完基础后，应及时回填。回填土要在基础两侧同时进行，并分层夯实。

5. 空斗墙施工

（1）空斗墙的砌法

空斗墙是用普通砖平砌和侧砌相结合的方法来砌筑的。垂直于墙面的平砌砖称为"眠砖"；平行于墙面和垂直于墙面的侧砌砖分别称为"斗砖"和"丁砖"。斗砖和丁砖所形成的孔洞称为"空斗"。空斗墙的砌筑形式，有一眠一斗、一眠二斗、一眠三斗或无眠空斗等（图 5-19）。砌筑时每隔一块斗砖必须砌 1 ~ 2 块丁砖，斗砖与眠砖之间必须错开，墙面上不得有竖向通缝。

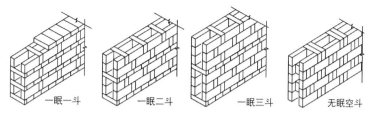

一眠一斗　　　一眠二斗　　　一眠三斗　　　无眠空斗

图 5-19　空斗墙砌筑形式示意

空斗墙转角处，应砌成实心砖墩，并相互错缝搭接。空斗墙与空斗墙丁字交接处，应分层相互砌通，并在交接处砌成实心墙，有时需加半砖填心。图 5-20 和图 5-21 分别为一眠三斗空斗墙在转角和丁字交接处的砌法。

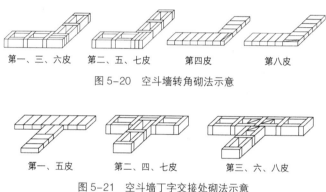

第一、三、六皮　　第二、五、七皮　　　第四皮　　　　第八皮

图 5-20　空斗墙转角砌法示意

第一、五皮　　　第二、四、七皮　　　第三、六、八皮

图 5-21　空斗墙丁字交接处砌法示意

（2）空斗墙施工要点

1）空斗墙应用整砖砌筑。砌筑前应试摆，不够整砖处，可加砌丁砖，不得砍凿斗砖。

2）空斗墙应采用水泥混合砂浆或石灰砂浆砌筑。其水平灰缝厚度和竖向灰缝宽度一般为 10mm，但不得小于 7mm，也不得大于 13mm。

3）在有眠空斗墙中，眠砖层与丁砖接触处，除两端外，其余部分不应填塞砂浆（图 5-22）。

4）空斗墙上留置的洞口，必须在砌筑时留出，严禁砌完后再行砍凿。

5）在空斗墙的下列部位，应砌成实砌体（平砌或侧砌）。

①墙的转角处和交接处。

②室内地坪及以下的全部砌体。

③圈梁、格栅和檩条等支承面下 2～4 皮砖的通长部分。砂浆的强度等级不得低于 M2.5。

④梁按设计要求的部分。

⑤壁柱和洞口的两侧 240mm 范围内。

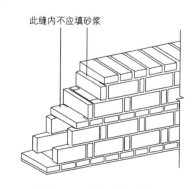

此缝内不应填砂浆

图 5-22　一眠二斗空斗墙示意

⑥山墙压顶下的 2 皮砖部分。

⑦作填充墙时，与框架拉结筋的连接处。

⑧预埋件处。

空斗墙与实砌体的竖向连接处，应相互搭砌。

6. 砖过梁施工

（1）钢筋砖过梁

钢筋砖过梁又名平砌式过梁，用普通砖平砌。其施工要点如下所述。

1）砌筑前，在过梁底处支设模板，模板上应铺设 30mm 厚的 1 ∶ 3 水泥砂浆层，将直径为 6 ~ 8mm 的钢筋埋入砂浆层中。钢筋一般配置三根，两端伸入支座砌体内不应小于 240mm，并向上弯成 90°方钩埋入墙的竖缝内，采用钢筋砖过梁时跨度不大于1.5m。

2）砌筑时，钢筋砖过梁的最下一皮砖应砌丁砌层，接着向上逐层平砌砖层。在过梁作用范围内（不少于 6 皮砖或 1/4 过梁跨度范围内），应用 M5 砂浆砌筑（图 5–23）。

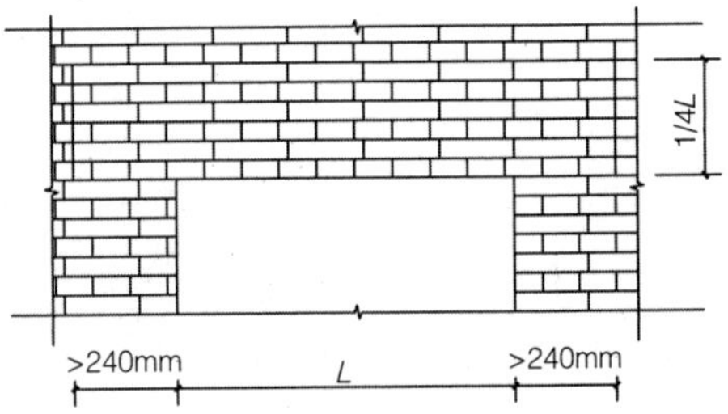

图 5–23　钢筋砖过梁示意

3）砖过梁底部的模板，应在灰缝砂浆强度达到设计强度的 50% 以上时，方可拆除。

（2）平拱式过梁

平拱式过梁采用普通砖侧砌而成，其高度有 240mm、300mm 和 370mm 等，厚度同墙厚。应用 MU7.5 以上的砖，不低于 M5 砂浆砌筑。其施工要点如下所述。

1）砌筑前，先在过梁底处支设模板，模板中部应有 1% 的起拱，在模板面上画出砖及灰缝位置，务必使砖的块数为单数。

2）砌筑时，在拱脚两边的墙端应砌成斜面，斜面的斜度一般为 1/6 ~ 1/4。应从两边对称向中间砌，正中一块应挤紧，拱脚下面应伸入墙内不小于 20mm（图 5–24）。

3）过梁的灰缝应砌成楔形缝。灰缝的宽度，在过梁底面不应小于 5mm；在过梁顶面不应大于 15mm。砖过梁底部的模板，应在灰缝砂浆强度达到设计强度的 50% 以上时，方可拆除。

4）采用砖砌平拱过梁时其跨度不大于 1.2m。

（3）弧拱式过梁

弧拱式过梁的构造与平拱式基本相同，只是外形呈圆弧状。其施工要点与平拱式基本类似，所不同之处在于砌筑时，模板应根据设计要求做成圆弧形；灰缝砌成放射状，下部灰缝宽度不宜小于 5mm，上部灰缝宽度不宜大于 25mm（图 5–25）。

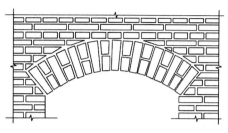

図 5-24　平拱式过梁示意　　　　図 5-25　弧拱式过梁示意

7. 砖墙面勾缝

砖墙面勾缝应横平竖直，深浅一致，搭接平整，压实抹光，不丢缝，无开裂，黏结牢固。其施工要点如下：

（1）勾缝前，清除墙面砂浆块、泥浆块和杂物等，并洒水湿润。

（2）凿瞎缝，以同墙面色的砂浆补齐缺棱缺角处。

（3）清理脚手眼，并洒水湿润，以同原墙砖块补砌严密。

（4）加浆勾墙缝，以细砂拌制的 1 ∶ 1.5 水泥砂浆为宜。砖墙面可原浆勾缝，但须随砌随勾，做到灰缝光滑密实。

（5）一般，砖墙勾缝宜为凹缝或平缝，凹缝深 4 ~ 5mm；空斗墙勾缝宜为平缝。

（6）勾缝完，清墙面。

8. 砖砌体允许偏差

砌筑砖砌体时，其表面的平整度、垂直度、灰缝厚度及砂浆饱满度等，均应按规范规定随时进行检查并校正。在砌筑完基础后，应校核砌体的轴线和标高，在允许偏差范围内，其偏差可在基础顶面上校正。

砖砌体的尺寸和位置的允许偏差，应满足表 5-24 的规定。

砖砌体的尺寸和位置的允许偏差　　　　　　　　　　表 5-24

项次	项目			允许偏差（mm）			检验方法
				基础	墙	柱	
1	轴线位移			10	10	10	用经纬仪复查或检查施工测量记录
2	基础顶面和楼面标高			± 15	± 15	± 15	用水准仪复查或检查施工测量记录
3	墙面垂直度	每层		—	5	5	用 2m 托线板检查
		全高	≤ 10	—	10	10	用经纬仪或吊线和尺检查
			> 10	—	20	20	
4	表面平整度	清水墙、柱		—	5	5	用 2m 直尺和楔形塞尺检查
		混水墙、柱		—	8	8	

续表

项次	项目		允许偏差（mm）			检验方法
			基础	墙	柱	
5	水平灰缝平直度	清水墙	—	7	—	拉 10m 线和尺检查
		混水墙	—	10	—	
6	水平灰缝厚度（10 皮砖累计数）		—	±8	—	与皮数杆比较，用尺检查
7	清水墙游丁走缝		—	20	—	吊线和尺检查，以每层第一皮砖为准
8	外墙上下窗口偏移		—	20	—	用经纬仪或吊线检查，以底层窗口为准
9	门窗洞口宽度（后塞口）		—	±5	—	用尺检查

5.2.3 砌石工程

1. 砌筑石材

（1）强度

砌筑石材按强度分 MU100、MU80、MU60、MU50、MU40、MU30 和 MU20 等 7 个等级。

（2）石材分类

石材分毛石和料石。毛石又分乱毛石（指形状不规则的石块）、平毛石（指形状不规则，但有两个面大致平行的石块）。毛石砌体所用的毛石应呈块状，其中部厚度不宜小于 15cm。

料石按其加工面的平整程度分为细料石、半细料石、粗料石和毛料石四种，其加工要求见表 5-25。各种砌筑用料石的宽度、厚度均不宜小于 200cm，长度不宜大于厚度的 4 倍。料石加工的允许偏差见表 5-26。

料石的各面加工要求 表 5-25

项次	料石种类	外露面及相接周边的表面凹入深度	叠砌面和接砌面的表面凹入深度
1	细料石	不大于 2mm	不大于 10mm
2	半细料石	不大于 10mm	不大于 15mm
3	粗料石	不大于 20mm	不大于 20mm
4	毛料石	稍加修整	不大于 25mm

注：1. 相接周边的表面指叠砌面、接砌面与外露面相接处 20～30mm 范围内的部分。
    2. 如设计对外露面有特殊要求，应按设计要求加工。

料石加工允许偏差　　　　　　　　　　　　　　表 5-26

料石种类	允许偏差	
	宽度、厚度（mm）	长度（mm）
细料石、半细料石	±3	±5
粗料石	±5	±7
毛料石	±10	±15

注：如设计有特殊要求，应按设计要求加工。

（3）石材的加工

1）修边打荒

修边打荒是将不方正的荒料做粗略的修打，达到粗略的平直，加工顺序是在两次弹线修边后再行打荒。打荒是把石材的凸处做粗略凿打，侧重于顶面、底面和两侧面，正面一般不加打凿。

2）粗打

粗打要求达到边角面基本平整，正面不平的部分要基本凿平，凿点距离在 12 ~ 15mm，凹凸处高低差不超过 15mm，凿打顺序是沿着修边的表面边沿进行。

3）一遍錾凿

一遍錾凿是在粗打的基础上进行的，要求凿点距离 8 ~ 10mm，凿点分布均匀，露明部分的边、棱角、面平直方正。

4）二遍錾凿

二遍錾凿要求达到边、角、棱、面平直方整，不得有掉棱缺角和扭曲，叠砌面要符合灰缝的要求。凿点的距离在 6mm 左右，表面平整用 30cm 直尺检查，低凹处不超过 3mm 深，正面直视不见凹窟。

5）一遍剁斧

一遍剁斧要用剁斧基准线法，沿着基准线顺序进行，控制每 100mm 内有 40 ~ 50 条斧痕，要求达到表面平整度在 100mm 内，低凹部分不超过 3mm，边棱必须方直，角、面必须平整。

6）二遍剁斧

二遍剁斧操作与一遍剁斧一致，但要求斧痕方向与一遍剁斧相垂直，在 100mm 内有 70 ~ 80 条斧痕，表面平整度在 100mm 内，低凹部分不超过 2mm，棱、角、面较一遍剁斧更细致方整。

7）特种加工

特种加工是对各种加工操作方法的综合应用，具体造型和加工要求由设计决定。

8）磨光

一般的磨光经粗磨和细磨即可。磨光的坯料必须选择色泽均匀，没有裂痕、气孔、晶洞的石材，以保证加工效果良好。

2. 砌石砂浆

砂浆要求与砖砌体基本相同，用于墙体的强度等级应不低于 M2.5，用于基础的砂浆强度等级应不低于 M5，稠度 30 ~ 50mm。

3. 砌石施工

石砌体的石材应质地坚实，无风化剥落和裂纹，用于清水墙、柱表面的石材，应色泽均匀。石块的使用要大小搭配，不可先用大块后用小块。

石材表面的泥垢、水锈等杂质，砌筑前应清除干净。

砌筑前根据设计要求，在砌筑部位放出石砌体的中心线及边线，有坡度要求的砌体，应立好坡度门架。

放线后，将皮数杆立于石砌体的转角处和交接处，在皮数杆之间挂线，准备砌筑。

（1）毛石基础的砌筑

毛石基础断面形状有矩形、阶梯形和梯形。基础顶面宽应比墙基宽度大 200mm。阶梯形基础每阶高度不小于 300mm，每阶伸出宽度不宜大于 200mm（图 5-26）。

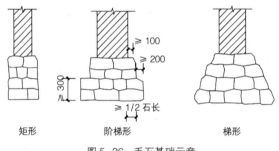

图 5-26　毛石基础示意

毛石基础的扩大部分可单面挂线，用直尺控制另一面，其余应双面挂线，按线砌筑。

毛石基础第一皮石块应坐浆，即在开始砌筑前先铺砂浆 30 ~ 50mm 厚，然后选用较大较整齐的石块，大面朝下，放稳放平。从第二皮开始，应分皮卧砌，并应上下错缝，内外搭砌，不得采用外面侧立石块，中间填心的砌法。

石块间较大的空隙应先填塞砂浆，后用碎石块嵌塞，不得采用先摆碎石块，后塞砂浆或干填碎石块的方法。

毛石基础最好设置拉结石，每皮内每隔 2m 设置一块。如基础宽度等于或小于 400mm，拉结石长度应等于基础宽度；如基础宽度大于 400mm，可用两块拉结石内外搭接，搭接长度不应小于 150mm，且其中一块长度不小于基础宽度的 2/3。

灰缝厚度 20 ~ 30mm，砂浆应饱满，石块间不得有相互接触的现象。

阶梯形毛石基础，上阶的石块应至少压砌下阶石块的 1/2。

毛石基础的最上一皮，宜选用较大的毛石砌筑，第一皮及转角处、交接处和洞口处，应选用较大的平毛石砌筑。

有高低台的毛石基础,应从低处砌起,并由高台向低台搭接,搭接长度不小于基础高度。

毛石基础转角处和交接处应同时砌筑,对不能同时砌筑而又必须留置的临时间断处,应砌成斜搓。

毛石基础每日的砌筑高度,不应超过 1.2m。

（2）毛石墙的砌筑

砌筑前应根据墙的位置与厚度,在基础顶面上放线,并立皮数杆,挂上线。

从石料中选取大小适宜的石块,并有一个面作为墙面,如没有,则将凸部打掉,做成一个面,然后砌入墙内。

转角处应用角边是直角的角石砌筑。

丁字搭接处,应选用较为平整的长方形石块,使其在纵、横墙中上下皮能相互咬住搓。

毛石墙砌筑方法和要求,基本同毛石基础,但应注意以下情况。

1）整个墙体应分皮砌筑,每皮高 300 ~ 400mm；每个楼层的最上一皮,宜选用较大的毛石砌筑。

2）毛石墙必须设置拉结石。拉结石应均匀分布,相互错开,一般每 0.7m² 墙面至少应设置一块,且同皮内的中距不应大于 2m。拉结石的长度,如墙厚等于或小于 400mm,应等于墙厚；如墙厚大于 400mm,可用两块拉结石内外搭接,搭接长度不应小于 150mm,且其中一块长度不应小于墙厚的 2/3。

3）每砌一步架,要大致找平一次,砌至墙面高度时,应全面找平,以达到顶面平整。

（3）毛石与砖的组合墙的砌筑

在毛石和实心砖的组合墙中,毛石砌体与砖砌体应同时砌筑,并每隔 4 ~ 6 皮砖用 2 ~ 3 皮丁砖与毛石砌体拉结砌合,如图 5-27 所示。两种砌体间的空隙用砂浆填满。

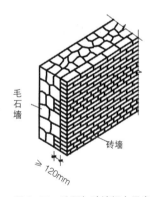

图 5-27　毛石与砖墙组合示意

毛石墙和砖墙的相接转角处和交接处应同时砌筑。转角处应自纵墙（或横墙）每隔 4 ~ 6 皮砖高度引出不小于 120mm 与横墙（或纵墙）相接,交接处应自纵墙每隔 4 ~ 6 皮砖高度引出不小于 120mm 与横墙相接,如图 5-28、图 5-29 所示。

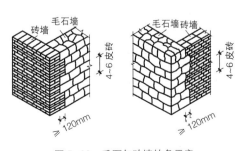

图 5-28　毛石与砖墙转角示意

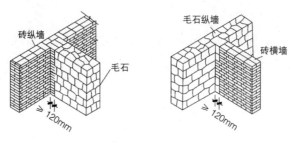

图 5-29　毛石与砖墙丁接示意

（4）挡土墙的砌筑

挡土墙的砌筑除与上述几种墙体的砌法相同外，还应注意毛石的中部厚度不宜小于 200mm，每砌 3 ～ 4 皮为一个分层高度，每个分层高度宜找平一次，外露面的灰缝厚度不得大于 40mm，两个分层高度间的错缝不得小于 80mm。砌筑挡土墙，应按设计要求收坡或收台，并设置泄水孔。挡土墙立面如图 5-30 所示。

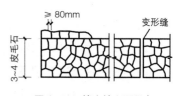

图 5-30　挡土墙立面示意

（5）料石砌体

1）料石基础的砌筑

料石基础是用毛料石或粗料石与砂浆组砌而成。其断面形式有矩形和阶梯形，阶梯形基础每阶挑出宽度不大于 200mm。

料石基础主要采用两种组砌方法（图 5-31）。

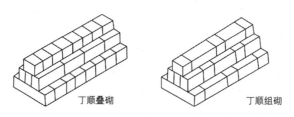

图 5-31　料石基础组砌方法示意

①顺叠砌：一皮丁石与一皮顺石相互叠加组砌而成，先丁后顺，竖向灰缝错开 1/4 石长。

②丁顺组砌：同皮石中用丁砌石和顺砌石交替相隔砌成。丁石长度为基础厚度，顺石厚度一般为基础厚度的 1/3，上皮丁石应砌于下皮顺石的中部，上、下皮竖向灰缝至少错开 1/4 石长。

料石基础的砌筑应注意上阶料石至少压砌下阶料石的 1/3；灰缝厚度不宜大于 20mm，砌筑时，砂浆铺设厚度应略高于规定灰缝厚度 6 ～ 8mm，其余与毛石基础砌法相同。

2）料石墙的砌筑

料石墙是用料石（各种料石均可）与砂浆组砌而成。

料石墙的组砌方法主要有三种（图 5-32）。

图 5-32　料石墙的组砌示意

①丁顺叠砌：与料石基础中的方法相同。

②丁顺组砌：与料石基础中的方法相同。

③全顺叠砌：每皮石均用顺砌石砌筑，上、下皮竖向灰缝相互错开 1/2 ~ 1/3 石长。

料石还可以与毛石或砖砌成组合墙。料石与毛石的组合墙，除丁砌石与外皮顺砌石外，其他部分可用毛石砌筑。料石与砖的组合墙和毛石与砖的组合墙基本相同。

料石墙砌筑时应注意灰缝厚度的把握，细料石墙不宜大于 5mm，半细料石墙不宜大于 10mm，粗料石和毛料石墙不宜大于 20mm，砂浆铺设厚度应略高于规定的灰缝厚度，细料石、半细料石墙宜高出 3 ~ 5mm，粗料石、毛料石墙宜高出 6 ~ 8mm。其余砌法同毛石墙。

3）料石柱的砌筑

料石柱是用半细料石或细料石与砂浆砌筑而成。料石柱有整石柱和组砌柱两种，整石柱是用与柱断面相同断面的石材上下组砌而成，组砌柱每皮由几块石材组砌而成，如图 5-33 所示。

石柱砌筑前，应先在柱基础上弹出柱身边线和中心线，整石柱的石块应在其四侧弹出石块中心线。清理干净叠砌面。

砌整石柱前，先在柱基面上抹一层厚约 10mm 的砂浆，再将石块对准中心线砌好，以后各皮砌筑前均应先铺好砂浆，再将石块对准中线砌好，石块若有偏斜，可用铜片或铝片在灰缝内垫平。

砌组砌柱时，应按规定的组砌方法逐皮砌筑，竖向灰缝相互错开，不得使用垫片。

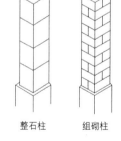

整石柱　　　组砌柱

图 5-33　料石柱的组砌示意

砌筑时，应随时用线坠检查柱身的垂直度，如有偏斜应立即拆除重砌，不得用敲击的方法纠偏。

灰缝厚度的控制：细料石柱不宜大于 5mm，半细料石柱不宜大于 10mm，砂浆铺设厚度应略高于规定灰缝厚度 3 ~ 5mm。

料石柱砌筑完毕后，应加强保护，严禁碰撞。

4）料石过梁与拱

①料石过梁（图 5-34）。料石过梁厚度宜为 200 ~ 450mm，两端伸入墙内长度不小于 250mm，窗间墙宽应大于 600mm，洞口净跨度不宜大于 1.2m。过梁宽度与墙厚相同，可用双拼，过梁底面应粗加工，以安装门窗。

料石过梁砌筑时，在墙顶铺浆，放上过梁后垫稳，过梁上面正中的一块应砌上不小于1/3过梁长的石块，在其两边应砌上不小于2/3过梁长的石块。

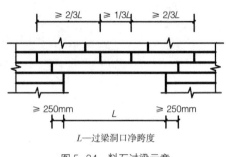

图 5-34 料石过梁示意

②料石平拱（图5-35）。平拱所用料石要加工成楔形，斜度按具体情况定，拱脚处两边石块坡度以60°为宜，拱厚度与墙身相同，高度为墙身2皮石块高，拱石块数为单数。

砌平拱前应先支设模板，在模板上画出石块位置，拱脚处斜面应经过修整，使其与拱的石块相吻合。砌筑时，应从两边对称地向中间砌，中间一块锁石要挤紧。砂浆强度不应低于M10，灰缝厚度5mm左右。砂浆强度达到设计强度70%以上时才能拆模。

③料石圆拱（图5-36）。料石圆拱所用石块要进行细加工，使其接触面严密吻合，各块形状及尺寸要符合设计要求。砌筑时应先支模板，在模板上面留出石块位置，先从拱脚两端开始向中间对称砌筑，正中一块拱冠石要对中挤紧。砂浆强度不应低于M10，灰缝厚度5mm。砌筑过程中要经常注意校核各部位，保证位置正确，石块对称。砂浆强度大于设计强度70%以上时才能拆模。

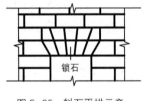

图 5-35 料石平拱示意   图 5-36 料石圆拱示意

5）石墙勾缝

石墙面勾缝形式有平缝、平凹缝、平凸缝、半圆凹缝、半圆凸缝和三角凸缝等（图5-37）。设计无特殊要求时，墙面应采用凸缝或平缝。

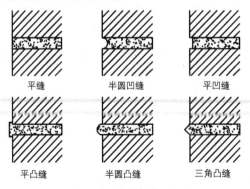

图 5-37 勾缝形式示意

设计要求勾缝时，应在砌体砂浆初凝时开始，将原灰缝勾刮25mm深，并将松散的砂浆刮去，用清水湿润，然后将嵌缝砂浆嵌压入缝内，做成设计要求的勾缝形式。嵌缝应沿砌合时的自然缝进行，做到均匀一致，深浅厚度相同，搭接平整。

勾缝完毕后，应及时清扫好墙面。

5.2.4 砌筑工程质量控制

1. 砌筑砂浆的质量控制
（1）砂浆的组成材料如水泥、砂、水、掺和料和外加剂等，必须符合规范要求。
（2）严格掌握配合比，配合比必须采用重量比。
（3）计量必须准确，达到施工规范要求。
（4）砂浆搅拌必须均匀。
（5）使用微沫剂时应严格控制好用量。

2. 砌砖工程的质量控制
为将砌体工程中影响砌体质量的通病控制在最低限度，应注意以下几点。
（1）砖的质量，必须符合规范要求。
（2）砌体砂浆必须密实饱满，水平灰缝砂浆饱满度不低于 80%，为此，应尽量采用"三一"砌砖法，并在砌筑前将砖湿润好，严禁干砖上墙。
（3）外墙转角处严禁留直搓，其他留搓处也应符合施工规范要求。为此，应在安排施工组织计划时，对留搓处做统一考虑，尽量减少留搓，留搓时严格按施工规范要求施工。
（4）砌体的组砌形式必须正确，应使操作者明白，正确的组砌形式不仅使墙体美观，更主要是为了满足砌体强度的要求。
应将非整砖分散砌于墙中，考虑到打制七分头砖质量不能保证，可采用专制七分头砖，以尽量减少砌体中通缝出现的机会。
（5）砌体中预埋拉结筋的规格、数量、长度均应符合设计要求和施工规范的规定；构造柱留置数量、位置等均应正确，大马牙搓先退后进，杂物清理干净，这些都要求工程技术人员加强管理，做好隐蔽验收记录。
（6）砖砌体尺寸、位置的允许偏差和检验方法见表 5-24。

3. 砌石工程的质量控制
砌石工程与砌砖工程有相似之处，也有其不同特点。石砌体材料如石材、砂浆等必须符合规范要求。另外，石砌体砌筑还需注意以下几点。
（1）进材料时就应注意拉结石的储备。砌筑时，必须保证拉结石尺寸、数量、位置符合施工规范的要求。
（2）要注意大小石块搭配使用，立缝要小，大块石间缝隙用小石块堵塞。
（3）砌筑时跟线砌筑，控制好灰缝厚度，每天砌筑高度不超过 1.2m 或一步架高度。

（4）掌握好勾缝砂浆配合比，宜用中粗砂，勾缝后早期应洒水养护。

（5）石砌体尺寸、位置的允许偏差和检验方法见表 5-27。

石砌体的尺寸和位置允许偏差　　　　　　　　　　　　表 5-27

项目	项次		允许偏差（mm）							检验方法
			毛石砌体		料石砌体					
					毛料石		粗料石		细料石	
			基础	墙	基础	墙	基础	墙	墙、柱	
1	轴线位移		20	15	20	15	15	10	10	用经纬仪或拉线和量尺检查
2	基础和墙砌体顶面标高		±25	±15	±25	±15	±15	±15	±10	用水准仪和量尺检查
3	砌体厚度		+30 −0	+20 −10	+30 −10	+20 −10	+15 −0	+10 −5	+10 −5	用量尺检查
4	墙面垂直度	每层全高	—	20	—	20	—	10	5	用经纬仪或吊线和量尺检查
			—	30	—	30	—	25	15	
5	表面平整度	清水墙、柱	—	20	—	20	—	10	5	细料石：用 2m 靠尺和楔形塞尺检查。其他：用两直尺垂直于灰缝拉 2m 线和尺量检查
		混水墙、柱	—	20	—	20	—	15	—	
6	清水墙水平灰缝平直度		—	—	—	—	—	10	5	拉 10m 线和量尺检查

施工中质量问题产生的根源在管理，解决质量问题的关键在防不在治。施工中要求工程技术人员加强管理，严格按施工规范和规程要求进行施工，尽量把各类质量问题消灭在萌芽中。

5.3 钢筋混凝土工程

钢筋混凝土工程由钢筋工程、模板工程、混凝土工程等组成，其施工工艺过程见图 5-38。施工时，需要统筹安排三个分项工程，使之协调配合，以保证钢筋混凝土工程质量及其施工进度，合理造价。

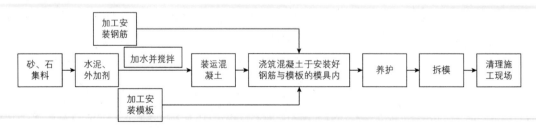

图 5-38　钢筋混凝土工程施工程序

5.3.1 模板工程

1. 模板的作用

（1）模板是钢筋混凝土工程施工中一个重要的结构施工支撑界面。

（2）模板是使新拌制的混凝土硬化成为混凝土结构或构件，并满足设计的位置和几何形状要求的模具。模板既包括与构件相适应的模板，也包括支承模板及作用在模板荷载上的结构等支架。

（3）模板是一种根据设计要求使混凝土结构、构件按设计位置、形状及尺寸成型，并承受模板及其连带荷载的临时性结构。设计模板主要是为了保证混凝土的工程质量、施工安全、施工进度，降低工程成本。

（4）模板是混凝土成型的必需辅助构件，其应用范围、应用量随混凝土应用领域的增加而增大。模板工程劳动量消耗约占混凝土工程全部劳动量的 1/4 ~ 1/2，其经费约占混凝土工程全部费用的 1/3 以上，其施工工期占混凝土工程总工期的比重也很大。

2. 风景园林模板的类型

模板工程按材料性质分类如表 5-28 所示。

模板按材料性质分类　　　　　　　　　　　　　　　　　　　　　　表 5-28

序号	项目	内容
1	木模板	以白松为主，板厚 20 ~ 30mm，可按模数要求形成标准系列，重复性低，便于加工
2	钢模板	以 2 ~ 3mm 厚的热轧或冷轧薄板轧制成，根据几何条件分： （1）定型组合钢模板：以厚 2.75mm 或 3mm 的钢板轧制成槽状，依模数要求，制作成由标准扣件及其支撑体系形成的不同规格模板系列。 （2）定型钢模板：由型钢与厚 6 ~ 8mm 的钢板组成骨架，配合组合钢模板或厚 3 ~ 4mm 的钢板形成适于重复使用的整体模板。 （3）翻转模板：适于形状单一、重量不大的小型混凝土构件连续生产时的胎具，利用混凝土的干硬性翻转成型，一块模板重复使用，随即成型
3	复合模板	由金属材料与高分子材料或木材进行优势组合的模板体系，如铝合金、玻璃钢、高密度板、五合板组成的模板等
4	竹模板	以竹材为主，辅以木材或金属边框组成的模板，或以竹材经胶合形成的大平板模板
5	混凝土模板	由结构本体一部分和配筋形成的一次性模板，多用于水工结构
6	土模板	地下水位低的硬塑黏性地层表面，经人工修挖，并抹以低强度等级水泥砂浆形成的一次性凹性模板，多用于预制混凝土板、梁、柱构件
7	砖模板	由低强度等级砂浆与红砖砌成的一次性模板，多用于沉井刃脚与形状单一的就地生产的柱、梁构件的边模及底模

模板和支架最好由专业加工厂或木工棚定点加工成基本元件（拼板），再现场拼装。针对木制模板，拼板由厚度为 25 ~ 50mm，宽度不超过 200mm（工具式模板不超过

150mm）的板条用拼条钉拼接而成，以保证干缩时缝隙均匀，浇水后易于密缝。不过，梁底板的板条宽度不设限，以免漏浆。拼板的拼条一般平放，而梁侧板的拼条须立放。拼条的间距取决于所浇筑混凝土的侧压力和板条厚度，多为 400 ~ 500mm。

（1）基础模板

遇土质良好时，阶梯形基础模板的最下一级可原槽浇筑，而不用模板。安装时，要保证上、下模板不发生相对位移（图5-39）。如有杯口还需放入杯口模板。

（2）柱子模板

柱子模板由两块相对的内拼板夹在两块外拼板之间拼接而成，可用短横板代替外拼板钉在内拼板上。有些短横板可先不钉上，作为浇筑混凝土的浇筑孔，待浇至其下口时再钉上。

柱模板底部设清理孔，沿高度方向每隔 2m 左右设浇筑孔。柱底一般有一钉在底部混凝土上的木框，用以固定柱模板的位置。为承受混凝土侧压力，拼板外要设柱箍，其间距与混凝土侧压力、拼板厚度有关，柱模板下部柱箍较密。模板顶部根据需要可开有与梁模板连接的缺口（图5-40）。

（3）梁模板

梁模板由底模板和侧模板组成。底模板承受垂直荷载，一般较厚，下面设伸缩式支撑（或桁架）承托，以调整高度，底部应支撑在坚实地面上，下垫木楔。遇地面松软时，底部垫以木板，支撑的弹性挠度或压缩变形不得超过结构跨度的 1/1000。在多层建筑施工中，应使上、下层的支撑在同一条竖向直线上，或采取措施保证上层支撑的荷载能传到下层支撑上。支撑间利用水平和斜向拉杆拉牢，以增强整体稳定性。当层间高度大于 5m 时，宜用桁架支模或多层支架支模。

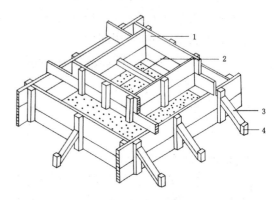

1—拼板；2—铁丝；3—斜撑；4—木桩
图 5-39　阶梯形基础模板示意
（图片来源：毛嘉俪改绘）

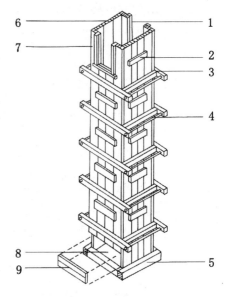

1—梁缺口；2—拼条；3—柱箍；
4—拉紧螺栓；5—底部木框；
6—内拼板；7—外拼板；8—清理孔；
9—盖板
图 5-40　柱子模板示意

梁跨度在 4m 或 4m 以上时，底模板应起拱，起拱高度应按设计要求确定，当设计无具体要求时，一般为结构跨度的 3/1000 ~ 1/1000，木模板可取偏大值，钢模板取偏小值。

梁侧模板承受混凝土侧压力，底部用钉在支撑顶部的夹条夹住，顶部可由支承楼板模板的搁栅顶住，或用斜撑顶住。

3. 模板的要求

模板及其支架必须满足以下要求。

（1）保证工程结构和构件各部分形状尺寸和相互位置准确。现浇钢筋混凝土结构模板制作安装的允许偏差应符合表 5-29 的规定。固定在模板上的预埋件和预留孔洞均不得遗漏，安装须牢固，位置须准确，其允许偏差应符合表 5-30 的规定。

现浇结构模板安装的允许偏差与检验方法　　表 5-29

项目		允许偏差（mm）	检验方法
轴线位置		5	钢尺检查
底模上表面标高		±5	水准仪或拉线、钢尺检查
截面内部尺寸	基础	±10	钢尺检查
	柱、墙、梁	+4，－5	钢尺检查
层高垂直度	不大于 5m	6	经纬仪或吊线、钢尺检查
	大于 5m	8	经纬仪或吊线、钢尺检查
相邻两板表面高低差		2	钢尺检查
表面平整度		5	2m 靠尺和塞尺检查

注：检查轴线位置时，应沿纵、横两个方向量测，并取其中的较大值。

预埋件和预留孔洞的允许偏差　　表 5-30

项目		允许偏差（mm）
预埋钢板中心线位置		3
预理管、预留孔中心线位置		3
预埋螺栓	中心线位置	2
	外露长度	+10，0
预留洞	中心线位置	10
	截面内部尺寸	+10，0

（2）具有足够的承载力、刚度和稳定性，完全能承受新浇筑混凝土的自重和侧压力及施工时所产生的各种荷载。当验算模板及其支架的刚度时，其最大变形值不得超过下列允许值：

1）对结构表面外露的模板，为模板构件计算跨度的 1/400。

2）对结构表面隐蔽的模板，为模板构件计算跨度的 1/250。

3）支架的压缩变形值或弹性挠度，为相应的结构计算跨度的 1/1000。

（3）现浇钢筋混凝土梁、板，当跨度不少于 4m 时，模板应起拱。当设计无具体要求时，起拱高度宜为全跨长度的 3/1000 ~ 1/1000。起拱高度不包括设计起拱值，而只考虑模板本身在荷载下的挠度。根据模板情况，钢模板可取偏小值 2/1000 ~ 1/1000；木模板可取偏大值 3.0/10000 ~ 1.5/1000。

（4）构造简单，装拆方便，便于钢筋的绑扎、安装和混凝土的浇筑、养护等。

（5）模板的接缝不能漏浆。

（6）模板与混凝土的接触面应涂隔离剂，以保证浇筑的钢筋混凝土构件平整、光滑，便于脱模，减少模板损耗，提高生产率。隔离剂应满足以下要求：

1）取材容易，配制简单、便利，价低。

2）有一定的稳定性，不与模板、钢筋发生化学反应，不变质，不易产生沉淀。

3）隔离效果好，不易脱落，不污钢筋、构件，不影响构件与抹灰的黏结。

4）适应温度范围宽广，干燥快，不易被水冲洗掉。

5）便于涂刷或喷洒，无异味，不刺激皮肤，对人体无害。

常用模板隔离剂见表 5-31。

常用模板隔离剂 表 5-31

材料及重量配合比	配制和使用方法	优缺点	适用范围
肥皂液（或洗衣粉）：水 = 1：15 ~ 25	用肥皂切片泡水涂刷模板表面 1 ~ 2 遍	使用方便，易脱模，价格便宜；冬、雨季不能使用	木模、混凝土模、土模
皂角：水 = 1：5 ~ 7 或皂角：滑石粉：水 =1：1：4	用温水将皂角稀释，搅拌均匀，涂刷两遍，每遍隔 0.5 ~ 1.0h，或加滑石粉调至糊状使用	涂刷方便，易脱模，价格低，冬、雨季不能使用	木模、混凝土模胎、台座、土模
废机油	稠的刷一遍，稀的刷两遍。胎模表面加撒滑石粉一遍。底模不能积油	隔离较稳定，可利用废料，但钢筋和构件易沾油而被污染	各种模板及固定胎模，不适于表面质量要求高的构件
废机油（重柴油）：肥皂 = 1：1 ~ 2	将废机油（或重柴油）与肥皂水混合搅拌均匀使用	涂刷方便，构件清洁，颜色灰白	各种固定胎模

（7）现浇钢筋混凝土结构的模板及其支架拆除时的混凝土强度，应符合设计要求。当设计无具体要求时，需满足以下要求。

1）侧模：混凝土强度达到能保证其表面及棱角不因拆除模板而受损坏时，方可拆除。

2）模：混凝土强度达到表 5-32 的要求时，方可拆除。

现浇结构拆模时所需混凝土强度

表 5-32

结构类型	结构跨度（m）	按设计的混凝土强度标准值的百分率计（%）
板	≤ 2	50
	> 2，≤ 8	75
	> 8	100
梁、拱	≤ 8	75
	> 8	100
悬臂构件	≤ 2	75
	> 2	100

4. 模板的安装要求

（1）安装注意事项

1）单片柱模板吊装时，需用卸扣（卡环）和柱模连接，严禁用钢筋钩代替，以避免柱模翻转时脱钩造成事故，待模板立稳后拉好支撑，方可摘除吊钩。

2）支撑需按工序进行，模板没有固定前，不得进行下道工序。

3）支设 4m 以上的立柱模板和梁模板时，应搭设工作台；不足 4m 的，可使用马凳操作。严禁站在柱模板上或梁底板上行走，严禁利用拉杆、支撑攀登上下。

4）装对拉螺栓前，墙模板板面需向内倾斜一定角度并撑牢。安装过程中需随时拆换或增加支撑，以保持墙板稳定。模板未支撑稳固前不得松动吊钩。

5）安装墙模板时，应从内、外角开始，向互相垂直的两个方向拼装，连接模板的 U 形卡要正反交替安装，同一道墙（梁）的两侧模板应同时组合，以确保模板安装时的稳定。

6）用钢管和扣件搭设双排立柱支架支承梁模时，扣件应拧紧，且应检查扣件螺栓的扭力矩是否符合规定，当扭力矩不能达到规定值时，可放两个扣件与原扣件挨紧。横杆步距按设计规定，严禁随意增大。

7）安装平板模板时需在支架搭设稳固、板下楞与支架连接牢固后进行。U 形卡要按设计规定安装，以增强整体性，确保模板结构安全。

（2）安装的质量要求

组合钢模板安装完毕后，应按照规范的有关规定，进行全面质量检查，合格验收后，方可进入下一道工序。检查的主要内容主要包括：

1）组合钢模板的布局和施工顺序是否符合施工设计要求；

2）各种连接件、支承件的规格、数量、质量是否符合施工设计要求，特别是紧固情况、支承情况是否牢固；

3）各种预埋件、预留孔洞的规格、位置、数量、质量及其固定情况是否符合设计要求。

现浇结构模板安装的偏差应符合表 5-29 的规定。预制构件模板安装的偏差应符合表 5-33 的规定。

预制构件模板安装的允许偏差及检验方法 表 5-33

序号	项目		允许偏差（mm）	检验方法
1	长度	板、梁	±5	钢尺量两角边，取其中较大值
2		薄腹梁、桁架	±10	
3		柱	0，−10	
4		墙板	0，−5	
5	宽度	板、墙板	0，−5	钢尺量一端及中部，取其中较大值
6		梁、薄腹梁、桁架、柱	+2，−5	
7	高（厚）度	板	+2，−3	钢尺量一端及中部，取其中较大值
8		墙板	0，−5	
9		梁、薄腹梁、桁架、柱	+2，−5	
10	侧向弯曲	板、梁、柱	$l/1000$ 且 $\leqslant 15$	拉线、钢尺量最大弯曲处
11		墙板、薄腹梁、桁架	$l/1000$ 且 $\leqslant 15$	
12	板的表面平整度		3	2m 靠尺和塞尺检查
13	相邻两板表面高低差		1	钢尺检查
14	对角线差	板	7	钢尺量两个对角线
15		墙板	5	
16	翘曲	板、墙板	$l/1500$	调平尺在两端量测
17	设计起拱	薄腹梁、桁架、梁	±3	拉线、钢尺量跨中

注：l 为构件长度（mm）。

5. 模板的拆除

（1）拆除模板时应严格遵守各类模板拆除作业的安全要求。

（2）拆模板前，应经施工技术人员按试块强度检查，确认混凝土已达到拆模强度时，方可拆除。

（3）拆除高处、结构复杂的模板时，应有专人指挥和切实可靠的安全措施，划定围合作业区，严禁非操作人员进入作业区。操作人员需配挂好安全带，禁止站在模板的横拉杆上操作，拆下的模板应集中吊运，并多点捆牢，不准向下乱扔。

（4）拆除模板前需检查所使用的工具是否牢固，须保证扳手等工具以绳链系挂在身上，工作时思想要集中，防止钉子扎脚和从空中滑落。

（5）拆除模板一般采用长撬杠，严禁操作人员站在正拆除的模板下，严防整块模板下落，严防模板突然全部掉下伤人。

（6）拆模间歇，需牢固固定已活动的模板、拉杆、支撑等，严防突然掉落、倒塌伤人。

（7）已拆除的模板、拉杆、支撑等需及时运走或妥善堆置，严防坠落。

（8）拆除模板后，需随即在混凝土墙洞上做好安全护栏。

5.3.2 钢筋工程

1. 钢筋加工

施工用钢筋需有出厂质量证明书或试验报告单，每捆（盘）钢筋均需有标牌，分别堆存，并按规定抽取试样对钢筋进行力学性能检验，不确定等级情况下还需进行钢筋的化学成分分析。遇脆断、焊接性能不良和机械性能异常时，需对钢筋进行化学成分检验或其他专项检验。对进口钢筋，不仅需按住建部规定办理，还需检验其力学性能和化学成分。

钢筋一般在钢筋车间或加工棚加工，施工现场安装或绑扎。钢筋加工过程取决于成品种类，一般的加工过程有冷拉、冷拔、调直、剪切、墩头、弯曲、焊接、绑扎等。

钢筋冷拉是在常温下对钢筋进行强力拉伸，拉应力超过钢筋的屈服强度，使钢筋产生塑性变形，以达到调直钢筋、提高强度、节约钢材的目的，对焊接接长的钢筋亦考验焊接接头的质量。冷拉 I 级钢筋用于结构中的受拉钢筋，冷拉 II、III、IV 级钢筋用作预应力筋。

钢筋冷拔是使 $\phi6 \sim \phi9$ 的光圆钢筋通过钨合金的拔丝模进行强力冷拔。钢筋通过拔丝模时，受到拉伸与压缩兼有的作用，使钢筋内部晶格变形而产生塑性变形，因而抗拉强度提高（可提高 50% ~ 90%），塑性降低，呈硬钢性质。光圆钢筋经冷拔后称"冷拔低碳钢丝"。

钢筋冷拔的工艺过程是：轧头→剥壳→通过润滑剂进入拔丝模冷拔。如钢筋需连接则在冷拔前用对焊连接。

钢筋表面常有一硬渣层，易损坏拔丝模，并使钢筋表面产生沟纹，因而冷拔前要进行剥壳，方法是使钢筋通过 3 ~ 6 个上下排列的辊子以剥除渣壳。润滑剂常用石灰、动植物油、肥皂、白蜡和水按一定配比制成。

2. 钢筋连接

钢筋连接有三种常用的方法：绑扎连接、焊接连接和机械连接（挤压连接和锥螺纹套管连接）。除个别情况（如不准出现明火）外，应尽量采用焊接连接，焊接分压焊和熔焊两种形式。压焊包括闪光对焊、电阻点焊和气压焊；熔焊包括电弧焊和电渣压力焊。此外，钢筋与预埋件 T 形接头的焊接应采用埋弧压力焊，也可用电弧焊或穿孔塞焊，但焊接电流不宜大，以防烧伤钢筋。

5.3.3 混凝土工程

1. 混凝土原材料

普通混凝土应采用水泥、砂、碎（卵）石和水配制而成。

水泥应采用硅酸盐水泥、普通硅酸盐水泥、矿渣硅酸盐水泥、火山灰质硅酸盐水泥或粉煤灰硅酸盐水泥。水泥的强度等级由设计确定，但不宜低于 32.5 级。

砂应采用天然砂，砂中含泥量、泥块含量限值应符合表 5-34 的规定；砂中有害物质限值应符合表 5-35 的规定。

砂中含泥量、泥块含量限值　表 5-34

混凝土强度等级	≥ C60	C30 ~ C55	≤ C25
含泥量（按重量计，%）	≤ 2.0	≤ 3.0	≤ 5.0
泥块含量（按重量计，%）	≤ 0.5	≤ 1.0	≤ 2.0

砂中有害物质限值　表 5-35

项目	质量指标
云母含量（按重量计，%）	≤ 2.0
轻物质含量（按重量计，%）	≤ 1.0
硫化物及硫酸盐含量（折算成 SO_3，按重量计，%）	≤ 1.0
有机物含量（用比色法试验）	颜色不应深于标准色，如深于标准色，则应按水泥胶砂强度试验方法，进行强度对比试验，按压强度比不应低于0.95

碎石应由天然岩石或卵石经破碎、筛分而得的粒径大于 5mm 的岩石颗粒组成；卵石应由自然条件作用而形成的粒径大于 5mm 的岩石颗粒组成。碎石或卵石中针、片状颗粒含量应符合表 5-36 的规定。碎石或卵石中含泥量、泥块含量限值应符合表 5-37 的规定。碎石或卵石中有害物质含量限值应符合表 5-38 的规定。

石中针、片状颗粒含量　表 5-36

混凝土强度等级	≥ C60	C30 ~ C55	< C25
针、片状颗粒含量（按重量计，%）	≤ 8	≤ 15	≤ 25

石中含泥量、泥块含量限值　表 5-37

混凝土强度等级	≥ C60	C30 ~ C55	< C25
含泥量（按重量计，%）	≤ 0.5	≤ 1.0	≤ 2.0
泥块含量（按重量计，%）	≤ 0.2	≤ 0.5	≤ 0.7

石中有害物质含量限值　　　　表 5-38

项目	质量指标
硫化物及硫酸盐含量（折算成 SO_3，按重量计，%）	≤ 1.0
卵石中有机质含量（用比色法试验）	颜色应不深于标准色，如深于标准色，则应配制成混凝土进行强度对比试验，抗压强度比应不低于 0.95

水应采用饮用水，地表水和地下水首次使用前，应按有关标准进行检验后方可使用。

外加剂可根据改变混凝土性能要求，选用普通减水剂、高效减水剂、缓凝高效减水剂、早强减水剂、缓凝减水剂、引气减水剂、早强剂、缓凝剂和引气剂。外加剂的品种及其掺量由设计确定。

各种强度等级的普通混凝土参考配合比及适用范围见表 5-39。

各种强度等级的常用混凝土参考配合比及适用范围　　　　表 5-39

混凝土强度等级	水泥标号	石子规格（mm）	塌落度（mm）	混凝土配合比				适用范围
				水泥	砂	石子	水	
C7.5	325	5 ~ 40	1 ~ 2	159/1.0	716/4.50	1315/8.30	175/1.10	垫层、地坪、基础
C10	325	5 ~ 40	0 ~ 10	250/1.0	672/2.99	1363/5.81	165/0.81	垫层、基础
C10	325	5 ~ 40	10 ~ 30	264/1.0	681/2.85	1321/5.30	174/0.81	垫层、基础
C15	325	5 ~ 40	0 ~ 10	300/1.0	596/2.09	1389/4.24	165/0.60	垫层、基础
C15	325	5 ~ 40	10 ~ 30	318/1.0	604/1.98	1343/3.85	175/0.60	梁、板、柱、梯
C15	425	5 ~ 40	0 ~ 10	250/1.0	672/2.52	1363/5.35	165/0.73	垫层、基础
C15	425	5 ~ 40	10 ~ 30	265/1.0	680/2.40	1320/4.86	175/0.73	梁、板、柱、梯
C20	325	5 ~ 40	0 ~ 10	351/1.0	522/1.56	1412/3.32	165/0.48	梁、板、柱、梯
C20	325	5 ~ 40	10 ~ 30	372/1.0	530/1.52	1363/2.82	175/0.48	现浇构件、小梁
C20	425	5 ~ 40	0 ~ 10	290/1.0	599/1.96	1396/4.16	165/0.59	基础、路面
C20	425	5 ~ 40	10 ~ 30	307/1.0	607/1.87	1351/3.63	175/0.59	现浇构件、小梁
C25	425	5 ~ 40	0 ~ 10	337/1.0	545/1.63	1403/3.62	165/0.51	道路、基础
C25	425	5 ~ 40	10 ~ 30	357/1.0	553/1.66	1355/3.38	175/0.53	梁、板、柱
C30	425	5 ~ 40	0 ~ 10	375/1.0	478/1.41	1432/2.86	165/0.45	预制梁板、屋架
C30	425	5 ~ 25	10 ~ 30	398/1.0	485/1.32	1382/2.56	175/0.46	薄腹梁、板、柱、屋架

注：1. 配合比中分母为混凝土的重量比；分子为每立方米混凝土材料用量（kg）；材料均以完全干燥计，使用时应根据砂、石含水量调整。

2. 砂采用中砂，比重 2.6，砂率 32% ~ 36%；如使用中细砂或粗砂，则砂率应减少或增加。

3. 高等级混凝土（C30 以上）每增加 1cm 坍落度，可保持水灰比不变的条件下，增加水泥用量 2%；低等级混凝土（C25 以下）每增加 1cm 坍落度，增加水泥用量 3%。

2. 混凝土施工

（1）混凝土拌制

混凝土拌制应采用混凝土搅拌机进行。

混凝土搅拌的最短时间可按表 5-40 执行。

混凝土搅拌最短时间（单位：s）   表 5-40

混凝土坍落度（mm）	搅拌机类型	搅拌机出料量（L）		
		< 250	250 ~ 500	> 500
≤ 30	强制式	60	90	120
	自落式	90	120	150
> 30	强制式	60	60	90
	自落式	90	90	120

注：1. 混凝土搅拌的最短时间是指从全部材料装入搅拌筒中算起，到开始卸料止的时间。
　　2. 当掺有外加剂时，搅拌时间应适当延长。

（2）混凝土运输

混凝土从搅拌机内卸料后，应以最少的转载次数和最短时间，从搅拌地点运到浇筑地点。

混凝土从搅拌机中卸出到浇筑完毕的延续时间不宜超过表 5-41 的规定。

混凝土从搅拌机中卸出到浇筑完毕的延续时间（单位：min）   表 5-41

混凝土强度等级	气温	
	不高于 25℃	高于 25℃
不高于 C30	120	90
高于 C30	90	60

采用泵送混凝土需满足以下要求。

1）混凝土泵与输送管连通后，应按所用混凝土泵使用说明书的规定进行全面检查，符合要求后方能开机进行空运转。

2）混凝土泵启动后，应先泵送适量水以湿润混凝土泵的料斗、活塞及输送管内壁等直接与混凝土接触的部位。

3）确认混凝土泵和输送管中无异物后，应采取下列方法之一润滑混凝土泵和输送管内壁。

①泵送水泥浆。

②泵送 1：2 水泥砂浆。

③泵送与混凝土内除粗骨料外的其他成分相同配合比的水泥砂浆。

④开始泵送时，混凝土泵应处于慢速、匀速并随时可反泵的状态。泵送速度，应先慢后快，逐步加速。待各系统运转顺利后，方可以正常速度进行泵送。

⑤混凝土泵送应连续进行。如必须中断时，其中断时间不得超过混凝土从搅拌至浇筑完毕所允许的延续时间。

⑥泵送混凝土时，活塞应保持最大行程运转。

⑦泵送完毕时，应将混凝土泵和输送管清洗干净。

（3）混凝土浇筑

浇筑混凝土时的坍落度，需按表 5-42 的要求选择。

<table>
<tr><td colspan="2" style="text-align:center">混凝土浇筑时的坍落度　　　　　　　　　　　表 5-42</td></tr>
<tr><td>结构种类</td><td>坍落度（mm）</td></tr>
<tr><td>基础或地面等的垫层、无配筋的大体积或配筋稀疏的结构</td><td>10 ~ 30</td></tr>
<tr><td>板、梁和大型及中型截面的柱等</td><td>30 ~ 50</td></tr>
<tr><td>配筋密列的结构</td><td>50 ~ 70</td></tr>
<tr><td>配筋特密的结构</td><td>70 ~ 90</td></tr>
</table>

浇筑混凝土宜分层进行，当采用插入式振动器时浇筑层厚度宜为振动器作用部分长度的 1.25 倍，当用表面式振动器时浇筑层厚度宜为 200mm。

浇筑混凝土需连续进行，不得不间歇时，其间歇时间应尽量缩短，并在上层混凝土初凝之前，将下层混凝土浇筑完。

运输、浇筑混凝土及过程间歇的全部时间不能超过表 5-43 的要求，超过时需留置施工缝。

<table>
<tr><td colspan="3" style="text-align:center">混凝土运输、浇筑和间歇的允许时间（单位：min）　　　　表 5-43</td></tr>
<tr><td rowspan="2">混凝土强度等级</td><td colspan="2">气温</td></tr>
<tr><td>< 25℃</td><td>≥ 25℃</td></tr>
<tr><td>< C30</td><td>210</td><td>180</td></tr>
<tr><td>≥ C30</td><td>180</td><td>150</td></tr>
</table>

当采用插入式振动器振捣混凝土时，其插点间距不宜大于振动器作用半径的 1.5 倍，振动棒插入下层混凝土内的深度应不小于 50mm。

当采用表面式振动器振捣混凝土时，其移动间距应保证振动器的平板能覆盖已振实部分的边缘。

在浇筑与柱和墙连成整体的梁和板时，应在柱和墙浇筑完毕后停歇 1.0 ~ 1.5h，再继续浇筑。

梁和板宜同时浇筑混凝土，高度大于 1m 的梁等结构，可单独浇筑混凝土。

施工缝的位置宜留置在结构受剪力较小且便于施工的部位，并符合下列规定。

1）柱施工缝。宜留置在基础顶面、梁的下面、柱帽下面。

2）单向板施工缝。可留置在平行板的短边的任何位置。

3）有梁板施工缝。应留置在次梁跨度的中间 1/3 范围内（顺次梁方向浇筑）。

4）墙施工缝。应留置在门洞口过梁跨中 1/3 范围内，也可留在纵、横墙交接处。

在施工缝处继续浇筑混凝土时，已浇筑混凝土的抗压强度不应小于 1.2MPa；在已硬化的混凝土表面上应清除软弱混凝土层，并加以充分湿润和冲洗干净；在浇筑混凝土前，宜先在施工缝处铺一层水泥砂浆（与混凝土内成分相同）；混凝土应仔细捣实，使新旧混凝土紧密结合。

混凝土浇筑完毕后，宜采取自然养护，在混凝土表面铺上草帘、麻袋等定时浇水养护，或在混凝土表面覆盖塑料布进行保湿养护。

（4）混凝土冬期施工

混凝土冬期施工可选用蓄热法养护、蒸汽法养护、电加热法养护、暖棚法施工、负温养护法等。

蓄热法养护是指浇筑混凝土后，利用原材料加热（拌和水及骨料的加热最高温度不能超过 80℃及 60℃）及水泥水化热的热量适当保温，延缓混凝土冷却进度，使混凝土温度在降到 0℃（或设计规定温度）前达到预期要求强度的施工方法，适于室外最低温度不低于 −15℃时的地面以下工程，或表面系数 M 不大于 5m^{-1} 的工程结构。浇筑混凝土后，应在裸露混凝土表面采用塑料布等防水材料覆盖、保温，对边、棱角部位的保温厚度应增大到面部位的 2 ~ 3 倍。

蒸汽法养护是利用蒸汽加热养护混凝土，主要方法有棚罩法、蒸汽套法、热模法、内部通气法。棚罩法是用帆布或其他罩子扣罩，内部通蒸汽养护混凝土，适于预制梁、板、地下基础、沟渠等。蒸汽套法是制作密封保温外套，分段送气养护混凝土，适于现浇梁、板、框架结构、墙、柱等。热模法是在模板外侧配置蒸汽管，加热模板养护，适于墙、柱及框架结构。内部通气法是在结构内部预留孔道，通蒸汽加热养护，适于预制梁、柱及现浇梁、柱、框架单梁。蒸汽养护应使用低压饱和蒸汽。采用普通硅酸盐水泥时最高养护温度不超过 80℃，但采用内部通气法时，最高加热温度不超过 60℃。采用蒸汽养护整体浇筑的结构时，升温和降温速度不得超过表 5-44 的规定。蒸汽养护混凝土可掺入早强剂或无引气型减水剂。

蒸汽加热养护混凝土时的升温和降温速度　　表 5-44

结构表面系数（m⁻¹）	升温速度（℃/h）	降温速度（℃/h）
≥ 6	15	10
< 6	10	5

电加热法是利用电能加热养护混凝土，包括电极加热、电热毯、工频涡流、线圈感应和红外线加热法。电极加热法是用钢筋做电极，利用电流通过混凝土所产生的热量来加热养护混凝土。电热毯法是在混凝土浇筑后，在混凝土表面或模板外面覆以柔性电热毯，通电加热养护混凝土。工频涡流法是利用安装在钢模板外侧的钢管，内穿导线，通以交流电后产生涡流电，加热钢模板对混凝土进行加热养护。线圈感应加热法是利用缠绕在构件钢模板外侧的绝缘导线线圈，通以交流电后在钢模板和混凝土内的钢筋中产生电磁感应发热，对混凝土进行加热养护。红外线加热法是利用电热红外线对混凝土进行辐射加热养护。电加热法养护混凝土温度应符合表 5-45 的规定。

电加热法养护混凝土的温度（单位：℃）　　表 5-45

水泥强度等级	结构表面系数（m⁻¹）		
	< 10	10 ~ 15	> 15
32.5	70	50	45
42.5	40	40	35

注：采用红外线辐射加热时，其辐射表面温度可采用 70 ~ 90℃。

暖棚法施工是将被养护的混凝土构件或结构置于搭设的棚中，内部设置散热器、排管、电热器或火炉等加热棚内空气，使混凝土处于正温环境下养护的方法。棚内温度不得低于 5℃。

负温养护法是在混凝土中掺入防冻剂，浇筑后混凝土不加热也不做蓄热保温养护，使混凝土在负温条件下能不断硬化的施工方法。混凝土浇筑后的起始养护温度不应低于 5℃，并应以浇筑后 5d 内的预计日最低气温来选用防冻剂。

3. 混凝土质量

（1）混凝土的质量检查

拌制和浇筑混凝土过程中需要开展以下检查工作：

1）检查拌制混凝土所用原材料的品种、规格和用量，每一工作班至少两次。

2）检查混凝土在浇筑地点的坍落度，每一工作班至少两次。

3）在每一工作班内，当混凝土配合比由于外界影响有变动时，应及时检查。

4）混凝土的搅拌时间应随时检查。

当采用预拌混凝土时，预拌厂需要提供下列资料：①水泥品种、标号及每立方米混凝土中的水泥用量；②骨料的种类和最大粒径；③外加剂、掺和料的品种及掺量；④混凝土强度等级和坍落度；⑤混凝土配合比和标准试件强度；⑥对轻骨料混凝土尚应提供其密度等级。预拌混凝土坍落度的检查需要现场进行，实测的混凝土坍落度与要求坍落度之间的允许偏差应符合表 5-46 的要求。

混凝土坍落度与要求坍落度之间的允许偏差 表 5-46

要求坍落度（mm）	允许偏差（mm）
< 50	± 10
50 ~ 90	± 20
> 90	± 30

检查混凝土质量应进行抗压强度试验。对有抗冻、抗渗要求的混凝土，尚应进行抗冻性、抗渗性等试验。混凝土试件应在混凝土的浇筑地点随机取样制作。试件的留置应符合下列规定：每拌制 100 盘且不超过 100m³ 的同配合比的混凝土，其取样不得少于一次；每工作班拌制的同配合比的混凝土不足 100 盘时，其取样不得少于一次。对现浇混凝土结构，其试件的留置还需满足：①每一现浇同配合比的混凝土，其取样不得少于一次；②同一单位工程每一验收项目中同配合比的混凝土，其取样不得少于一次。

每次取样应至少留置一组标准试件，同条件养护试件的留置组数，可根据实际需要确定。

（2）冬期施工混凝土质量检查

冬期施工混凝土质量检查除了需要满足以上要求之外，还需开展以下检查。

1）检查外加剂掺量；测量水和外加剂溶液以及骨料的加热温度和加入搅拌时的温度；测量混凝土自搅拌机中卸出时和浇筑时的温度。每一工作班至少需检查测量四次。

2）测量混凝土养护温度：以蓄热法养护时，养护期间至少每 6h 测量 1 次；对掺防冻剂的混凝土，在强度未达到 3.5MPa 前每 2h 测定 1 次，以后每 6h 测量 1 次；以蒸汽法或电流加热法养护时，升温、降温期间每 1h 测量 1 次，恒温期间每 2h 测量 1 次。室外气温及周围环境温度每昼夜内至少定时定点测量 4 次。

3）测量混凝土养护温度的方法需要满足下列要求：①编号所有测温孔，并绘制测温孔布置图；②测量混凝土温度时，需采取措施将测温表与外界气温隔离；③测温表留置在测温孔内的时间应不少于 3min；④以蓄热法养护时，测温孔应设置在易于散热的部位；⑤加热养护时需在离热源不同的位置分别设置；⑥大体积结构应在表面及内部分别设置。

4）除满足规范要求外，留置混凝土试件还需增设不少于两组与结构同条件养护的试件，分别用于检验受冻前的混凝土强度和转入常温养护 28d 的混凝土强度。

5）与结构构件同条件养护的受冻混凝土试件，解冻后方可试压。

6）所有各项测量、检验结果，均需做好"混凝土工程施工记录"和"混凝土冬期施工日报"。

（3）允许偏差

现浇混凝土结构的允许偏差，需满足表 5-47 的规定。

现浇混凝土结构的允许偏差　　　　表 5-47

项目			允许偏差（mm）
轴线位置		整体基础	15
		独立基础	10
		墙、柱、梁	8
垂直度	层高	≤ 6m	10
		> 6m	12
	全高 ≤ 300m		$H/30000+20$
	全高 > 300m		$H/10000$ 且 ≤ 80
标高		层高	± 10
		全高	± 30
截面尺寸		基础	+ 15，− 10
		墙、柱、梁	+ 10，− 5
表面平整度			8
预埋件中心位置		预埋螺栓	5
		预埋管	5
		其他	10
预留洞、孔中心线位置			15

注：H 为结构全高（mm）。
资源来源：引自《混凝土结构工程施工质量验收规范》GB 50204—2015。

4. 混凝土质量缺陷与防治

施工方不能擅自处理混凝土的质量缺陷，需在监理、甲方代表及质量监督部门许可的情况下进行，必要时需会同设计方确定处理方案。常见混凝土的质量缺陷包括：①麻面，由于模板润湿不够、浇灌不严、振捣不足或养护不好等造成构件表面上出现无数小凹点，但没有暴露钢筋现象；②蜂窝，由于材料配合比不准确（浆少石多）、搅拌不匀、浇灌方法不当、振捣不足及模板严重漏浆等原因造成构件形成蜂窝状的窟窿，骨料间存在空隙；③孔洞，由于混凝土捣空，混凝土内有泥块杂物，混凝土受冻等原因导致混凝土结构内存在孔隙，局部或全部没有混凝土；④露筋，浇灌时垫块位移，保护层的混凝土振捣不密实，或模板湿润不够，吸水过多而造成掉角露筋；⑤裂缝，有温度裂缝、干缩裂缝和外力引起的裂缝，产生裂缝的主要原因是水泥在凝固过程中，模板有局部沉陷，此外还有对混凝土养护不好，表面水分蒸发过快等；⑥缝隙及夹层，施工缝、温度缝和收缩缝处理不当，以及混凝土因外来杂物而造成混凝土构件分隔成几个不相连的夹层；⑦由于混凝土配合比设计、搅拌、现场浇捣和养护四个方面的问题而造成混凝土强度不足。

处理混凝土质量缺陷通常可以采用以下方式。

（1）表面抹浆修补。对数量不多的小蜂窝、麻面、露筋的混凝土表面，用钢丝刷或加压水清洗润湿，再以 1：1.5 ～ 1：2 水泥砂浆抹面修补，以免钢筋和混凝土受侵蚀，抹浆初凝后加强养护。对于表面裂缝较细、数量不多的情况，可冲洗裂缝并抹补水泥浆。

（2）细石混凝土填补。当蜂窝比较严重或露筋较深时，应去掉附近不密实的混凝土和突出的骨料颗粒，用清水洗刷干净，充分湿润后，用比原标号高一级的细石混凝土填补并仔细捣实。

（3）环氧树脂修补。当裂缝宽度在 0.1mm 以上时，可用环氧树脂灌浆修补，材料以环氧树脂为主要成分，加入增塑剂（邻苯二甲酸二丁酯）、稀释剂（二甲苯）和固化剂（乙二胺）等组成。修补时先以钢丝刷仔细清除混凝土表面的灰尘、浮渣及散层，严重时用丙酮擦洗，使裂缝处保持干净。然后选择裂缝较宽处布设嘴子（间距根据裂缝大小和结构形式而定，一般为 300 ～ 600mm），嘴子用环氧树脂腻子封闭，待腻子干固后进行试漏检查以防止跑浆。最后对所有的钢嘴都灌满浆液。混凝土裂缝灌浆后，一般经 7d 后方可使用。

（4）压浆法补强。对于不易清理的较深蜂窝，先清除易于脱落的混凝土，用水或压缩空气冲洗缝隙，把粉屑石渣清理干净并保湿，然后通过管子压力灌浆，灌浆用的管子用高于原设计标号一级的混凝土，或用 1：2.5 水泥砂浆来固定，并养护 3d。每一灌浆处埋管 2 根，管径为 ϕ25mm，一根压浆，一根排气或排除积水，埋管的间距一般为 500mm。在补填混凝土凝结的第二天，用砂浆输送泵压浆。水泥浆的水灰比为 0.7 ～ 1.0，输送泵的压力为 6 ～ 8 个大气压。每一灌浆处压浆两次，第二次在第一次浆初凝后进行。压浆完毕 2 ～ 3d 后割除管子并用砂浆填补孔隙。

5.4 仿木构建筑工程

5.4.1 仿木构建筑概述

仿木构建筑是传统建筑的另一种解释形式，在发展的过程中受到政治、经济、宗教、地方文化以及民族精神的影响。完全采用木材建造仿木构建筑有违保护森林、保护生态的原则，并且不符合社会发展的可持续性需求，因此，常常采用其他建筑材料进行仿木构建筑的营造。在采用的新材料中，由于钢筋混凝土不仅能够防火、防腐、防虫蛀，还具有抗震能力，在使用过程中可以减少维修，并且采用混凝土构件是事先进行模板的安装、浇筑，具有很强的可塑性，能够根据个人需要塑造出形状不一样的构件。采用钢筋混凝土进行仿木构建筑的建造，成为仿木构建筑最主要的表现形式。

仿木构建筑的结构特点：采用其他材料代替木材，仿传统木构建筑的形式建造，要求不仅神似，更要形似或者说酷似、逼真、乱真。钢筋混凝土仿木构建筑为框架结构，刚性节点保证了其更加稳固、安全。仿木构建筑在设计时已按照现行的规范要求进行了验算。施工时需严格按设计完成，重点是斗拱等传统建筑中的特殊部位需遵循传统建筑的权衡规则，最终将仿木构建筑仿造成现代的木构建筑。

今天的"仿"主要是对古建筑的外观造型、装饰部件和建筑色彩的仿，对建造工艺仿的较少，柱、枋、斗拱等主要构件在仿造中被钢筋水泥混凝土所替代，纯粹成为体现"古"的装饰元素。"古色古香"是现代人对古老的东西最直白的感叹，因为色彩的搭配能引发人们对古的感受，中国古建筑在几千年的发展历程中形成了独特的色彩搭配体系，仿古建筑主要体现了原木色的柱与枋，青色板瓦、白墙。

5.4.2 仿木构建筑设计

仿木构建筑设计及施工和当前建筑设计有相通之处，在对仿古建筑进行设计时，也需经过总体的分析研究，并进行相关规划，然后列出可行的方案，再进行施工设计等。传统木构建筑施工时，先把柱、梁、枋、檩等木构件进行相关的加工，加工之后的木构件成为一个个独立的个体，接着再把这些独立的个体组装起来。钢筋混凝土仿古木构建筑，先进行捆绑钢筋，再进行支模，最后再用混凝土进行浇筑。对于大木上下架结合的部分，特别对于斗拱与柱头及额枋结合的部分，既要能和木构建筑一样，又要能与现代混凝土的结构要求相符合。这些要求都是钢筋混凝土仿木构建筑设计需要解决的关键问题。

1. 斗拱

所谓的斗拱，是由弓形的肘木与斗形的木块进行纵横交错叠构起来的我国传统的木结构建筑中所采用的一种支撑构件，是介于柱头与梁架之间的构件，起到承重的作用，同时也起着美化的作用。斗拱和柱头、额仿，主要是通过大科来进行力的传输，由大科向柱头传输力。一般来说，斗拱相互之间会有垫拱板，但是垫拱板的厚度只有 20～30mm，因此，根本没办法承受负荷，而只是起到分隔空间的作用。在进行钢筋混凝土仿古建筑时，完全按照木构建筑的这种结构形式来进行是行不通的。因此，为了保证上、下架牢固，并且能够达到混凝土结构的标准，需对持力部位稍做变化，可以采用柱轴线垫板来进行受力，然后把垫拱板进行加厚，厚度达到结构上的要求。并将垫拱板和正心枋、正心拱、正心檩等各个分件叠构成一个整体。当进行这样的改变之后，斗拱就无须起承重的作用了，而变成装饰构件，单纯起装饰美化的作用。这样，可以以正心作为临界点，把斗拱进行分开，分成外面和里面。同时，由于斗栱不再进行载力，因此，可以采用混凝土或者其他材料来进行施工，然后在垫拱板上面把这些材料固定下来。

2. 檐头

在古代，对檐头进行设计主要是使其通过檐椽和飞椽承载其上的屋面。椽头挑出部分主要是靠板来承载力量，对于板下面的椽子，可以预制，还可以现浇。不论采用何种形式，它们只是出于椽口造型的需要，而不起任何结构的作用。因此，木结构与钢筋混凝土结构在对檐口的处理上会有技术上的差别。

3. 梁架

以前的古代建筑，在屋顶上面有个梁架，古时的梁架分为露明造和非露明造两种类型。前者的屋顶、梁架的檩木需要工匠进行细致的加工，并且要把檩木绘制得艳丽多彩；后者则可以把顶棚设置在井口枋的上空，顶棚上面的梁架檩木可以粗糙些，可以不绘制。而对于混凝土仿古建筑，属于露明造的，要按照古代建筑形式来进行，不仅需要进行彩绘，还需要在梁架檩木上做出望板，因此，在施工上具有一定难度。如果是非露明造的，梁架檩木则可以简单进行，同时也可以采用各种各样的形式来进行。

4. 柱子的收溜与侧脚

在传统建筑中，柱子一般都会有收溜与侧脚，后人在进行仿古建筑相关设计时，对这个已没有硬性的规定，也就是没有强制的要求。对于木结构建筑来说，做收溜和侧脚是很方便的一件事，而对于钢筋混凝土建筑则不同了，会带来很大的麻烦：在做收溜时，要求柱子的直径上面小下面大，这就要求从开始进行模板安装到对钢筋的捆绑，都要对这方面进行考虑；同时，还要求做侧脚时，外圈的柱头要向里面稍做倾斜，这样在进行施工时会更加烦琐。当然，更重要的还在于对于混凝土仿古建筑来说，做不做收溜侧脚，建筑物的外形和结构都不会有什么影响，因此，钢筋混凝土仿古建筑要不要做收溜和侧脚，可以根据使用对象和场地的实际情况来进行。

5.4.3 混凝土仿木构建筑施工工艺原理

（1）古建筑木构件仿制品的模具采用玻璃钢树脂制作，树脂基复合材料具有比强度高、比模量大、抗疲劳性能好等优点，古建筑仿木构件的模具受力复杂，为防止模具受拉破坏，要利用树脂基复合材料的层合效应，即采用多层叠合的方法增强树脂基复合材料的抗拉强度。

（2）古建筑木构件仿制品部分为室外装饰构件，对构件抗裂性、抗渗性、耐腐蚀性要求高，在普通水泥砂浆中掺入适量的有机聚合物可增强砂浆的黏结力，提高构件抗拉强度。

（3）大型古建筑木构件仿制品质量可达 1t 左右，在拼装和吊装过程中，吊点处集中力较大。为了分散集中力对古建筑仿木构件制品的不利影响，在构件内部焊接支撑架。支撑架能将集中力传到构件各个部位，使构件在吊装过程中受力合理，避免由集中受力引起构件的局部破坏。

5.4.4 仿木构建筑施工特点

（1）古建筑木构件仿制模具在工厂制作，保证模具的质量；现场组装，用型钢加固组装好的模具，保证模具的强度和刚度，使制作的古建筑木构件仿制品表面光洁，不变形。

（2）打底砂浆施工前，先用空压机喷涂 1 层水泥浆，使构件表面光滑，免去仿木涂料涂饰前大面积基底打磨处理。

（3）在古建筑木构件仿制品侧壁中加入 2 道耐碱性纤维网格布，能有效防止构件的裂缝开展，保证了构件的强度和耐久性。

（4）古建筑木构件仿制品拼装前，需制作拼装支撑架，不仅可保证构件的强度和刚度，也可使拼装更加简洁、牢固。

（5）制作的古建筑木构件仿制品能达到古建筑要求的艺术效果，且比木构件价格低廉、绿色环保、轻质耐用。

5.4.5 施工工艺流程及操作要点

1. 工艺流程

木构件模型制作→木构件仿制模具制作→模具组装、加固→水泥砂浆打底→绑扎钢筋→中间层及面层砂浆施工→木构件仿制品拼装→拼缝处理→木构件仿制品定位吊装→木构件仿制品饰面→验收。

2. 操作要点

（1）模型制作

按照古建筑木构件的设计图纸制作等比例模型。对于大型的古建筑木构件模型，先用轻质胶合板制作模型骨架，再用红黏土修整模型的细部与表面，勾勒出仿木构件的弧线及构件两侧面的花纹，保证模型尺寸及两侧面弧线造型与设计图纸吻合。

古建筑木构件仿制品两侧模具分开制作，单侧模具根据木构件仿制模型的体型特征，设计分型面（图 5-41）。分型面设计以形状简单、容易脱模为原则。沿分型面用木板将模型分块。

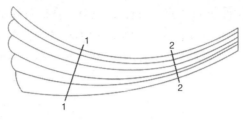

图 5-41　分型面设计示意

（2）模具制作

清理模型表面的杂物、灰尘，打 8# 脱模蜡，用干净的棉布以打圈的方式将蜡均匀地涂抹于模型表面，15 min 后，再用洁净的棉布将模糊的表层渐渐擦至光亮。打完蜡后，刷 HR-33# 间苯型胶衣树脂 1 层，静置待胶衣层固化。

根据作业现场的环境配制玻璃钢树脂，常温下（20℃）环氧树脂、丙酮、固化剂质量比为 10∶1∶2，固化剂根据施工现场当时的气温调整用量。先将环氧树脂加热，降低其黏度。加入丙酮，机械搅拌或手工搅拌均匀后，再加入固化剂，搅拌均匀后即可使用。

古建筑木构件模型胶衣层固化后，刷基层玻璃钢树脂，铺 1 层玻璃纤维毡，每铺 1 层即在玻璃纤维毡上刷 1 层玻璃钢树脂，严格控制玻璃钢树脂的用量，以充分浸润玻璃纤维毡为准，用毛刷将玻璃钢树脂涂刷均匀，压紧玻璃纤维毡，赶出气泡。每刷完 1 层玻璃钢树脂静置 30min，待玻璃钢树脂固化放热后，再进行下一层施工。直至第 5 层完成后，静置 2d。待玻璃钢树脂固化定型后，脱模修整，加工各分块模具连接用的螺栓孔。

（3）模具组装加固

根据设计分型面，将分块模具组合成单边整体模具，并用螺栓将分块模具连接牢靠。对于大型的木构件仿制模具，用角钢、钢板加工制作模具底部支架，加强中间分块模具的刚度和整体性（图 5-42）。模具长边方向的两根 30mm×30mm×5mm 角钢按古建筑木构件仿制模具的弧度弯折，角钢通过 30mm×5mm 钢板点焊连接。钢板布置间距小于 1m。

（4）水泥砂浆打底

在玻璃钢模具上涂刷脱模剂，刷好脱模剂后用空压机喷水泥浆 1 层，使古建筑木构件仿制品表面光滑，免去刷涂料前的大面积基底打磨处理。喷洒水泥浆后，设置脱模吊钩，脱模吊钩采用直径为 12mm 的钢筋制作，高度控制在 200mm 内。木构件仿制品扩大端布置 2 个脱模钩，缩口端布置 1 个脱模钩（图 5-43）。

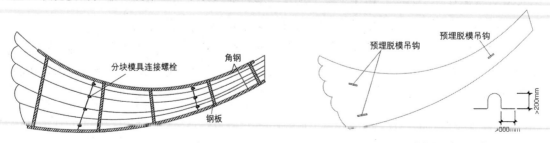

图 5-42　模具组装加固示意　　　　　　图 5-43　脱模吊钩安装示意

脱模吊钩布置好后，刷厚 20mm 的打底水泥砂浆，用木抹子挤压密实，打底水泥砂浆采用粗砂，水泥、砂配合比为 1：2，掺入高分子聚合物乳液，掺量为水泥质量的 15%。在水泥砂浆的表面覆盖 1 层耐碱性纤维网格布，耐碱性纤维网格布稍微压入砂浆层，能有效增强水泥砂浆的抗拉性能，防止打底砂浆的裂缝开展，保证了木构件仿制品的强度和耐久性。在水泥砂浆初凝后（1 ~ 2h）进行洒水养护，养护时间不少于 7 天。

（5）绑扎钢筋

打底砂浆终凝后（4 h）开始绑扎钢筋。纵向受力钢筋直径 12 ~ 18mm，分布钢筋直径 8mm，纵向受力钢筋按木构件仿制品设计弧度弯曲，间距不大于 100 mm，分布钢筋间距 250 mm（图 5-44）。分布钢筋伸出构件 30 ~ 50mm，用于木构件仿制品拼装焊接。

（6）中间层及面层砂浆

钢筋验收后，洒水湿润打底水泥砂浆层，施工中间层水泥砂浆，水泥砂浆采用粗砂，水泥、砂配合比为 1：2，掺入高分子聚合物乳液，掺量为水泥质量的 15%。用木抹子挤压密实，中间层完全覆盖钢筋并使钢筋保护层厚度达到 10mm，在中间层砂浆表面覆盖 1 层耐碱性纤维网格布，防止开裂。紧接着抹面层水泥砂浆，厚度 5 ~ 10 mm。在水泥砂浆初凝后（1 ~ 2h）进行洒水养护，养护时间不少于 7 天。

（7）木构件仿制品拼装

单边古建筑木构件仿制品起吊脱模后，在 2 个预留口位置焊接吊装吊钩，吊钩采用 φ18mm 螺纹钢筋制作，与脱模吊钩焊接。构件顶部接缝位置通长布置 1 条支架筋，预留分布筋向内弯折 90° 后与支架筋焊接。构件底部通长布置 30mm×30mm×5mm 角钢和 φ18mm 底部支架筋，均与底部预留分布筋焊接。顶部支架筋、底部支架筋、角钢通过 φ16mm 钢筋（支架腹筋）焊接连接形成拼装支撑架。角钢上焊接 30mm×5mm 钢板，钢板垂直于角钢，长度为构件底部宽度，间距 0.5m（图 5-45）。支撑架及吊钩等外露件刷防锈漆。

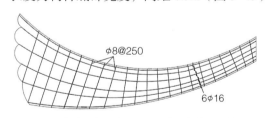

图 5-44　古建筑木构件仿制品钢筋骨架布置示意

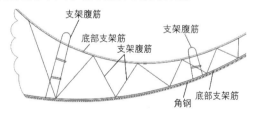

图 5-45　古建筑木构件仿制品拼装支撑架安装示意

用钢管搭设拼装架，将焊有钢板的单边古建筑木构件仿制品吊到拼装架上，固定好后将另外半边木构件仿制品吊到拼装架上，调整好位置后焊接固定（图 5-46）。

（8）拼装缝处理

拼装完成后在木构件仿制品顶部及前后两端的拼装缝处淋水润湿，铺 1 层耐碱性纤维网格布作为底模，打水泥砂浆，水泥、砂配合比为 1：2，掺入高分子聚合物乳液，掺量为水泥质量的 15%。再铺 1 层耐碱性纤维网格布防止开裂，防裂纤维网格布比缝边宽 100mm，打面层水泥砂浆。淋水养护。

（9）定位吊装

古建筑木构件仿制品起重吊装前，根据设计图纸在屋面弹出定位线，沿两侧木构件仿制品定位线每隔 500 mm 预埋一个 M20 螺栓。汽车吊两点起吊构件，按定位线调整好位置。

古建筑木构件仿制品底部的角钢与预埋螺栓焊接固定后脱钩，切割吊装吊钩，并打磨平整。所有裸露的型钢和钢筋材料刷 1 遍防锈漆，用砂浆封闭古建筑木构件仿制品与屋面之间的缝隙。

图 5-46　钢管搭设拼装架示意

（10）油漆饰面

油漆涂刷前，应有足够的养护期。古建筑木构件仿制品要充分干燥，面湿度在10%以下，表面 pH 小于 10。用砂轮或砂纸打磨基底表面，去净浆渣、浮砂。

拌制耐水腻子基层。腻子粉、水质量比为 1：0.6，搅拌均匀后放置 10 min，再进行搅拌即可使用。用钢刮板或抹刀按常规批刮耐水腻子基层 2 道，批刮厚度 0.5 ~ 1.0 mm，第 2 道耐水腻子应在前涂层干透的情况下进行施工。

待耐水腻子干燥后，用砂轮打磨 1 遍，涂刷 1 遍白色改性丙烯酸面漆，厚度 0.5 ~ 1.0 mm，干透后涂刷 2 遍白黑改性丙烯酸面漆混合涂料成型，每遍厚度 0.5 ~ 1.0 mm，白黑改性丙烯酸面漆白黑比为 5：1。

混合涂料第 1 遍涂刷后 2h 以上（25℃时，干燥时间会随环境温度、湿度的不同而变化）再进行第 2 遍涂刷，过短的重涂时间会造成下面的涂膜干燥缓慢，出现起皱、耐水性和附着力差等问题。待面漆干燥后采取措施进行成品保护。

5.5 装饰工程

5.5.1 抹灰工程

1. 抹灰的分类和组成

根据材料和装饰效果抹灰工程可分为一般抹灰和装饰抹灰两大类，其抹灰层一般分底层、中层和面层（图5-47）。一般抹灰常用石灰砂浆、水泥砂浆、水泥混合砂浆、聚合物水泥砂浆、膨胀珍珠岩水泥砂浆、石膏灰、纸筋石灰和麻刀石灰等材料。按照质量要求及其主要工序一般抹灰可分为普通抹灰、中级抹灰和高级抹灰三种。普通抹灰含一底层、一面层，抹灰两遍，主要工序包括分层赶平、修整和表面压光。中级抹灰包含一底层、一中层、一面层，抹

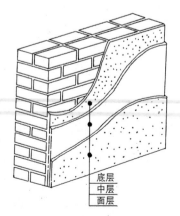

图 5-47　抹灰层组成示意
（图片来源：邱榆蓓改绘）

灰三遍，主要包括分层赶平、修整和表面压光等工序，要求阳角找方，设置标筋（冲筋）控制厚度和表面平整度。高级抹灰包括一底层、中层多遍、一面层，抹灰多遍，主要包括分层赶平、修整和表面压光等工序，要求阴阳角找方，设置标筋控制。

各个抹灰层的具体厚度需根据基体材料、砂浆种类、墙面平整度、抹灰质量等级以及场地气候特征来定。水泥砂浆抹灰每遍宜厚 7 ~ 10mm；石灰砂浆和水泥混合砂浆抹灰每遍宜厚 5 ~ 7mm；麻刀灰、纸筋灰、石膏灰等罩面时平实后厚度一般不超过 3mm。抹灰层的总厚度需根据建筑物或构筑物的具体部位及基体材料来定，通常板条、空心砖、现浇混凝土等材料构体抹灰总厚度不超过 15mm，而预制混凝土板构体抹灰总厚度不超过 18mm。普通抹灰总厚度不超过 18mm，中级抹灰和高级抹灰总厚度分别不超过 20mm 和 25mm。外墙抹灰总厚度不超过 20mm，突出部位抹灰总厚度不超过 25mm。

为了黏结牢固，控制好平整度，抹灰常分层涂抹，避免一次涂抹过厚因内外收水速度差异而产生裂缝、起鼓或脱落，浪费材料。

装饰抹灰多以 1 ： 3 水泥砂浆打底，以斩假石、水刷石、水磨石、干黏石、假面砖、拉条灰、仿石作面，以喷涂、滚涂、弹涂、彩色抹灰等方式抹灰。

2. 一般抹灰施工

（1）施工顺序

施工前合理安排好抹灰工序，以保护好抹灰成品。通常应遵循的抹灰工序是先室外后室内、先上面后下面、先地面后顶墙。

（2）基层处理

抹灰前需处理好基层以保证抹灰砂浆与基体黏结牢固，避免抹灰层出现空鼓现象。对基层表面上的灰尘、污垢和油渍等均须事先清除干净，并洒水润湿。对砖砌体基体须待砌体充分沉稳后方可抹底层灰，以免砌体沉陷拉裂灰层。对粗糙不平的基层须剔平其表面，或以 1 ： 3 的水泥砂浆补平。对穿墙管道、景墙脚手架洞及窗框与立墙交接缝隙处都须以 1 ： 3 水泥砂浆或水泥混合砂浆（加少量麻刀）分层嵌填密实。对易于碰撞之角须以强度较高的 1 ： 2 水泥砂浆制做高度不低于 2m，每侧宽度不小于 50mm 的护角。墙面太光的要凿毛，或用掺加 10%107 胶的 1 ： 1 水泥砂浆薄抹一层。对如砖墙与木隔墙等不同材料相接处，须铺设金属网，搭接幅度从缝边起两侧均不小于 100mm，以免抹灰层因基体胀缩变化而产生裂缝（图 5-48）。

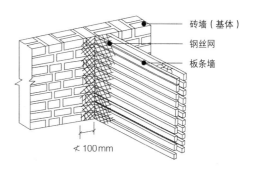

图 5-48　砖木交接处基体处理示意
（图片来源：引自杨波《建筑工程施工手册》，2011 年；王希媛改绘）

（3）抹灰施工

抹灰施工，按部位分墙面抹灰和顶棚抹灰。

中、高级墙面抹灰。为控制抹灰层厚度和墙面平直度，用与抹灰层相同的砂浆先做出灰饼和标筋（图5-49），标筋稍干后以标筋为平整度的基准进行底层抹灰。如用水泥砂浆或水泥混合砂浆，应待前一抹灰层凝结后再抹后一层。如用石灰砂浆，则应待前一层达到七八成干后，方可抹后一层。中层砂浆凝固前，亦可在层面上交叉划出斜痕，以增强与面层的黏结。

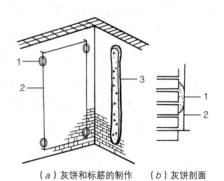

（a）灰饼和标筋的制作　　（b）灰饼剖面

1—灰饼；2—引线；3—标筋

图5-49　灰饼和标筋示意

（图片来源：引自杨波《建筑工程施工手册》，2011年；王希媛改绘）

顶棚抹灰应先在墙顶四周弹出水平线，以控制抹灰层厚度，然后沿顶棚四周抹灰并找平。顶棚面要求表面平顺，无抹纹和接搓，与墙面交角应成一直线。如有线脚，宜先用准线拉出线脚，再抹顶棚大面，罩面应两遍压光。

抹灰质量要求如表5-48所示。

一般抹灰质量的允许偏差　　　　　　　　　　　　　　表5-48

项次	项目	允许偏差（mm）	
		普通抹灰	高级抹灰
1	立面垂直度	4	3
2	表面平整度	4	3
3	阴阳角方正	4	3
4	分格条（缝）直线度	4	3
5	墙裙勒角上口直线度	4	3

抹灰亦可用机械喷涂，将砂浆搅拌、运输和喷涂有机地衔接起来进行机械化施工。图5-50为一种喷涂机组，搅拌均匀的砂浆经过振动筛进入集料斗，再由灰浆泵吸入经输送管送至喷枪，然后经压缩空气加压砂浆由喷枪口喷出喷涂于墙面上，再经人工找平、搓实即完成底子灰的全部施工。喷枪的构造如图5-51所示。喷嘴直径有10mm、12mm、14mm三种。应正确掌握喷嘴距墙面或顶棚的距离，选用适当的压力，否则会使回弹过多或造成砂浆流淌。

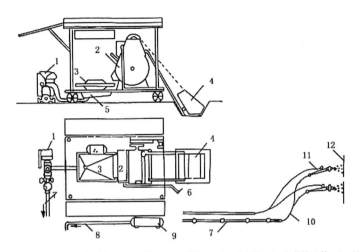

1—灰浆泵；2—灰浆搅拌机；3—振动筛；4—上料斗；5—集料斗；6—进水管；7—灰浆输送管；8—压缩空气管；
9—空气压缩机；10—分叉管；11—喷枪；12—基层
图 5-50　喷涂抹灰机组示意
（图片来源：引自杨波《建筑工程施工手册》，2011 年）

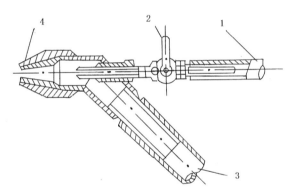

1—压缩空气管；2—阀门；3—灰浆输送管；4—喷嘴
图 5-51　喷枪构造示意
（图片来源：引自杨波《建筑工程施工手册》，2011 年）

　　机械喷涂亦须设置灰饼和标筋。喷涂所用砂浆的稠度比手工抹灰稀，故易干裂，为此应分层喷涂，以免干缩过大。喷涂目前只用于底层和中层，而找平、搓毛和罩面等仍须手工操作。

3.装饰抹灰施工

　　装饰抹灰是指通过运用装饰性强的材料或合适的处理工艺技术使风景园林建筑外观具备特定的景观特性。

　　（1）水刷石

　　待 12mm 厚 1 ：3 底层水泥砂浆终凝后，按设计分格弹线，于弹线处安装 8mm×10mm 的梯形分格木条，以水泥浆黏结固定于两侧以防面层缩裂。接着浇水润湿底层，刮一道水泥浆（水灰比 0.37 ~ 0.40），然后抹上稠度为 50 ~ 70mm、厚 8 ~ 12 mm 的水泥石子浆（水泥：石子＝1：1.25 ~ 1：1.50）面层，整平夯实，匀实石子。在面层凝结前，借助水以棕刷自上而下冲刷面层水泥浆，使面层石子表面完全外露。为保证面层美观、洁净，常常采用喷雾水自上而下冲洗掉面层灰尘等杂物。水刷石的施工质量要求是石粒清晰洁净、密实平整、分布均匀、色泽一致，无掉粒和接搓现象。水刷石多用于风景园林建筑外墙面、景墙装饰。

（2）干黏石

干黏石法是指在水泥砂浆面直接干黏石子的做法。在未完全终凝的 12mm 厚 1：3 底层水泥砂浆层上依设计弹线分格，据弹线嵌分格木条，浇水润湿，接着抹一层 6mm 厚 1：2 ~ 1：2.5 的水泥砂浆，随即再抹一层 2mm 厚 1：0.5 的水泥石灰膏浆，即时甩黏粒径 4 ~ 6mm 的不同配色或同色石子，整平压实，使石子嵌入深度不小于石子粒径的 1/2，同时避免砂浆溢出。注意及时洒水养护。也可以用喷枪将石子均匀喷射于黏结层，铁抹子轻压，保持表面平实。干黏石的施工质量要求是石粒洁净饱满、分布均匀、颜色一致、密实黏固、不掉粒、不露浆、不漏黏。

（3）斩假石与仿斩假石

斩假石又称剁斧石，装饰效果近似花岗石，但较费工。

待 12mm 厚 1：3 水泥砂浆底层完全凝结硬化后弹线分格，黏结 8mm×10mm 的梯形木条，洒水润湿底层并刮素水泥浆一道，随抹 11mm 厚 1：1.25（水泥：石碴）并掺 30% 石屑的水泥石碴浆罩面。罩面层防晒养护 2 ~ 3d，在其强度达到设计强度的 60% ~ 70% 时，以剁斧将罩面层斩毛，保证剁纹均匀，方向和深度一致，保留棱角和分格缝周边 15mm 不动。一般剁两遍。

仿斩假石施工方法基本同斩假石，只是面层厚度减为 8mm，表面纹路在面层收水后用由一段锯条夹和木柄制成的钢箆子沿导向的长木引条轻轻拉划出。待面层终凝后，原纹路上自上而下拉刮几次，即形成与斩假石类似的肌理效果。仿斩假石做法如图 5-52 所示。

（4）喷涂、滚涂与弹涂饰面

1）喷涂饰面。须先在 10 ~ 13mm 厚的 1：3 水泥砂浆基层上喷或刷一道胶水溶液（107 胶：水＝1：3），以保证基层吸水率近于一致和高效的黏结性。接着采用挤压式灰浆泵或喷斗通过喷枪在基层上均匀喷涂 3 ~ 4mm 厚聚合物水泥砂浆，既可连续喷成砂浆饱满，呈波纹状的波面喷涂，直至全部泛出水泥浆但又不致流淌为好，

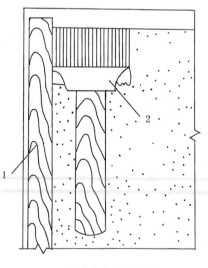

1—木引条；2—钢箆子

图 5-52 仿斩假石做法示意

（图片来源：引自杨波《建筑工程施工手册》，2011 年；王希嫒改绘）

也可连续三遍完成表面布满点状颗粒的粒状喷涂。待喷涂层凝固后喷罩一层有机硅疏水剂。喷涂饰面的施工质量要求喷涂面表面平整，颜色一致，花纹均匀，接搓不露。

2）滚涂饰面。在基层上先抹一层厚 3mm，配合比为水泥：骨料（砂子、石屑或珍珠岩）= 1 : 0.5 ~ 1.0，外掺占水泥量 20% 的 107 胶和 0.3% 的木钙减水剂的聚合物砂浆，再以带花纹的橡胶或塑料滚子滚出花纹，最后喷罩有机硅疏水剂。

3）弹涂饰面。在 1 : 3 底层水泥砂浆面上，洒水润湿，待干至 60% ~ 70% 时在基层上喷刷一遍掺有 107 胶的聚合物水泥底色浆，弹分格线，贴分格条，然后用弹涂器分几遍将不同色彩的聚合物水泥浆弹在已涂刷的涂层上，形成直径为 1 ~ 3 mm 的扁圆花点，最后进行个别修弹，再进行喷射树脂罩面层。既可手工操作，也可电动作业。

5.5.2 饰面工程

1. 饰面工程对材料质量的要求

饰面工程材料的品种、规格、图案、线条、固定方法和砂浆类型等须符合设计要求。

天然饰面材料要求表面平整、边缘整齐，表面不得有隐伤、风化等缺陷，棱角不得损坏。人造饰面材料要求表面平整，几何尺寸准确，面层石粒均匀、洁净、颜色一致，背面平整且粗糙。安装饰面材料所用的铁制锚固件、连接件，应镀锌或经防锈处理。镜面和光面花岗石饰面板，应用铜或不锈钢制的连接件。

2. 饰面工程的施工

固定饰面材料的钢筋网，应与锚固件连接牢固，锚固体在结构施工时埋设。若连接件的直径或厚度大于饰面材料的接缝宽度，应凿槽埋置。

安装饰面材料前，应将其侧面和背面清理干净，并需修边打眼，每块板材上、下边打眼数量不得少于两个，并用防锈金属丝穿入孔内，以作系固之用。

饰面板的接缝宽度如设计无要求时，应符合表 5-49 的规定。

饰面板的接缝宽度　　　　　　　　　　　　　　　　　　　　表 5-49

项次	名称		接缝宽度（mm）
1	天然石	光面、镜面	1
2		粗磨面、麻面、条纹面	2
3		天然面	2

5.5.3 油漆工程

油漆是一种胶体溶液，主要由胶黏剂、溶剂（稀释剂）及颜料和其他填充料或辅助材料（如催干剂、增塑剂、固化剂）等组成。胶黏剂常用桐油、梓油和亚麻仁油及树脂等，是硬化后生成漆膜的主要成分。颜料不仅使涂料具有色彩，还能提高漆膜的密实度，减小收缩，改善漆膜的耐水性和稳定性，起到填充作用。溶剂起稀释油漆涂料的作用，常用的溶剂有松香水、酒精及溶剂油（代松香水用），溶剂的掺量需适量。如需油漆加快干燥，可加入少量催干剂，如燥漆。涂料应配套使用，底漆和腻子、腻子与面漆、面漆与罩光漆间的附着力不会有咬起等。

常用的建筑工程油漆涂料有以下几种。

（1）清油

多用于调制厚漆和红丹防锈漆，单独刷涂于金属、木材表面时漆膜柔韧、易发黏。

（2）厚漆（又称铅油）

有淡黄、红、特级白、深绿、灰、黑等颜色，漆膜较软。

（3）调和漆

分油性调和漆、瓷性调和漆两类。油性调和漆的漆膜附着力强，耐大气性能好，不易粉化、龟裂，不过干燥时间长，漆膜较软，适于金属、木材及水泥表面层涂刷。瓷性调和漆耐水洗，光亮平滑，但耐候性差，易失光、龟裂和粉化，漆膜较硬，仅适于室内面层涂刷。

（4）红丹油性防锈漆和铁红油性防锈漆

适于各种金属表面防锈。

（5）清漆

分油质清漆和挥发性清漆两类。油质清漆也称凡立水，漆膜干燥快，光泽透明，适于木门窗、板壁及金属表面罩光，常用种类有酚醛清漆、酯胶清漆、醇酸清漆等。挥发性清漆也称泡立水，漆膜干燥快，坚硬光亮，易失光，耐水、耐热、耐候性差，多适于室内木质面层打底和家具罩面，常用种类有漆片。

（6）聚醋酸乙烯乳胶漆

聚醋酸乙烯乳胶漆性能良好，漆膜坚硬平整，附着力强，干燥快，耐暴晒，耐水洗，墙面稍经干燥即可涂刷，以水作稀释剂，无毒安全，适于室内外抹面、木材面和混凝土的面层涂刷。

油漆施工包括基层准备、打底子、抹腻子和涂刷等工序。

1）基层准备。对于木材需清除松动节疤、脂囊及钉子、油污等，以腻子填补裂缝和凹陷，以砂纸磨光。对于金属须清除一切鳞皮、锈斑和油渍等。对于混凝土和抹灰层基体，含水率都不能超过8%。对于新抹灰的灰泥表面须仔细除去粉质浮粒，还可多次采用氟硅酸镁溶液进行涂刷处理，使灰泥表面硬化。

2）打底子。促使基层表面有均匀吸收色料的能力，以保证整个油漆面的色泽均匀一致。

3）抹腻子。腻子是指由涂料、填料（石膏粉、大白粉）、水或松香水等拌制而成的膏状物，抹腻子可促使表面平整。对于高级油漆应在基层上全面抹一层腻子，待其干后以砂纸打磨，再满抹腻子再打磨，直至表面平整光滑。所用腻子需根据基层、底漆和面漆的性质配套选用。

4）涂刷油漆。按操作工序和质量要求，木材表面涂刷混色油漆分普通、中级、高级三级，金属表面涂刷也分三级，混凝土和抹灰表面涂刷只分中级、高级两级。油漆涂刷方法有刷涂、喷涂、擦涂、揩涂及滚涂等。

刷除法是指用鬃刷蘸油漆涂刷物体表面，不适于快干和扩散性不良的油漆施工。

喷涂法是指用喷雾器或喷浆机将油漆喷射于物体表面上。喷涂须分次进行，一次不能喷得过厚，喷嘴均匀移动。其优点是工效高，漆膜分散均匀，平整光滑，干燥快；缺点是油漆消耗大，需喷枪和空气压缩机等设备，需通风、防火、防爆等措施。

擦涂法是指用棉花团外包纱布蘸油漆擦涂于物体表面，待漆膜稍干后再连续转圈揩擦多遍，直到均匀擦亮为止。其特点是漆膜光亮、质量好，但效率低。

揩涂法是指用布或丝团浸油漆滚动于物体表面，经反复搓揩使漆膜均匀一致，仅用于生漆涂刷施工。

滚涂法是指用羊皮、橡皮或其他吸附材料制成的滚筒滚上油漆后，再滚涂于物体表面上，适于墙面滚花涂刷。

涂油漆时，前一道油漆干燥后才能涂下一道油漆。每道油漆须涂刷均匀密实，各层须结合牢固，干燥得当，否则会出现涂层起皱、发黏、麻点、针孔、失光、泛白等现象。

一般，油漆工程施工时环境温度不宜低于 10℃，相对湿度不宜大于 60%，切忌大风、雨、雾天气施工。

5.5.4 刷浆工程

刷浆工程是将涂料涂刷在抹灰层或结构表面上。建筑涂料按其化学成分，分为有机高分子涂料和无机高分子涂料两大类。

（1）有机高分子涂料

有机高分子涂料分为溶剂型涂料、水溶性涂料和乳胶涂料三类。

1）溶剂型涂料。它是指以有机高分子合成树脂为主要成膜物质，以有机溶剂为稀释剂，加入适量颜料、填料及辅助材料，经研磨而成的涂料。其优点是生成的涂膜细而坚韧，有一定耐水性，可低温施工；缺点是价贵，有机溶剂受热易挥发，挥发物有损人体健康。较常用者有过氯乙烯涂料、聚乙烯醇缩丁醛涂料。

2）水溶性涂料。它是指以水溶性合成树脂为主要成膜物质，以水为稀释剂，再加入适量颜料、填料及辅助材料经研磨而成的涂料。施工时须先清理墙面，以腻子填补孔洞，充分搅拌使用，变稠时加热后用原基料稀释，涂刷两遍成活。

聚乙烯醇水玻璃内墙涂料（俗称 106 内墙涂料），以聚乙烯醇树脂水溶液和钠水玻璃为基料，加入颜料、填料和少量表面活性剂经研磨而成，价低，施工方便，表面光洁平滑，有一定黏结力，耐水性较差。聚乙烯醇缩甲醛内墙涂料（俗称 SJ-803 内墙涂料），以聚乙烯醇缩甲醛为基料，加入颜料、填料、辅料经研磨而成，易施工，耐擦洗，涂、喷均可。

3）乳胶涂料。它是指将合成树脂以直径为 0.1 ~ 0.5 μm 的极细微粒子分散于水中形成的乳胶液作为主要成膜物质，再加入适量颜料、填料、辅料经研磨而成，价格便宜，不易燃，无毒无异味，有一定透气性。所有乳胶涂料都在一定温度下才能成膜。

常用种类有氯醋丙高级内墙涂料、XO-81 聚醋酸乙烯内墙乳胶漆、RT-171 内墙涂料、乙丙乳胶漆、KS-82 型复合建筑涂料等。

（2）无机高分子涂料

相比于有机高分子涂料，无机高分子涂料资源丰富、价格低、黏结力强、经久耐用、涂刷性能好、保色性能好。

目前应用较多的无机高分子涂料，主要有碱金属硅酸盐系（代表性产品 JH80-1 型涂料）和胶态二氧化硅系（代表性产品 JH80-2 型涂料）。

JH80-1 型无机涂料是以碱金属硅酸钾为主要成膜物质，加入适量固化剂、填料、颜料及分散剂搅拌混合而成的二组分涂料，分一般涂料和厚涂料（涂料中加入石英粉或云母粉等填料而成）两类。无机高分子涂料喷涂、刷涂、滚涂均宜，唯厚涂料最宜喷涂，都适于混凝土、砂浆抹面、砖墙等基层饰面。施工前须充分搅拌涂料，使之均匀；施工过程中须不断搅拌，使之保持活性，且不能任意加水稀释。如遇稠度偏大，只能用硅酸盐稀释剂稍加稀释，且其掺量不得大于 8%。施工最低温设限 0℃，最高风速设限四级风，施工后 12h 内避免淋雨。涂料所含水分已按比例调整。

JH80-2 型无机涂料是以胶态氧化硅为主要成膜物质，加入适量填料、颜料和其他助剂，不需加固化剂搅拌混合而成的单组分水溶性涂料，耐水、耐酸、耐碱、耐污染、不产生静电，主要用于外墙饰面。

5.5.5 裱糊工程

裱糊工程常用胶黏剂将普通墙纸、塑料墙纸等裱糊在基体或基层表面上。塑料墙纸品种繁多，其底层有布基和纸基两种，既可现场刷胶裱贴，也可利用背面预涂压敏胶直接铺贴。布基最常用的是玻璃布、玻璃毡和无纺布，纸基最常用的有普通纸和石棉纸。

纸基塑料墙纸的裱糊工艺：基层处理→安排墙面分幅和划垂直线→裁纸→润湿→墙纸上墙→对缝→赶大面→整理纸缝→擦净纸面。

（1）基层处理

基层需干燥，混凝土和抹灰层的含水率不得大于 8%，其表面应坚实、平滑、无毛刺、无砂粒。对局部麻点须先批腻子找平，再满批腻子（聚醋酸乙烯乳胶腻子），砂纸磨平，接着表面满刷一遍底胶，即用水稀释的聚乙烯醇缩甲醛胶（控制基层吸水速度，以免影响墙纸与基层的黏结）。待底胶干后，在墙面上弹垂直线，作为裱糊第一幅墙纸时的准线。

（2）裁纸

裱糊墙纸时纸幅须垂直，以保障墙纸间花纹、图案、纵横顺连一体。分幅拼花裁切时，需照顾主要墙面花纹图案的完整对称，对缝、搭缝根据实际尺寸统筹规划裁纸，纸幅应编号，按顺序粘贴。

（3）墙纸润湿和刷浆

纸基塑料墙纸裱糊吸水后，会胀宽约1%。准备上墙裱糊的塑料墙纸，需先浸水3min，然后抖掉余水，静置20min备用，以免出现褶皱。在纸背和基层面上刷胶需薄而匀。裱糊用的胶黏剂需依墙纸的品种选用，塑料墙纸的胶乳剂可选用聚乙烯醇缩甲醛胶（甲醛含量45%）：羧甲基纤维素（2.5%溶液）：水＝100：30：50（重量比）或聚乙烯醇缩甲醛胶：水＝1：1（重量比）。

（4）裱糊

墙纸纸面对褶上墙面，纸幅要垂直，先对花、对纹拼缝，由上而下赶平、压实。多余的胶黏剂挤出纸边，及时揩净以保持整洁。如局部黏结不牢，可补刷聚乙烯醇缩甲醛胶黏剂。裱糊过程和干燥时，需防穿堂风和温度的剧烈变化，施工温度不应低于5℃。

先裁边后粘贴拼缝的工艺缺点是裁时不易平直，粘贴时拼缝费工，且不易使缝合拢，易翘边，可见明显拼缝。先粘贴后裁边（称"搭接裁缝"法，即相邻两张墙纸粘贴时，纸边搭接重叠20mm，粘贴后沿搭接的重叠中心部位裁切，撕去重叠的多余纸边，经滚压平服而成的施工方法）的工艺优点是接缝严密，可达到或超过施工规范的要求。

塑料墙纸裱糊的质量要求是：墙纸面图案顺接，色泽一致，无气泡、空鼓、翘边、褶皱和斑污，斜视无胶痕，拼接无露缝，距墙面1.5m处正视不显拼缝。

思 考 题

1. 进行仿古建筑景廊施工时如何进行混凝土配比设计？
2. 民用建筑与常见的景观建筑在基础上有何区别和联系？
3. 砖的砌筑方式对景观建筑的造型有何影响？
4. 如何保持风景园林建筑结构的稳定性、可持续性与特色性的协同？
5. 裱糊工程对风景园林建筑工程有何价值和意义？

参考文献

[1] 王巍.钢筋混凝土仿木构建筑结构设计及施工技术 [J]. 工程建设与设计，2013（22）：52-53；56.

[2] 雷凌华.风景园林工程材料 [M]. 北京：中国建筑工业出版社，2016.

[3] 李功满，高峰.仿古建筑结构施工工艺研究 [J]. 建筑工程技术与设计，2015（5）：381.

[4] 胡倩文.仿古建筑外立面的建筑设计思路 [J]. 建筑工程技术与设计，2015（15）：404.

[5] 庄国强，朱森杰，梁智军，等.玻璃钢模板在南京港龙潭港区四期水工码头 11 标段中的应用 [J]. 港口科技，2009
（12）：29-31.

[6] 戴斌.某仿古改扩建项目构件细邵做法及屋盖施工技术 [J]. 施工技术，2018，47（17）：41-45.

[7] 王耀立.鹤雀楼仿唐复建工程仿古预制构件施工 [J]. 建筑技术，2003，34（9）：677-678.

[8] 杨渊，赵亮亮.仿古建筑中的水泥砂浆仿木构件施工技术 [J]. 建筑施工，2019，41（4）：604-606.

[9] 苏州市房产管理局.JGJ 159—2008 古建筑修建工程施工及验收规范 [S]. 北京：中国建筑工业出版社，2008.

[10] 中国建筑工业出版社.建筑施工手册 [M].5 版.北京：中国建筑工业出版社，2013.

[11] 孟祥普，郭建刚.谈水泥仿木工艺在园林小品中的应用 [J]. 河北林业科技，2012（3）：88.

[12] 杨波.建筑工程施工手册 [M]. 北京：化学工业出版社，2011.

第

6

章

风景园林
道路工程

本章要点

道路工程在我国有着悠久的历史文化和技艺传承，随着风景园林
事业的蓬勃发展，风景园林道路工程也在不断地发展和提升，成
为园林景观的重要构成部分。园路不仅要对自然环境的变化有很
好的适应性，更要满足高频度的人、车通行和各种活动的开展要
求，也是划分功能区域、组织景观序列、协调平面构图的主要元素。
因此对于园路的规划设计要综合考虑其功能、美学、材料和养护
等因素，尤其要注意路网布置的合理性。此外，伴随着环境问题
的日益凸出，园路工程中的生态敏感性和低碳建造的问题也逐渐
引起人们的重视，新型材料被大量应用。读者在学习本章时既要
掌握园路线形设计、文化设计、结构设计和园路施工等理论知识，
也要通过平面图的绘制、模型的制作和推敲、现场的勘察等手段
了解设计与竖向、布局与构图、材料尺寸与构造元素的组合等知识，
从而将文字知识与感性体验结合，将理论知识和实际施工结合。
在本章的下文中"风景园林道路"简称为"园路"。

6.1 园路线形设计

园路的设计包括园路线形设计和路面铺装设计。线形设计是指路线立体形状及相关诸因素的综合性设计，是在风景园林景观总体布局规划的基础上进行的，可分为平面、横断面、纵断面 3 种线形设计。平面线形设计包括确定园路的平面位置关系、转弯半径的选择和曲线加宽的处理等；横断面设计确定园路的宽度、横断面形式和横坡坡度等；纵断面设计确定园路的标高、纵坡坡度和适宜的竖曲线半径等。线形设计合理与否，不仅关系到园林景观序列的组织与表现，也直接影响道路的交通和排水功能。整体设计要与地形、水体、植物、建筑物、铺装场地及其他设施紧密结合，保证路基稳定和减少土方工程量，形成完整的风景构图。

6.1.1 园路平面线形设计

1. 园路平面线形设计原则

园路的线形设计应充分考虑造景的需要，中国园林景观多数以山、水为中心，主要采用深远、含蓄、自然的布局，园路表现多为蜿蜒曲折、自然流畅的曲线形。中国古典园林所讲的峰回路转，步移景异即是如此，转折、衔接要通顺，要符合游人的行为规律。园路的自然曲折，可以使人们从不同角度去观赏景观，在私家园林中，由于所占面积有限，园路的曲折更产生了小中见大、延长景深、扩大空间的效果。

在自由曲线形式被广泛应用的同时，也有很多规则形式和混合形式，由此形成不同的道路风格。西方古典园林讲究平面几何形状，追求形式美、建筑美，园路宽直、对称，被称为"规则式"园林。每种曲线形式都不是独立存在的，现代园林绿地中比较常见的是采用以一种形式为主，另一种形式作辅助的混合式应用方式，创造连续展示园林景观的空间或欣赏前方景物的透视线。

园路中线在水平面上的投影形状称为园路的平面线形。园路的平面线形是由 3 种线形——直线、圆曲线和缓和曲线所构成的，称为"平面线形三要素"。通常直线与圆曲线直接衔接（相切）；当车速较高、圆曲线半径较小时，直线与圆曲线之间以及圆曲线之间要插设回旋的缓和曲线。行车园路平面线形设计一般原则是：

（1）平面线形连续、顺畅，并与地形、地物相适应，与周围环境相协调；

（2）满足行驶力学上的基本要求和视觉、心理上的要求；

（3）保证平面线形的均衡与连贯；

（4）避免连续急弯的线形；

（5）平曲线应有足够的长度。

园路在不考虑行车要求时，可以降低线形技术要求，在不影响游人正常游览的前提下常结合地形设计，采用连续曲线的线形，以优美曲线构成园景。

2. 园路平面线形种类

平面线形的种类包括直线、圆曲线和自由曲线 3 种。

（1）直线

在规则式园林中多采用直线形园路，线形平直、规则，方便交通，能够烘托出庄严、肃穆的氛围。在园区规模较大、地形较为平坦的开阔地段也会将此段园路设计为直线形。

（2）圆曲线

圆曲线常用在道路转弯或交汇时，考虑到机动车辆的行驶要求，弯道部分应采取圆曲线连接，并具有相应的转弯半径。

（3）自由曲线

自由曲线指曲率不等且随意变化的自然曲线。在自然式布局为主的园林步行道路中常采用此种线形的设计。可随地形、景物的变化而自然弯曲，使园路顺畅、协调。

3. 园路平面线形设计要点

（1）在满足交通正常功能的前提下，园路的宽度应趋近于下限值，有助于扩大绿地面积的比例。

（2）具有行车功能的园路应满足视觉、心理上的要求，更要符合行驶力学上的基本要求。转弯半径在满足机动车最小转弯半径的前提下，可结合地形、景观灵活处理。

（3）园路平面设计时要保证线形的均衡与连贯，避免出现连续的急弯。

（4）园路在平面上的曲折迂回，要满足具体功能上的要求，如避绕障碍物、串联景点、分隔空间、增加层次、延长游览线路、调整视野等；要避免无功能性和艺术性的过多弯曲，即不要出现矫揉造作的平面线形设计。

4. 园路平面线形转弯半径

道路平面走向改变方向时一般用圆弧形曲线来连接两相邻直线段，这种圆弧形曲线称为"圆曲线"，其半径称为"圆曲线半径"，又称道路的"转弯半径"（图 6-1）。

自然式园路曲折迂回，圆曲线变化主要根据园林造景的需要，具体由竖向设计、造景的需求以及车辆行驶安全的要求来决定。为了保证游人的安全，园路设计的车速均较低，因此在设计园路转弯半径时，一般可以不考虑行车速度，只要满足汽车本身的最小转弯半径就行。一般行车园路的转弯半径不得小于 6m。

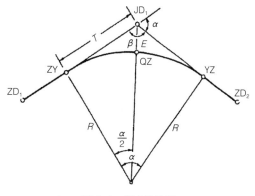

图 6-1　圆曲线示意

5. 园路平面曲线加宽

车辆在转弯时，由于前轮的轨迹较大，后轮的轨迹较小，会出现轨迹内移现象。弯道半径越小，这种现象越严重。为了防止后轮驶出路外，行车道路弯道处，尤其是转弯半径较小时，内侧需适当加宽，称为"曲线加宽"（图6-2）。

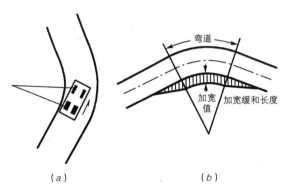

（a）　　　　　　　（b）

图6-2　弯道行车道后轮轮迹（a）与曲线加宽（b）示意

园路设置曲线加宽时应注意以下几点：

（1）曲线加宽值与车体长的平方成正比，与道路转弯半径成反比；

（2）当弯道中心线圆曲线半径≥200m时可不必加宽；

（3）为了美观和方便，使直线路段上的宽度逐渐过渡到弯道上的加宽值，须设置加宽缓和段；

（4）为了通行方便，园路的分支和交会处应加宽曲线部分，使其线形圆润、流畅。

6.1.2 园路纵向线形设计

园路纵断面是指园路中心线的竖向断面。纵断面上两个坡段的转折处，为了便于行车，用一段曲线来缓和，称为竖曲线。竖曲线的设置使园路多有起伏，视线俯仰变化，沿路景观也变得生动起来。

1. 园路纵断面设计的基本内容与要求

（1）基本内容

1）确定路线合适的标高。设计标高需符合技术、经济以及美学等多方面需求。

2）设计各路段的纵坡及坡长。坡度和坡长影响汽车的行驶速度、行车的安全和行人步行的舒适度，同时园路又有排水的需求及行车的平顺要求，因此纵坡坡度及坡长存在最大纵坡、最小纵坡、最大坡长、最小坡长等临界值的确定和必要的限制。

3）保证视距要求，选择竖曲线半径，配置曲线并计算施工高度等。

（2）设计要求

1）园路一般根据造景的需要，随地形的变化而起伏变化。

2）在满足造园艺术要求的情况下，尽量利用原地形。行车路段应避免过大的纵坡和过多的转折，使线形平顺。

3）园路与相连的广场、建筑和城市道路在高程上应有合理的衔接。

4）园路要组织景区内的地面排水，并与各种市政管线合理搭配，达到既合理又经济的要求。

2. 园路纵坡

（1）最大纵坡

园路的最大纵坡是指在纵坡设计时各级园路允许采用的最大坡度值，它是园路纵断面设计的重要控制指标。园路的坡度设计要求在保证路基稳定的前提下，尽量利用原有地形以减少土方量。主园路最大纵坡值不宜大于 8%，在不考虑车速的条件下，公园局部地段可允许达到 12%。山地公园的园路纵坡应小于 12%，超过 12% 应做防滑处理。坡度大于等于 6% 时，要顺着等高线做盘山路状。主园路不宜设梯道，必须设梯道时，纵坡宜小于36%。游步道纵坡宜小于 18%，一般在 12% 以下为舒适的坡度；超过 15% 的路段，路面应做防滑处理；超过 18%，宜按台阶、梯道设计。台阶踏步数不得少于两级，坡度大于58% 的梯道应做防滑处理，宜设置护栏设施。

园路纵坡较大时，其坡面长度应有所限制。当纵坡较大而坡长又超过限制时，应在坡路中插入缓和坡段，或者在过长的梯道中插入数个平台，供人暂停歇息并起到缓冲作用。

（2）最小纵坡

为保证排水，园路应采用不小于 0.3% 的纵坡。当采用最小纵坡值时应使用大的横坡值。

（3）桥上及桥头路线的纵坡

小桥与涵洞处的纵坡应按路线规定设计，大、中桥上的纵坡不宜大于 4%，桥头引道的纵坡不宜大于 5%。

3. 弯道超高

当车辆行驶过弯道时，产生的横向推力称为离心力。离心力大小与车行速度的平方成正比，但是与平面曲线半径成反比。为了平衡离心力，需要把路面做成外侧高的单向横坡形式，即弯道超高。一般以横坡坡度设为 2% ~ 6% 来实现。从直线段的路拱双向坡断面过渡到小半径曲线上具有超高横坡的单向坡断面，要有一个逐渐变化的区段，这一区段称为超高缓和段，常与加宽缓和段处于同一段（图 6-3）。

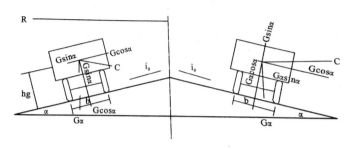

图 6-3　圆曲线上汽车受力分析

6.1.3 园路横向线形设计

垂直于园路中心线方向的断面称为园路的横断面，它直观地反映出园路的宽度、园路路拱形式、横坡坡值及地上地下管线位置等情况。

1. 园路的宽度

园路的宽度应根据设置的目的、游人的流量、可接受的游人密度和游人的行走速度等因素来确定，供不同车辆或行人行进的道路其宽度要求不同。

（1）机动车道单车道宽度要求小汽 3.00m，中型车 3.50m，大客车 3.50m 或 3.75m（不限制行驶速度时）。

（2）非机动车道单车道宽度要求自行车 1.5m，三轮车 2.0m，轮椅 1.0m。

（3）步行道宽度要求单人散步的 0.6m，两人并排的 1.2m，三人并排的 1.8m 或 2.0m。

2. 园路路拱设计

为利于路面横向排水，通常将园路的横断面设计为中间高两边低的拱形或一边高另边低的斜线形，称为路拱。路拱形式可分为凸形双向横坡式和单向直线横坡式两种（图 6-4）。路拱倾斜的坡度即为园路横坡，以百分率表示。

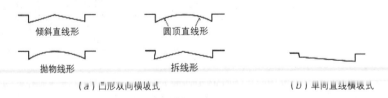

（a）凸形双向横坡式　　　　　　　（b）单向直线横坡式

图 6-4　路拱类型示意

（1）凸形双向横坡式

凸形双向横坡式的路拱基本设计形式主要有抛物线形、直线形和折线形 3 种。

1）抛物线形路拱。抛物线形路拱是最常用的路拱形式，其横断路面呈抛物线形。这种路拱对游人行走、行车和路面排水都很有利，但不适合较宽的道路以及低级的路面。

2）直线形路拱。直线形路拱适用于路面横坡较小的双车道或多车道水泥混凝土路面。最简单的直线形路拱由两条倾斜的直线组成。

3）折线形路拱。这是由道路中心线向两侧逐渐增大横坡坡度的若干短折线组成的路拱。这种路拱的横坡坡度变化比较徐缓，路拱的直线较短，对排水、行人、行车都有利，一般用于比较宽的园路。

（2）单向直线横坡式

单向直线横坡式的路面单向倾斜，雨水只向道路一侧排除。这种路拱不适宜较宽的园路，并且夹带泥土的雨水总是从园路较高的一侧通过路面流向较低的一侧，容易污染路面。一般用在山地园林或是游步道中。

3. 园路的横坡坡度

园路的横坡坡度一般为 1% ~ 4%；而一般双坡式取值为 1.2% ~ 2.0%，最小不低于 0.5%；人行道或路肩横坡比路拱大 1% 或等同。各种类型路面的纵横坡度见表 6-1。

各种类型路面的纵、横坡坡度（单位：%）　　表 6-1

路面类型	纵坡				横坡	
	最小	最大		特殊	最小	最大
		游览大道	园路			
水泥混凝土路面	0.3	6	7	10	1.5	2.5
沥青混凝土路面	0.3	5	6	10	1.5	2.5
块石、炼砖路面	0.4	6	8	11	2.0	3.0
拳石、卵石路面	0.5	7	8	7	3.0	4.0
粒料路面	0.5	6	8	8	2.5	3.5
改善土路面	0.5	6	6	8	2.5	4.0
游步小道	0.3	—	8	—	1.5	3.0
自行车道	0.3	3	—	—	1.5	2.0
广场、停车场	0.3	6	7	10	1.5	2.5
特别停车场	0.3	6	7	10	0.5	1.0

4. 园路横断面综合设计

园路横断面的设计必须与道路管线相适应，综合考虑地下电线、电缆、给排水管道等附属设施，采取有效措施解决矛盾。

在自然地形起伏较大的地区设计道路横断面时，如果道路两侧的地形高差较大，应结合地形布置道路横断面，可以采取以下几种布置形式（图 6-5）。

（1）结合地形将人行道与车行道设置在不同高度，人行道与车行道间用斜坡或挡土墙隔开。

（2）将不同行车方向的车行道设置在不同高度。

（3）结合岸坡倾斜地形，将滨水一侧的人行道设置在较低的不受水淹的岸边，供游人散步休息之用，车行道设在上层，以供车辆通行。

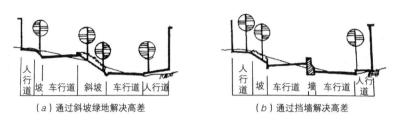

（a）通过斜坡绿地解决高差　　　　　（b）通过挡墙解决高差

图6-5　综合地形设计园路横断面示意

在园路的横断面设计中还应该注意到，园路并不一定总是与中心线平行，也并不是一成不变的，在某些特殊地段园路是可以不对称的。如上海浦东的世纪大道就为不对称设计，路幅100m，道路中心线向南移了10m，北侧人行道宽4m，南侧人行道宽24m，绿化带和人行道比车行道宽，使人、交通、建筑三者的关系更加合理。在某些氛围比较活跃的区域，如儿童活动区，园路多采用动感的曲线，且两侧曲线并不对称，从而增加空间的灵动感。

在功能的需求下园路也可以采用变断面的设计形式，如转折处宽窄不同，坐凳处连接过路亭，园路和小广场融合等。这样宽窄不一、曲直相济，更能突出景观中园路的多变性，使园路生动起来，更好地实现一条园路上游憩、停留和通行、运动相交叉，突出园路的多功能性。

5. 园路的无障碍设计

园路设计合理与否与无障碍设计是否完善有着直接的关系，好的园路设计能够极大地方便老年人、残疾人和儿童等行动不便的人的使用，因此为各类人群创造一个安全、方便、舒适、美观的园路环境，是园路无障碍设计的最终目的。公园的出入口不应妨碍轮椅或婴儿车的进出；尽可能在公园及建筑物的主要出入口附近设置残疾人专用车位。所有园路中至少应有一条路满足以下条件。

（1）路面宽度不宜小于1.2m，回车路段路面宽不宜小于2.5m。路面应尽可能减小横坡。

（2）道路纵坡一般不宜超过4%，且坡长不宜过长，在适当距离应设水平路段，并不应有阶梯。坡道坡度为1/20～1/15时，其坡长一般不宜超过9m，每逢转弯处，应设不短于1.8m的休息平台。

（3）道路一侧为陡坡时，为防止轮椅从边侧滑落，应设高10cm以上的挡石，并设扶手栏杆。

（4）排水沟、算子等不得突出路面，并注意不得卡住轮椅的车轮和盲人的拐杖。

6.2 园路文化设计

6.2.1 园路文化概述

　　园路是古代园林中组织游憩活动的要素，可曲可直，其巧妙之处在于曲折幽深，创造出柳暗花明的境界。铺地，是指在古代园林中的硬化地面。常用的铺地类型有花街铺地、雕砖卵石铺地、卵石铺地、方砖或条石铺地、嵌草铺地等。铺地的主要材料有鹅卵石、瓦片、青石板、毛石、灰砖等等。

　　若园中有山可登，还要有登山之路。古代常用石块砌筑登山的道路，即磴道。磴道由来已久，古代文献中多有记载，南朝宋文学家颜延之所著《七绎》中有言："岩屋桥构，磴道相临。"磴道本身即为石质，与叠石相结合就显得很自然。如苏州环秀山庄的磴道，盘旋于湖石假山之间，忽上忽下，时开时合，令人犹如置身真山中。

6.2.2 园路纹样与文化传承

1. 自然纹铺地

　　自然纹是将天地山川等宇宙世界符号化。中国传统园林中，自然符号铺地的应用特别广。多表达的是对天地日月的崇敬之情（图6-6）。

　　（1）套方纹：大小方形相套，线条丰富。方形表达的则是对大地的崇拜。

　　（2）拟日纹：用圆形代表太阳，表达的是一种对太阳的崇拜。

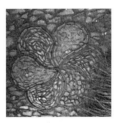

图6-6　自然纹铺地

2. 动植物纹铺地

　　动植物纹是将动植物符号化，寄托美好的寓意。动植物纹样在园林铺地中的应用可谓非常广泛，其中的含义也是大有讲究的。

　　（1）动物纹样

　　相信万物有灵的古人，将大量的鸟兽虫鱼刻绘在祭祀的器具上，让它们扮演沟通人神世界的使者角色。这些具有灵性的动物中有假想的动物，如龙、凤等；也有自然界中常见的动物，如鹤、鹿等。它们都是著名的人文动物。有的动物是从神话中演变而来的，有的动物则是来源于民间传说。在原始阶段人类还表现出对多子动物的崇拜，如蝴蝶、蜻蜓、鱼等。因此，在园林铺地的应用上，动物种类还是比较丰富的（图6-7）。

1）凤凰纹：凤凰在古代就是神鸟，代表的是人们对太阳和火的崇拜，是一种代表着祥瑞的鸟，在园林铺地设计上采用凤凰纹，寄托了园主人对幸福吉祥的追求。

2）仙鹤纹：鹤鸟的形态优美，纤尘不染，有种超凡脱俗的美感。中国传说中有提到鹤经历1600年才得到洁白的羽毛，因而鹤逐渐成为一种代表长寿的鸟，在铺地上应用仙鹤纹也是寄托了园主人长命百岁的愿望。

3）鹿纹：鹿是一种性情温和的动物，代表着慈善和友谊。在民间也是一种代表长寿的瑞兽，在园林中有单独的鹿纹，也有和松树组合在一起寓意长命百岁的纹样。

4）蝙蝠纹：蝙蝠的蝠通祝福的福，因此具有美好的寓意，园中常见的形象是五只蝙蝠围绕着寿字，代表的是五福同寿。

5）蝴蝶纹：蝴蝶的蝶和代表八九十岁长寿老人的耄耋的耋同音，具有长寿的寓意。

6）金蟾纹：金蟾纹有招财的寓意，园林里的金蟾纹通常不是单独出现，而是和民间传说相结合。最为经典的是网师园中刘海戏金蟾的纹样，代表的是预祝发财之意。

7）鱼虾纹：网师园的鱼虾纹铺地最为经典，园内的网状铺地就像一张捕鱼网，将鱼虾收入网中，因而鱼虾纹铺地多代表的是丰收之意。

图6-7 动物纹铺地

（2）植物纹样（图 6-8）

1）梅花纹：梅花五瓣，人称梅开五福，象征着快乐、幸福、长寿、顺利、和平。

2）石榴纹：石榴是一种能结很多果实的植物，意味着多子多孙。且石榴的"石"和世家的"世"谐音，就更具有这方面的意味了。园主人在院子里选择石榴纹是希望能够多子多孙、世代相传。

3）莲花纹：周敦颐在《爱莲说》中说："莲花之出淤泥而不染，濯清涟而不妖。"由此可见莲花纹代表园主人高洁的意趣。

图 6-8　植物纹铺地

3. 文字纹铺地

文字纹铺地是直接将文字应用于铺地或者进行变形后再用于铺地。中国文字声形义俱美，且中华民族向来有崇文传统，在苏州这个传统就更明显，所以苏州园林中多处用文字作铺地图案，如回字纹、人字纹、寿字纹等（图 6-9）。

（1）寿字纹：寿字纹常与蝙蝠纹一起象征着五福同寿，但也有单独出现的。

（2）卍字纹：卍字原来是太阳的象征，在园子中常见的是许多卍连接一起，四通八达，象征福寿不断、富贵绵长。卍字纹互相连接的铺地在民间也称路路通。

（3）十字纹：十字纹铺地经常与海棠花结合，象征的是满堂富贵。

图 6-9　文字纹铺地

4. 器物纹铺地

器物纹铺地是将具有美好寓意的器物纹样应用于铺地。器物在中国传统文化中具有特别的意义。有的是神话传说中神仙的法器，有的则是财富的象征。器物纹在苏州园林中的应用也较为广泛，并且还有一定的神秘气息。苏州园林作为典型的人文园林，除了应用旺财、辟邪等器物纹样外，还应用专属于文人的雅器纹样（图 6-10）。

（1）钱纹：钱纹在铺地设计上多是把铜钱串在一起，如有三个钱，就代表"三元"的美好寓意，象征着富贵，如果是如意的形状则代表着吉祥如意。

（2）盘长纹：盘长纹是绳索的盘结，绳和神，结和吉谐音，所以具有神圣、团结、吉利等含义。另一说法是盘长纹铺地也称路路通，象征着富贵福寿。

（3）葫芦纹：葫芦纹铺地在苏州园林中非常常见，既寓意着镇邪避灾，又寓意着多子多孙。

图 6-10　器物纹铺地

5. 混合纹铺地

混合纹铺地是将两种或两种以上图案混合应用于铺地，通常讲述一个故事或具有丰富的寓意（图 6-11）。

图 6-11　混合纹铺地

（1）鹿和六谐音，鹤和合谐音，周围配上梧桐树，桐又与同谐音，因此称为六合同春。其中，鹿代表着福气和俸禄，鹤代表着长寿。

（2）凤凰和牡丹：二者都是祥瑞的图案。人们非常喜爱凤凰生动华贵的姿态，所以在铺地中也常见其应用，象征着美好、幸福、快乐。而祥瑞的凤凰穿行于牡丹丛中，就寓意着人生好事不断，生活美满幸福。

（3）刘海戏金蟾：民间有"刘海戏金蟾，步步掉金钱"的俗语，苏州的留园和网师园中均见其应用。它们的组合寓意着吉祥和富贵。

（4）五福同寿：《书经》上所记载的五福是"一曰寿、二曰富、三曰康宁、四曰修好德、五曰考终命"，即一求长命百岁，二求荣华富贵，三求健康平安，四求行善积德，五求享尽天年，五福同寿代表了人们美好的愿望。

6. 现代风格铺地

现代铺装是对古典铺装的继承和丰富，通过不断地发展，现代铺装较古典铺装更注重人性化、科学性、生态性以及与其他技术的结合等内容（图6-12）。

伴随着环保政策的日益缩紧，自然材料在逐渐被替代，替代材料有真石漆涂料、陶瓷盲道、水泥路缘石、PC砖等，这些材料在色彩、形状、质感和尺度等方面提供了更多的选择。

图6-12　现代风格铺地

6.2.3 园路纹样设计

1. 色彩

古典园林的铺装多为空间的背景，很少成为主景，因此其色彩常选用中性色为基调，配以少量偏暖或偏冷的色彩做装饰性花纹，追求稳而不闷、艳而不俗。在纹样设计中，色彩若过于鲜艳，可能会喧宾夺主，影响主景的突出地位，甚至造成景观的杂乱和无序。

古典园林铺装的色彩是有性格的，暖色调表达兴奋、热烈，冷色调展现明快、优雅；明朗的色调使人感觉轻松、愉快，灰暗的色调则凸显沉稳、宁静。色彩要与各个古典园林空间的气氛相互协调，休息场地宜使用色彩素雅的铺装，灰暗的色调更适于肃穆的场所，但也容易造成沉闷的气氛，要酌情选用。

2. 形状

园林铺装组合形式多样。正方形和正六边形是能够密铺平面的正多边形，正多边形和其他方形都有整齐、规矩的特点，具有安定感，格状的铺装能够产生静止感，展现出一个静态的停留空间；圆形完美、柔润，是几何形中最优美的图形，其之间的衔接需要进行特殊考虑；古典园林中还常用一种仿自然纹理的不规则形，如乱石纹、冰裂纹等，使人联想到郊野、乡间，具有朴素的自然感。

3. 质感

质感是由于感触到素材的结构而有的材质感。质感除带给人与众不同的天然艺术视觉效果之外，还能通过各种各样的表面加工方式创造出千变万化的视觉感受，也是石材的魅力之一。石材表面处理是指在保证石材自身安全的情况下，对其表面采用不同的加工处理，让其呈现出不同的材料样式，以此来满足各种设计需求。如此才能更好地保证设计作品的效果呈现，满足安全性、功能性和美观性的设计需求，还能避免出现一些设计问题。

自然面的石板展现出粗犷的原始质感，而光面的地砖透射出的是精致的华丽质感。利用不同质感的材料组合，其产生的对比效果会使铺装显得生动、活泼，尤其是自然材料与人工材料的融合搭配，往往能在城市造景中体现出自然的氛围感。

4. 尺寸

在古典园林中，铺装纹样的尺寸与场地空间大小之间存在着互相制约和相互烘托的关系。一般会理解为大空间用大尺寸，小尺寸适合中、小空间，但就形式意义而言，尺寸的大、小在园路铺装美学功能展现上并没有多大的区别，并非越大越好，有时小尺寸的铺装形式在肌理效果或拼缝纹样上，往往能产生更多的光影变化和形式趣味。利用小尺寸铺装材料的组合设计形成大图案，也能够与大空间取得比例上的协调。

6.3 园路结构设计

6.3.1 园路的病害

1. 园路路面的病害

园路的"病害"是指园路被破坏的现象。一般常见的病害有裂缝与凹陷、啃边和翻浆等。路面的这些常见病害，在进行路面结构设计时，必须给予充分重视。

（1）裂缝与凹陷

造成这种破坏的主要原因是基土过于湿软或基层厚度不够、强度不足，路面荷载超过了土基的承载力。土基的不均匀沉陷也是原因之一。

（2）啃边

路肩和道牙直接支撑路面，使之横向保持稳定，因此路肩与其基土必须紧密结实，并有一定的坡度，否则由于雨水的侵蚀和车辆行驶时对路面边缘的啃食作用，就会使路面遭到损坏，并从边缘起向中心发展，这种破坏现象就叫啃边。

（3）翻浆

在季节性冰冻地区，在地下水位高的路段（特别是粉沙性土基），会出现毛细现象。水分由于毛细管作用上升到路面下，在冬季气温下降时，液态水在路面下形成固态水，体积增大，路面会出现隆起的现象，到春季气温上升，上层冻土融化，而下层冰粒尚未融化，会使土基变得湿软，园路整体承载力下降。这时如果车辆特别是重型卡车通过，会导致路面下陷，相邻部分隆起，泥土在裂缝中被挤压出来，这种现象就叫翻浆。

2. 园路结构设计的原则

（1）就地取材

园路修建的经费在整个公园建设投资中有很大的比例。为了节省资金，在园路修建设计时应尽量使用当地材料、建筑废料、工业废渣以及再生环保材料等。

（2）薄面、强基、稳基土

为了节省材料，降低造价，在保证园路质量的前提下，要尽量减薄路面、加强路基层的强度、稳固基土。

6.3.2 园路的结构设计原则

园路的结构一般由路基、路面两部分组成。路基和路面共同承受着自然、车辆、游人等多种因素作用，它们的质量优劣，直接影响着园路的品质。

1. 路基和路面的作用

路基是在地面上按路线的平面位置和纵坡要求开挖或填筑成一定断面形状的土质或石质结构体。在各种自然因素（地质、水文、气候等）和荷载（自重及行车荷载）的作用下，路基结构整体必须具有足够的稳定性。直接位于路面下的那部分路基必须具有足够的强度、抗变形能力（刚度）和水温稳定性，为减轻路基的承载负担，可以减薄路面的厚度，改善路面使用状况。

路面是由各种不同的材料，按一定厚度与宽度分层铺筑在路基顶面上的结构物，以供车辆和游人直接在其表面上行驶通行。路面应具有足够的强度、刚度、耐磨性能和稳定性，并应具有一定的平整度、抗滑性和耐久性，对于水稳性差的基层和土壤，要求路面具有足够的不透水性。

2. 路面的结构分层

路面结构铺筑于路基顶面的路槽之中。路面常常是分层修筑的多层结构，按所处层位和作用的不同，路面结构层主要由面层、基层、垫层等结构物组成。在采用块料或粒料作为面层时，常需要在基层上设置一个结合层来找平或黏结，以使面层和基层紧密结合（图6-13）。实际上路面不一定具有很多层次，有时一个层次起着两个或三个层次的作用，层次的划分也并非一成不变，尤其对于仅通行行人的园路来说，可以通过减少层次和厚度来降低造价。结构层材料的强度一般由上向下递减，而厚度一般应逐层加厚。

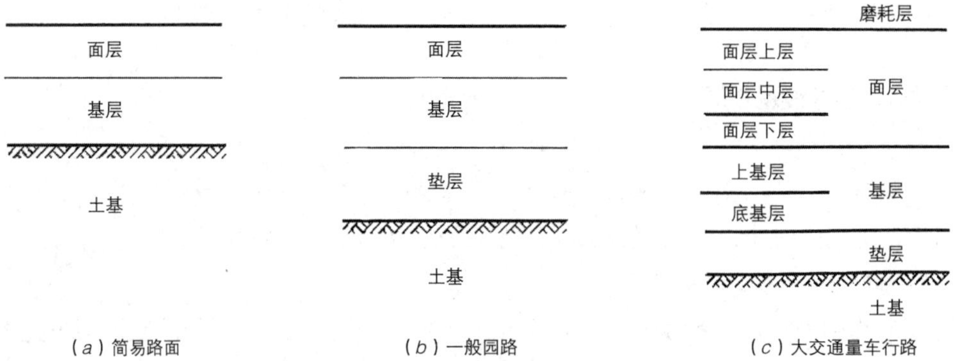

图6-13 路面结构划分示意

（1）面层：直接同车辆、行人以及大气相接触的表面层次，应具有足够的抵抗垂直力、水平力及冲击力作用的能力和良好的水、温稳定性，耐磨、耐腐蚀，具有良好的抗滑性和平整度，少尘、不反光、易清扫。面层有时由2～3层组成，面层所用的材料主要有水泥混凝土、沥青与矿料组成的混合料、沙砾或碎石土（或不接土）的混合料、块石、混凝预制块，以及陶瓷、片石等其他饰面材料等。

（2）结合层：其材料一般选用石灰砂浆、水泥砂浆或水泥混合砂浆。

（3）基层：位于面层之下，是路面结构中的主要承重层。设置基层可减小面层的厚度，所以基层应具有足够的抗压强度和应力扩散的能力，还要有平整的表面和足够的水稳性。修筑基层用的材料主要有碎（砾）石、天然沙砾、各种工业废渣（煤渣、矿渣、石灰渣等），以及水泥混凝土等。

（4）垫层：设置在基层与土基之间，主要用来调节和改善水与温度的状况，以保证路面结构的稳定性。垫层常用材料类型主要有两种：一种由松散颗粒材料组成，如用砾石、炉渣、片石、锥形块石等修成的透水性垫层；另一种由整体性材料组成，如用石灰土、炉渣石灰土等修筑的稳定性垫层。

（5）土基：路基顶部的土层，一般由自然土夯实所形成，当土质不好时需要进行一定的处理。当土基为填筑而成时，所用的填料应为水稳性好、压缩性小、便于压实、运距较短的土、石材料，如碎（砾）石质土、低液限黏土、砾石或不易风化的石块等。

6.3.3 园路路基设计

路基在自然因素及行车荷载作用下，会产生各种变形和破坏。为了采取有效的防治措施，防止或减缓路基的破坏，必须了解路基有哪些破坏现象及其肇因。路基的破坏形式是多种多样的，原因也错综复杂，常见的破坏现象可扼要归纳如下。

1. 路基的病害原因

路基产生病害的原因是多方面的，如沉陷、边坡坍方、沿山坡滑动以及在不良地质和水文地带产生的各种病害等。导致路基病害的原因主要有以下几个方面。

（1）不良的地质和水文条件。如地质构造复杂、岩层风化严重、土壤松软、土质较差、地下水位较高及其他特殊不良地质条件等。

（2）不利的水文与气候因素。如降水量大、干旱、冰冻、积雪及温差较大等。

（3）设计不合理。如填筑材料选择、断面尺寸（包括边坡值）、挖填布置、排水、防护与加固等因素的设计不符合标准。

（4）施工不当。如填筑顺序颠倒、土基压实不足、脱离设计要求和操作规程进行施工、工程质量不符合相关标准等。

上述原因中，地质条件是影响路基工程质量和导致病害产生的内因和基本因素，水文条件则往往是造成路基病害的直接肇因。

2. 保证路基强度的工程措施

当土基的水、温度状况不佳时，在季节性冰冻地区往往会出现冻胀和翻浆的现象；在南方非冰冻地区则会造成土基过分湿软，从而使路基土的刚度在某个时期过分降低，导致路面迅速遭受破坏。必须采取一些适当的工程措施，以调节土基的不利水、温度状况，保证其刚度在一年内变化得较少。常用的措施如下所述。

（1）加强路基和路面排水。正确布设园路排水系统，并经常疏浚以保持通畅，使地面水、地下水得以迅速排除。

（2）土基压实。充分压实路基土，使其具有较强的抗水分浸湿的能力，即保证它具有足够的刚度和水稳性。

（3）保证填土高度。在填土地段，保证路堤具有一定的高度，借以保证路面排水，使路基上部不受地面水和地下水的浸湿作用。

（4）换土。用强度高、水稳性好、压缩性小的填筑材料替换路基上层水稳性差、强度较低的土（如粉性土等），并采取正确的填筑方法，如分层填筑、不同土质层次恰当组合等。

（5）设置隔离层。用透水性良好的材料（毛细水上升高度小）或不透水材料，在路基内修筑隔离层，以隔绝地下水的毛细上升，从而保证路基上层较为干燥。

（6）设置排水层或其他排水构造物。用大孔隙材料，如沙、炉渣等建造排水层或纵横向排水盲沟，以疏干并排除聚集在路基上层的过多水分。

（7）石灰稳定土基。对过湿的土基，可拌少量石灰或打石灰桩，借石灰的吸湿作用疏干土基，并提高水稳性；在土基顶面可铺设石灰土或石灰炉渣土等垫层，减少湿软土基对路面的不利影响。

（8）设置隔温层。用导热性较低的材料（如炉渣等）建造隔温层，可减小冰冻作用的深度，从而减轻温差作用下的湿度积聚。

上述各项措施各有不同效果。第（1）～（3）项是解决一般水、温度状况问题的措施，宜普遍采用。对于过湿地段或翻浆地段，还须分别采用第（4）～（8）项措施才能解决问题。

3. 土基的压实度

土基经充分压实后，具有一定的密实度，提高了承载能力，降低了渗水性，因而也提高了水稳性。土基的最大干密度表征土基的强度和稳定性，它是衡量压实质量的一项重要指标。我国目前以压实度作为控制土基压实的标准。所谓压实度（K）就是工地上实际达到的干密度 δ 与最大密度 δ_0 之比：

$$K = \delta \div \delta_0 \times 100\% \tag{6-1}$$

最大干密度是在室内用标准击实仪进行击实试验所得的，其相应的含水量即为最佳含水量（ω_0）。

压实度 K 值的确定，需根据道路所在地区的气候条件、土基的水和温度状况、道路等级和路面类型等因素进行综合考虑。对冰冻潮湿地区和受水影响大的路基，其压实度应要求高些；对干旱地区及水文情况良好地段，其压实度要求低些。路面等级高，压实要求高些；路面等级低，压实要求低些。园路中的行车道和大面积的铺装场地土基采用重型压实标准的压实度（93%～95%），其他园路的土基压实度不小于 90%。特殊干旱或特殊潮湿地区，压实度标准可根据试验资料确定或比标准值降低 2%～3%。园路路基范围内往往有许多地下管线，基于管道胸腔部位回填土的实际困难及为保护管道结构本身，沟槽回填土压实度达不到规定，而在近期内需铺筑路面时，必须采取防止沉陷的措施（表 6-2）。

沟槽、检查井、雨水口路槽底填料和压实要求　　表 6-2

部位			填料	压实度（%）
胸腔	距路槽底面 ≤ 80cm		石灰土	93/95
			砂、砂砾	95/98
	距路槽底面 > 80cm		素土	93/95
管顶以上至路槽底面	管顶距路槽底面 ≥ 80cm	管顶以上 30cm 范围内	石灰土	85/88
			砂、砂砾	88/90
		管顶 30cm 以上	石灰土	93/95
			砂、砂砾	95/98
	管顶距路槽底面 > 80cm	路槽底面以下 0～80cm	素土	95/98
		路槽底面 80cm 以下	素土	93/98
检查井和雨水口周围	路槽底面 0～80cm		石灰土	93/95
			砂、砂砾	95/98
	路槽底面 80cm 以下		石灰土	90/92
			砂、砂砾	93/95

注：1. 表中压实度值，分子为重型标准，分母为轻型标准。
　　2. 管顶距路槽底面 < 30cm 的雨水支管，可采用抗压强度 10MPa 的水泥混凝土包封。

6.3.4 园路路面设计

园路的路面设计是指根据园路的级别、通行车辆及交通量等因素，并根据路基的状况所进行的结构设计，使园路在车辆和行人的交通以及各种自然因素的作用下能够保持足够的强度、刚度、稳定性、平整度和粗糙度。

1. 路面结构分类

路面是用各种材料按不同配制方法和施工方法修筑而成的，在力学性质上也互有异同。根据不同的实用目的，可对路面进行不同的分类。

（1）按材料和施工方法分类

可分为五大类：碎（砾）石类、结合料稳定类、沥青类、水泥混凝土类、块料类。

碎（砾）石类一般用作面层、基层。结合料稳定类是掺加各种结合料，使各种土、碎（砾）石混料或工业废渣的工程性质改善，成为具有较高强度和稳定性的材料，可用在基层、垫层。在矿质材料中，以各种方式掺沥青材料修筑而成的沥青类路面，可作面层或基层。以水泥与水合成水泥浆为结合料，碎（砾）石为骨料，砂为填充料，经搅拌、摊铺、振捣和养护而成的水泥混凝土类路面，通常用作面层，也可作基层，园路中常在水泥混凝土上用各种材料作饰面，形成路面的丰富变化。块料类路面是用整齐、半整齐块石或预制水泥混凝土块铺砌，并用砂或水泥砂浆嵌缝而成的路面，用作面层。

（2）按力学特性分类

通常分为柔性路面、半刚性路面和刚性路面3种类型。

①柔性路面：主要包括用各种粒料基层和各类沥青面层、碎（砾）石面层、块料面层所组成的路面结构（图6-14）。柔性路面以层状结构支撑在路基上的多层体系上，具有弹性、黏性、塑性和各向异性，刚度小，在荷载作用下所产生的弯沉变形较大，抗拉强度低，荷载向下传递到土基，使土基受到较大的单位压力，因而土基的强度、刚度和稳定性对路面结构整体强度和刚度有较大影响。这种路面的铺路材料种类较多，适应性较大，便于就地取材，造价相对较低。其中沥青类路面作为高级路面，适用于园路及风景区主干道，其他类别的柔性路面可用于人流量不大的步行路、草坪路等。

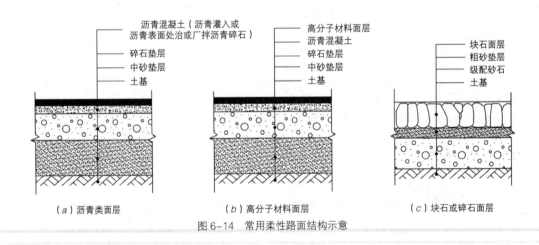

（a）沥青类面层　　　　　　　（b）高分子材料面层　　　　　　（c）块石或碎石面层

图6-14　常用柔性路面结构示意

②半刚性路面：用石灰或水泥稳定土、水泥处治碎（砾）石，以及各种含有水硬性结合料的工业废渣做成基层结构（图6-15）。该种基层前期具有柔性结构层的力学特性，当环境适宜时，其强度与刚度会随着时间的推延而不断增大，到后期逐渐向刚性结构层转化，板体性增强，但它的最终抗弯拉强度和弹性模量还是比刚性结构层低很多。将含这类基层的路面称为半刚性路面。其常用基层做法见表6-3。

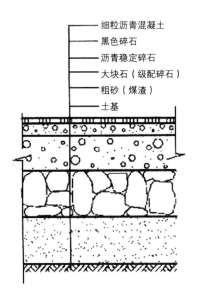

图 6-15　半刚性路面结构示意

常用半刚性路面基层做法　　　表 6-3

半刚性基层名称		厚度（mm）	建议体积比	备注
基层	二灰稳定粒料（石灰、粉煤灰、碎石）	200 ~ 400 北方各地一般取 200 ~ 300，南方各地一般取 30 ~ 400	（石灰 + 粉煤灰）：碎石 = 1：4 ~ 1：1	—
	水泥稳定粒料（水泥、碎石）		—	石灰土稳定粒料只宜在北方、干燥地区、排水良好路段使用
	石灰土稳定粒料（石灰、土、碎石）		石灰：土：碎石 = 1：2：5	—
	沥青稳定粒料（沥青、碎石）	150	—	—
	二渣（石灰渣、煤渣）	150 ~ 200	石灰渣：煤渣 = 1：2.5 ~ 1：4	道渣也可用碎石、碎砖代替，粒径 30 ~ 50mm
	三渣（石灰渣、煤渣、道渣）	150 ~ 250	石灰渣：煤渣：道渣 = 1：2：3	—
底基层	二灰（石灰、粉煤灰）	底基层的厚度可按照底面弯拉应力控制设计，一般不宜小于基层厚度，或与基层等厚。通常取 200 ~ 400 为宜	石灰：粉煤灰 =1：3	—
	二灰土（石灰、粉煤灰、土）		（石灰 + 粉煤灰）：土 = 3：7 ~ 2：3	—
	石灰土（石灰、土）		石灰粉：土 = 1：3，普通石灰：土 = 1：4，石灰工业废料：土 = 1：2 ~ 1：4	只宜在北方、干燥地区、排水良好路段使用，具体掺灰量视现场石灰质量试验确定，拌和时控制含水量为 20% ~ 25%
	水泥稳定土		—	—
	沥青稳定土		—	—

③刚性路面：主要指用水泥混凝土作面层或基层的路面结构（图6-16）。水泥混凝土的强度，特别是抗弯拉（抗折）强度，比基层等路面材料要高得多，呈现较大的刚性，在车轮荷载作用下的垂直变形极小，传递到地基上的单位压力要较柔性路面小得多。刚性路面坚固耐久，稳定性好，保养翻修少，但初期投资较大，有接缝，修复困难，施工时有较长的养护期，噪声也比柔性路面大。刚性路面一般在公园、风景区的主园路和较大面积的铺装广场上使用。

刚性路面需要设置许多纵、横缝，而接缝是水泥混凝土路面结构的薄弱部位，易产生挤碎、拱起、错台、唧泥等结构性破坏，接缝设置得好与差，直接影响混凝土路面的使用性能和寿命。伸缝，也叫胀缝，其缝宽为18～25mm，系贯通缝，是适应混凝土路面板伸胀变形的预留缝。其构造做法通常宜在缝间设置传力杆或采取在缝底设置混凝土刚性垫枕的措施来传递压力。缩缝也称假缝，其宽为60mm，深度为40～60mm或约为板厚的1/3，是不贯通到底的假缝，主要起收缩作用，一般可不设传力杆，缝宽宜窄，可采用6mm的低值。纵缝是多条车道之间的纵向接缝，一般多采用企式，亦称企口缝，也有用平头拉杆式或企口缝加拉杆式。纵缝其他构造要求与伸缝相同。刚性路面的纵、横缝需要进行平面划分。横向缩缝（假缝）间距常取46m；横向伸缝（胀缝）间距多取30～36m；路面的纵缝设置，多取一条车道宽度，即3～4m。混凝土路面在平面交叉口处的各种接缝布置有一定的要求。考虑缩缝间距易产生振动，使行车发生单调的有节奏颠簸，从而造成驾驶员因精神困倦而发生交通事故，所以应将缩缝间距改为不等尺寸交错布置。

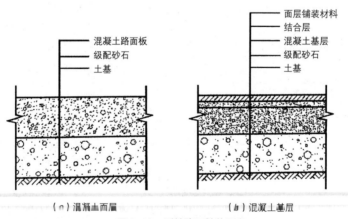

（a）混凝土面层 　　　　　　（b）混凝土基层

图6-16　刚性路面结构示意

各种结构的路面结构层材料、使用范围、厚度等详见表6-4。

路面结构层常见类型　　表 6-4

名称		定义	适用层次	最小厚度（mm）	适宜厚度（mm）
碎砾石类	泥结碎石	以碎石作骨料，黏土作填充料和黏结料，经压实而成的路面结构层	基层、中级路面面层	80	100～150
	泥灰结碎石	以碎石为骨料，用一定数量的石灰和土作黏结填缝料，经压实而成的路面结构层	基层	80	100～150
	级配碎石	由各种集料（碎石、砾石）和土，按最佳级配原理配制并铺压而成的路面结构层	基层、中级路面面层	80	100～150
	水结碎石	用大小不同的轧制碎石从大到小分层铺筑、洒水碾压，依靠碎石嵌锁和石粉胶结作用形成的路面结构层	基层	80	100～150
结合料稳定类	石灰（稳定）土	将一定剂量的石灰同粉碎的土拌和、摊铺，在最佳含水量时压实，经养护成型的路面结构层	基层、垫层	150	160～200
	水泥稳定土	在粉碎的或原来松散的土中，掺入适量的水泥和水，经拌和、压实及养护成型的路厩结构层	基层、垫层	150	160～200
	沥青稳定土	用沥青作结合料，与粉碎的土或石、集料混合料经拌和、铺压而成的路面结构层	基层、垫层	150	160～200
	工业废渣	用石灰或石灰下脚（含氧化钙、氢氧化钙成分的工业废渣，如电石渣等）作结合料，与活性材料（如灰粉、煤渣、水淬渣等工业废渣）及土或其他集料（如碎石等，有时也可不加）按一定配合比，加适量水拌和、铺压、养护成型的路面结构层	基层、垫层	150	160～200
沥青类	沥青表面处治	用沥青和矿料按层铺或拌和的方法铺筑，厚度不大于 3cm 的一种薄层路面面层	次高级路面面层，防水层、磨耗层、防滑层	10	10～25
	沥青贯入碎石	用大小不同的碎石或砾石分层铺筑，颗粒尺寸自下而上逐层减小，同时分层贯入沥青，经过分层压实而成的路面结构层	次高级路面面层，高级路面基层、连结层	40	40～80
	沥青碎石	用一定级配的矿料（有少量矿粉或不加矿粉）和沥青作结合料，按一定比例配合，拌匀、铺压而成的路面结构层	高级、次高级路面面层（下层或上层），高级路面基层、连结层	粗粒式：50 中粒式：40 细粒式：25	粗粒式：50～80 中粒式：40～60 细粒式：25～40
	沥青混凝土	由比例适当的各种不同大小颗粒的矿料（如碎石、轧制砾石、筛选砾石、石屑、砂和矿粉等）和沥青在一定温度下拌和成混合料，经铺压而成的路面面层	高级路面面层（下层或上层）		

名称		定义	适用层次	最小厚度（mm）	适宜厚度（mm）
水泥混凝土类		以水泥与水合成水泥浆作结合料，碎（砾）石为骨料，砂为填充料，按适当的配合比例，经加水拌和、摊铺振捣、整平和养护所筑成的路面结构层	高级路面面层、基层	60	100 ~ 300
		石片、釉面砖等表面铺贴	路面面层	15	20 ~ 30
块料类	整齐块石	分别以经加工的整齐块石、半整齐块石或预制的水泥混凝土联锁块、水泥砖、烧结砖、蒸压砖、胶结砖等铺砌而成的路面面层	高级路面面层	100 ~ 120	120 ~ 250
	半整齐块石		改高级路面面层	100 ~ 120	120 ~ 250
	水泥混凝土联锁块		高级路面面层	60	60 ~ 100
	砖铺地		面层	60	60 ~ 100

2. 常用园路结构组合

风景园林中的道路可以根据荷载大小以及路面面积大小对其结构进行分类。一般有承重要求的车行路面和铺装面积较大的广场对路基和面层的耐压性、耐久性、平整度都要求较高，结构较复杂。而以游人交通为主的次干道和游步道以及小面积的广场、庭院铺装结构可以相对简单些，更强调园路铺装的装饰作用。表6-5、表6-6列举了一些常见园路路面结构的基本做法，在实际工程中还可以根据现场的情况面加以调整。另外园路的结构材料应能做到就地取材，根据地方特色来选择合适的材料，以有效降低园路的造价。

常用车行园路路面结构组合形式　　　　　　　　表 6-5

路面等级	常用路面类型及结构层次			
	沥青砂	预制混凝土块	沥青混凝土	现浇混凝土
高级路面	① 15 ~ 20mm 厚细粒混凝土 ② 50mm 厚黑色碎石 ③ 150mm 厚沥青稳定碎石 ④ 150mm 厚二灰土垫层	① 40 ~ 120mm 厚预制 C25 混凝土块 ② 30mm 厚 1：4 干硬性水泥砂浆，面上撒素水泥 ③ 100 ~ 200mm 厚二灰碎石 ④ 100 ~ 400mm 厚灰土或级配碎砾石或天然砂砾	① 30 ~ 60mm 厚中（细）粒式沥青混凝土 ② 40 ~ 60mm 厚粗粒式沥青混凝土 ③ 100 ~ 300mm 厚二灰碎石 ④ 150 ~ 400mm 厚灰土或级配碎砾石或天然砂砾	① 100 ~ 250mm 厚 C20 ~ C30 混凝土 ② 100 ~ 250mm 厚级配砂石或粗砂垫层、灰土、二灰碎石

续表

路面等级	常用路面类型及结构层次			
	沥青贯入式	沥青表面处治	料石	块石
次高级路面	①40～60mm厚沥青贯入式面层 ②160～200mm厚碎石 ③150mm厚中砂垫层	①15～25mm厚沥青表面处治 ②160～200mm厚碎石 ③150mm厚中砂垫层	①60～120mm厚料石 ②30mm厚1：3水泥砂浆 ③150～300mm厚二灰碎石 ④250～400mm厚灰土或级配砾石	①150～300mm厚块石或条石 ②30mm厚粗砂垫层 ③150～250mm厚级配砂石或灰土
	级配碎石	泥结碎石		
中级路面	①80mm厚级配碎石（粒径≥40mm） ②150～250mm厚级配砂石或二灰土	①80mm厚泥结碎石（粒径≥40mm） ②100mm厚碎石垫层 ③150mm厚中垫层		
	三合土	改良土		
低级路面	①100～120mm厚石灰水泥焦渣 ②100～150mm厚块石	150mm厚水泥黏土或石灰黏土（水泥含量10%，石灰含量12%）		

常用人行园路路面结构组合形式

表 6-6

路面类型	结构层次	路面类型	结构层次
现浇混凝土	①70～100mm厚C20混凝土 ②100mm厚级配砂石或粗砂垫层或150mm厚3：7灰土	料石	①60mm厚料石 ②30mm厚1：3水泥砂浆 ③150～300mm厚灰土或级配砾石
预制混凝土块	①50～60mm厚预制C25混凝土块 ②30mm厚1：3水泥砂浆或粗砂 ③100mm厚级配砂石或150mm厚3：7灰土	砖砌路面	①砖平铺或侧铺 ②30mm厚1：3水泥砂浆或粗砂 ③150mm厚级配砂石或灰土
沥青混凝土	①40mm厚沥青混凝土 ②100～150mm厚级配砂石或150mm厚3：7灰土 ③50mm厚中砂或灰土	花砖路面	①各种花砖面层 ②30mm厚1：3水泥砂浆 ③60～100mm厚C20素混凝土 ④150mm厚级配砂石或灰土
卵石（瓦片）拼花	①1：3水泥砂浆嵌卵石或瓦片拼花（撒干水泥填缝拍平，冲水露石）。当卵石粒径为20～30mm时，砂浆厚60mm；粒径大于30mm时，砂浆厚90mm ②25mm厚1：3白灰砂浆 ③150mm厚3：7灰土或级配砂石	石砌路面	①20～30mm厚石板 ②30mm厚1：3水泥砂浆 ③100mm厚C15素混凝土 ④150mm厚级配砂石或灰土

续表

路面类型	结构层次	路面类型	结构层次
石砌路面	① 60 ~ 120mm 厚块石或条石 ② 30mm 厚粗砂 ③ 150 ~ 250mm 厚级配砂石或 200mm 厚 3：7 灰土	嵌草砖	① 50 ~ 100mm 厚嵌草砖 ② 30mm 厚沙垫层 ③ 100 ~ 200mm 厚级配砂石或天然砂砾
水洗豆石	① 30 ~ 40mm 厚 1：2：4 细石、混凝土、水洗豆石 ② 100 ~ 150mm 厚 C20 混凝土 ③ 100 ~ 150mm 厚灰土或二灰碎石或天然砂砾或级配砂石	木板	① 15 ~ 60mm 厚木板 ②角钢龙骨（或木龙骨） ③ 100 ~ 150mm 厚 C20 混凝土 ④ 100 ~ 300mm 厚灰土或二灰碎石或天然砂砾或级配砂石
高分子材料路面	① 2 ~ 10mm 厚聚氨酯树脂等高分子材料面层 ② 40mm 厚密级配沥青混凝土 ③ 40mm 厚粗级配沥青混凝土 ④ 100 ~ 150mm 厚级配砂石或 150mm 厚 3：7 灰土	沙土路面	① 120mm 厚石灰黏土焦渣或水泥黏土 ②石灰：黏土：焦渣 = 7：40：53（质量比）

6.4 园路施工

园路施工除了在基本工序和基本方法上与一般城市道路相同之外，还有一些园林道路特殊的技术要求和具体方法。园路施工的重点在于控制好施工面的高程，并注意与其他园林要素和设施相关高程的协调。施工中，园路路基和路面基层的处理只要达到设计要求的牢固度和稳定性即可，而园路面层的铺装，则要更具美感，更加精细，强调艺术处理效果和施工质量。

6.4.1 施工前的准备

施工前，负责施工的单位应组织有关人员熟悉设计文件，以便编制施工方案，为施工创造条件。应注意路面结构组合设计的形式和特点，同时如发现疑问、有误和不妥之处，要及时与设计单位和有关单位联系，共同研究解决。施工方案是指导施工和控制预算的文件，应根据工程的特点，结合具体施工条件，编制深入而具体的施工方案。

开工前，施工现场准备工作要迅速做好，以利于工程有秩序地按计划进行。现场准备工作进行的快慢，会直接影响施工进展和工程质量。现场开工前的主要工作包括修建房屋（临时工棚）、便道便桥、场地清理以及现场备料等。

6.4.2 施工放线与测量

道路工程在施工前、施工中都需要进行测量工作，包括道路中线的测设与恢复，道路纵、横断面的测定和测设，道路施工测量等内容。

道路工程测量所得到的各种成果和标志（平面标志、高程标志）是工程设计和施工的重要依据，测量工作的精度和速度将直接影响设计和施工的质量和工期。因此，为了保证施工精度，预防出错，园路工程测量工作也必须采用"先整体后局部，先控制后碎部"的工作程序和步步有校核的工作方法。中线测量的任务是根据道路选线中确定的定线条件，将线路中心线位置（包括直线和曲线）测设到实地上并做好相应标志，便于指导道路施工。其主要内容有：测设中线上的交点和转点、测定线路转折角、钉里程桩和加桩、测设曲线主点和曲线里程桩等。

线路中线的起点、转折点（即交点）、终点是控制线路的三个主要点，称为线路三主点。在线路定线时有的主点位直接在地面桩钉位置，但有的主点点位只给出定位条件而未桩钉其位置，需在中线测量时完成。由于定位条件和现场情况的不同，测设方法也灵活多样，施工时应合理选用。

园路施工过程中需要根据工程进度的要求，及时测设或恢复中线及路基边坡线并测设高程标志，指导施工并保证按图施工。施工测量的精度一般取决于道路的等级和性质，以满足设计要求为准。路面施工时，应根据面层设计高程及每个结构层的设计厚度，将每个结构层的设计高程先求出并列表。由于垫层、基层的摊铺厚度必须由压实系数与设计厚度计算出，这将会导致各结构层施工高程与设计高程不一致，因此，在设计高程求出后，应将各结构层的施工高程一并算出并列入设计高程表中，供施工放样时参考使用。

6.4.3 修筑路槽

在修建各种路面之前，应在要修建的路面下先修筑铺路面用的浅槽，经碾压后使路面更加稳定坚实。一般路槽有挖槽式、培槽式和半挖半培式 3 种，修筑时可机械或人工进行。

（1）挖槽式路槽

当采用机械施工时，应在路槽开挖前，沿道路中心线测定路线边缘位置和开挖深度，按间距 20 ~ 50m 钉入小木桩，用麻绳挂线撒石灰放出纵向边线，再将小木桩移到路槽两侧一定距离处，以利于机械操作。沿边线每隔 5 ~ 10m（变坡点和超高部分应加桩）在路肩部位挖一个 50 ~ 100cm 宽的横槽（人工施工间距），槽底深度即为路槽槽底标高。考虑到路槽土开挖后压实可能下沉，故开挖深度应较设计规定深度有所减少。路槽挖出后，用路拱板进行检查，然后经人工整修，适当铲平和培填至符合要求为止。对于路槽范围内的新建桥涵、各类管沟和挖出的树坑等，都应分层填土夯实。路槽经整修后，用夯实机械进行夯实，直线路段由路边逐渐移向中心；曲线路段由弯道内侧向外侧进行，以便随时掌握质量。人工开挖时小木桩可不必移到路槽以外。横槽的间距以 3 ~ 5m 为宜，同时在路槽中心和两侧沿线路纵向开挖样槽，使纵、横向连通以构成整个路纵、横断面的形状。样槽的宽度为 30cm，然后再在样槽间进行全面开挖或培填。

（2）培槽式路槽

施工时，应沿道路中心线测定路槽边缘位置和培垫高度，按间距 20 ~ 25m 钉入小木柱，用麻绳挂线撒石灰放出纵向边线。桩上应按虚铺度做出明显标记，虚铺系数根据所用材料通过试验确定。根据所放的边线用机械或人工进行培肩。培肩宽度应伸入路槽内15 ~ 30cm，每层虚厚以不大于 30cm 为宜。路肩培好后，应往返压实，根据恢复的边线，将培肩时多余部分的土清除，经整修后用夯实机械进行夯实，直至达到设计的密实度要求。

（3）半挖半培式

路槽施工可参照上述方法进行。

6.4.4 基层施工

园路基层结构种类很多，施工方法也不同。园路常用基层材料为碎（砾）石、级配砂石和灰土基层。

1. 碎（砾）石基层

碎（砾）石基层是用尺寸均匀的碎（砾）石作为基本材料，以石屑、黏土或石灰土作为填充结合料，经压实而成的结构层。碎石层的结构强度主要靠碎石颗粒间的嵌挤作用以及填充结合料的黏结作用。碎石颗粒尺寸为直径 0 ~ 75mm，通常以直径 25mm 以上的碎石为骨料，直径 5 ~ 25m 的石屑或石渣为嵌缝料，直径 0 ~ 5mm 的米石为封面料。

填隙碎石基层施工一般按下列工序进行：摊铺粗骨料→稳压→撒填充料→压实→铺撒嵌缝料→碾压。

碎石的摊铺虚厚度为压实厚度的 1.1 倍左右。使用平地机摊铺，需要根据虚厚度每30 ~ 50m 做成一个宽 1 ~ 2m 的标准断面。若为人工铺，可用几块与虚厚度相等的方木或砖块放在路槽内，木块或砖块随铺随挪动，以标定铺厚度。摊铺碎石要求大小颗均匀分布，横断面符合要求，厚度一致。

稳压是先用 10 ~ 12t 压路机碾压，碾压一遍后检验路拱及平整度。局部不平处，要去高垫低。继续碾压至碎石初步稳定无明显位移为止。这个阶段一般需压 3 ~ 4 遍。

将粗砂或灰土（石灰剂量 8% ~ 12%）均匀撒在碎石层上，用竹扫帚扫入碎石缝内，然后用洒水车或喷壶均匀洒一次水。水流冲出的空隙再以砂或灰土补充，至不再有空隙并露出碎石尖为止。然后再用 10 ~ 12t 压路机继续碾压，一般碾 4 ~ 6 遍（视碎石软硬而定）。

铺撒嵌缝料，嵌缝料扫匀后，立即用 10 ~ 12t 压路机进行碾压，一般碾压 2 ~ 3 遍，碾压至表面平整稳定无明显轮迹为止。

2. 级配砂石基层

级配砂石是粗、细碎石和石屑各占一定比例的混合料，其颗粒组成符合密实级配要求。

级配砂石基层是经铺整形并适当水碾压后所形成的具有一定密实度和强度的基层，它的一般厚度为 10 ~ 20cm，若厚度超过 20cm 应分层铺筑。

级配砂石基层的施工程序是：推铺砂石→洒水→碾压→养护。

砂石材料铺前，最好根据材料的干湿情况，在料堆上适当洒水，以减少推铺粗细料分离的现象。虚铺厚度随颗粒级配、干湿不同情况而定，一般为压实厚度的 1.2 ~ 1.4 倍。以平地机铺时每 30 ~ 50m 做一标准断面，宽 1 ~ 2m，上石灰粉，以便平地机司机准确下铲。人工摊铺每 15 ~ 30m 做一标准断面或用几块与虚铺厚度相等的木块、砖块控制厚度，随铺随挪动。砂砾摊铺要求均匀，如发现粗、细颗料分别集中，应掺入适当的砾石进行处理。

虚铺完一段后用洒水车洒水（无洒水车用喷壶代替），用水量应使砂石料全部湿润又不致造成路槽发软为度。洒水后待表面稍干时，即可用 10 ~ 12t 压路机进行碾压。碾压 1 ~ 3 遍初步稳定后检验路拱及平整度，及时去高垫低。碾压过程中应注意随时洒水，保持砂石经常湿润，以防松散推移。一般压 8 ~ 10 遍，压至密实稳定无明显轮迹为止。碾压完后洒水养护，使基层表面经常处于湿润状态，以免松散。

3. 石灰土基层

在粉碎的土中，掺入适量的石灰，按一定的技术要求，将土、灰、水三者拌和均匀，在最佳含水量的条件下压实成型的结构称为石灰土基层。

石灰土力学强度高，有较好的整体性、水稳性和抗冻性。它的后期强度也高，适用于各种路面的基层、底基层和垫层。为达到所要求的压实度，右灰土基一般应用不小于 12t 的压路机或等效压实工具进行碾压，宽度较小的园林道路和小面积广场常使用蛙式打夯机。每层石灰土的压实厚度最小不应小于 8cm，最大也不应超过 20cm，应分层铺筑。

（1）材料

各种成因的塑性指数在 4 以上的砂性土、粉性土、黏性土均可用于修筑石灰土。塑性指数 7 ~ 17 的黏性土类，易于粉碎均匀，便于碾压成型，铺筑效果较好。人工拌和，应筛除直径 1.5cm 以上的土颗料。土中的盐分及腐殖质对石灰有不良影响，对于硫酸含量超过 0.8% 或腐殖质含量超过 10% 的土类，均应事先通过试验，参考已有经验予以处理。土中不得含有树根杂草等物。

石灰质量应符合标准。应尽量缩短石灰存放时间，最好在出厂后 3 个月内使用，否则应采取封土等有效措施。石灰土的石灰剂量按熟石灰占混合料总干重的百分率计算。石灰剂量的大小应根据结构层所在位置要求的强度、水稳性、冰冻稳定性和土质、石灰质量、气候及水文条件等因素，参照已有经验来确定。

一般露天水源及地下水源均可用于石灰土施工。如水质可疑，应事先进行试验，经鉴定后方可使用。

石灰土混合料的最佳含水量及最大密实度（即最大干容重），随土质及石灰的剂量不同而异。最大干容重随着石灰剂量的增加而减少，而最佳含水量随着石灰剂量增加而增加。

（2）准备工作

备土应按要求的质量和数量，整齐堆放在路肩或轴道上（路肩不能堆放时，也可在场外适当地点集中堆放），以不影响施工为原则。采用人工拌和时，备土应筛除直径1.5cm以上的土块。堆放时按适当长度堆成方堆，以利于拌和。

石灰应在施工前备齐。备灰一般在路外选临近水源、地势较高的宽敞场地堆放，每堆间距以500m左右为宜。石灰进场后如需较长时间后才用，应将石灰用土覆盖或用其他方法封存，以免降低活性氧化物的有效成分。采用人工拌和时，石灰除大堆堆放外，有条件的也可小堆堆放在路肩或辅道上，每堆间距以50～100m为宜。

用生石灰施工时，必须经过一定的方法粉碎后才能使用。磨细的生石灰可直接使用。块状的生石灰一般多采用水解，加水方法要根据水源情况、设备条件和施工方法确定。要在保证安全的前提下，于开工前5～7d消解完毕。

消解石灰应严格控制用水量。经消解的石灰应为含水量均匀一致，没有残留的粉状生石灰块。若水分偏大则成灰膏；水分过小，则生石灰既不能充分消解，还会飞扬，影响操作人员的身体健康。

根据施工方案确定的施工方法，在开工前，按施工顺序组织劳动力进场，并根据施工计划验核机具是否齐备，如有残缺，应及时补足和进行修理，以免影响工程进展。

（3）施工

石灰土基层的施工程序是：铺土→铺灰→拌和与洒水→碾压→初期养护。

石灰土基层施工方法，可分机械拌和法与人工拌和法两种。机械拌和法又分拌和机拌和法（石灰土拌和机）和铧犁拌和法。机械拌和法效率高、质量好、节省人力，适合大规模工程施工。人工拌和法又分人工筛拌法和人工翻拌法两种方法。人工拌和方法简单，适于机械缺乏或狭小地段施工，雨期施工中的小段突出，以及局部翻修工程。但这种施工方法劳动强度大，占用劳动力较多。

机械铺土一般多用平地机或推土机进行推铺。推铺时将已备或现运至工地的土，按要求厚度均匀推铺在路槽内，并利用推铺机的轮胎将铺匀的土排压一遍，以达到密实度大体一致（经排压后的推铺厚度应通过试验确定）。一般用平地机或推上机排压一遍后，土的虚铺厚度为压实厚度的1.1～1.2倍。

人工铺土操作时一般将已备好的土，按要求厚度均匀地铺在路槽内（半幅施工时，铺土宽度要大于半幅宽的30～50cm）。将已经消解好的石灰按计算量在已铺好的土层中的中心位置，码成梯形断面的长条，再用卡尺检验，无误后才能进行推铺。石灰土的土与灰的配比，在现场多用体积比。一般经验配比为：石灰剂量为10%时，石灰∶土＝1∶5；石灰剂量为12%时，石灰∶土＝1∶4。在铺灰时，试验人员应经常检查石灰的含水量，及时调整体积用量。

铺灰时应事先打出路面施工边缘位置，用灰粉撒出铺灰的外侧边线，铺撒时要做到厚度均匀一致。如用机动车运灰时，可边运边铺。运灰车辆应固定装车体积，做到定点定料，便于控制推铺面积。

用拌和机拌和石灰土，操作简便，效率高，质量好，其施工操作按以下程序进行。

1）拌和机从铺好的灰、土层的一侧边缘，沿边缘线准确行驶并拌和至作业段的终点。按螺旋形的路线，依次行驶至中心，每次拌和的纵向接茬重叠应不小于 20cm，要随时检查边部及拌和深度是否达到要求。

2）干拌一遍后，用洒水车或其他洒水工具进行洒水。洒水量应根据土的天然含水量大小而定。洒水时要做到均匀，水量一致，洒水后渗透 2 ~ 3h 再进行湿拌。

3）湿拌时的操作与干拌相同。一般湿拌 2 ~ 3 遍，但必须达到拌和均匀，色泽一致，土团直径大于 1.5cm 的含量以不超过 10% 为度。拌和完毕后的混合料含水量，一般掌握在略大于 18% ~ 22%。经验认为混合料以握成团，从 1m 高处自然落地即散最为适宜。如在高温季节，应考虑在操作过程中的水分蒸发量，故一般拌和好的混合料含水量要比最佳含水量大 1% ~ 3%（夏季可选用高限）。

4）拌和时应注意检查每拌一遍与前一遍的纵向衔接处和靠路肩的边缘是否有漏拌空白处，如发现应进行补拌或以人工处治。

5）每一作业段的接头处应重叠拌和 5 ~ 10m。在桥涵构造物的两端及雨水井、检查井周围，机械不易拌到的地方，要用人工拌和加以细致处理。

将拌和好的混合料，以人工用木平耙或其他工具，起高垫低进行粗略平整，横向符合路拱要求，纵向无起伏波浪，然后用平地机等机械从侧边缘逐次排压至另一侧边缘，排压 1 ~ 2 遍，即可达到初步稳定。找平前应将已排压好的作业段进行全面检查，如边线、中线的位置和标高、摊铺宽度及厚度，以及拌和质量等。经检查符合要求后再开始找平。找平分两次进行。第一次为粗平，第二次为细平。根据事先标好的标志进行粗平，然后将全段普遍排压一遍。经再次核对标高无误后方可进行细平，应铲高垫低至符合要求为止。经过机械排压 3 ~ 4 遍，石灰土即达到一致的密实度。细平后的压实厚度一般为 10 ~ 12cm，预留高度 1 ~ 3cm 即可。

石灰土的压实度是影响强度的重要因素之一。一般规律为压实度每增减 1%，强度增减 5% ~ 8%，而密实度越高则强度增长越显著，同时抗冰冻性与水稳性也越好，因此，对石灰土必须加强压实。石灰土整形后应及时碾压，最好当天碾压成活。在碾压前检查含水量是否合适，必须在最佳含水量下碾压到要求的压实度。

通过平地机或拖拉机的排压，即可用 12t 以上压路机进行碾压。对未经排压的灰土，则应先用 6 ~ 8t 压路机碾压 2 ~ 3 遍，再用 12t 以上压路机碾压 3 ~ 4 遍，压实度即可达到 98% 左右。道路的雨水井、检查井周围等碾压不到的地方，应用内燃夯或其他夯实工具夯实。园路与铺装广场的压实多用蛙式打夯机或内燃夯。

石灰土在碾压完毕后的 5 ~ 7d 内，必须保持恒定的温度，以利于强度的形成，避免发生缩裂和松散现象。如石灰土基层分层铺筑时，应于 2d 内将上层用的土摊铺完毕，以便用作下层的覆盖养护土。常温季节施工的上层石灰土，应有不少于 5 ~ 7d 的养护期，并适当洒水保持石灰土湿润，有一定的开裂后即可铺筑表面外层。

6.4.5 面层施工

在完成的路面基层上，重新定点、放线，每10m为一施工段落，根据设计标高、路面宽度定放边桩、中桩，打好边线中线。设置整体现浇路面边线处的施工挡板，确定砌块路面的砌块列数及拼装方式，并将面层材料运入现场。

1. 水泥混凝土面层施工

水泥混凝土面层的施工应首先核实、检验和确认路面中心线、边线及各设计标高点的正确无误。若是钢筋混凝土面层，则按设计选定钢筋并编扎成网。钢筋网应在基层表面以上架离，架离高度应距混凝土面层顶面5cm。钢筋网接近顶面设置要比在底部加筋更能防止表面开裂，也更便于充分捣实混凝土。按设计的材料比例，配制、浇注、捣实混凝土，并用长1m以上的直尺将顶面刮平。顶面稍干一点，再用抹灰砂板抹平至设计标高。施工中要注意做出路面的横坡和纵坡。混凝面层施工完成后，应即时开始养护。养护期应为7d以上，冬期施工后的养护期还应更长些。可用湿的稻草、锯木粉、湿砂及塑料薄膜等覆盖在路面上进行养护。

水泥路面装饰方法有很多种，要按照设计的路面铺装方式来选用合适的施工方法。

2. 片块状材料的地面铺筑

片块状材料作路面面层，在面层与道路基层之间所用的结合层做法有两种：一种是用湿性的水泥砂浆、石灰砂浆或水泥混合砂浆作为材料，另一种是用干性的细砂、石灰粉、灰土（石灰和细土）、水泥粉砂等作为结合材料或垫层材料。

（1）湿法铺筑

用厚度为1.5~2.5cm的湿性结合材料，如用1：2.5或1：3水泥砂浆、1：3石灰砂浆、M2.5水泥混合砂浆或1：2灰泥浆等，铺设在路面面层混凝土板上面或路面基层上作为结合层，然后在其上砌筑片状或块状贴面层。砌块之间的结合以及表面抹缝，亦用这些结合材料，以花岗石、釉面砖、陶瓷广场砖、碎拼石片、马赛克等片状材料贴面铺地，都可以采用湿法铺砌，预制混凝土方砖、砌块或黏土砖铺地等块料也可以用这种铺筑方法。铺筑时应将砌块轻轻放平，用橡胶锤敲打稳定，不得损伤砖的边角；如发现结合层不平时应拿起铺砖重新用砂浆找平，严禁向砖底填塞砂浆或支垫碎砖块等。铺好后应沿线检查平整度，发现有移动现象时，应立即修整。

（2）干法铺筑

以干性粉沙状材料，作路面面层砌块的垫层和结合层。这类材料常见的有干砂、细砂土、1：3水泥干砂、1：3石灰干砂、3：7细灰土等。铺砌时，先将粉沙材料在路面基层上平铺一层，厚度是：用干砂、细土作垫层厚3~5cm，用水泥砂、石灰砂、灰土作结合层厚2.5~3.5cm，铺好后抹平。然后按照设计的砌块、砖块拼装图案，在垫层上拼砌成路面面层。路面每拼装好一小段，就用平直的木板垫在顶面，以铁锤在多处振击，使所有砌块的顶面都保持在一个平面上，这样可使路面铺装平整。路面铺好后，再用干燥的细砂、水泥粉、细石灰粉等撒在路面上并扫入砌块缝隙中，使缝隙填满，最后将多余的材料粉末清扫干净。以后，砌块下面的垫层材料慢慢硬化，使面层砌块和下面的基层紧密地结合。适宜采用这种干法铺砌的路面材料主要有石板、整形石块、预制混凝土方砖和砌块等。传统古建筑庭院中的青砖铺地、金砖墁地等地面工程，也常采用干法铺筑。

3. 地面镶嵌与拼花

施工前，要根据设计的图样准备镶嵌地面用的砖石材料，设计有精细图形的，先要在细密质地青砖上放好大样，再精心雕刻，做好雕刻花砖，施工中可嵌入铺地图案中。要精心挑选铺地用石子，挑选出的石子应按照不同颜色、不同大小、不同长扁形状分类堆放，这样铺地拼花时才能方便使用。

施工时，先要在已做好的道路基层上，铺垫一层结合材料，厚度一般为 4 ~ 7cm。垫层结合材料主要用 1：3 石灰砂、3：7 细灰土、1：3 水泥砂浆等，用干法铺筑或湿法铺筑皆可，但干法施工更方便一些。在铺平的松软垫层上，按照预定的图样开始镶嵌拼花。一般用立砖、小青瓦瓦片拉出线条、纹样和图形图案，再用各色卵石、砾石镶嵌做花，或者拼成不同颜色的色块，以填充图形大面。然后经过进一步修饰完善图案纹样，尽量整平铺地后，即可定形。定形后的铺地地面，仍要用水泥十砂、石灰十砂撒布其上，并扫砖石缝隙中填实。最后，用水冲刷或使路面有水流淌使砂灰混合料下沉填实。完成后，养护7 ~ 10d。

4. 嵌草路面的铺筑

嵌草路面有两种类型，一种为在块料铺装时，在块料之间留出空隙，其间种草，如冰裂纹嵌草路面、空心砖纹嵌草路面、人字纹嵌草路面等。另一种是制作成可以嵌草的各种纹样的混凝土铺地砖。

施工时，先在整平压实的路基上铺垫一层栽培壤土作垫层。壤土要求比较肥沃，不含粗颗粒物，铺垫厚度为 10 ~ 15cm。然后在垫层上铺砌混凝土空心砌块或实心砌块，砌块缝中半填壤土，并播种草籽或贴上草块踩实。

实心砌块的尺寸较大，草皮嵌种在砌块之间预留缝中。草缝设计宽度在 2 ~ 5cm，缝中填土达砌块的 2/3 高。砌块下面如上所述用壤土作垫层并起找平作用，砌块要铺得尽量平整。

空心砌块的尺寸较小，草皮嵌种在砌块中心预留的孔中。砌块与砌块之间不留草缝，常用水泥砂浆黏接。砌块中心孔填土宜为砌块的 2/3 高；砌块下面仍用壤土作垫层找平。嵌草路面应保持平整。

6.4.6 园路附属设施施工

道牙基础宜与路床同时填挖碾压，以保证有整体的均匀密实度。结合层用 1 ∶ 3 的白灰砂浆或水泥砂浆。安道牙要平稳牢固，后用 M10 水泥砂浆勾缝，道牙背后要用灰土夯实，其宽度为 50cm，厚度为 15cm，密实度为 90% 以上。边条用于较轻的荷载处，且尺寸较小，一般宽 5cm，高 15 ~ 20cm，特别适用于步行道、草地或铺砌场地的边界。施工时应减轻它作为垂直阻拦物的效果，增加它对地基的密封深度。边条铺砌的深度相对于地面应尽可能低些，如广场铺地，边条铺砌可与铺地地面相平。槽块分凹面槽和空心槽块，一般紧靠道牙设置，以利于地面排水，路面应稍高于槽块。

思 考 题

1. 简述园路平面线形设计要求。

2. 简述园路的纹样设计。

3. 分析园路翻浆的主要原因。

4. 绘制一般园路路面结构划分示意图。

5. 园路基层结构种类很多，施工方法也不同。列举出主要种类，并简述施工流程。

参考文献

[1] 孟兆祯 . 风景园林工程 [M]. 北京：中国林业出版社，2012.

[2] 赵兵 . 园林工程 [M]. 南京：东南大学出版社，2011.

[3] 马锦义 . 公园规划设计 [M]. 北京：中国农业大学出版社，2018.

[4] 曾艳 . 风景园林艺术原理 [M]. 天津：天津大学出版社，2015.

[5] 杨至德 . 园林工程 [M].4 版 . 武汉：华中科技大学出版社，2016.

第 **7** 章

////////// 假山工程 //////////

本章要点

假山工程是风景园林工程中一个重要的类型，也是风景园林中的
一种特殊地形地貌。中国园林从西汉经东汉到唐、宋、元、明、
清等朝代的发展，堆山造园艺术不论理论还是实践都得到了很大
的发展，不论土作或石作或土石作都积累了非常丰富的工程经验，
有机糅合了中国山水画的传统理论与技法，创建了独特的中国园
林假山工程技术体系。随着现代新材料、新技术的出现，立足传
统假山艺术，中国园林又创造出现代堆塑假山工程艺术体系。本
章分为假山材料、假山石材采运、假山工程艺术法则、天然石堆
假山工程、人造石堆塑山工程、塑假山工程、堆假山植物种植工
程等 7 个部分。

假山是指以土、石、现代人工材料等为原料，模拟自然山水，借助一定的工程技术与工艺手段并加以艺术的提炼和夸张而营造的山水景物，以发挥堆塑地形、组织空间、分隔空间、点缀空间、护岸护坡、观赏、游览、憩歇等功能。关于自然山水，北宋画家郭熙在《林泉高致》中有精辟的论述："山，大物也，其形欲耸拔，欲偃蹇，欲轩豁，欲箕踞，欲盘礴，欲浑厚，欲雄豪，欲精神，欲严重，欲顾盼，欲朝揖，欲上有盖，欲下有乘，欲前有据，欲后有倚，欲下瞰而若临观，欲下游而若指麾，此山之大体也。水，活物也，其形欲深静，欲柔滑，欲汪洋，欲回环，欲肥腻，欲喷薄，欲激射，欲多泉，欲远流，欲瀑布插天，欲溅扑入地，欲渔钓怡怡，欲草木欣欣，欲挟烟云而秀媚，欲照溪谷而光辉，此水之活体也。山以水为血脉，以草木为毛发，以烟云为神采，故山得水而活，得草木而华，得烟云而秀媚。水以山为面，以亭榭为眉目，以渔钓为精神，故水得山而媚，得亭榭而明快，得渔钓而旷落，此山水之布置也。山有高有下，高者血脉在下，其肩股开张，基脚壮厚，峦岫冈势，培拥相勾连，映带不绝，此高山也。故如是高山，谓之不孤，谓之不仆。下者血脉在上，其颠半落，项领相攀，根基庞大，堆阜臃肿，直下深插，莫测其浅深，此浅山也。故如是浅山，谓之不薄，谓之不泄。高山而孤，体干有仆之理，浅山而薄，神气有泄之理，此山水之体裁也。石者，天地之骨也，骨贵坚深而不浅露。水者，天地之血也，血贵周流而不凝滞。"

假山是中国园林的重要组成内容，我国假山之法源于绘画，在西汉初期就已有史籍记载，六朝时堆掇假山兴盛，写意堆山法渐占主导地位。唐代时挖池堆山更趋向小型化发展，唐人不仅堆山，也喜石。宋代时假山已发展到鼎盛时期，宋人米芾对奇石钟爱有加，每见奇石必拜，还创立了一套奇石品评标准——"瘦、皱、漏、透"，为后人所沿用。明清时期叠石造山理论与技巧已全面成熟，明代计成《园冶》、清代李渔《闲情偶寄》就是典型代表。

7.1 假山材料

7.1.1 假山石材

尽管我国的山石资源极为丰富，但掇假山不能盲求名石。我国明代著名造园家计成倡导"是石堪堆，便山可采"，在现代假山艺术仍然具有非常重要的现实指导意义，应因地制宜采用当地石材，既有利于呈现地方特色，也有利于节约工程成本。

1. 太湖石

太湖石是一种经熔融的石灰岩，因主产于太湖洞庭西山、宜兴一带而得名，水中、土中都有分布。产于水中的太湖石浅灰带白，偶青灰色，丰润、光洁，具褶皱鼓摺。产于土中的太湖石灰色带青，多细纹，枯涩而少光泽。由于风浪或熔融作用，太湖石石面沟缝坳坎，纹理纵横，沟、缝、穴、洞嵌布，玲珑剔透，有时窝洞相套，疏密相通，脆而扣之有微声，状如天然雕塑。除了太湖一带，北京、南京、镇江、济南、桂林、北海等地也有分布。

因此常选其中形体险怪、嵌空穿眼者作为特置石峰。

2. 房山石

房山石是一种常被红色山土所满渍的砾岩，因产于北京房山大灰厂一带而成名，又因某些特征像太湖石而称北太湖石。新采房山石呈土红色、橘红色或浅土黄色，日久而带灰黑色。质脆而有韧性，脆性不如太湖石，容重大于太湖石，扣之无共鸣声，石面多蜂窝状小孔穴，少大洞，外观沉实、浑厚、雄壮。

3. 黄石

黄石是一种带橙黄色的细砂岩，因其色黄而得名，分布于苏州、常州、镇江等地。黄石质重、坚硬，见棱见角，节理面近乎垂直，平正大方，立体感强，块钝而棱锐，形态拙重顽劣，雄浑沉实，阳刚美十足，光影感突出。

4. 青石

青石是水成岩中呈青灰色的一种细砂岩，因形体多成片状而又称"青云片"，产于北京西郊洪山口一带。青石质地纯净而少杂质，有节理面但不太规整，面有交叉互织的斜纹，有纹理但不一定相互垂直。

5. 英石

英石由石灰岩碎块经雨水淋溶，埋于土中被地下水溶蚀而成，因产于广东英德县含光、真阳两地而得名。英德石，特有的岭南园林掇山石，多呈淡青灰色而称灰英，或间有白脉笼络，罕见白英、黑英、浅绿英，以黑如墨、白如脂者为上品。英石质坚而特脆，用手指弹扣发出响亮的共鸣声，石面呈巢状、绉状，形体不大，瘦骨铮铮，嶙峋剔透，多皱折棱角，或玲珑婉转。英石在广西西南亦有分布。

6. 宣石

宣石产于安徽宁国县，分白、黄、灰黑等色，以色白如玉为主，有如积雪覆于灰色石上。宣石多呈结晶状，极坚硬，石面棱角非常明显，有沟纹，皴纹细腻且多变化，体态古朴。初出土时为赤土积渍，表面有铁锈色，非刷净不见其质，经刷洗后时间久了就转为白色，有如皑皑白雪盖于石上，最适于表现雪景，可用作假山或盆景，观赏价值高。

7. 石笋

石笋是指形体修长如竹笋的山石的总称。原生石笋卧于山土，采后常常被立于地上，作独立小景布置于园林中。常见石笋可分为以下 4 种。

（1）白果笋

白果笋是指沉积了卵石的一种青灰色细砂岩，因形犹如银杏所产的白果嵌于石中而得名。北方称白果笋为"子母石"或"子母剑"。"子"即卵石，"母"即细砂母岩，"剑"即其形。大而圆且头朝上的白果笋常称为"虎头笋"，而上面尖且小的白果笋称为"凤头笋"。

（2）乌炭笋

乌炭笋是指颜色乌黑，但比煤炭颜色稍浅且无明显光泽的一种石笋。

（3）慧剑

慧剑是北京人对形状似宝剑，色黑如炭，净面呈青灰色或灰青色的一种石笋的称谓。

（4）钟乳石笋

钟乳石笋是指碳酸盐岩地区洞穴内石灰岩在漫长地质历史中和特定地质条件下经熔融形成的倒置钟乳石、石笋、石柱等不同形态碳酸钙沉淀物的总称。

以上几种是中国传统园林中常用的石品，除此之外还有黄蜡石、灵璧石、象皮石、木变石、珊瑚石、花岗岩石蛋、石玲珑等，也可用于园林山石小品。

8. 人造石

（1）塑石

最初的塑石是以灰土为原料塑造而成的人工假山石材。随工程技术的发展和水泥的出现，塑石慢慢发展成以砖石砌结或以钢筋混凝土筑模成形，再以水泥砂浆为原料，以点色、雕凿等为手段进行手工饰面，最终呈现天然岩石石面质感的人工仿真假山石。塑石的逼真性、真实感主要取决于塑造塑石的操作人员的工程技术及娴熟程度，其耐久性则主要取决于原材料及其配制混合物的强度。随着时间的推移，塑石表面容易皲裂，也容易发生褪色。塑石既可以是一块人造"石"，也可以是一座具有整体岩石特色的人造"石山"。

（2）塑石块元件

塑石块元件是指以天然岩石石面皱纹较好的部位为脱制模具，以合适的现代复合材料沉积于模具表面，固化成型，从而用于组装、制造假山的一块块预制"石块"构件。由于塑石块元件是以复合材料为原料经面层质感、触感和纹理处理进行模制而成的，所以其不仅具有天然山石的质感和皱纹，而且重量轻，强度高，易安装，可规模化生产，因此被广泛应用于现代各种风景园林绿地建设中。不过，这种元件暂时还不能模制出石面纹理非常丰富且有极为丰富的涡洞变化的山石，如太湖石。

目前，国内外用于生产制作园林假山的"塑石块"元件材料主要有玻璃纤维增强水泥（GRC）、玻璃纤维增强塑料（GFRP）、碳纤维增强混凝土（CFRC）三类。GRC是玻璃纤维增强水泥英文名称（Glass Fiber Reinforced Cement）的缩写。GRC塑石是指以低碱度水泥作为胶凝材料，以耐碱抗损玻璃纤维和砂为骨料，以自然山石为脱制磨具，经硬化、脱模形成的高强度、薄壳型复合"石"。GRC塑石造型、皱纹逼真，石质感铰强。GFRP是玻璃纤维增强塑料英文名称（Glass Fiber Reinforced Plastics）的缩写，俗称玻璃钢。

GFRP 塑石是指以热固性（塑性）树脂为基体材料，以玻璃纤维为填充增强料，利用复合技术将不饱和聚酯树脂与玻璃纤维复合而成的一种质轻、质韧的复合"石"。CFRC 是碳纤维增强混凝土英文名称（Carbon Fiber Reinforced Cement or Concrete）的缩写。CFRC 塑石是指将少量一定形状的碳纤维和超细添加剂（分散剂、消泡剂、早强剂等）添加到通用水泥砂浆中而制成的一种耐久性优异复合"石"。利用现代新材料、新工艺制造的这些人造石质感和纹理逼真，重量轻，强度高，造型能力强，为新时代下现代假山艺术的发展提供了可靠的材料保障。

7.1.2 天然的假山石材选择

1. 以假山之形姿相石

选择假山石材之前首先需要明确目标假山的设计形状、姿态、意境以及场地所在地理区域位置，并依此确定石材选择的地理区域范围，目标石材需要具备的形态特征与自然属性。

不同的假山石材呈现不同的自然属性，包括形态、尺度、表观密度、堆密度、密度、质感、石面、石纹、色泽等，使假山表现出不同的形态特征。太湖石以"瘦、漏、透、皱、丑"之美叠山，玲珑、奇巧，以山峦取胜；黄石以刚劲、棱角分明之美掇山，伟岸、浑厚，以平正求变化，以山岗造势揽胜。因此，在选用不同假山石料堆叠假山时，应首先把握好石品的自然属性，以尽情散发石品的独特魅力。

掇山时不仅要保持山石的自然属性，而且要有假山的动势。单块山石的美学属性并不代表所取石料堆叠成山后的审美价值取向，这就要求相石者除了需要根据山石的形态、自然属性选择假山石料之外，还须凭借多年的实践经验，根据掇叠出独具特色的山形山势所需的不同功能定位来选择不同规格、形态、姿态、面相的同种常见石材，充分发挥普通石料在掇山中的独特功能作用。例如著名叠山名家戈裕良在堆叠苏州环秀山庄时，没有选择上乘的湖石，也没有选择单块的峰石，而多以小体量湖石模拟自然岩溶地貌，掇叠出孔、洞、涡、罅等山石特征，在仅半亩之地上堆出蹊径、洞穴、幽谷、石崖、飞梁、绝壁等多种山石组合单元，山势陡峭险峻，处处透露出幽深玄妙的禅意，外观山形具蹲狮卧虎之势，在平淡中表现动感。

2. 以假山之赏点相石

石虽有六面，但多数情况下多数石面作为叠合面隐藏于山体之中，常常只有 1 ~ 2 个最为突出的石面作观赏面，即作"石脸"。一般情况下，将石料纹理脉络变化最为显著的石面作观赏面，将无形无脸、有形无脸之石料作基础石或叠裹在山体之中作隐蔽石。

另外，要保证每块山石的"石脸"都朝向观赏点或观赏线，直至将单块石的大面经过拼叠按法处理成为山体的大面。从纹理脉络、空透变化特征等多方面、多角度考察石料，根据山石组合的整体效果需要来选石。先选主峰或孤立小山峰的峰顶石、悬崖崖头石、山洞洞口用石并做好标记，接着选假山前凸部位用石及山前、山两侧显著位置用石，以及土山山坡上的石景用石等，再选重要结构用石，如洞顶梁用石、拱券式结构所用的券石、峰底承重用石、小峰用石、洞柱用石等，最后选其他部位用石，随用随选，就地取材，"是石堪堆"。简言之，选石宜先头部后底部，先表后里，先前后背，先大后细，先特征后一般，先洞口后洞中，先竖后平。

3. 以假山之形体相石

（1）石形选择

除了特置石、孤置石、单峰石外，并非假山每个部位都需要具有独立、优质、完整的形态。在选择山石形状时，应根据山石在假山结构上的功能和石形对山形样貌的影响来挑选，尽量选择自然形态的山石，纯粹圆形或方形等几何形状的山石需要用机器打磨。

假山的底层要求山石石形顽夯、墩实，可选块大、形态粗犷、皱纹简括而形状高低不一的山石，以适于山底承重，便于山脚造型。对于假山的中腰层高1.5m以内部分选择山石时对其个体形状无特别要求，体量不需很大即可，而对于高1.5m以上的山腰部分，应选形状奇异、石面纹理突出、孔洞特征明显的山石。对于假山的上部、山顶、山洞上部以及其他较凸出部位，应选形状奇异、石面皱纹丰富、孔洞较多的山石。而形态特别好、体量较大、观赏效果好的奇石可用作单峰石。

（2）石面选择

"石贵有皮"。假山石如具有天然的优质"石皮"，即天然石面及天然皱纹非常有特色，就说明该假山石是掇山的好材料。石面皱纹、皱褶且孔洞丰富的山石适于假山面层堆叠，石形石面规则、平淡无奇的山石适于假山下部、内部堆叠。山有山皱，石有石皱，掇山讲究脉络贯通，对于同一座假山选择的山石皱纹最好属同一种类型，以保持协调统一。山石纹理有竖纹、横纹、斜纹、粗纹和细纹之别，沿同一方向纹理堆叠的假山浑然一体、统一协调，避免杂乱无章、支离破碎，使人感到山体、余脉有向纵横、上下的延伸感。

（3）石色选择

掇山需要讲究山石颜色的搭配。不同类的山石有色泽的种类差异，同类山石有色泽的深浅差异。在掇山选石时，要将颜色相同或相近的山石尽可能堆一起，以确保假山整体色泽协调统一。在假山凸出部位宜选石色稍浅的山石，在假山凹陷部位宜选石色稍深的山石，在假山下部宜选颜色稍深的山石，在假山上部宜选色泽稍浅的山石。同时，所选山石颜色还应与所造假山区域的景观特色相互联系、相互协调。

山石有新、旧和半新半旧之分。采自山坡的山石因长期暴露，经风吹、日晒、雨淋，自然风化程度深，属旧石，用来叠石造山，易显古朴、自然。刚采自土中的石料因土渍原因，石态全新。采自半露半埋的山石，则属半新半旧之石。选择山石时应尽量用旧石，少用半新半旧之石，避免用新石。

（4）石态选择

假山石的形态包括形和态两个方面，形是山石的外在形象，态是山石的内在形象，两者相互依存，共同构成假山石的形态。通常假山石一定的形伴随其相应的精神态势。瘦长形的山石给人挺拔感，矮墩形的山石给人稳实感，倾斜形的山石给人运动感，自然流畅线形的山石给人宁静、祥和感。"察石之形，辩石之态"，选择山石时要透过山石的外观形象观察分析出其内在的气质和态势。具有原始意味的山石，显示出风化痕迹的山石，被河流、海洋强烈冲击或侵蚀的山石，生有锈迹或苔藓的山石，透出平实、沉着感。

（5）石质选择

首先，选择假山石时需要充分考虑山石的相对密度和强度，看其是否能满足所掇假山的安全性、功能性、结构性要求。例如，作为假山主要受力部位的假山梁柱、山洞石梁与石柱以及山峰下垫脚石所选用的山石，必须具有足够的强度和较大的密度，而强度稍差的片状石、风化过度而外观形状及皱纹丰富的山石等，就不能用于假山这些受力部位，否则，会造成严重的安全隐患。其次，选择山石时需要考虑山石的粗糙度、细腻度、平整度、平滑度等方面。同一种山石，其质地往往有粗细、软硬、纯杂、良莠之别。如黄石有质地粗细、坚硬的差别，钟乳石有质地粗细、软硬和色泽纯杂的差异。因此，选择假山石时，一定要注意不同石块质地的差别，将质地相同或相近的山石选配于一处，质地差别大的山石则选配于不同的处所。

总之，选山石时必须注意"三统一三各异"，即石种统一、石纹统一、石色统一，石质各异、石态各异、石形各异。

7.1.3 假山基础材料

（1）灰土基础材料。灰土基础材料多是将石灰和素土按照 3：7 的比例进行混合而成，凝固性能较好，一经凝固便不容易透水，还可以减少因土壤冻胀而产生的破坏。灰土基础材料主要应用于陆地上堆叠假山。

（2）浆砌块石基础材料。通常采用 1：2.5 或 1：3 水泥砂浆砌一层厚度为 300～500mm 的块石作基础材料，如在水下砌筑则选用的水泥砂浆比例应为 1：2。陆地上堆假山也可以采用石灰砂浆砌筑块石作为假山基础。

（3）混凝土基础材料。现代堆叠假山多采用混凝土基础，特别高大的假山采用钢筋混凝土基础。

（4）木桩基础材料。木桩多选用较平直而又耐水湿，桩顶面直径 100～150mm 的柏木桩或杉木桩作为桩基材料，桩木常按梅花形进行平面布置排列，因此称"梅花桩"。

7.1.4 假山填充材料

填充式结构假山的山体内空隙处通常可以采用泥土、废弃碎砖、石块、灰块、建筑渣土等作为填充材料，必要时也可以用混凝土填充，混凝土按水泥：砂：石＝1：2：4～1：2：6的比例搅拌配制而成。

7.1.5 假山胶结材料

假山胶结材料是指将叠石成山的假山石块黏结起来的黏结性材料，如水泥、石灰、砂和涂料等。对于假山易受潮部分，可将水泥与砂按1：1.5～1：2.5的比例拌合成黏结性水泥砂浆；对于假山不易受潮部分，可将水泥、石灰与砂按1：3：6的比例制成黏结性混合砂浆。黏结性水泥砂浆干燥较快，不怕水，而黏结性混合砂浆干燥较慢，怕水，但强度高于水泥砂浆，价格也低于水泥砂浆。

以胶结材料黏结好假山石之后，应用扫帚将缝口表面扫干净，根据假山石材的质地锉毛水泥缝口的抹光表面，使缝口面更加接近石面的质地，并依假山石色喷涂相近的仿石涂料或以调制成的近似色砂浆抹缝。如假山石是灰色、青灰色，则以青灰色涂料喷涂上色或直接以水泥砂浆抹面，如假山石是灰白色，则以灰白色石灰砂浆抹缝或喷涂灰白色仿石涂料，如假山石是灰黑色，则以加入炭黑的水泥砂浆调制成灰黑色浆体抹缝或喷涂灰黑色仿石涂料，如假山石是土黄色山石，则以加入柠檬铬黄的水泥砂浆抹缝或喷涂土黄色仿石涂料，如假山石是紫色或红色山石，则以加入铁红的水泥砂浆调制成紫红色浆体抹缝或喷涂紫色或红色仿石涂料。

7.1.6 假山堆叠工具

堆叠假山的常用工具有锥子、方锥、平锥、榔头、嵌缝条、锯子、绳索、杠棒、撬棍、吊车、吊杆起重架、起重绞磨机、手动铁链葫芦（铁辘轳）、柳叶抹、毛刷等。

7.2 假山石材采运

7.2.1 山石开采

山石的开采需要根据山石的生长情况、种类以及施工条件而采用不同的方法。

1. 单体山石的开采
单体山石以单体的形式半埋半露于土中，凭经验以手或铁器轻击山石，根据声音大致可判断山石露埋的深浅，据此判断开采与否以及适宜的采取方法，以保持目标山石的完整性和开采的经济性。对于天然裸露于自然界的单体山石，则稍加开掘即得。

对于当今在绿地置石中运用得越来越多的卵石，则直接用人工搬运或用吊车装载。

2. 连体硬质山石开采

这类连体硬质山石由于质地较硬、块头大，采集起来不容易，最好采取凿掘的方法，将它从整体中分离出来。对于块头特别大，很难凿掘的山石可以采取爆破的方法。凿爆破孔眼时，一般上孔直径设为 5cm，孔深 25cm，炸成每块 0.5 ~ 1.0t，以尽可能获取更多理想的石形，提高炸块的观赏价值和利用率。这种方法比较适合于黄石、青石一类带棱角的山石材料的开采。对于整体性较好的造型石，尤其是形态奇特的山石，最好按其形态分布特征以凿取的方法将目标山石从岩石母体上凿离，开凿时务必选择好凿离位置，尽可能减少凿离所带来的负面影响，缩小凿离面，减少凿离分体块的人工凿痕面。比如开采湖石时，由于湖石质地清脆，开凿时要避免因过大的振动而损伤非开凿部分的石体。湖石开采以后，对其中玲珑嵌空、窝洞相套、纹理丰富的优质山石应采用软质填充材料填充窝洞、包装山石石面、衬垫石底面，再以木板木箱或其他材料包装保护这些易于损坏的优质山石材料，以方便安全运输。

3. 连体软质山石开采

对于质地松软的山石，采掘时通过选择最合适的开槽位置将目标山石部分从原生山石体中分割出来，切割时尽量减少切割分离面。尽管属于软质山石，切割好的山石也应以软质包装材料加以填充包装，同时在运输过程中应同样尽可能避免大的震动、撞击，以防破损。

7.2.2 山石运输

关于假山石的运输，我国古代先人们就创造了许多湖石的运输办法。《癸辛杂识》载："良岳之取石也，其大而穿透者致运必有损折之虑。近闻注京父老云，其法乃先以胶泥实填众窍，其外复以麻筋杂泥固济之，令圆混，日晒极坚实。始用大木为车至于舟中。直侯抵京然后浸之水中，旋去泥土，则省人力而无他虑。此法奇甚，前所未闻也。"

在现代，交通越来越发达，运输工具越来越先进，运输假山石变得越来越便利，不过，如不注意加以保护的话，山石材料在现代运输工具的运输过程中也容易被损坏。在运输过程中，石料最易被损坏的环节是山石材料的装车前处理、装货吊装、安放和运输车到达目的地的卸货过程。在装载山石前应保证运输车辆清洁、无污染，放置石材的地面要坚硬、平整，防止承载面塌陷、铁架倾斜。对于观赏价值较高的重要山石材料在装车前务必以合适的软质包装材料做好包装处理；对于浅色系易被污染的山石材料还需要注意包装材料的色彩搭配，以免污染山石材料；对于脆性较大、石种较好的山石材料还需要在运输工具的承载面垫适量厚度的软质材料（如塑胶、沙土等），以防路途颠簸带来的损伤；对于有锐角的优质名贵山石在基本包装保护之后还需要用纸箱或木箱包装，大规格的山石用新鲜木方牢固钉架。石料装车时要统筹安排，科学安系起吊绳或起吊带，机械起吊细心起落、安放。对山石材料应轻装、轻放，石材吊放时不能横排，应沿运行方向竖立，装车后应系紧、系牢，以免发生滑动和偏向。对于长途运输一定要有遮挡工具，防暴晒、雨淋、风吹。严禁人员乘坐运载山石材料车，严禁超载运输。山石材料运至施工现场时务必规范卸货、细心操作、轻卸轻放，充分利用机械科学吊卸，严禁运输车下翻卸货，尽力保护好每一块石料。

7.3 假山工程艺术法则

7.3.1 置石工程艺术

1. 单元素置石

（1）特置

特置石又称孤置石、孤赏石，多由体量大、轮廓线突出、形态奇特、姿态多变、色彩突出的单块山石布置成为独立性的石景，以作入口障景和对景，或布置视线焦点作孤景、漏景、框景，或结合壁山、花台、岛屿、驳岸等作护岸、护坡，或结合花台、水池、草坪作孤景，或作台景，或作大盆景。我国园林中出现了比较典型的知名特置石，如现存杭州曲院风荷以深皱纹而得名的"绉云峰"；上海豫园以千穴百孔、玲珑剔透而出众的"玉玲珑"；苏州第十中以体量特大、姿态不凡且遍布涡、洞而著称的"瑞云峰"；留园以集透、漏、瘦于一石，亭亭玉立，高矗入云而名噪江南的"冠云峰"；北京颐和园以质感雄浑、体态横卧并遍布青色小孔洞而被纳入皇宫内院的"青芝岫"；以及广州海珠花园的"大鹏展翅"，海幢花园的"猛虎回头"等，观赏特征各异。在石材资源相对不足的地方可用小石拼掇成特置石。布置特置石需相石立意，特置石体量与环境相协调，有弥补山石缺陷的框景或背景。

（2）对置

对置是指以两块山石为组合，相互呼应，沿建筑中轴线两侧或道路入口两侧对称布置山石的方法。

（3）散置

散置是指仿照岩石自然分布和形状，利用少数大小不一的山石进行艺术组合搭配的一种山石布置方法。布置宜有聚有散、有断有续、主次分明、高低曲折、顾盼呼应、疏密有致、层次丰富，多布置于园门两侧、廊间、粉墙前、山坡上、小岛上、水池中，或与其他景物结合造景。明代画家龚贤所著《画诀》说："石必一丛数块，大石间小石，然须联络。面宜一向，即不一向，亦宜大小顾盼。石下宜平，或在水中，或从土出，要有着落。……石有面有肩有足有腹。亦如人之俯仰坐卧，岂独树则然乎。"

（4）群置

群置是指以较多的山石在较大空间内经设计、堆叠砌筑而成一组石景的一种方法。其布置要领同散置，但以大代小、以多代少。群置山石需以较大量的材料堆叠，每堆体量都不小，而且堆数也可增多，多按自然界中的石林、石壁、石穴、壁石、石磴等造型而布置。土山中露出的山石在山水画中称为"矶头"，以体现山体之嶙峋。

（5）山石器设

山石器设是指结合造景需要以近平板或方墩状或不规则长条形山石作室内外家具或器设的置石方法，既节省材料、劳力，耐久性也很好。清代李渔《闲情偶寄·山石第五》"零星小石"篇中论及："若谓如拳之石亦需钱买，则此物亦能效用于人，岂徒为观瞻而设？使其平而可坐，则与椅榻同功；使其斜而可倚，则与栏杆并力；使其肩背稍平，可置香炉茗具，则又可代几案。花前月下，有此待人，又不妨于露处，则省他物运动之劳，使得久而不坏，名虽石也，而实则器矣。"山石器设可独立布置，可随宜设置，可结合挡土墙、花台、驳岸等设置。

2. 与建筑组景置石

（1）石踏跺和石蹲配

石踏跺是指中国建筑中置于台基与室外地面之间以扁平状石条砌造的台阶，石条间砌以各种角度的梯形甚至不等边的三角形，更富自然变化，每级高 100 ~ 300mm，每级的高度不一定完全一样，台明出来头一级可与台基地面同高，使人在下台阶前有个准备。石踏跺每一级都有 2% 的向下坡方向倾斜坡度，石级断面上挑下收，小块山石拼合的石级，拼缝要上下交错，以上石压下缝。明代文震亨《长物志》"阶"部论："自三级以至十级，愈高愈古，须以文石剥成；种绣墩或草花数茎于内，枝叶纷披，映阶旁砌以太湖石叠成者，曰涩浪，其制更奇，然不易就。"

石蹲配是指为了遮蔽踏跺两侧层层叠砌而不易处理的侧面所配合使用的一种置石方式，兼备垂带和门口对置装饰作用，常由蹲与配组成，体量大而高者称为"蹲"，体量小而低者称为"配"。在满足实用功能的前提下，设置石蹲配时常利用山石的形态在空间造型上极尽其自然变化，但须使蹲配在建筑轴线两旁有均衡的构图关系。

（2）石抱角和石镶隅

为了减少建筑墙角线条单调、平滞的感觉而增加自然生动的气氛，常以山石来美化这些墙角，使建筑恰似坐落于自然的山岩上。以山石成环抱之势紧包基角墙面，称石抱角；以山石填镶墙内角，称石镶隅。不论是石抱角，还是石镶隅，其体量、石质、石色均须与所处建筑墙体空间相协调，园林建筑体量不大时一般无须做石抱角。江南私家园林常常以山石作小花台来镶填墙隅。苏州拙政园腰门外以西的门侧，利用两个一大一小、一高一低小山石花台均衡地镶填了两边的墙隅，山石和地面衔接处种书带草，小花台北隅种紫竹，青门粉墙，构图十分完整。苏州留园"古木交柯"与"绿荫"间小洞门的墙隅以矮小山石和竹子来陪衬洞门，用材虽少却成画龙点睛之笔。

（3）石粉壁

石粉壁是指以建筑墙壁为背景，以石景或山景为素材布置于面对建筑的墙面、山墙或墙前基础种植部位的做法，也可结合花台、特置和植物布置，形式多样。《园治》中对这种造景手法有专门的论述："峭壁山者，靠壁理也。藉以粉壁为纸，以石为绘也。理者相石皴纹，仿古人笔意，植黄山松柏、古梅、美竹，收之园窗，宛然镜游也。"

（4）"尺幅窗"和"无心画"

"尺幅窗"是指利用门框、漏窗、洞将室外石景透进室内，使室内外景色互相渗透的手法，也称"无心画"，为清代李渔首创。以"尺幅窗"透取"无心画"是从暗处看明处，窗花剪影，以粉墙石景为背景，从早到晚，窗景因时而变，景色精美、深厚，居室内而享室外风景之美。

3. 与植物组景置石——石花台

石花台的做法多适于地下水位较高或土壤排水不良的场地，也适于石花台之间地面为自然形式的铺装路面，起到调节石花台中园林植物种植点至合适的观赏高度的作用，特别适于与壁山结合构筑。石花台的形体随地而设，小则占角，大则成山。

在进行石花台的平面设计时，对于单个石花台不仅要自然曲折、进出多变，更要有大、小弯的凹凸面，而且弯深、弯矩要自然多样，力求避免无变化、变化单一、节奏单调的做法；而对于同一空间内多个石花台的平面设计需要主次分明、疏密多致、大小相间、层次深厚、若断若续，园路收放自如，空间疏密相间。

在进行石花台的立面设计时，花台山石不仅应有高低起伏的变化，切忌"一码平"，而且要对比强烈，但又忌体量差别过大。不仅花台缘，花台中也可点缀少量山石，两者既可堆置，也可埋置，使之变化更自然。

在进行石花台的断面和细部设计时，应模拟自然界因地层下陷、山石崩落滚坡成围、落石浅露等因素形成的自然种植池景观，既要有伸缩、虚实明暗、层次和藏露的变化，也要有直立、坡降和上伸下收的变化，因势延展，就石应变。对于石花台边缘，或上伸下缩，或下断上连，或旁断中连，化单面体为多面体。

4. 置石结构

置石所用石材较少，结构较简单，关键需要处理好基础的大小和强度以及山石的重心稳定问题，兼顾石材的安置方位。置石的基础顶面高程应设计比地面低 0.2m，比待置山石底面宽 0.3 ~ 0.5m。这样既可以保证置石的稳定，也有利于植物种植覆盖基础顶面，保持较好的景观效果。当置石块体量较大、高度在 2 ~ 4m 之间时，可以采用 300mm 厚 3 : 7 灰土或 200mm 厚 C15 素混凝土基础，更大时可根据情况适当调高混凝土强度，必要时也可配置合适的钢筋。当置石体量不突出，高度在 2m 以下时，可以采用 150mm 厚 3 : 7 灰土或 100mm 厚 C10 素混凝土基础。基础做好并稳定后，即可将置石安装于其上，打刹垫平安稳，并依情培土覆盖好裸露的基础，以备植物种植。对于珍稀的单峰置石，可向石面喷涂灰黑色或古铜色涂料，再喷以透明的聚氨酯作保护层，使置石更显古旧、高贵。

除此之外，置石也可通过预留凹槽或石榫安置于砖石基座或石雕基座上，基座和置石相互协调，共同成景。当置石以自然磐石作基座时，《园冶》有云："峰石一块者，相形何状，选合峰纹石，令匠凿筍眼为座。理宜上大下小，立之可观。"我国传统园林通常根据置石的体量大小以长度为 0.1 ～ 0.3m 的石榫头作为稳定源，并要求石榫头正好处于置石重心线上，榫头直径较大，但应略小于基磐上的榫眼，同时榫头长度宜略短于基磐上的榫眼，榫头周围留 0.03m 宽的榫肩。所有准备工作做好之后，先在石榫眼中浇注适量的胶泥黏合材料，再将石榫头插入基座榫眼，黏合材料自然灌满石榫头与基座榫眼之间的空隙，修整切合面，保持置石稳定，待黏合材料固化后拆除支撑材料，置石即安装完成。

7.3.2 假山工程艺术法则

假山工程是指人们通过应用一定的工程技术、工程措施、工程手段，用自然或人工山石块料模拟自然山石堆叠成具有美学价值的石体构筑物的工艺过程。假山工程常常和瀑布工程、溪流工程、水池工程、挡墙工程、置石工程等景观工程联系在一起，以丰富风景园林景观内容。北宋画家郭熙在《林泉高致》中论假山："山，大物也。其形欲耸拔，欲偃蹇，欲轩豁，欲箕踞，欲盘礴，欲浑厚，欲雄豪，欲精神，欲严重，欲顾盼，欲朝揖，欲上有盖，欲下有乘，欲前有据，欲后有倚，欲上瞰而若临观，欲下游而若指麾，此山之大体也。"宋代文学家苏轼《咏石》评假山："山无石不奇，水无石不清，园无石不秀，室无石不雅。"这充分说明了假山工程艺术在风景园林工程艺术中的重要地位。

叠石堆筑假山，石虽无定形，但山有脉络气势，掇山以传统的山水画论作为艺术指导理论，以自然山水作为创作蓝本，"有真为假"，以自然山石土作为掇山材料，"外师造化，内发心源"，堆叠山石，"集零为整""显天然奇巧之趣""作假成真""掇山莫知山假"，如此所掇之山源于自然，高于自然。这就是叠石堆山的章法。

山水画论讲究"三远"原理，步移景异。宋代画家郭熙在《林泉高致·山水训》中论"三远"："山有三远。自山下而仰山巅，谓之高远；自山前而窥山后，谓之深远；自近山而望远山，谓之平远。高远之色清明，深远之色重晦，平远之色有明有晦。高远之势突兀，深远之意重叠，平远之意冲融而缥缥缈缈。其人物之在三远也，高远者明瞭，深远者细碎，平远者冲淡。明瞭者不短，细碎者不长，冲淡者不大。此三远也。"远观赏山势，近看品石质；远眺评效果，近看论石态。"势"即山水的形势，指山水的轮廓、组合及其所呈现的动势和性格特征。明代计成在《园冶》中论"山势"："深意画图，余情丘壑；未山先麓，自然地势之嶙嶒；构土成冈，不在石形之巧拙；宜台宜榭，邀月招云；成径成蹊，寻花问柳。"这是铸山势的通则。清代笪重光在《画筌》中论"山象"："夫山川气象，以浑为宗，林峦交割，以清为法。形势崇卑，权衡小大，景色远近，剂量浅深。山之旁胁易写，正面难工；山之腰脚易成，峰头难立。主山正者客山低，主山侧者客山远。众山拱伏，主山始尊；群峰盘互，祖峰乃厚。土石交覆，以增其高；支陇勾连，以成其润。一收复一放，山渐开而势转；一起又一伏，山欲动而势长。背不可睹，仄其峰势；恍面阴崖，坳不可窥，郁其林丛，如藏屋宇。山分两麓，半寂半喧；崖突垂膺，有现有隐。近阜下以承上，有尊卑相顾之情；远山低以为高，有主客异形之象。"笪重光在《画筌》中还论道："一抹而山势迢遥，贵腹内陵阿之层转；一峰而山形崒嵂，在岭边树石之缤纷。数径相通，或藏而或露；诸峰相望，或断而或连。峰夭矫以欲上，仰而瞰空；砂迤逦以同奔，俯而薄地。山从断处而云气生，山到交时而水口出。""山脉之通，按其水径；水道之达，理其山形。""地势异而成路，时为夷险；水性平而画沙，未许攲斜。近山漤洞，每于村边石脚；远沙迢递，见之峰顶山腰。树中有屋，屋后有山，山色时多沉霭；石旁有沙，沙边有水，水光自爱空濛。平远一派，水陆有殊。"如是等等都为筑山显"三远"理论之生动写照。

凡掇山，应因地制宜，巧于因借。明代计成在《园冶》中论相地布局："如方如圆，似偏似曲。如长弯而环壁，似偏阔以铺云。高方欲就亭台，低凹可开池沼。卜筑贵从水面，立基先究源头。疏源之去由，察水之来历。临溪越地，虚阁堪支；来巷借天，浮廊可度。倘嵌他人之胜，有一线相通，非为间绝，借景偏宜；若对邻氏之花，才几分消息；可以招呼，收春无尽。架桥通隔水，别馆堪图；聚石迭围墙，居山可拟。"只有因地制宜地相地，才能构山得体。同时，堆筑假山讲究主次之分，宋代李成在《画苑补益·山水诀》中论假山主景："先立宾主之位，次定远近之形，然后穿凿景物，摆布高低。……左右林麓，铺陈不可太繁，繁则堆塞不舒。山高峻无使倾危，水深远勿教穷涸。路须曲折，山要高昂。孤城置之远边，墟市依于山脚。"关于假山主次峰的处理，《园冶》有论："假如一块中竖而为主石，两条傍插而呼劈峰，独立端严，次相辅弼，势如排列，状若趋承。"

叠石掇山应以自然山水为蓝本，山和水相互依存，相得益彰。清代石涛在《石涛画语录》"山川章"论山水："得乾坤之理者，山川之质也。得笔墨之法者，山川之饰也。知其饰而非理，其理危矣。知其质而非法，其法微矣。是故古人知其微危，必获于一。一有不明，则万物障；一无不明，则万物齐。画之理，笔之法，不过天地之质与饰也。山川，天地之形势也。风雨晦明，山川之气象也；疏密深远，山川之约径也；纵横吞吐，山川之节奏也；阴阳浓淡，山川之凝神也；水云聚散，山川之联属也；蹲跳向背，山川之行藏也。高明者，天之权也。博厚者，地之衡也。风云者，天之束缚山川也。水石者，地之激跃山川也。"

简而言之，叠石"有真为假""集零为整""显天然奇巧之趣""作假成真"。其奥秘在于因地掇山，山水趣融，巧于因借，三远交融，主次分明，远势近质，寓情于石，意景相融。

7.4 天然石堆假山工程

7.4.1 堆假山总体布置设计

堆假山是指利用自然山石、土方模拟自然山水，借助一定的工程技术与工艺手段并加以艺术的提炼和夸张而营造的山水景观构筑物。在本节中主要讨论以自然山石为主要材料进行假山的堆掇。

1. 协调环境关系布设

布局堆置山石假山时，应根据场地环境、构景需要因地制宜地统一安排堆假山的地点及规模大小。对于受现代城市建筑影响较大的场地，确须堆假山时可适当改造、堆塑原场地地形，并运用林植或群植的方式对场地外高大建筑进行视线遮掩，形成一个浓密的山林视线屏障，为假山在场地中的布设创造一个相对协调、和谐的空间环境。对于规模较大的堆假山，可选择布置于场地的中间区域位置，也可以安排于场地侧缘地带，同时待布置场地空间一定要非常开阔。对于小型的堆假山，常常布设于庭院之中，也可布置于庭院偏墙角一带，同时需要结合园林植物的配置来协调庭院环境，必要时可考虑于假山上设置亭廊。堆假山既可以布置在湖、池的中间区域，也可以布置于湖、池、溪、泉等水体的边缘区域，以使山水交融，还可以布置于场地出入口、园路端口及草地边缘地带。

2. 协调主次关系布设

在安排堆假山时需要明确堆假山的主次关系，做到主次结构体系完整，层次结构脉络清晰。堆假山的主山务必安排于假山山系结构体系的核心区域，使其处于假山山系的中部区域，但切忌置于假山山系的几何中心位置，应偏离整个山体的正中心，避免布局几何对称。堆假山除了采用单峰造型外，一般都需有客山、陪衬山相伴相衬。由于主山的体量通常比客山大，所以主要起辅助主山构筑山体骨架作用的客山，常常被安排于主山的左、左前、左后及右、右前、右后等处，通常不能布置于主山的正前和正后方。而陪衬山的体量和高度比主山和客山小得多，无法对主、客山的地位构成威胁，相反能陪衬、烘托主、客山，丰富堆假山的景观层次，所以其布置灵活，基本不受限制。陪衬山主要以主山为中心来布置，少数情况下以客山为中心来布置，以完善堆假山的山系结构。

3. 协调真假关系布设

布设堆假山时务必广集自然天作假山的布设形式，探寻自然天成真山的成山机理，悟透真山的自然布局艺术手法，从自然山石景观素材库中汲取堆假山的布局技巧，遵循自然山体对比、运动、变化、聚散、协调的自然发展及成景规律，严守自然法则，统筹安排堆假山的整体布局，从而创造出更自然、更典型、更富情的人工 – 自然堆假山，实现堆假山"源于自然，高于自然"的布置新境界。

4. 协调景赏关系布设

建设堆假山的最终目的是为了提供山石景观对象给游客欣赏体验，因此在进行堆假山布局时需要将堆假山景观价值最高的面调向视线最集中的方向，以方便游客欣赏。同时，需要根据设计假山的景观特征来确定堆假山的最佳观赏点、最佳观赏视距。对于需要突出高耸和雄伟的堆假山，则应将视距确定为山高的 1 ~ 2 倍，使假山顶成为仰视风景点；对于需要突出优美立面造型的假山，则应将观赏视距设为山高的 3 倍以上，使假山的最佳观赏面全景成为人们视阈中的观赏点。

5. 协调功能关系布设

根据堆假山需要发挥的主要功能作用来安排其布局。对于需要兼具驳岸或护坡或挡土墙功能的假山，常常将假山布置于场地相应边缘地带以发挥其保护功能；对于需要兼具观景功能的假山，常常将假山布置于视线相对开阔区域，并和亭、廊、台等景观建筑设施结合起来，既为场地增添山石景观，又为游客提供良好的观景平台，将假山造景和观景有机结合起来；对于需要兼具分隔空间功能的假山，常常根据创造良好生态环境的需要和组织空间的需要，灵活安排假山，满足多功能的造园要求。

7.4.2 堆假山平面设计

堆假山的平面形状设计是指对由山体的平面轮廓线（即山脚线）所围合成的堆叠假山地面形状的设计，也是指对山脚线的定位、定向、定曲幅（山脚线向外凸曲或向内凹进的程度）的设计。

堆假山的山脚线通常应设计成自然回转的曲线形，尽量避免设计成直线。山脚线既可以向外凸曲，使堆假山的山脚向外凸出，以丰富美化山体脉络，也可以向内凹进，使山脚形成回弯或山坞或山槽。山脚线的曲幅大小应根据山脚的材料来定。土山山脚线的曲幅宜小，凸曲线半径一般不宜小于 2m，而石山山脚线的曲幅范围相对较大，凸曲线半径多不受限制。在确定山脚线半径时，还需考虑山脚的陡缓程度。堆假山的山脚线弯曲半径在陡坡处可适度小一些，而在缓坡处可适当大一些。

一般来说，山脚线所围合成的假山底面形状宜随弯就势，宽窄变化自然，切忌围合成圆形、卵形、椭圆形、矩形等规则的形状，否则塑造的地形为规则地形。设计的山脚线围合的平面形状不仅要自然，而且要保证堆假山的山脚线所围合的平面形状的面积大小适宜，因为山脚线围合的面积越大，则堆假山的建设工作量就越大，其造价也就越大。正因为如此，一定要控制好山脚线的位置和走向，使堆假山仅通过占用最合适最有限的地面面积就能造出效果更好的假山。同时，设计堆假山的山脚线还需要考虑山脚线所围合的平面形状对堆假山的稳定性影响。通常，当山脚线围合的平面形状呈直线状的条形时堆假山的稳定性最差，尤其在山体较高时更易因稳定性造成安全事故。相反，如山脚线的平面围合设计能使山体凸曲、凹进错落得当，深浅有度，堆假山就能获得很好的稳定性。

为了丰富山脚线的变化和山体余脉，可以采取多样的堆假山山体凸曲、凹进方法，既可以通过转折的方式造成山势的回转、凹凸和深浅的变化，也可以通过不规则地错开处理山脚线的凸出点、凹进点，前后、左右、深浅、线段长度、线条曲直，进而错落山脚线的凸曲位置和山体余脉位置，从而丰富假山的形状，也可以在保证堆假山平面图形主体连续、完整的前提下通过断续假山前后左右的边缘部分来实现变化，也可以通过山脚向外延伸或山沟向山内延伸使山形更复杂、山景层次更丰富、景深更多样，还可以通过山脚线向山内不同程度的凹进形成不同深浅、宽窄及形状的环抱之势，从而构筑出幽静的山地景象。无论堆假山的平面形状如何千变万化，都必须遵循假山最基本的要求，那就是山体各部分相对平衡，整体稳定、协调。

7.4.3 堆假山立面设计

假山不仅都有山峰、山谷、山脚，还有悬崖、峭壁、深峡、幽洞、怪石、山道、泉涧、瀑布之别，并且常常还配置观赏植物。假山的这些景观效果仅凭平面图设计表现是远远不够的，需要堆假山的立面设计。在堆假山的立面设计中，通常需要将堆假山的主立面和其中的重要侧立面设计好，对背面、其他侧立面一般不做硬性的设计要求，常常在施工时根据设计立面现场灵活确定。

在进行立面设计之始，首先需要确定堆假山的控制高程、宽幅、石材种类、造型意向以及工程量意向，然后据此立足堆假山的平面设计图进行外立轮廓设计构绘，并保证假山轮廓线与石材轮廓线一致且富于变化。确定假山的外立轮廓之后，需要在假山外立轮廓线内设计好内立轮廓线，明确山内轮廓线的关键凹陷点和转折点以及前后不同位置的小山头、陡坡或悬崖的轮廓线，并进行反复推敲、修改，保证悬挑、卜垂部分和山洞洞顶等各部分结构安全可靠，保证便于施工。一旦确定好假山的立面轮廓线，也就基本确定了堆假山的各处山顶高程、占地尺度、山体的基本景象及大致的工程量等假山粗质感方面的景观特征。

在确定好堆假山的粗质感景观特征之后就需要确定其细质感景观特征。对于堆假山的细质感景观特征，需要明确其山面纹样肌理，根据山石品种表面的天然皴纹特征，或参考国画山水画的披麻皴纹、折带皴纹、卷云皴纹、解索皴纹、荷叶皴纹、斧劈皴纹等皴纹特征绘制山石面纹样，表明假山石面的凹凸、皱折、纹理形状。在设计好堆假山的立面特征之后还需配置山石上的景观植物，明确景观植物的位置、景象，其景象应根据配置的植物种类特征来概括性设计，表现出其大致的基本形态特征和大小尺寸即可。先定主立面，再定侧立面，并分别和平面设计图形成一一对应关系，前后左右位置关系完全一致。

设计假山需综合各方面因素来考虑，陈植先生在《陈植造园文集》中指出："筑山之术，实为一种专门学术，其结构应有画意、诗意，始能引人入胜，不然便感平淡无奇，或竞流于刀山剑树，然筑山复非画家诗人所尽能也。……良以绘画为平面，筑山为立体，平面者，目之可及者只一面，立体者，目之可及者乃五面，且假山复非若绘画之可望而不可及也，可远眺，可近观，可登临，可环睹，其材料随地而不同，好恶因人而异致，益以能力范围，复未必尽似，故一山之筑，一石之叠，应因人、因地、因力、因财，各制其宜，不若山水画家之各就所长，信手挥成者也。"

7.4.4 堆假山结构设计

1. 堆假山的基础设计

一座优秀的堆假山往往有优秀的结构和良好的基础。拥有良好的基础才能承接好堆假山，才能保证堆假山的稳固，保证游客的安全。《园冶》论假山基础："假山之基，约大半在水中立起。先量顶之高大，才定基之浅深。掇石须知占天，围土必然占地，最忌居中，更宜散漫。"虽然堆假山不一定在水中堆掇，但同样需要根据堆假山的平面形状设计及立面设计来确定堆假山基础的位置、外形与深浅，以及因堆假山上种植较大的树木而在植树处留出适宜的空白（称留白），保证堆掇山的重心处于基础区域以内，保证空白处上下层土壤相连接，保证树木有良好的生长基础。

堆假山的基础选择与处理常常因堆假山的规模、结构、荷载、石种以及堆掇环境的不同而不同。对于堆掇低矮的假山一般不需要基础，山体可直接在地面上堆砌；对于堆掇高度达 3m 以上的假山，需要根据地基土质性质、山体结构、荷载大小等的不同分别选用独立基础、条形基础、整体基础等相适宜的基础。对于高度大、宽幅大、石材密度大的特别沉重的堆假山，可以考虑选用钢筋混凝土基础；对于高度大、宽幅大、石材密度大的一般堆假山，可以考虑选用混凝土基础或块石浆砌基础；对于高度和重量适中的山石，可以考虑选用灰土基础或桩基础。对于在水中堆掇假山，假山主体的基础应与水体池底结构形成整体，以避免池底与假山主体基础间因出现接头而漏水；对于在平地上堆叠假山，假山基础须低于地平面 200mm 以上，以便堆叠好假山后回填土，遮挡住基础，使山体与地面过渡得更加自然。

在设计具体的堆假山基础时，对于混凝土基础，可以按照素土夯实层、30 ~ 70mm 厚粗砂垫层、100 ~ 200mm 厚 C15 混凝土（陆地）/500mm 厚 C20 混凝土（水下）的结构层次做法来开展；对于浆砌块石基础，可以按照素土夯实层、30 ~ 50mm 厚 1.5 ~ 2.0 倍掇山底座宽粗砂找平层、收进 40 ~ 50mm 1∶2.5 或 1∶3（陆地）或 1∶2（水下）M15 ~ 20 水泥砂浆砌筑 300 ~ 500mm 厚块石的结构层次做法来开展；对于灰土基础，常常需要根据堆假山的高度和体量来确定，高 2m 以上的假山按照一步素土加两步灰土设计为宜，高 2m 以下的假山按照一步素土加一步灰土设计为宜，而一步灰土即为 300mm 厚按 3∶7 配比的石灰和素土夯实后形成的 150mm 厚灰土；对于桩基础，古代多用杉木桩或柏木桩做桩基，木桩下端为尖头状，现代较少采用。对于山体特别高大的堆假山，需要设计钢筋混凝土基础，而钢筋混凝土的基础厚度、所用钢筋规格需要根据山体的高度、体积以及质量等情况而定，一般是在 100mm 厚 C10 素混凝土垫层基础之上增设钢筋，或直接浇捣钢筋混凝土。

2. 拉底设计

《园冶》云"立根铺以粗石"，在堆假山基础上铺砌最底层的自然假山石，称"拉底"。

假山的拉底是受压最大的自然山石层，要求有足够的强度，通常需选用顽夯、耐压能力强、风化较少的大块假山石，为假山主体提供坚实耐压、永久坚固的支撑，为假山的空间变化筑牢安全屏障，同时由于拉底假山石大部分处地面以下，只有小部分露出地表，因此拉底常被认为是堆叠假山之本。也正因为拉底假山石只有小部分露出地面以上，所以并不需要形态特别好的山石。为了便于堆假山中层以上结构富于变化，需要根据设计要求，统筹确定假山的主次关系，安排假山的组合单元，再来确定拉底石的位置和发展体势。假山拉底的轮廓线务必避免僵硬直砌，应曲折错落有致。假山拉底石需要将大小石材按不规则的相间关系安置，应断续相间，不必连绵不断，但结构上却要紧连互咬，一块紧咬一块，为假山中部结构的"一脉既毕，余脉又起"的自然变化奠定基础。

3. 主体结构设计

堆假山的主体结构是指假山拉底石以上，假山顶层以下的这部分山石做法。这是堆掇假山造型的主要部分，山洞、蹬道、峭壁、溪涧、窝岫、种植穴，甚至园林建筑或建筑的基础等都在这里展开。堆假山的主体内部结构主要有环透结构、层叠结构、竖立结构等三种形式。环透结构是指采用太湖石或石灰岩风化后的怪石等具有多种不规则空洞和孔穴的山石，组成具有曲折环形通道或通透形空洞的一种山体结构。

层叠结构假山立面层次丰富，以层层山石叠砌为山体，山形横向伸展，或敦实厚重，或轻盈飞动。每一块山石既可以水平状态层叠砌筑，使假山立面的主导线条都呈水平方向，使山石都沿水平方向延展，也可以倾斜叠砌成斜卧状、斜升状，使山石的纵轴与水平线形成10°～30°的夹角，最大角度不超过45°。片状山石最适于做层叠的山体，其山形有"云山千叠"般的飞动感，而体形厚重的块状、墩状的自然山石也适于做层叠式假山，其山体充实，孔洞较少，具有浑厚、凝重、坚实的景观效果。

竖立结构假山挺拔、雄伟、高大。假山全部采用立式砌叠山石，使整个山势呈向上伸展的状态。山石全部采用直立状态砌叠，山体表面的沟槽及主要皴纹线都保持直立并相互平行，这时需要注意山体在高度方向上的起伏变化和平面上的前后错落变化。山石全部采用斜立状态砌叠，山体的主导纹线都呈斜立状态，使山石与地平面的夹角保持在45°～90°，与采用不同的倾斜方向和倾斜程度的陪衬山体形成相互交错的斜立状态，使假山富有动感。材质粗糙或石面小孔密布的条状或长片状山石适于竖立结构假山，不过矮而短的山石不能多用。

4. 山洞结构设计

《园冶》云："理洞法，起脚如造屋，立几柱著实，掇玲珑如窗门透亮。及理上，见前理岩法，合凑收顶，加条石替之，斯千古不朽也。"由此可以看出，假山洞的一般结构为梁柱式，洞壁由柱和墙两部分组成，柱受力大而墙受力小，洞墙部分可用于采光和通风的自然窗门。从平面上看，柱是点，同侧柱点的自然连线即为山洞洞壁，壁线之间的通道即是洞。山洞可赏可游可探，使假山幽深莫测。除了梁柱式假山洞，后面也出现了其他结构形式的假山洞。"挑梁式"结构就是利用石柱渐起渐向山洞侧挑伸，至洞顶用巨石压合。如圆明园武陵春色之桃花洞，巧妙地于假山洞上结土为山，既保证了结构上"镇压"挑梁的需要，又形成假山跨溪、溪穿石洞的奇观。"券拱式"假山洞结构为清代戈裕良所创，将大小石钩带联络，如造环桥法，像真山洞壑一般，其承重通过券石成环拱状挤压传递，梁柱式石梁无压裂、压断风险，且顶、壁一气，整体感强。一般来说，黄石、青石等成墩状的山石堆假山洞宜采用梁柱式结构，湖石类的山石堆假山洞宜采用券拱式结构，具有长条而成薄片状的山石堆假山洞以挑梁式结构为宜。

至于假山洞的洞顶，既可以利用假山洞两侧洞壁洞柱自然假山石向洞中央相向悬挑伸出合拢成洞，也可以利用自然形假山石梁或石板直接顶盖于山洞两侧的洞柱上成洞，洞顶结构简单，整体性强，稳定度高，对于大跨度洞顶还可以利用块状山石作券石，以水泥砂浆作黏结材料，顺序起拱成洞（这种做法也称造环桥法），其环拱所承受的重力沿券石从中央向两侧洞柱、洞壁挤压传递，更有利于保持山洞结构的稳定性、完整性、可持续性、自然性。

为了便于游客于假山洞内探奇，设计假山洞时常常需要利用洞口、洞间天井和洞壁采光孔采光，充分发挥洞口和采光孔对假山洞明暗变化的控制作用，同时利用采光孔通风，并使采光孔坡向洞外，使之透光不透水。例如，苏州的环秀山庄利用湖石嵌套的窝洞将玲珑剔透的自然透洞置于较低的洞壁上，通过湖石透洞透光于地面，形似舞台散射灯。

5. 山顶结构设计

堆叠假山的最后一道工序即是假山最顶层的山峰造型设计。假山山顶立峰，俗称"收头"。常用于收头之处的山石多"形""姿""面""纹""洞""色""缝"等石质观赏特征最佳，体量最大。这些收顶山石相对于假山主体来说用石量不大，但对山体的立面轮廓、形态动势等的影响却至关重要。假山山顶既可以用体量较大的单块峰石或多块小峰石拼叠而成的块石镇守锁定假山，也可以利用竖向石形较好的较重假山石纵向锁立于山顶，并与周围石体靠紧，还可以利用与中层类似形态和色彩的单块石料或多块山石进行巧安巧斗，挑、飘、环、透，创造出变化多端的假山顶。

7.4.5 堆假山设计表现

1. 总平面图

明确所设计的目标假山在全园的平面位置、尺寸，以及与周围环境的关系，并根据假山的大小确定合适的表现比例，一般可选用 1 ： 1000 ～ 1 ： 200 的常用比例。

2. 平面图

明确堆假山的主峰、次峰、衬峰、山谷、山洞在平面上的位置、尺寸及其相互间的关系，明确各部分的平面形状及其与周围地形、建筑物、地下管线之间的距离并分别标注好高程，明确假山上的植物及其他设施的位置、尺寸等。如果所设计的堆假山有多层，需要分层绘制平面图，平面图的比例一般可根据假山的大小选用 1∶300～1∶20 的常用比例。基础平面图表示基础的平面位置及形状，明确基础平面大小、结构、材料、做法等。

3. 主要立面图

一般应绘出前、后、左、右四个方向的立面图，表明主峰、次峰、衬峰等在立面上的关系，明确山体的立面造型形状及主要部位高度，结合平面图明确前后层次及布局特点，反映峰、峦、洞、壑的相互位置，明确立面主要的纹理、走向，比例选用同平面图。立面图和平面图必须有很好的一一对应关系。

4. 透视图

明确堆假山的层次关系、大小、形状及其与假山植物、水、其他设备的关系，通过透视图可以更加直观、形象生动地表示出目标堆假山的设计意向和堆筑效果，以帮助理解设计意图和设计对象的目标意向。

5. 主要断（剖）面图

根据堆假山的造型特点设计 1 至数个主要横、纵断面图，表示假山某处内部构造及结构形式；根据平面图的断剖切位置明确剖断面的形状、结构、材料、做法及各部分高程和施工要求；明确堆假山的基础结构、管线位置及管径大小，明确植物种植池的位置、尺寸及做法，图的比例根据具体情况而定。

6. 详细大样图

由于山石素材形态奇特，因此，假山设计详图不可能也没有必要将各部分的结构尺寸一一标注，一般将需要完整表现山体详细形态的面采用坐标方格网法表现控制。

7. 工程量估算

堆假山工程量通常以设计的山石实用吨位数为基数来估算，并因山石种类、假山造型、假山砌筑方式的不同而不同，以工日数来表示。堆假山工程的不确定因素太多，堆假山的工程量很难进行准确计算。

8. 模型制作

完成以上设计图之后，如能根据设计图将施工模型做出来，对堆假山的施工会有更大的帮助，对不会看图的假山师傅来说尤其如此。根据堆假山设计图，以泥沙或石膏、橡皮泥、水泥砂浆及泡沫塑料等可塑材料制作堆假山模型，将堆假山的总体布局及山体走向、山峰主次关系及位置、沟壑洞穴、溪涧的走向等表现好，尽可能使堆假山模型体量适宜、布局精巧，反映设计师的设计意图，为堆假山的施工提供参考。

7.4.6 堆假山施工

1. 堆假山施工前期准备

（1）图纸研读。读懂读透堆假山的设计图是完成假山施工的前提和基础，尤其对堆假山工程来说。堆假山因为材料的多样性、形态的多面性、结构的复杂性、实施的多变性而使施工表现出很大的不确定性，需要施工人员认真研磨设计意图。设计图一般只是大体表现了堆假山的大体轮廓或主要剖断面做法，因此，做好堆假山的施工需要施工人员全面精读设计内容，深悟设计者的设计意图。

（2）现场复勘。为了保证堆假山施工的程序科学、质量可靠，施工前必须对前期的勘察数据进行复验，即要再次深入施工现场详细勘察现场，确认场地的土基允许承载力是否符合要求，确认场地大小、交通条件、给水排水情况及植被分布等是否和前期勘察数据一致，确认所采购的假山石材种类、形状、色彩、纹理、大小等能否满足山体不同部位的造型需要，确认现场地面是否有利于假山石料分块平放以便于掇山"相石"。

（3）材料准备。根据堆假山设计图、估算工程量及其备份系数确定所选用的山石种类及数量，确定堆掇假山过程中需要消耗的辅助材料种类及其规格、数量（表7-1）。

（4）工具准备。根据堆掇假山工程内容及工程量，确定堆掇假山过程中需要的操作工具（表7-2）。堆掇假山工程的特殊性，使传统手工堆山工具和现代机械设备与工具相互补充、相得益彰。同时，根据条件配备机械设备，提高施工效率。

（5）场地准备。为了有序、高效开展堆假山工程的施工，既要保证水电路点对点的通达性，也要保证各项作业活动有充足的作业面，还要保证假山石料便于被快速选取。

（6）人员准备。堆假山工程施工需要配备经验非常丰富的施工人员，主要包括堆假山工程技术负责人、堆假山技师、泥工、木工和普通工。

堆假山主要材料表　　　　　　　　　　　　　　　　　　　　表7-1

类别	种类	性能规格要求	主要用途
假山石	通石	大小搭配，但要求质地、颜色、纹理统一	堆叠山体
	峰石	质地、姿态、纹样等均出类拔萃	置于峰顶或其他显著位置
填充料	砂	粒径 0.074～2.000mm	砂浆、混凝土、垫层
	砂石	粒径 > 2mm	砂浆、混凝土
	毛石、块石	直径 300～500mm	砌筑基础
	碎石	粒径 > 20mm 的颗粒含量超过全重50%	填充基础、配制混凝土

续表

类别	种类	性能规格要求	主要用途
胶结料	水泥	标号 425	配制砂浆、混凝土
	石灰	—	胶凝剂、基础混合料
	建筑树脂胶		胶结固定假山石
着色料	青灰	—	为胶接料配色
	各色矿石粉	氧化铁红、柠檬铬黄、氧化铬绿、钴蓝	为胶接料配色
	炭黑	—	为胶接料配色
勾缝料	桐油石灰（或加纸筋）	湖石勾缝再加青煤，黄石勾缝后刷铁屑盐卤等	为假山石勾缝
	石灰纸筋	湖石勾缝再加青煤，黄石勾缝后刷铁屑盐卤等	为假山石勾缝
	明矾石灰	湖石勾缝再加青煤，黄石勾缝后刷铁屑盐卤等	为假山石勾缝
	糯米浆石灰	湖石勾缝再加青煤，黄石勾缝后刷铁屑盐卤等	为假山石勾缝
	水泥砂浆	1∶1 水泥砂浆	假山石水平向勾明缝，明缝宽最好不超 20mm，竖缝勾成暗缝
铁活加固料	银锭扣	生铁铸成，分大、中、小 3 种	加固山石间水平联系
	铁爬钉	熟铁制成	加固山石横竖向的衔接
	铁扁担	两端成直角上翘，翘头略高于所支承石梁两端	加固山洞，作石梁下面的垫梁
	马蹄形吊架和叉形吊架	—	花岗石作石梁挂放山石，接近自然山石外貌
	铁条或钢筋骨架	—	英石模胚骨架

注：以重量计，水泥用量可按山石用量的 1/15 ~ 1/10 备料；石灰用量根据基础设计推算出；砂石量按山石的 1/5 ~ 1/3 备料；铅丝用量按每吨山石 1.5 ~ 3.0kg 备料（该数值引自本章参考文献 [12]）。

堆假山主要用具表 表 7-2

类别	种类	类别	种类
动土工具	锹、镐、夯、破、蛙式夯	运载工具	人力车或机动车
抹灰工具	筛子、筐、手推车、水桶、灰桶、拌灰板、灰池	垂直吊装工具	吊车、吊秤起重架、起重绞磨机、手动铁链葫芦（铁辘护）
抬石工具	大、中、小直扛，四人松木扛，八人榆木扛，十六人柏木扛	嵌填修饰用工具	"柳叶抹"，毛刷，大、中、小号漆帚
扎系工具	扎把绳、小绳、大绳	挪移工具	长撬、手撬
	链	碎石工具	大榔锤、小榔锤

2. 堆假山定位与放线

以假山周围的建筑边线、建筑角点、围墙边线或园路中心线作为放线定位参考，按

5m×5m 或 10m×10m 的网格规格在堆假山设计平面图上绘制放线方格网，在平面图上标记出假山各关键部位在方格网上的定位尺寸。根据平面设计图方格网及其定位关系，将放线方格网放大到施工现场的地面上，现场施工地面放线方格网。对于占地面积不大的堆假山工程，施工地面放线方格网可以直接用白灰绘制于地面上；对于规模较大的大型堆假山工程，放线方格网可以通过测量仪器设备将各设计平面图上的方格网交叉点和假山关键部位关键控制点测放到地面上，在测放好的各交叉点和控制点上钉下记号桩，并标注好标号、坐标、高程等基本信息，然后通过拉绳将现场标记的交叉点记号桩连线，这样就可以将设计平面图上的放线方格网放线到地面上，形成施工现场地面方格网。

在施工地面放线方格网基础上，通过方格网放大法，以白灰将设计平面图上的山脚线在施工地面方格网中也进行放线放大绘制，将堆假山山脚线围合的地面平面形状同样绘制于地面上，并用同样的放线方法在施工地面上绘制好堆假山山洞洞壁的边线。基于堆假山山脚线的地面放样线，向远离堆假山中心方向外 500mm 位置放线绘制与堆假山山脚线地面放样线平行并闭合的基础施工地面边界线。

3. 堆假山基础施工

（1）灰土基础

根据基础施工地面边界线开挖深 500～600mm 的基槽，夯实槽底地面之后，选用新出窑的块状石灰于施工现场水化成细灰，然后按照 3：7 的比例和就地采集的干湿适中、黏性稍强、颗粒匀细、无杂质的素土充分拌合形成灰土，铺一层灰土（300mm 厚）夯实一层（先踩实到 150mm 厚，再夯实到 100mm 厚，即为一步），顶层夯实后，还需将基础表面找平。一般，对于高 2m 以下堆假山灰土基础一步素土、一步灰土，对于 2～4m 高堆假山灰土基础一步素土、两步灰土。灰土一经凝固便不容易透水，可以减少土壤冻胀所引发的破坏。北方园林陆地堆假山多采用灰土基础。

（2）浆砌块石基础

根据基础设计图于基础施工地面边界线内开挖基槽，夯实基槽地面后，可先铺碎石或3：7 灰土或 1：3 水泥干沙作垫层，接着选用棱角分明、质地坚实、大小不一的块石作砌体材料，以 M15～20 水泥砂浆通过浆砌或灌浆的方法砌筑块石基础。一般，对于高 2m以下堆假山砌 400mm 厚，宽为堆假山底座宽度 1.5～2.0 倍的浆砌块石基础，然后收进400mm 做 300～400mm 厚的大放脚，再砌堆假山基石；对于 2～4m 高堆假山砌 500mm厚浆砌块石基础（宽度比上部结构宽 500mm 左右），上层收为 400mm 厚的大放脚，再做拉底石。浆砌块石基础耐压强度大，施工速度较快。

（3）混凝土基础

同理，根据基础施工地面边界线开挖基槽，槽深依设计的基础层厚度（水下做假山基础时槽顶低于水底 100mm）确定，垫层一般采用 100mm 厚 C10 素混凝土，然后上面绑扎钢筋，或直接浇捣 C15 混凝土（水中采用 C20 混凝土）。混凝土的基础厚度、钢筋直径等需要根据山体的高度、体积以及质量等情况来确定。待混凝土充分凝固硬化后，即进行山脚的施工。堆假山较高时可考虑使用钢筋混凝土基础。

（4）桩基础

桩基础特别适于水中堆假山，也适于上层土壤松软、下层土壤坚实的场地堆假山。堆假山常用的桩基础形式有端承桩和摩擦桩两种，具体需要根据地基土壤层的具体条件来决定。端承桩是让桩底穿过水体层或软弱土层，打入深层坚实土壤或基岩的持力层。摩擦桩是指桩底位于较软的土层内，其轴向荷载由桩侧摩擦阻力和桩底土反力来支承。传统桩基多采用木桩，要求木桩坚实、挺直，其弯曲度不得超过 10%，常用桩材有柏木桩、杉木桩、松木桩、橡木桩、桑木桩、榆木桩等，桩径 100 ~ 150mm，桩长 1 ~ 2m 不等。木桩平面按梅花形布置，桩与桩边沿间距约 200mm，称"梅花桩"。

4. 堆假山拉底施工

对于山底面积较小的小型堆假山，或在北方冬季有冻胀破坏的地方堆假山，在山脚线范围内常常做满拉底即满铺一层山石；对于基底面积较大的大型堆假山，在山脚线范围内常常做周边拉底，即先以山石沿堆假山山脚线砌一圈垫底石，再以乱石、碎砖或泥土填心并压实。中国传统园林堆假山做拉底是为了仿造出自然岩层的风化溶蚀的效果，常常采用浑厚平大的石块打底，既注重诗情画意的意境表现，也注重假山结构力学方面的强度要求。在具体执行拉底操作时，可以参考以下两个方面的要点。

（1）因需选石。根据堆假山的朝向、游览视线、透景线、山峰地位及位置来选择最合适的打底山石，对于不重要、不突出的位置可选用形态较差的大块山石，相反则选用形态较好、变化较多的山石。

（2）脚线自然。立足堆假山的拉底设计与立面设计，做拉底时既需要山石在间距、宽度、埋深、角度、支脉和弯曲半径等方面变化多样，也需要山石虚实不断，错落相间，或埋或露，还需要山石大小自由匹配。安置方向需要考虑石面山面山势，也需要山石接力无缝咬连，还需要山石大面向上承托、底面适刹安稳并保证山石牢若泰山，使假山石像生长在地下泥土中一样。

5. 堆假山的山体施工

要想获得理想、持久、稳固的假山型姿，堆叠山石时就须合理处理山石之间的关系，需要注意以下几个方面。

（1）凡石安固。由于堆假山山脚线以上的山石数量多、结构复杂、变化多样，所以所有假山石都必须按照堆假山主体结构设计安设牢固，保证绝对安全。

（2）接石避茬。堆假山的山石上下衔接时必须紧密压实，尽量避免闪露下层石面上的破碎石面，避免因流露人工痕迹而失去假山石的自然气质，除非是有意识地大块面闪进。但这不是绝对的。

（3）巧安自然。堆山体时尽量避免堆成正方形、长方形、品字形或等边三角形等规则对称的形体，须偏侧安石、错位安石（偏侧致美、错综成景），营造自然岩层节理的层状结构，并为向各个方向的延展创造形体条件。

（4）安石避板。堆假山的山石可立、可蹲、可卧，不可仅立如闸门板，以便于山石间相互协调，既利于上接山石时提供较大的接触面，也利于保持山石稳定。但这也不是绝对的。

（5）叠石持衡。《园冶·掇山》"峰"节中论："须知平衡法，理之无失。稍有欹侧，久则逾欹。"叠山石到一定高度以后，假山重心随山石外挑而前移，须增叠山石于内侧，将前移的重心拉回到堆假山的重心线上。

6. 堆假山的山顶施工

堆假山的山顶山石处理需要考虑假山造型的设计意境，或峰，峰有尖；或峦，峦呈圆；或岩，岩顶平。收顶常常是在逐渐合拢的假山石顶面予以堆掇起稳压器作用的镇压石，将山石重力均匀地分层传递下去。假山收顶的手法往往可以考虑以下几种。

（1）竖向层状结构的山石收顶法。峰叠剑立式，竖直而立，上小下大，挺拔高矗；峰堆斧立式，上大下小，形如斧头侧立，稳重而显险意。

（2）水平或稍倾斜的水平层状结构的收顶法。掇顶流云式，横向挑伸，形如奇云横穿，参差高低；掇顶剑劈式，势如倾斜山岩，斜插如削，表现明显的动势。

（3）竖向层状结构反方向的收顶法。堆顶悬垂式，针对山洞堆洞如钟乳倒悬状，以奇制胜。还可堆如莲花式、笔架式、剪刀式等。

7. 叠石成山的技法

（1）巧安

《园冶》说"玲珑安巧"。巧安是巧妙安置山石的意思，本来不具备特殊形体的山石，经巧安后，便可组成具有多种形体变化的组合体，同时放置要安稳。巧安分单安、双安与三安。单安为"安"放一块山石。双安是在两块不相连的山石上面安放一块山石的形式。三安是在三块山石上安放一石，使之形成一体（图7-1）。

（a）单安　　　　（b）双安　　　　（c）三安

图7-1　叠石成山技法之一

（2）兼连

兼连是指山石水平方向衔接时需错落有致，变化多样，顺应皴纹分布规律，或紧密连缝，或疏连，或续连，做到结构浑然一体（图 7-2a）。

（3）竖接

竖接是指山石之间竖向衔接时既要善于利用天然山石的茬口，又要善于补救茬口不够吻合处，还要注意山石皴纹纹理，竖纹与竖纹相接，横纹与横纹相连，有时可适当变化（图 7-2b）。

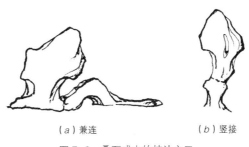

（a）兼连　　　　　　　（b）竖接

图 7-2　叠石成山的技法之二

（4）架斗

架斗是指利用两块竖向造型、姿态各异的山石分立两侧，用一块上凸下凹的山石上部压顶，仿自然岩石经水冲蚀成洞的叠石造型手段以构筑两羊头角对顶相斗形象的手法（图 7-3a）。

（5）旁拶

旁拶是指通过旁挂石丰满、美化堆山石过于平滞的侧面的手法，旁拶石利用茬口交合或上层镇压来保持稳定（图 7-3b）。

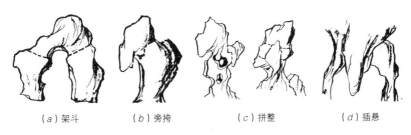

（a）架斗　　　（b）旁拶　　　（c）拼整　　　（d）插悬

图 7-3　叠石成山技法之三

（6）拼整

拼整是指利用数块以至数十块山石拼成一整块山石以改变较大空间里石材过小、单置时体量太小的山石形象的作法（图 7-3c）。

（7）插悬

插悬是指通过在上层山石内倾环拱形成的竖向洞口中，插进一块上大下小的长条形山石以仿造自然溶洞的手法。由于山石的上端被洞口卡住，所以下端倒立空中，多适于湖石类（图7-3d）。

（8）立剑

立剑是指运用各种竖长的石笋或其他竖长山石如青石、木化石等因地、因石地营造雄伟昂然的山石景观或小巧秀丽的景象。对于特置的立剑石，其地下部分必须有足够的长度，以保证稳定。一般，立剑石都自成一景，应避免"排如炉烛花瓶、列似刀山剑树"，切忌形如"山、川、小"的排列（图7-4a）。

（9）卡楔

卡楔是指通过在两块左右对峙的山石形成的一个上大下小的楔口间卡住一上大下小的悬空小石的手法，卡石因被卡于楔口而自稳。卡楔营造的山石形态如峭壁，外观自然（图7-4b）。

（10）倒垂

倒垂是指利用一块山石从另一块山石顶偏侧部位的企口处倒垂下来的做法，形成峰石头旁的侧悬石，造成构图上不平衡中的均衡感，予人以惊险感。倒垂石施工时，可以暗埋铁杆，再加水泥浆胶结，同时用撑木撑住垂石部分，待水泥浆充分硬结后再去除撑木，以保证结构的绝对安全。倒垂不宜用于堆掇大型假山（图7-4c）。

（11）外挑

关于外挑，《园冶》认为："如理悬岩，起脚宜小。渐理渐大，及高，使其后坚能悬。斯理法古来罕有，如悬一石，又悬一石，再之不能也。予以平衡法，将前悬分散后坚，仍以长条堑里石压之，能悬数尺，其状可骇，万无一失。"外挑是指上石依托于下石的支承而挑伸于下石的外侧，同时以数倍重力镇压于石山内侧的做法。假山石外挑讲究浑厚，忌单薄，忌呈直线向一个方向出挑，常常须挑出一个面才显自然，挑石每层出挑约相当于山石本身重量的1/3。在平衡重量时须把前悬山石上所站人的重量估进去，状虽骇却无安全之险（图7-4d）。

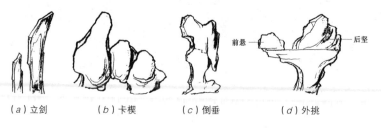

（a）立剑　　（b）卡楔　　（c）倒垂　　（d）外挑

图7-4　叠石成山技法之四

（12）斜撑

斜撑是指通过选取合适的支撑点以适当的山石来斜撑、稳固假山石，使加撑后的假山石形成脉络相连、山脉自然、结构稳定、景观突出的山石结合体（图7-5a）。

（13）斜顶

斜顶是指将立在假山上的两块山石以其上体头部面贴面相互紧紧斜靠在一起，状如斗牛顶额的叠石方法（图 7-5*b*）。

（14）拱券

拱券是指利用假山石作券石以起拱做券洞的叠石之法，造山洞"只将大小石钩带联结，如造环桥法，可以千年不坏。如真山洞壑一般，然后方称能事"（图 7-5*c*）。

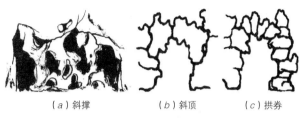

（*a*）斜撑　　　　（*b*）斜顶　　　　（*c*）拱券

图 7-5　叠石成山技法之五

8. 堆山成山的艺术措施

将假山石块通过拼叠组合，或使小石变大石，或使石形成山形，浑然一体，以假乱真。这就需要处理好以下几个方面的山石艺术关系。

（1）统一品质。对假山石料进行拼叠组合时，须要根据自然山川石的成岩规律统一石料的品种、质地，顺应石料的石性特征，自成一体，以假制真，避免以假成假。

（2）统一色泽。相同品质、相同质地的假山石料，其色泽常常差别较大，所以选用相同品种、相同质地的假山石料进行堆叠时还须保持色泽一致。例如，黄石有淡黄、暗红、灰白等色泽的变化，湖石类呈现黑、灰白、褐黄、青等色泽的多样性。

（3）形变形聚。假山石料须有大小之别、长短之别、凹凸之别，堆叠假山集聚形状变化多样的山石外形于一体，要保持石与石间堆叠面的变化一致，做到石形自然互接，石面自然互连，石势自然呼应，如有凸凹则以刹垫应变统一。

（4）缝形顺纹。堆叠山石不仅要将各块山石轮廓外形的拼接处理好，使石块间的拼接石缝经人工的精心缝接像假山的内在自然纹理一样，也要顺应原山石间的内在纹理脉络组合堆叠成假山的内在纹理脉络。

（5）过渡自然。即使是同一品种、同一质地的假山石也很难保证所有山石料在色泽、纹理和形状上的一致，因此，在对假山石料进行拼整组合的过程中需要注意色彩、外形、纹理等方面的协调过渡，以保障堆叠假山山体的整体性。

7.5 人造石堆塑山

7.5.1 FRP 塑山

玻璃纤维强化塑胶（Fiber-Glass Reinforced Plastics）简称 FRP，俗称玻璃钢。FRP 是指由不饱和二元羧酸与一定量的饱和二元羧酸、多元醇经缩聚反应生成不饱和聚酯树脂，再在缩聚反应结束后往其中趁热加入一定量的乙烯基单体，从而配制成的黏稠液体树脂。

简单来说，FRP 是由不饱和聚酯树脂与玻璃纤维结合而成的一种复合材料，重量轻，质地坚韧。

1. 玻璃钢的生产配方代表

191# 聚酯树脂 70% ＋苯乙烯（交联剂）30% ＋过氧化环乙酮糊（引发剂）4% ＋环烷酸钴溶液（促进剂）1%。

2. 玻璃钢的成型工艺

（1）层积法

以树脂胶液、毡、数层玻璃纤维布为材料翻模制作而成。

（2）喷射法

利用 200 ～ 400kPa 空压机压缩空气，将树脂胶液、引发剂、促进剂、20 ～ 60mm 长的短切玻璃纤维通过一种有三个喷嘴的特制喷枪，同时反复喷射沉积于模具表面，固化成型，形成 2 ～ 4mm 厚树脂。在喷射过程中，每喷一层用辊筒压实一层，以排除其中的气泡，使胶液渗透玻纤，并在适当位置做预埋铁，以备组装时固定使用，最后再敷一层胶底。

3. 玻璃钢的施工程序

泥模制作→翻制模具→玻璃钢元件制作→运输或现场搬运→基础和钢骨架制作→玻璃钢元件拼装→焊接点防锈处理→修补打磨→表面处理→罩以玻璃钢油漆→成品。

（1）工艺优点

成型和拼装速度快，拼装成的山体整体性好。材质轻、薄，便于长途运输，可工地现场施工。

（2）工艺不足

对操作者的要求较高，树脂胶液与玻璃纤维的配比不易控制。树脂溶剂为易燃品，作业环境差，制作过程有毒和气味。在室外强日照下，受紫外线的影响，玻璃钢表面易酥化，使用寿命为 20 ～ 30 年。

7.5.2 GRC 塑山

玻璃纤维强化水泥（Glass Fiber Reinforced Cement）简称 GRC。GRC 是指将抗碱玻璃纤维加入低碱水泥砂浆中均匀搅拌，待混合物硬化后产生的高强度复合物。GRC 假山石元件堆塑的假山重量轻（每平方米不超过 50kg）、强度高、抗老化、耐水湿，山石质感和皴纹都很逼真，施工简便、快捷，成本低，易于工厂化生产，是较理想的人造山石材料。GRC 材料应用于人造假山始于 20 世纪 80 年代。

1.GRC 假山石元件的制作

制作 GRC 假山元件的方法主要有层积式手工生产法、喷吹式机械生产法等两种。喷吹式机械生产法 GRC 生产工艺如下。

（1）GRC 假山石模具制作

常用的模具材料分软模（橡胶模、聚氨酯模、硅模等）和硬模（钢模、铝模、GRC 模、FRP 模、石膏模等）两种，规模化生产 GRC 假山石时常常根据生产"石材"的种类、模具使用频次以及野外作业条件等选择模具材料。脱制模具时通常以天然岩石石面皴纹较好的部位作为制模模本，同时需要综合考虑石面便于复制。

（2）GRC 假山石的生产

喷射时先在适当位置预埋铁件，然后以二维乱向的方式将低碱水泥与合适规格的抗碱玻璃纤维同时喷射于模具中，做到喷射均匀，分散布满模具，随喷射随压实，最终凝固成型。

（3）GRC 假山的安装

将 GRC 假山石元件按设计图进行假山的安装，组装、焊接要牢固，并修饰、做缝，使其浑然一体。

（4）假山表面处理

增强假山石表面的憎水性，增强假山的防水效果，增强假山石的真石润泽感。

2.GRC 假山的生产工艺

GRC 假山石元件的生产工艺见图 7-6，GRC 假山的安装工艺见图 7-7。

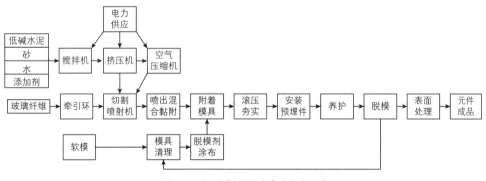

图 7-6　GRC 假山石喷吹式生产工艺

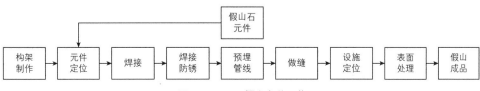

图 7-7　GRC 假山安装工艺

3.GRC 假山造型设计

（1）GRC 假山外观效果设计

我国自然式山水园的显著特点之一是"无园不石"，山水是园林的骨架。掇山、置石又是创造这一骨架的手法之一，古人总结的掇山、置石理论，举不胜举。GRC 假山设计也不能脱离这些原则，恰恰是传统掇山手法的延续，其关键是要有自然之理，才能得自然之趣。设计时要结合具体环境进行规划布局，确定基本形式（池山、峭壁山、溪流、散置、孤赏）、体量（大、小、高、矮）、范围、纹理，以及相应的植物配置、道路安排、山石与园林建筑的空间关系等。GRC 假山设计的关键是利用 GRC 山石材料的特性，因为 GRC 山石块材在制作上有很大的随意性。这就要求在山石造型上强调大的山势，构图上要"疏而不散""展而大露""虚实穿插""相互掩映""大起不落"，使其入于形，而出于神。堆叠时要符合"纹顺""势同"的要求，从而达到有限之景，其势无尽。

（2）GRC 假山内部结构设计

GRC 假山石构件是一种预制的石材，其背后有预留的钢筋焊点，堆叠时需有附着的骨架——钢架结构、混凝土预留件结构、砖结构。内部结构的设计是 GRC 假山成败的基础，一定要按照所堆叠假山的各个部位的形状、投影范围进行设计，同时还要计算出 GRC 山石构件的重量，进行基础设计。内部结构设计，分室内内部结构设计和室外内部结构设计。

1）室外内部结构设计

基础部分由地锚和角钢方格网或钢筋混凝土柱墩组成。在山体投影的轮廓线下铸地锚生根，深度一般 1 ～ 2m（根据山体大小而定），间距 1.5 ～ 1.8m，锚坑 400mm×400mm，将预留钢件下到坑内，用混凝土铸死。如山体过大就要采用钢筋混凝土柱墩的形式进行处理，然后用方格网相互焊牢。

地上部分是山体造型的关键，按山体凹、凸、悬、峰、壑岫的走势焊牢，如有水景，同时将水电设备装好，植物种植穴按设计要求预留。

2）室内内部结构设计

GRC 假山在室内的应用形式一般为悬或挂。在所需造型部位依要求，根据块材体量大小事先加工悬挂角铁，其长度按平面、曲折变化而定，然后用膨胀螺栓加以固定，角铁之间用 $\phi 16$ 螺纹钢加固成网，也可利用原墙壁上的钢筋头、螺栓等物。

4.GRC 假山施工

（1）GRC 假山立基

地锚是假山的基础，按设计要求定点放线，确定地锚的远近位置。同时，视土质坚实情况，根据山石块材的重量、造型等确定地锚规格。如山体过大或过高，地锚一定要铸得深些，两锚之间距离要近一些。

（2）GRC 假山布网

按照山体正投影的位置，焊接角铁方格网，间距 800mm×800mm，与地锚焊牢，形成坚固的基础。

（3）GRC 假山立架

依照山体高低起伏的变化，焊接立柱，柱与柱之间用斜撑角铁相拉焊接，与基础方格网形成完整的假山框架。

（4）GRC 假山拼掇

将预制的 GRC 假山石构件按照总体的构思要求，注意山石大小节奏，精心排列组合，巧妙地按、连、接、拼，逐一挂焊。需要加固的部位，挂焊牢固后，用钢板网封于背后，浇铸混凝土使之增加强度。

（5）GRC 假山修饰

GRC 假山要想达到"石类色同纹理顺，横竖斜卧走势同"的艺术效果，组构后须进行山石接缝的修饰，这个修饰不同于传统的山石勾缝，而是对 GRC 假山石表面的艺术再处理，使其更加逼真，更加完整。其"技法"主要体现在以下三个方面。

1）补。用与 GRC 石材颜色相近的水泥材料，补在因山石拼接后而造成的不同方向的横缝、竖缝、斜缝、转折、死角、破茬等处。这里指的补不是把山石所有缝隙全部勾死，转折抹圆滑，而是根据石材的纹路形成的不同形态，把它们接顺、补好，当补则补、能留则留，不能补完后反而破坏了总体造型。

2）塑。在补的基础上用同一种材料进行小面雕塑，塑是以原有自然石材为范本，将石材的肌理接顺，如遇到石面有裂纹就将它拉长，碰到石的破裂茬就将它接顺，使石面与接缝浑然一体。

3）刷。在补塑的基础上，用沾水的毛刷进行拍、压、挤、戳。利用水的不同流向，使之更接近山石表面风化肌理，从而达到"片石生情"的效果。

7.5.3 CFRC 塑山

碳纤维增强混凝土（Carbon Fiber Reinforced Cement or Concrete）简写 CFRC。

碳元素具有独一无二的结构构成能力。碳纤维具有极高的强度和拉伸模量，高阻燃，耐高温，与金属接触电阻低，电磁屏蔽效应优良，广泛应用于航空、航天、电子、机械、化工、医学器材、体育器械、建筑等领域。

CFRC 是指将少量一定形状的碳纤维搅拌于普通水泥砂浆中，通过添加少量的超细添加剂（分散剂、消泡剂、早强剂等）制成的混凝土。与 GRC 人工岩比较，CFRC 人工岩具有更优异的抗盐侵蚀、抗紫外线照射能力，具有抗高温、抗冻融和抗干湿变化等优点，具有卓越的耐久性，适于沿海地域等各种自然环境的护岸、护坡，更适于制作园林假山、浮雕等。

7.6 塑假山工程

7.6.1 塑假山工程概况

塑假山是指以天然岩石山为样本，运用雕塑的艺术手法，以人工工程材料塑造成的具有较高观赏价值的人工构筑物。塑假山工艺是在继承发扬岭南庭园的山石景艺术和传统灰塑艺术的基础上发展起来的。据记载，唐僖宗中和四年（884年）就已出现灰塑艺术，宋代时灰塑艺术已被广泛应用。20世纪50年代初在北京动物园，用钢筋混凝土塑造了狮虎山，20世纪60年代塑山、塑石工艺在广州得到了很大的发展，标志着我国假山艺术发展到一个新阶段，创造了很多具有时代感的优秀作品。那些气势磅礴、富有力感的大型山水和巨大奇石与天然岩石相比，自重轻，施工灵活，受环境影响较小，可按理想位置预留种植穴。塑山、塑石通常有两种做法，一为钢筋混凝土塑山，另一为砖石混凝土塑山，也可以两者混合使用。现将其施工工艺简述如下。

7.6.2 钢筋混凝土塑假山

1. 基础

根据假山基地土壤的承载能力和山体的估算重量，计算明确基础的尺寸大小。具体做法是依据山体山脚的轮廓线，每隔一定的间距均匀布排钢筋混凝土柱基，如遇局部山体形状变化较大，则可适当加密柱子，并根据情况进行柱间做墙。

2. 立钢骨架

它包括浇筑钢筋混凝土柱、布排钢筋、捆扎造型钢筋、焊接钢骨架、盖钢板网等工程内容，其中捆扎造型钢筋和盖钢板网是塑山效果的关键内容，钢筋须根据山形做出自然凹凸的变化，所盖钢板网须与造型钢筋贴紧扎牢，不能有浮动现象，为塑山造型、塑山塑面提供结构保证（图7-8）。

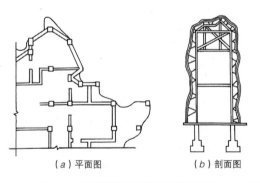

(a) 平面图　　(b) 剖面图

图7-8　钢筋混凝土塑假山钢骨架示意
（图片来源：引自本章参考文献 [27]）

3. 面层批塑

先将水泥＋黄泥＋麻刀（水泥：沙为1：2，黄泥为总重量的10%，麻刀适量，水灰比1：0.4）均匀拌成灰浆，在钢筋网上打底抹灰两遍，再以拌和好的水泥砂浆在底灰面上批灰。拌和灰浆和水泥砂浆时要随用随拌，存放时间不宜超过1h。面层构造如7-9所示。

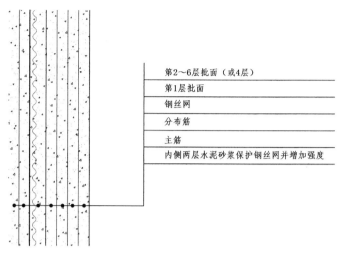

图 7-9　钢筋混凝土塑假山面层做法示意
（图片来源：引自本章参考文献 [27]）

4. 外表修饰

（1）皴纹和质感

假山皴纹和质感的修饰重点应在山脚和山腰。山脚需表现粗犷、风化痕迹，多伴随有植物生长。1.8 ~ 2.5m 高的山腰部分是修饰的重点，应体现山石皴纹的真实感、层次感，表现出山石的不同块面和楞角，强化山石的力量感，尽量做到形态、色彩、肌理逼真。手工塑造皴纹的手法主要有印、拉、勒等。而对于高于 2.5m 以上的山体部分，相对可以做得粗犷一点，利用透视原理可以将这部分山石色彩处理得稍浅一些，以增强山体的高大感、真实感。

（2）着色

着色料通常采取在白水泥中添加与所选用的山石颜色一致或近似的矿物颜料，再加适量的 107 胶配制而成。配好的着色料颜色要仿真，但也可以有适当的艺术夸张。着色时常常采用洒、弹、倒、甩等手法，尽量避免用刷的方法，因为刷的效果一般不太好。着色时须遵循山体色彩自然变化规律，山体上部着色稍浅，纹理凹陷部色彩稍深，以增强假山山体的真实感、立体感。假山内部钢骨架、老掌筋等外露的金属均应喷涂防锈漆。

（3）光泽

为了体现假山石的真实肌理，常常还在石的表面喷涂还氧树脂或有机硅，对于重点部位还打蜡抛光。同时，还需要注意青苔和滴水痕的表现，强化自然印痕和肌理。

5. 其他

（1）种植池

应根据造景植物（含土球）总重量决定种植池的大小和配筋规格，并注意留好排水孔，预埋给水排水管道，做好给水排水设计。

（2）养护

在水泥混凝土初凝后以麻袋片、草帘等材料覆盖好，避免阳光直射，并每隔 2 ~ 3h 喷细水养护一次，养护持续时间不少于半个月。在气温低于 5℃时停止喷水养护，应采取如盖稻草、草帘、草包等防冻措施。假山内部钢骨架、老掌筋等外露金属每年均应喷涂一次防锈漆。

7.6.3 砖石塑假山

（1）在拟塑山石场地的土体外缘清除杂草，根据设计要求修饰土体，并沿土体外沿线开沟做基础，其宽度和深度视基地土质和塑假山高度而定。注意塑假山的基础设计和基础埋深，避免设计太小或埋深不够导致假山变形。

（2）以砌筑挡土墙的方法沿设计假山山脚线向上砌砖，并根据山体的造型（如山岩的断层、节理和岩石表面的凹凸变化等）呈现凹凸或转折变化。注重假山整体的横向比例与竖向比例的协调。

（3）在砖砌体内、外表面以水泥砂浆批灰，并根据设计山体及山面的变化进行面层修饰。

（4）选用合适的彩色硅酸盐水泥种类进行着色，也可以在白色硅酸盐水泥中掺加适当的矿物颜料进行着色。假山的饰面颜色要与仿造的山石相协调。

7.7 堆假山植物种植工程

7.7.1 堆假山植物选择要求

1. 选择耐干旱、耐风吹、耐寒性强的低矮灌木

由于假山的栽培环境比较特殊，具有土层保水性能较差，土层水分蒸发较快，夏季栽培环境气温相对较高和冬季生长环境易受低温侵袭的特点，同时假山上部的风力一般比地面大，特别是大风天气或风雨交加的恶劣天气对造景植物的生存影响很大，因此在选择假山造景植物时应将耐干旱、耐风吹、耐寒性强的植物作为首选对象。由于假山的特殊环境条件及假山的种植空间相对比较狭小，因此需要多考虑分枝点低、体量小、植株矮小的灌木，使植物与假山融于一体，形成微缩的自然山林景观，展现出山石的和谐美。

2. 选择耐酷热、耐光性强的植物

假山造景植物多种植于假山明亮处，常常直面太阳光的照射，假山顶及假山的东、西面光照时间较长，阳光直射的面积较大，光照度较大，夏天局部环境温度较高，对于这种假山阳面环境应尽量选用喜阳、耐曝晒、耐酷热的阳性植物，如赤楠、臭牡丹等。对于假

山的背阴面，在这种特殊的小环境中日照时间相对较短，可适当选用一些阴生植物，如蕨类植物、麦冬、沿阶草等。

3. 选择耐贫瘠、耐短时积水的浅根性植物

假山造景植物一般种植于预留的种植穴中或者假山石缝的土层中，这些地方预留的土壤种植层一般较浅，土壤保水保肥能力较差，土壤比较贫瘠，因此应尽量选择耐贫瘠的浅根性植物。同时，假山种植土壤层的排水性能也较差，一旦出现大雨、暴雨，种植穴容易出现短时积水，所以应尽可能选择抗倒伏、耐短时积水的植物，如火棘等。

4. 选择姿态漂亮、观赏价值高的乡土植物

种植于假山上的植物一般需要直面游客的欣赏，所以最好易造型、姿态漂亮、有较高的观赏价值。同时，由于假山上植物生长环境较差，所以需要所选植物对假山环境具有较强的适应能力，显然乡土植物更能胜任这一重要角色。乡土景观植物不仅对当地的气候环境有较强的适应性，而且在表现地方性、特色性、文化性等方面具有无与伦比的优势。

5. 选择开发适于假山环境的开花类草本植物

一方面，假山上可供植物生长的环境条件较为恶劣，而直接可用于假山上的造景植物资源还比较有限，这就需要加强观赏植物资源的开发利用研究力度，为假山植物造景提供更多更优质的植物种类选择。另一方面，要考虑如何增加假山植物造景素材的景观多样性，尤其是需要开发利用花形花色花姿有特色、观花效果较突出、花期较长的草本类观花植物，这对丰富假山景色具有非常重要的现实意义。

7.7.2 堆假山可资利用的适配植物

1. 灌木类

适于配置假山的灌木既有悬垂拱枝类，自山石悬垂而下形成流动的绿色瀑布；也有低矮直立类，秀丽多姿的景观植物赋予假山以生生不息的生命活力。灌木类观赏植物通常种植在假山预留的种植穴内，常见的有叶子花、云南黄素馨、匍匐忍冬、白蔷薇、悬钩子、阔叶十大功劳、棣棠、胡颓子、夜来香、金叶莸等。

2. 藤本类

藤本类植物常常攀附于山石上，装饰、美化假山，赋予假山石以生命力，减轻假山石的笨重感，蕴山石之自然灵气。适于假山造景的常见藤本植物有野蔷薇、扶芳藤、软枝黄蝉、使君子、红白忍冬、探春花、炮仗藤、定心藤、大果拔葜、荷包藤、买麻藤、山橙、云实、北清香藤、紫藤、常春藤、圆叶牵牛、凌霄、铁线莲、莺萝、络石、西番莲、金银

花、花叶蔓长春花、爬山虎、五叶地锦等。

3. 草本类

（1）蕨类植物

蕨类植物一般种植于假山背阴处或山体北面或灌木下层，尤其是和水景相结合的假山局部环境非常适合蕨类植物的生长，常见的有海金沙、贯众、巢蕨、肾蕨、井栏边草、有柄石韦、石韦、铁线莲属、团扇蕨、瓦韦、卷柏、江南卷柏、伏地卷柏、姬书带蕨、过山蕨等；有些也生活在向阳、裸露、干燥的岩石上，如银粉背蕨、肿足蕨、耳羽岩蕨、北京铁角蕨。

（2）景天类植物

景天类植物耐旱、耐贫瘠，体型较小，与山石配置可体现山石的粗放、质朴、厚重，衬托出植物的顽强与刚柔。可用于假山造景的常见景天类植物有佛甲草、垂盆草、凹叶景天、费菜、东南景天、堪察加景天等。

（3）其他类植物

其他一些比较耐旱，能够应用于岩石园的植物均可用于假山造景，如龙舌兰科植物，山麦冬属、吊兰属、鸢尾属的一些植物，常见的有蛇莓、吉祥草、常夏石竹、阔叶麦冬和沿阶草、宿根福禄考、鸡冠花等。

思 考 题

1. 如何进行假山石材的选择？
2. 堆掇假山通常需要哪些类型的材料？各有什么要求？
3. 简述堆掇假山的施工程序。
4. 试述堆掇假山的技法要领。
5. 现代堆塑假山有哪些方法？试比较其生产制作上的差异与联系。
6. 假山植物造景需要考虑哪些方面的因素？

参考文献

[1] 杜杰港，郝燕.建筑垃圾在园林景观上的综合利用 [J].美术大观，2018（1）：98-99.

[2] 付素静，郭春喜，高宇琼.假山绿化的应用探讨 [J].湖北农业科学，2012，51（20）：4566-4569.

[3] 高洪霖，徐俊丽.苏州古典园林假山光影空间图解及转译研究 [J].中国园林，2018，34（1）：98-99.

[4] 顾凯.“九狮山”与中国园林史上的动势叠山传统 [J]. 中国园林，2016，32（2）122-128.

[5] 顾阿虎.试论假山造型 [J]. 古建园林技术，1999（1）：9-10.

[6] 韩光辉，陈喜波.皇家宫苑赏石文化流变研究 [J]. 北京大学学报：哲学社会科学版，2004（5）：113-122.

[7] 黄春华，王晓春，方惠，等.“扬派叠石”设计理法探析 [J]. 扬州大学学报：农业与生命科学版，2018（1）：89-94.

[8] 毛培琳，郭华，程炜.GRC 假山计算机辅助设计 [J]. 北京林业大学学报，1997（2）：4.

[9] 蒙士斋，刘桂林.人工塑石假山在现代园林中的应用 [J]. 北方园艺，2011（3）：104-106.

[10] 孟兆祯.风景园林工程 [M]. 北京：中国林业出版社，2012.

[11] 孟兆祯等.园林工程 [M]. 北京：中国林业出版社，1996.

[12] 卜复鸣.苏州园林假山评述 [J]. 中国园林，2013，29（2）：100-104.

[13] 孙鹄.苏州园林中的峰石和假山 [J]. 古建园林技术，1998（1）：4.

[14] 田建林，张柏.园林景观假山·置石·墙体设计施工手册 [M]. 北京：中国林业出版社，2012.

[15] 王波，吴哲，吴朝强，等.主题公园塑石假山施工关键技术研究 [J]. 工业建筑，2016（9）：122-125；98.

[16] 王劲韬.论中国园林叠山的专业化 [J]. 中国园林，2008，24（1）：91-94.

[17] 王玉红.环境景观中掇山艺术研究 [J]. 美术观察，2018（6）：134.

[18] 杨伯余，唐宇力.园林假山施工技艺初探 [J]. 浙江林学院学报，2000（3）：3.

[19] 杨晨，韩锋.数字化遗产景观：基于三维点云技术的上海豫园大假山空间特征研究 [J]. 中国园林，2018，34（11）：20-24.

[20] 姚冈，史震宇.GRC 假山的设计与施工 [J]. 中国园林.1994，10（1）：50-51.

[21] 郑连章.宁寿宫花园的掇山与置石艺术 [J]. 故宫博物院院刊，2005（5）：207-218；373.

[22] 郑文康.假山之假 环秀山庄假山画意下的掇山法 [J]. 新美术，2015（8）：79-91.

[23] 张静，邹志荣，卢涛.中国古典园林的山石造景艺术手法研究 [J]. 西北林学院学报，2006（1）：161-164；182.

[24] 张运兴.中国古典园林中石艺术的研究 [J]. 安徽农业科学，2007（22）：6762-6763.

[25] 周建东，赵雅南.基于 SD 法的古典园林假山艺术评价研究：以扬州个园为例 [J]. 扬州大学学报：农业与生命科学版，2018（2）：114-118.

[26] 朱志红.假山工程 [M]. 北京：中国建筑工业出版社，2009.

[27] 毛培琳.中国园林假山 [M]. 北京：中国建筑工业出版社，2004.

第 8 章

种植工程

本章要点

植物景观是风景园林景观的主体，植物种植施工过程直接关系到
长期园林景观效果和生态效益。种植工程就是按照设计要求，在
规定的点位种植乔灌木、地被植物，确保植物成活，充分发挥生
态效益。种植工程可分定植前处理、定植和定植后养护管理三个
阶段。本章主要介绍常规绿地、屋顶、边坡三种不同立地环境下
乔灌木、地被等植物的种植施工及基本的养护管理技术。

8.1 种植工程概述

8.1.1 园林种植工程概念与特点

园林种植工程是指按照植物生长发育要求选择合适的土壤或基质，按规范要求将苗木定植于规划设计区块的施工过程。园林植物种植工程与土建、市政的"工程"相比有以下特点。

1. 工程植物具有生命特征

苗木是活的生命体，具有呼吸和光合作用及开花结果、萌芽落叶等生命代谢过程，这与一般工程材料特点完全不同。充分认识植物的生命特性，根据生命代谢特点合理施工是园林种植工程的一个基本要求。

2. 工程植物难以严格统一标准

植物材料个体间在同一性、统一性、均一性、不变性、加工性等方面与一般工程材料相比具有难控制、不标准的特点。苗木由于其生长环境的差异，很难完全一致，其大小、高度、年龄、分枝点、分枝数、健康状况等方面总有一定的差异，不能一概而论。为了确保园林工程的质量，园林行业制定了基本标准。

3. 工程施工质量的延期表现性

苗木种植工程质量好坏可从施工过程执行规范情况进行阶段评价，但很大程度上还要在一年或者更长时间后根据苗木的长势和呈现的景观效果进行判定。

4. 在种植施工规范掌握上具有一定的自由度

由于苗木材料规格、株型、分枝点等指标难以标准化以及设计不可能细化到每种或每一株植物上，因此在种植工程实施过程中要求施工人员能根据园林景观效果、植物生长习性、立地条件等因素，在规范范围内做适当调整。这也要求施工人员掌握一定的园林艺术和植物学理论知识。

5. 种植土壤质量普遍较差

居住区、城市道路、河道等项目的景观种植工程一般处于项目建设的最后阶段，原有土壤往往遭到破坏，结构差、侵入体多、污染严重，甚至缺乏足够的种植土方，种植土壤质量普遍较差，在工程实践中这是比较常见的情况，所以一般需要进行客土种植。

8.1.2 苗木种植成活的原理

确保苗木成活是种植工程施工的基本要求。要保证栽植苗木成活，必须要求施工和管理人员掌握植物生长规律及其生理变化特点，了解苗木栽植成活的原理。

1. 水分平衡原理

水是生命的源泉。一株正常生长的树木，其根系与土壤密切接触，根系从土壤中吸收水分并可运送到地上部分供给枝叶花等器官生长代谢，此时，地下部分与地上部分的水分代谢是平衡的。但是在移栽时，根系与原有土壤的密切关系被破坏了，大量根系被截除，吸收水分的器官减少了，而地上部分的枝叶花果对水分的需求量没变，整个树体的水分代谢平衡遭到破坏，树体缺水，体内的酶变性，植株死亡。及时建立和保持移植树木新的水分平衡是确保树木移植成活的基本原理。实现这个平衡的途径主要有：一是尽可能少伤根，多带根；二是修剪，通过修剪去除部分枝叶等耗水器官；三是及时供水，保证根系能及时充足吸收水分，也可通过喷淋让地上部分枝叶吸收部分水分，减少蒸腾；四是通过裹干包扎、遮阴和降温等措施减少树体蒸腾量。

2. 根系再生原理

根系再生是指植物根系被截断或破坏后能重新长出新根的现象。这是植物移栽后能成活和进一步生长发育的基础。根系再生能力与树种、年龄、健康状况、土壤环境等因素有关，一切利于根系迅速恢复再生能力和尽早使根系与土壤建立紧密联系的技术措施都有助于提高栽植成活率，能做到树挪而不死。选择健康、青壮年树龄的苗木，保证土壤通气性，确保水分合理供应，使用生根剂（植物生长调节剂）等措施都有利于根系的再生。

3. 养分平衡原理

植物根、茎、叶、花、果实等器官的生长必须要有有机和无机养分的供应，而养分主要来源于地下部分的吸收和地上部分的合成。正常生长的植物，其养分处于吸收、转运、贮藏、合成、消耗的平衡状态。树木移植后建立新的养分平衡体系是确保树木成活的关键。木本植物具有将养分贮藏在根、茎干等器官中的习性，所以工程上要求选用健壮苗木、带大土球（根系多）就是减少养分的损失，确保根系和茎干等对养分的需求，当然，施用基肥、吊针输营养液等也是保障养分供应的有效措施。

4. 适地适树原理

植物在长期的系统发育和自然选择过程中逐渐适应了现有的生存条件，形成了对环境的特定要求，即形成了不同的生态学特性。要保证苗木移栽成活，就必须按照植物的生态习性，提供合适的生长环境，做到适地适树。影响树木成活和正常生长的环境因子主要是光照、温度、空气湿度、土壤酸碱度、土壤含水量、土壤通气状况以及病虫害等。

总之，影响树木生长发育的因素多种多样，较为复杂，如何使新栽的树木与环境迅速建立密切联系，及时恢复树体以水分代谢为主的生理平衡是栽植成活的关键。这种新的平衡关系建立的快慢与树种习性、年龄时期、物候状况以及影响生根和蒸腾的外界因子都有着密切的关系，同时也不可忽视施工人员的栽植技术和责任心，严格、科学的栽植技术和高度的责任心可以弥补许多不利因素而大大提高栽植的成活率。

8.1.3 种植时间

明代《种树书》有"种树无时，惟勿使树知"之说，意思是栽植苗木应选择树木处于休眠状态或生长较弱，新陈代谢活动较缓慢，根系能够迅速恢复，新的水分养分平衡能快速建立的时间进行，这是比较符合苗木移植成活原理的。当今社会科技发达，人为创造条件，可以实现"惟勿使树知"，也就"种树无时"，一年四季都可以了。当前的"反季节"施工就属于这种情形。但是从工程施工成本、植物生长发育规律、一年四季气候变化规律来看，不同的地区、不同树种是有不同的合适移植时间的。

北方和寒冷地区，春季种植较为适宜。在春季，随着气温的回升土壤温度逐步提高，土壤解冻，植物开始萌动，这时土壤水分充足，而植物体本身所贮藏养分充足，在树木萌芽未出现时，新栽树木比较容易发生新根和抽生新枝叶，树木成活率高；而秋季树木逐步进入休眠期，加之气温快速降低，风大干燥，移植树木就较为困难，当然早秋也未尝不可以；冬季由于土壤冻结，难以施工，但是也有开展带冻土移植大树的经验，其成活率还是比较高的；夏季，只要养护条件能保证，也是相对可行的移栽时期。

气候温暖地区，春、秋、冬季都是比较合适的移植季节，可根据树木的种类、施工的条件、工期要求做合理安排。一般而言，落叶树种选择落叶后的秋、冬季和萌芽前的早春比较合适；常绿树种主要避开萌芽期、新叶生长期，一般春、秋、冬三季都可施工。夏季施工保活技术难度大，成本高，只在有特殊要求时才施工。

华北地区，多数落叶树和常绿树宜在3月上旬至4月中下旬种植，秋季落叶后一周左右或春季发芽前半个月左右（山东南部地区3月中旬）是比较理想的时间。

华东地区，2月中旬至3月下旬是多数植物移栽的理想时期，10月中旬至12月上旬也是施工种植的较好时段。针对不同树种而言，春花植物最好在10月中旬至12月上旬完成施工；常绿阔叶树种宜在3月下旬前完成施工；落叶树种在落叶后的秋季和早春移栽；针叶树种春、秋季移植，以秋季更合适；大多果树在春季移栽。

随着科技的发展，现代育苗技术不断进步，如容器苗可以实现根系无损移栽，移栽时间的限制影响也就越来越小了。

8.1.4 种植施工对环境的要求

种植施工对环境的要求主要是指环境条件有利于苗木的成活和便于施工操作。

1. 对温度的要求

温度高低直接影响植物的蒸腾、光合、呼吸作用等植物的代谢进程，直接影响植物生长发育。适合种植施工的温度要求一般是不能高于或低于植物的生长极限温度，在其生长适温范围内略偏低一点是最理想的温度。对喜温植物而言，5 ~ 10℃以上，35℃以下较为合适；耐寒植物可以在0℃以上；耐热植物的上限温度可以控制在40℃以下。

2. 对光照的要求

万物生长靠太阳，几乎所有植物的正常生长都需要一定的光照条件。植物在其长期的适应过程中形成对光照的不同要求，根据植物对光照度的不同要求可将其简单分为：阳性植物，在较强的光照下，才能生长健壮；阴性植物，在较弱的光照下比在强光下生长发育更好；居于前两者之间为中性植物。植物不同生育期要求的光强度也有所不同。根据植物不同的光周期反应可将其分为：长日照植物，在一段时期需要每天有较长的光照时数；短日照植物，在一段时间需要白天短、夜间长的光照条件；中间性植物，对日照长度的要求不严格。一般而言，施工期间适当地降低光照度和缩短光照时数有利于植物的成活。光照特性对植物的长期生长发育有重大影响，应根据当地的光照特点选择适合的植物。

3. 对湿度的要求

空气湿度的高低直接影响植物的蒸腾，影响到水分的代谢，也直接影响的其他生物（如微生物）的活动。种植施工期间对空气湿度要求不甚严格，一般的湿度条件都符合施工要求；但湿度对植物蒸腾的影响还是要给予充分的考虑，空气过于干燥的情况下，植物失水严重，对成活不利，应予控制。

4. 对土壤或基质的要求

土壤或栽培基质的性状直接影响到植物的生长发育。园林种植施工工程必须高度重视土壤质量指标，因为这不但直接影响植物成活，也是影响植物长期生长发育的关键。

良好的适合植物生长发育的土壤应具备以下特征：有一定的厚度（表8-1）；酸碱度合适；土壤肥力高，有机质含量丰富；有一定的通透性（土壤氧气含量）；有良好的保水性。

园林植物生长所必需的最低种植土层厚度　　表8-1

植物类型	草本花卉	草坪地被	小灌木	大灌木	浅根乔木	深根乔木
土层厚度（cm）	30	30	45	60	90	150

资料来源：引自《城市绿化工程施工及验收规范》CJJ/T 24—2018。

常见土壤质地类型有沙土、壤土和黏土。壤土保水保肥性以及通气性均较理想，是良好的种植土壤；沙土和黏土由于保水保肥性及通透性较差，一般需要改良后使用。

土壤有机质含量是土壤肥力的重要指标，一般要求达到 5% 以上。

土壤含水量直接关系到植物对水分的需求，同时又直接影响到土壤通气性（含氧量），影响到根系的呼吸。土壤中的水和气是一对矛盾体，水多气少、气多水少，需要通过合理的灌溉和科学的土壤管理予以协调，常见植物对土壤水分的要求见表 8-2。

根系分布层土壤含水量适宜保持标准 表 8-2

土壤类型	需水量一般的植物				需水量大的植物			
	沙土	沙壤土	壤土	黏土	沙土	沙壤土	壤土	黏土
含水量 /%	3 ~ 8	6 ~ 15	12 ~ 23	21 ~ 28	4.5 ~ 8.0	9 ~ 15	18 ~ 23	22 ~ 28

资料来源：引自《园林绿化养护标准》CJJ/T 287—2018。

在一些特殊场合，如屋顶、花箱及高架花盆等，为减轻负荷，提高保水保肥能力等，往往不用或用少量泥土而多用基质栽培。常用的基质有泥炭、珍珠岩、蛭石、椰糠、树皮、锯末、陶粒等。运用基质栽培必须注意：有机基质必须腐熟后使用；基质一般需要配合使用，有机、无机要结合；配合的原则是能较好地实现保水保肥、供水供肥、透气透水；酸碱度合理；纯无机基质栽培需要采用营养液供肥或其他的施肥技术。

8.1.5 苗木质量指标和工程规范标准

1. 苗木质量指标

1999 年，建设部发布了行业标准《城市绿化和园林绿地用植物材料—木本苗》CJ/T 24—1999。后经修改现执行标准编号为 CJ/T 24—2018。土球苗、裸根苗、容器苗、土球大小等的规定见表 8-3 至表 8-6。

土球苗、裸根苗质量综合控制指标 表 8-3

序号	项目	综合控制指标
1	树冠形态	形态自然周正，冠型丰满，无明显偏冠、缺冠，冠径最大值与最小值的比值宜小于 1.5；乔木植株高度、胸径、冠幅比例匀称；灌木冠层和基部饱满度一致，分枝数为 3 枝以上；藤木主蔓长度和分枝数与苗龄相符
2	枝干	枝干紧实，分枝形态自然、比例适度，生长枝节间比例匀称；乔木植株主干挺直、树皮完整，无明显空洞、裂缝、虫洞、伤口、划痕等；灌木、藤木等植株分枝形态匀称，枝条坚实有韧性
3	叶片	叶型标准匀称，叶片硬挺饱满，颜色正常，无明显蛀眼、卷焉、萎黄或坏死

续表

序号	项目	综合控制指标
4	根系	根系发育良好，无病虫害、无生理性伤害和机械损害等
5	生长势	植株健壮，长势旺盛，不因修剪造型等造成生长势受损，当年生枝条生长量明显

容器苗综合控制指标　表 8-4

序号	项目	综合控制指标
1	根系	根系发达，已形成良好根团，根球完好
2	容器	容器尺寸与冠幅、株高相匹配，材质应有足够的韧度与硬度

土球苗土球大小　表 8-5

序号	项目	规格
1	乔木	土球苗土球直径应为其胸径的 8～10 倍，土球高度应为土球直径的 4/5 以上
2	灌木	土球苗土球直径应为其冠幅的 1/3～2/3，土球高度为其土球直径的 3/5 以上
3	棕榈	土球苗土球直径应为其地径的 2～5 倍，土球高度应为土球直径的 2/3 以上
4	竹类	土球足够大，至少应带来鞭 300 mm，去鞭 400 mm，竹鞭两端各不少于 1 个鞭芽，且保留足量的护心土，保护竹鞭、竹兜不受损

注：常绿苗木、全冠苗木、落叶珍贵苗木、特大苗木和不易成活苗木以及有其他特殊质量要求的苗木应带土球掘苗，且应依据实际情况进行调整。

裸根苗根系幅度　表 8-6

序号	项目	规格
1	乔木	裸根苗根系幅度应为其胸径的 8～10 倍，且保留护心土
2	灌木	裸根苗根系幅度应为其冠幅的 1/2～2/3，且保留护心土
3	棕榈	裸根苗根系幅度应为其地径的 3～6 倍，且保留护心土

注：超大规格裸根苗木的根系幅度应依据实际情况进行调整。

　　工程上，苗木质量一般通过胸径、地径、冠幅、树高、树型、分枝点等指标进行评价，其定义及表述见表 8-7。

苗木质量指标与定义简表　表 8-7

植物种类	乔木					灌木（球）		
规格指标	胸径	树高	冠幅	地径	分枝点高度	苗高	冠幅	地径
简称	ϕ	H	P	d	—	H	P	d
单位	cm	cm	cm	cm	cm	cm	cm	cm

续表

植物种类	乔木	灌木（球）
定义	胸径：乔木主干离地表面 1.3 m 处的直径	
	地径：苗木主干离地表面 0.1 m 处的直径	
	冠幅：苗木树冠垂直投影最大与最小直径的平均值	
	株高：从地表面至苗木自然生长冠顶端的垂直高度	
	分枝点高度：苗木根茎基部到主干第一分枝点高度	

2. 工程规范标准

植物种植工程执行的规范标准有：《园林绿化工程施工及验收规范》CJJ 82—2012；《园林绿化木本苗》CJ/T 24—2018；《园林绿化养护标准》CJJ/T 287—2018 等。

8.2 常规地大树种植工程

相对于屋顶、边坡、花箱等种植施工环境下的一般公园、道路、居住区的绿化种植工程，本节称之为常规地种植工程。由于种植涉及的苗木种类不同，种植要求和技术有一定的差别，所以本节分别介绍大树种植、一般乔灌木种植和花坛花卉种植三部分。

大树移植可以优化景观结构、快速成景、发挥生态效益、保护古树名木，是风景园林景观营造的基本作业。

8.2.1 大树的界定

《园林绿化工程施工及验收规范》CJJ 82—2012 规定大树是指胸径在 20cm 以上的落叶和常绿阔叶乔木，或株高 6m 以上（地径 18cm 以上）的常绿针叶树，移植这种规格的树木称为大树移植，有时也称为壮龄树木移植或成年树木移植。

8.2.2 大树移植工程的特点

1. 大树移植成活困难

大树由于树龄大，发育时间长，根系的再生能力下降，所以损伤的根系恢复慢，新根发生能力较弱；树木根系扩展范围大，有效地吸收根处于土壤深层，而移植起树范围内须根量很少；大树树体高大，枝叶蒸腾面积大，因而地上部蒸腾面积远远超过根系的吸收面积，树木常因脱水而死亡；此外，移植过程中措施不当造成树体损伤，栽植后养护管理不到位等都会影响树木的成活。

2. 大树移植技术要求较高，移栽时间长

大树移植环节复杂，要求技术较高，同时也存在一定的安全风险，必须有这方面的专业技术人员统一负责和指挥，工作人员要有一定的实践经验或经过严格的培训，否则，大树移植的质量就不能保证。为了有效保证大树移植成活率，一般在移植前要对大树进行必要的处理，如缩坨断根等，然后进行起挖、运输、栽植及后期的养护管理，栽植过程需要几个月，甚至几年，每一个环节都要认真进行，不容忽视。

3. 消耗大量人力、物力，成本高

大树树体量大，移植技术要求高，往往需要动用多种机械才能完成；另外，为了保证大树移植成活率，移植后必须采用一些特殊的养护管理技术措施，因此需要大量的人力、物力和资金，大大提高了绿化成本。

4. 绿化效果快

大树移植能在短时间内迅速显现绿化和景观效果，较快地发挥城市绿地的景观功能和生态、社会效益，缩短了城市绿化建设的周期，所以在现阶段城市园林绿地建设中的应用越来越广泛。

8.2.3 移植准备工作

移植准备工作主要包括：苗木的前处理；种植地树穴和种植土准备；吊车、支撑、裹干等种植材料和技术准备等。

1. 苗木的前处理

为保证大树移栽成活、方便运输和避免损伤，应在种植施工前对大树进行必要的前处理，主要的处理工作有断根缩坨、修剪、裹干等。

（1）断根缩坨

对于野生大树或是在苗圃地定植多年的大树或是珍稀名贵树种可在起苗前 1 ～ 2 年进行断根缩坨，目的是培养新根、细根和控制土球大小。其具体操作如下：按树干胸径的 5 ～ 6 倍（可据树种及长势调整至 3 倍）画圆圈或变形为方形，在圆圈或方形外挖 30 ～ 40cm 宽、60 ～ 80cm 深的沟（具体深度可视根系的生长深度确定），开挖过程中如遇到粗壮根系不可锯断（防倒伏），应采用环剥法去除树皮，环剥树皮宽度 5 ～ 10cm；一般中小根系需用锋利的刀锯齐平内圈土层切断，树根断口要光滑平整，土沟挖好后用生根剂（一般农资商店有售，用法用量参照使用说明）涂断根后用沙壤土（最好是沃土或添加部分有机肥）回填，分层压实后浇水（图 8-1）。一年半载后长出新根、细根后可实行起苗移栽。需要注意的是，树冠高大，需要全冠移栽的大树，其断根不可一次性完成，需要分季或分年度

断根，以免死亡或倒伏。对风力比较大的地区还需要在移植后做好支撑。已经多次移植的苗圃苗可直接起掘。

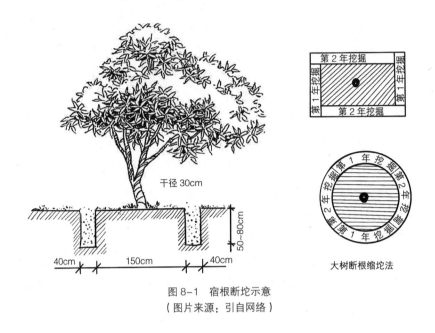

图8-1 宿根断坨示意
（图片来源：引自网络）

（2）修剪

对于进行断根缩坨的大树，需要及时对地上部分进行修剪。修剪量和修剪方法可据断根情况和移栽形状要求确定。全冠移栽树一般只需剪除病虫枝、过密枝、交叉枝、下垂直、徒长枝等，必要时摘除部分叶片、花蕾和花果。对于无需全冠只需带骨架移植的大树（一般为成枝能力强的树种）可进行强修剪，保留少量枝叶即可。

（3）起掘包扎

首先应据树木胸径的大小确定所带土球的大小，根据相关规定，土球大小为胸径的8~10倍，实际工程上可据带土球的难易、树种成活难易做适当调整。其次在确定土球大小后可进行起掘，基本步骤如下：拢冠→起盖→挖沟→土球修整→打腰箍→修底→包扎。拢冠就是避免下层枝条影响操作而用绳索将枝条围拢进行临时的捆绑；起盖就是将树根基部周围的浮土、枯枝、落叶等清理铲除，直至可见根系为止。挖沟就是开挖操作沟，沟宽一般40~50cm，深度以达到规定的土球高度为止。在挖沟过程中如遇3cm以上树根需用锯子紧贴土球锯断，不可用锄头劈断，否则会导致根系破裂，影响新根生长。土球修整就是用铁锨根据规定大小将土球修整为土面平整的圆球形或苹果形。为防土球破裂松散可先行打腰箍（图8-2），如土质紧实，打腰箍环节可与后面的土球包扎一并完成。土球包扎一般有橘子包、井字包和五角星形包（图8-3）。沙性强的土质最好用橘子包，也可先用麻袋片、蛇皮袋片或蒲包片裹上后再用草绳打包；土质黏重的可直接用草绳进行五角星形包或井字包。

当树木胸径在40cm以上时，土球直径可达1m以上，为确保土球不破、吊运安全，要求用木箱包装移植。

（4）裹干

为避免树干树皮在吊装运输中产生损伤，同时也减少树体水分散失，可用草绳对树干进行缠绕包裹。裹干位置一般为根基部到第一分枝点高处的主干上，一些粗大主枝可据气候、树种确定是否进行裹干处理。裹干材料除传统草绳外，当前已有专用裹树布、土工布等都可应用。

图8-2　打好腰箍的土球

橘子包　　　　井字包　　　　五角星形

图8-3　三种草绳包扎土球方法示意
（图片来源：引自网络）

2. 树穴开挖

在苗木进场前首先应对施工场地进行清理和平整，并按设计要求做好地形处理，然后施工放样确定种植点，再在确定种植点上开挖种植穴。种植穴的形状有圆形和方形，其大小根据树高和土球的大小确定（表8-8），一般要比土球的直径大30～40cm，深度比土球厚度（高度）加深20～30cm。开挖过程中应注意：种植穴坑上、下大小要一致；底层有紧密板结层要打破，避免积水；坑底中间堆放20cm松土，以便抽出吊带和剪除包扎物；建筑垃圾、大石块等杂物需清理干净；为促进生根和根系向地下深处生长可适当施用有机肥，但需在肥料层上覆盖10cm素土，以免肥料伤根。

常绿乔木类种植穴规格（单位：cm）　　　　表8-8

树高	土球直径	种植穴深度	种植穴直径
150	40～50	50～60	80～90
150～250	70～80	80～90	100～110
250～400	80～100	90～110	120～130
400以上	140以上	120以上	180以上

3. 苗木装运

苗木装运工作一般由苗木供应商完成。为确保苗木质量，施工单位也应全程参与指导、把关，避免伤皮伤枝和运输途中树木失水。应注意的主要技术环节有：一是选择合适吨位且有吊装经验的吊车吊装树木；二是选用吊带吊装树木，如用钢丝绳吊装必须用木板或钢板保护好土球和树干，避免钢绳割破土球和树皮；三是选好力点，用两点法捆绑，使树体与地面程 45° 吊离地面后缓缓上车；四是土球朝前骑缝堆放，注意检查树干是否与硬物直接接触，如有则用软材隔离，避免运输途中树皮破损；五是做好覆盖，避免运输途中枝叶破损，土球失水，气温较高时注意装载量和堆叠层数，以免热量积累，导致烧苗。

8.2.4 定植作业

定植作业直接关系到树木的成活率，也直接关系到景观效果，所以施工中应予以高度重视。定植作业的主要方法步骤如下所述。

1. 修剪保护

树木入穴定植前需解除拢冠绑缚材料，舒展枝条，观察树形及分枝的分布，对严重损伤枝、细弱枝、过密枝、过低枝等进行修剪；对长于 3cm 的枝条剪口和树皮创伤用伤口涂补剂进行处理；对土球紧实完好的树木可拆除土球包扎物，对破裂损伤根系进行修剪，并选用促生根剂进行涂或喷处理；对于土球松散的苗木需在树木入穴后实施根系修剪和促生根剂处理工作。

2. 核查种植穴

大树入穴前应再次检查种植穴的深度和口径，要求与土球相适应，尤其是深度不可过深，否则大树入穴后将难以处理；同时检查基肥的施用和覆盖情况。

3. 起吊入穴

大树体量大，一般需机械起吊。绑扎起吊技术见前文所述。施工技术人员现场指挥吊树入穴时，要观察树木原生地的阴阳面和树木最佳观赏面，最好能将最佳观赏面朝向主景观视线方向，同时也能实现与原朝向一致。树木入穴要保持居中垂直，不可歪斜（有特殊设计要求除外）。树木入穴后吊机一般不可立即撤离，需等支撑固定后再退出。

4. 解缚覆土

树木入穴后，在确保安全的情况下，应立即进行土球解缚和覆土操作。土球包扎材料一般应解除取出（可分解的、少量的可不处理）。覆土应分层逐步进行，及时用木棒将土球周围夯实，直至填满整个种植穴，厚度与土球面平齐则可。在地下水位高、地势低矮、土质黏重的地块，为保证种植穴不积水，根系有充足的氧气，可采取加深种植穴，底层垫排水层（如砂石）和设置透气管的栽培技术（图 8-4）。

5. 立支撑

大树入穴覆土后应及时做好支撑，以免倒伏和确保根系生长。大树支撑主要有桩干式和牵索式两种。桩干式支撑材料可选用钢管、木棒、毛竹等，又可分四脚支撑、三脚支撑和多干支撑等方式（图 8-5），该方法适用于各种绿地条件下的树木支撑。牵索式所用材料为钢丝绳或铁丝及木棒，该方法一般适合在绿地中使用，行道或人流量较大处一般不建议使用。具体实施支撑时需要注意：一是支撑点（或牵索力点）要在树体重心的中上部，这样可减少支撑压力，提高支撑效果；二是支撑的设置要注意景观效果，不可长短粗细不同材料混用；三是要注意对树干的保护，避免钢绳磨破树皮；四是注意行人交通安全。

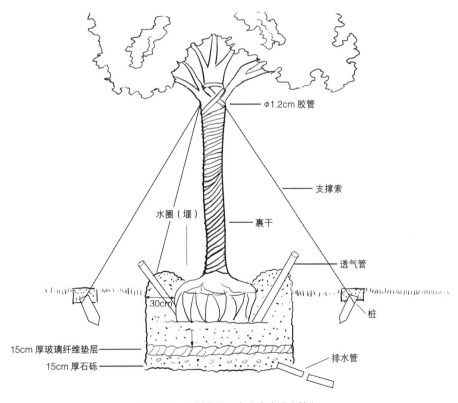

图 8-4　大树栽植示意（牵索式支撑）

（图片来源：引自网络）

（a）钢管支撑　　　　　　　（b）商品木桩杆四脚支撑

图8-5　常见桩杆式支撑

8.2.5 后期养护管理

养护管理对大树能否成活极为重要。主要技术措施如下所述。

1. 做好围堰，合理浇水

浇水要科学合理，要根据根系生长发育要求和地上部分情况以及天气等因素综合考虑确定浇水量和浇水次数。完成定植覆土后要沿土球边缘一圈做小土埂（即围堰），以便浇水入穴，避免漫流。栽后应及时浇足浇透第一次水，一般情况下 3 ~ 5d 后可据土墒情况补浇一次水，进入正常养护期后可据土墒和枝叶生长情况酌情给水，如出现土壤发白开裂或叶片轻度萎蔫时需及时浇水，否则可不浇。据观察，南方多雨和地下水位偏高地区植树死亡的原因多是穴内积水导致根系缺氧死亡，所以水分管理工作应注意做好排水，这点值得警惕。

2. 遮阴防晒

为防夏季高温强光可用毛竹或钢管等搭架盖遮阴网或草帘遮阴。

3. 补充修剪

定植一段时期后树木开始萌芽、展叶、抽枝，新枝叶能继续生长是正常现象，但如果出现新抽出的枝叶又逐渐萎蔫的情况，可能是新根未长成或吸收根不足，随着枝叶的增加导致水分养分供应不足，此时就要进行补充修剪和浇水以及补施速效肥。此时的修剪应在不破坏树形的前提下疏除过多新生枝叶和部分老枝，缓解水分、养分的暂时不足，确保成活。对于花芽、花蕾以及树干上的萌芽萌枝也应一并疏除。

4. 施肥与植物生长调节剂的使用

定植初期由于新根未能大量生长，此时一般无需地面施肥，即使施用肥料，植物也不能吸收，但在老枝叶发黄、长势不健康、新梢生长缓慢的情况下可以采取根外施肥的方法为树体补充养分。常见的根外施肥方法有根外（枝叶上）喷施和挂吊针两种。速效肥以速效氮肥为主，如尿素、硝酸铵等，也可使用专门配置的营养液用于喷施。喷施一般需隔 7d 进行一次，持续几次。通过吊针给树体补液，这是当前园林中常用的方法，其使用量、使用方法、注意事项可参照使用说明。

对于根系恢复缓慢，不能及时吸收足够水分、养分供地上生长使用的可考虑通过浇灌促生根剂的方法予以刺激。目前使用的生根剂种类较多，既有配好的溶剂也有粉剂，其主要成分多为 2, 4- 二氯苯氧乙酸、萘乙酸、吲哚丁酸等。

5. 其他养护管理工作

主要有病虫害防治、松土除草、冬季防冻等，可据实开展。

8.3 常规地乔灌草种植

园林植物材料除大树外，还有一般乔木、灌木、藤本植物、竹类以及草本花卉、草坪草等，其种植施工与大树相比更为方便容易，成活率也相对较高，但也有不同之处，且往往有特殊造景要求，为此本节单独介绍。

8.3.1 栽植前的准备工作

1. 理解设计意图，看清施工说明

施工前要了解设计目的、设计意图及设计要求，明确一般乔灌木在公园绿地中的作用及植物特性、造景要求；同时要根据设计要求制定种植计划，安排好不同植物材料的进场次序，按照施工说明准备好种植人工及材料。

2. 做好现场清理和地形处理

做好现场清理是园林施工的基本要求，在放样前要将种植区内的垃圾、石块、建筑废弃物等清理干净，然后根据设计标高做好地形处理。

3. 选好参照点，做好施工放样

一般种植工程的施工放样只需在现场确定一个相对固定的参照点，然后依次确定色块种植区、小乔木和灌木球的种植点即可；种植面积大、地势平坦或是植物配置复杂的工程可采用网格定点法（一般的设计方案都有），即在图上确定参照点后，在种植区用石灰画出方格，最后在方格内进一步确定种植点或色块的边缘线。

4. 做好定植前修剪，保护好待定植苗木

在定植前一般需对进场小乔木进行修剪，主要是及时剪除过密枝、徒长枝、交叉枝等，同时根据土球大小、苗木种类等确定是否需要摘叶等精细修剪，对于球类苗木和花灌木一般在定植后修剪。对于未能立即种植的苗木要做好防晒、防冻等保护工作，避免苗木脱水和冷害冻害的发生。暂时不能种植的苗木，可先予以假植。

8.3.2 小乔木和球类的定植

小乔木的定植程序可参照大树的定植程序进行，因体量较小一般无需机械辅佐，只需 2～3 人便可直接将树木移入树穴，覆土、压实即可，其他技术环节与大树定植基本相同。根据相关规范，如苗木胸径小于 5cm 则无需支撑。

球类苗木定植与乔木定植略有差异，一般先将苗木放入树穴后再去除包扎树冠和包扎土球材料，根据冠型调整好朝向后再行覆土压实。定植后及时修剪，土球大而完整的球类苗一般无需支撑；土球偏小、土球破损的苗木则需支撑。

8.3.3 草本花卉和灌木小苗的定植

草本花卉种苗一般为杯苗，根系完整且带营养土，移栽成活率一般都比较高。其定植程序：放样→脱杯→挖坑（沟）→定植→压实→浇透水。定植时间宜选无风阴天较为理想，应避免在晴热、刮风、雨天种植。草花对种植土的质量要求相对较高，要求整细耙平，土中不含石块、瓦片、草根等杂物，并且要求肥沃，如土壤肥力差，可先施用肥料后整地，施肥量以土壤有机质达到 4%～5% 为标准，如用有机质含量为 15% 的有机肥则按 $2.22t/hm^2$ 施用量即可。具体定植操作要按照设计图形和种植密度确定株行距，做到苗直立，不歪斜，深度合适（一般不可过深，否则影响发根），不窝根，根土实。完成种植后及时浇透水一次，后期根据土墒和天气浇水。

宿根花卉的种植苗往往不带土，定植时可剪除伤根、烂根，过长或过多的根系，对地上部分也做相应修剪，覆土压实前要将根系舒展开，不可窝根定植。

8.4 屋顶种植工程

8.4.1 屋顶绿化概述

广义的屋顶绿化是指为实现绿化美化和生态保护功能在各类建筑物、构筑物、城围、桥梁（立交桥）等的屋顶、露台、天台、阳台或大型人工假山山体上种植花草树木。狭义的屋顶绿化是指植物栽植在离开地面的屋顶区域的一种的绿化形式。屋顶种植工程就是屋

顶绿化景观施工中植物的定植施工部分。

　　屋顶绿化对增加城市绿地面积，改善和减轻城市热岛效应，建造田园城市，改善人民的居住条件，提高生活质量，以及美化城市环境，改善生态效应有着极其重要的意义。近年来，随着生态城市、园林城市建设的推进，城市屋顶绿化已成为城市绿化的一个重要方向。

　　屋顶绿化的分类方式有多种。根据绿化景观的构成情况分为草坪式、组合式、花园式；也可分为精细绿化和粗放式绿化（图8-6、图8-7）；根据栽植方式的不同可分为传统屋顶绿化和容器式种植屋顶绿化。传统屋顶绿化就是在充分考虑荷载、排水、阻根等技术后直接覆土或基质后进行种植；容器式种植屋顶绿化是指在具有排水、蓄水、阻根、过滤等功能的模块化可移动式的特定容器中种植植物，集轻型营养土壤基质、耐旱植被为一体的新型屋顶绿化技术。根据屋顶是否蓄水可分为种植绿化和水培园艺绿化。

图8-6　草坪式屋顶绿化
（图片来源：引自网络）

（a）基质栽培

（b）砾石压面和苔藓覆盖

图8-7　精细的枯山水式屋顶绿化

8.4.2 屋顶绿化工程的特点

　　相对于常规地绿化，屋顶绿化由于受荷载、排水、风力等因素的影响，其工程和施工有以下特点。

1. 种植土或基质层厚度有限

传统屋顶绿化需要在屋顶上铺筑防水层、排水过滤层、营养土壤层、植被层等，这些重量的增加势必会对建筑的承重能力有更高的要求，在旧房顶或者未预先设计的房顶建设时更要慎重考虑承重荷载问题。当前屋顶绿化一般通过选用轻基质和薄土层种植技术，以减少荷载压力，但不管采用何种技术，相对常规地而言土层厚度极为有限，这对植物的选择和生长将是一个重要的制约。

2. 植物品种选择受限

与常规地植物生长环境相比，屋顶受自然环境影响更大，植物生长环境更为恶劣，土层浅薄、无地下水补充、风力大、温差大这些极大地限制了植物种类的选择与应用。高大乔木、树冠大、根系穿透力强的植物一般不能作为屋顶绿化主材，耐寒、耐旱、抗高温这些特性都是屋顶绿化植物选择的的基本要求。

3. 施工技术要求高、进度慢、成本高

屋顶绿化，一般要先进行承重检测，还要进行防水层、阻根层、过滤层和营养土壤层的处理和铺筑，而且屋顶绿化与地面绿化相比，空间窄、通行不方便，施工机械难以入场，所有材料均须吊运，从而使得工程成本大增而且施工进度也更为缓慢。

8.4.3 屋顶种植工程技术

1. 防渗层、阻根层设计施工

防止屋面板渗漏是屋顶绿化关键技术，若不能解决这个问题将直接影响建筑结构的安全稳定及居民的日常生活，因此，这也是限制屋顶绿化发展的一个主要问题。防渗需考虑以下因素：一是土壤必须长期保持湿润状态，且受酸、碱、盐等自然环境影响较大；二是植物根系具有一定的穿刺能力；三是屋顶绿化灌溉，难以控制灌水均匀度。在各种因素的长期作用下，易造成防水层破坏，屋面结构产生裂缝，甚至导致渗透破坏。

屋顶绿化可采用涂抹防水层、刚性防水层、柔性防水材料进行防水。选择防水材料时要结合当地的气候条件、建筑屋顶结构、植物类型等，不同的建筑屋顶结构和植物类型选择的防水材料厚度不同。此外，屋顶要设置配套的排水系统，在雨水较大时用于排水，防止植物根部被雨水泡烂。一般根系较为发达的植物要选择较好的防水材料。轻型屋顶绿化最常用的防水材料为柔性防水卷材。在施工前，先要对屋顶进行找平、晾干，待完全晾干后刷上胶黏剂，然后铺上柔性防水卷材。柔性防水卷材的边缘要使用火烧，面积不规则的位置要增加防水卷材的铺设面积，并用混凝土防水层进行加固。为了提高防水效果，可以配合使用防水剂、减水剂、膨胀剂等，增加混凝土防水层的防裂防膨胀作用同时做好排水坡度设计。部分防水部位需要配合钢筋网、钢丝来提高防水层的强度和隔离作用，以延缓混凝土防水层的老化。在选择防水材料时，要充分考虑防水层对植物根系的承受作用。当前屋顶绿化专业排水板在实际工程中已经得到广泛的运用，它的效果也得到了实践的考验。具体可按照其要求执行。

2. 种植土层设计施工

种植土层的设计要根据绿化景观要求、屋顶荷载、当地气候等综合考虑。种植层材料一般有三种类型：一是纯泥土；二是栽培基质；三是泥土和栽培基质混合料。三种类型材料各有优缺点。泥土来源广、有肥力、成本低，但是比重大，对荷载要求高；当然对泥土的质量有一定要求，以有机质在 5% 以上的壤土较为合适，黏土、沙土一般不适合做屋顶绿化种植土。栽培基质是指除自然土壤之外的用于固定植株，保持和提供水分、养分和固体基质，有有机型和无机型之分。常用的无机基质有蛭石、珍珠岩、岩棉、陶粒、沙、聚氨酯等；有机基质有泥炭、稻壳、树皮、木屑、菌菇废料等。无机基质的最大优点是质量轻，吸水、保水性好，透气排水性好，但几乎不含植物生长所需的有机养分，栽培中需要不断补充营养液或者其他肥料；有机基质一般质量轻，吸水、保水性好，透气排水性好，有一定养分，但也存在分解消耗等问题。所以屋顶绿化种植层材料的选择综合考虑以基质和泥土混合型较为理想。其配合比例可参考有机基质：无机基质 = 1：1 或有机基质：无机基质：泥土 = 1：1：1。

种植层厚度直接关系到荷载和植物种类的选择，在荷载安全的情况下适当加深种植层有利于植物的生长发育。屋顶绿化的种植层厚度最低要求在 30cm 以上。不同植物的最低土层厚度要求参见表 8-1。

覆土施工操作要注意：一是避免使用尖锐工具，以免损伤隔水层；二是根据微地形设计标高做好微地形；三是混合栽培土要预先混合均匀后进入场地，同时注意及时清理石块、杂草、植物根系等杂物；四是不得堵塞排水孔口。

3. 植物种植施工

屋顶种植施工与常规地种植程序、技术要点基本相同，可参照常规地种植技术规范执行，但由于屋顶环境的特殊性，因此一切施工都要在防水、排水、避免积水、防穿透的前提下开展。

施工程序：微地形处理→施工放样→种植穴开挖→小乔木和球类花卉定植→花灌木定植→草坪铺设→废弃物清理→养护阶段。

施工过程中以下环节要特别注意。

（1）严格把控苗木质量，特别是土球要保持完整，完整和符合规格的土球有利于成活，也有利于苗木稳定，减轻支撑压力。一般而言，如树高超过 2m 不论大小都须做好支撑。

（2）选择合适的支撑材料，切实做好支撑保护。屋顶的风力一般比常规地的风力要大，支撑显得尤为重要。在具体操作时还要注意土层厚度，避免支撑桩刺破防水层。

（3）苗木尽可能在底层修剪后上屋顶，减少树枝叶上楼，以免风吹飘落。

（4）避免轻基质栽培料直接裸露，需要覆盖草坪草，如无设计可考虑用砾石覆盖（图8-7）。

8.5 边坡种植工程

边坡是由于自然或人为作用而形成的表面倾斜的土体或岩体，多集中出现在公路、铁路、矿山、库区、河道、森林公园等处，城市公园、城市居住区偶见。由于岩土裸露，边坡在风雨侵蚀下常常导致水土流失以及次生灾害的发生，为此需要进行保护和治理。通过建各种挡墙，利用灰浆、三合土抹面，喷浆，喷混凝土，浆砌片石，锚网喷浆护面等工程技术可以快速有效地实现边坡的稳定性，但是也存在生态环境差的问题，同时由于岩石的风化、混凝土的老化、钢筋锈蚀等原因，随着时间的推移，边坡的结构稳定性又受到考验。利用植被护坡，将工程防护措施与植被护坡技术结合，可有效解决边坡防护工程与生态环境破坏的矛盾，既保证边坡的稳定性，又实现坡面植被的快速恢复，达到人类活动与自然环境的和谐共处。

边坡种植工程是边坡绿化工程的核心内容。本节在分析阐述不同边坡类型特点的基础上重点介绍植被的设计种植及养护，不再涉及边坡的稳定性及工程治理技术，即阐述的是假设边坡稳定的基础上的植被种植养护技术。

8.5.1 边坡的类型及特点

边坡的类型直接决定着植被选择、种植施工方法以及生态和景观效果。

边坡的分类方法很多，主要依据是成因、岩性、坡度、坡长、稳定性等。在工程实践中可据需要在表 8-9 的基础上进行再组合分类，如将岩性、坡度、坡长三依据结合分为岩质长缓坡、岩质短缓坡、岩质长陡坡等。

边坡分类表　　　　　　　　　　　　　　　　　　　　　　表 8-9

分类依据	名称	形成原因和基本特点
成因	自然边坡	由自然地质作用形成，可进一步分为剥蚀边坡、侵蚀边坡、堆积边坡。经时间考验具有相对稳定的特点
	人工边坡	人工开挖、回填形成，可细分为挖方边坡、填方纯泥土边坡、填方土石边坡等。未经时间考验，具有不稳定性，一般不具土层结构或结构混乱
岩性	岩质边坡	由岩石构成，无土壤。可据岩石种类和岩石风化程度细分多种类型。难以自然形成植被层
	岩质土边坡	岩质基础上有一定土层的边坡，根据土层厚度可粗分为岩质厚土边坡和岩质薄土层边坡（土层厚薄未见报道界定）。较易自然恢复植被层
	土质边坡	由不同或相同质地土壤构成的边坡，可进一步分为壤土边坡、黏土边坡、沙土边坡；也可分为酸性土边坡、中性土边坡、碱性土边坡等。易自然恢复植被层

续表

分类依据	名称	形成原因和基本特点
坡高	超高边坡	岩质土边坡的高度大于15m，岩质边坡高度大于30m。往往土质致密，分化程度偏低
	高边坡	岩质边坡的高度15～30m，土质边坡高度大于10～15m
	中高边坡	岩质边坡的高度8～15m，土质边坡高度大于5～10m
	矮边坡	岩质边坡的高度小于8m，土质边坡高度小于5m
坡长	长边坡	连续坡长大于300m
	中长边坡	连续坡长100～300m
	短边坡	连续坡长小于100m
坡度	缓坡	坡度小于15°
	中等坡	坡度在15°～30°
	陡坡	坡度在30°～60°
	急坡	坡度大于60°
	倒坡	坡度大于90°，多为岩质边坡
稳定性	稳定坡	正常气候条件下较长时期内不会发生破坏
	失稳坡	稳定条件差，局部已发生或将发生破坏

资料来源：引自本章参考文献[9]。

8.5.2 植被护坡作用理论

当前国内外学者对植被护坡作用开展了广泛深入的研究和实践，取得了显著的成果。

一般认为植被护坡作用主要体现在植被的直接保护作用和间接保护作用两方面。

植被的直接保护作用主要体现在植被的地下根系和地上枝叶的保护作用，具体而言就是植被根系的锚固和加筋作用以及植被的水文保护作用。植被根系的锚固和加筋作用是指植物根系（粗根、细根等）像水泥浇筑中的钢筋一样可以将土壤黏固一起，形成根-土复合体，增强土壤的内摩擦力，增加土体的抗剪强度实现坡体稳定；植被的水文保护作用是指通过植被对降水的截留作用、削弱溅蚀的作用、抑制坡面径流的作用以实现对坡体的保护。

植被的间接保护作用主要是指边坡在有植被覆盖后生态环境得到改善，土层和岩层的温度变化减少，物理性的热力破坏得到控制，岩石开裂分化减轻。另外有植被覆盖的边坡与裸露的岩体或土体边坡相比，前者还具有避免风和氧化侵蚀的作用。

8.5.3 不同边坡的植被群落类型

由于土壤特性、气候环境条件以及坡体本身结构上的差异，所以不同边坡的植被模式和植物种类的选择就有比较大的差异，科学选择适宜于工程边坡的植物种类，建立稳定的坡面植物群落是植被护坡的重要工作。边坡绿化植物的选择应遵循：适地适（草）树原则；优先选用乡土植物的原则；选择抗逆性强植物的原则；以草为主，草灌结合的原则；耐粗放管理、成本低的原则。当前边坡绿化工程实践中常见的植物群落有森林型、草灌型、草本型或花草观赏型、藤本覆盖型四种。

1. 森林型

该类型是以乔木、亚乔木、灌木、草本等多种植物建造而成的植物群落。在进行乔木和亚乔木树种选择时，需要考虑乔木的根系特性和树冠特点，宜选择深根性、冠幅较小的植物，避免选择浅根性、树冠大的植物。适合建设森林型植被的边坡需满足下述条件：边坡坡度不大于30°，土层深厚肥沃、稳定。其实这类边坡完全适合绿化，也可以参照森林公园、城市绿地的模式建造，可营造理想的景观效果（图8-8）。

图8-8　具有良好景观效果的边坡绿化

2. 草灌型

该类型是以灌木和草本为主要植物种而建造的植物群落，其中灌木高度一般在3～4m以下，要求为深根性树种。该模式适于土质陡坡、岩质土陡坡，要求土层厚度不低于0.5m，且土层稳定。该模式景观效果相对单调，为提高景观效果，可混栽部分多年生宿根类草本花卉；灌木类则多选用色叶类植物品种。

3. 草本型或花草观赏型

该类型是以多种乡土草或外来草为主要植物种而建造的植物群落。除可用于一般坡地外，还可应用于急陡高土边坡、急陡高岩质土边坡等。植物种类除狗牙根、结缕草等草坪植物外，也可适当混栽宿根类草本花卉。位于城市主要节点、旅游景点或其他人流量大的边坡则可选用多年生草本花卉以花境的形式种植，构建花草观赏型植被群落（图8-9a）。

4. 藤本覆盖型

岩质边坡、岩质倒坡、急陡岩质坡等立地条件恶劣的边坡，一般不具备覆土栽树种草的可能。对于此类边坡可考虑在坡底或坡顶设置种植穴客土种植攀缘植物进行简单绿化，利用攀缘植物覆盖岩基，形成藤本覆盖型护坡。如华东地区可选用的藤本植物有凌霄、落石、爬墙虎等（图 8-9b）。

（a）草本型边坡绿化　　　　　　　　（b）岩基边坡，藤本覆盖型
图 8-9　坡度较大的边坡绿化

8.5.4 边坡绿化植物种植施工技术

边坡绿化种植施工技术一般可分为人工种植、机械建植、人工机械建植三大类。人工种植主要用于草皮铺设、草（花）种播种、挖穴种植等；机械建植主要有液压喷播；框格种植、三维植被网、TBS 技术、植生袋技术、植生带技术属于机械加人工类。对坡度小、土层厚、稳定性好，可植树绿化的护坡的施工相关技术参见前文乔灌木的定植，在此重点介绍植草（花灌木）护坡的施工。

1. 播种法

播种法就是将草种、花种或者部分灌木种子直接撒播在坡面上形成植被群落，实现植被恢复和坡面保护的种植施工技术。该技术施工简单、成本低、应用广泛，但对边坡的坡度、土层和气候有一定要求，一般要求坡度不大于 30°。播种材料主要有草种、花种、灌木种子等，播种方法主要有撒播、条播、穴播。

播种施工程序：坡面处理→播种→覆土→浇水→覆网保护→撤网炼苗→养护管理。

技术要点如下所述。

（1）坡面处理：主要工作是理顺坡面，避免出现坑洼；清除坡面上松动石块；浅层松土，撒施基肥，耧细耙平；检查墒情，浇足底水。

（2）种子处理：种子处理的目的是确保发芽率和整齐度，具体是否需要进行种子处理一般视种子生育特性确定。对于草坪草种，如黑麦草、早熟禾、狗牙根、白三叶等一般不做处理；对于难发芽或有发芽限制的种子或多种子混播时发芽迟的种子需做处理。种子处理的方法一般有清水浸种、药水浸种、植物激素浸种、热水浸泡、破皮等。

（3）播种：播种工作的基本要求是播种均匀，为提高播种效果，可根据设计的播种量加上一定量的细沙、细土或有机肥，与种子混匀后由有经验的工人实施播种。

（4）覆土：合理的覆土有利于种子的萌发。一般草种的覆土深度 2cm 左右，灌木为 3 ~ 5cm。

（5）浇水：播种覆土后即可浇水，最好用细喷头浇灌，避免使用水柱直冲式浇灌，浇水量以达到土层湿润为宜。

（6）覆网保护：覆网保护可有效避免降水尤其是大雨对种子的冲刷，同时可减少蒸发而保墒，也可有效防止鸟类的危害。覆盖材料可选用遮阴网、无纺布、草帘等。实际使用时要注意做好覆盖材料的固定。

（7）后期管养：主要工作有浇水、撤网、施肥、病虫害防治等。覆网后要根据土壤墒情及天气情况及时浇水，保证土壤含水量，才能有效促进种子萌发。当种子萌发，幼苗出土后长到 3 ~ 5cm 高时揭开覆网。此项工作不可选择晴热或大风天进行，以免伤苗。

2. 草坪块（卷）铺设法

直接将草坪块（卷）铺设于边坡，实现快速成坪，是当前常用的绿化护坡的施工方法。该方法具有护坡功能见效快，施工方便，不受季节限制等特点。其适用基本要求是：坡率一般不超过 1 : 1.0，局部可不陡于 1 : 0.75；坡高一般不超 10m（浆砌骨架边坡每级不高于 10m）；边坡稳定性好的土质边坡或岩质土边坡。

种植施工程序：清坡改土→草皮铺设→草皮固定→浇水养护。

技术要点如下所述。

（1）坡面清理要着重坡面平整度和土质的处理，主要工作：清除松动石块，理顺坡面，浅松土，耙平，适施有机肥，据土壤墒情浇水。

（2）铺设草皮块要注意压实草坪，保证草坪与土层的紧密结合；注意草皮块之间保留 0.5 ~ 1.0cm 的间距，避免草块重叠；坡顶肩部与斜面尽可能用一块草皮折弯铺设，以保护坡肩。

（3）在坡度偏大或降水较大而草皮未扎根时，为防草皮的滑动可用长 20 ~ 30cm 竹或木签固定。做法简单，每块草皮上方敲钉两根签，签头留 2cm 长即可。

（4）前期养护的重点是浇水，每次浇水量以保持土壤湿润为原则，据天气确定浇水次数，直至草根扎入土层后减少浇水量；草皮扎根后可据土质和草的生长情况补施基肥。后期要定期巡查，及时做好病虫害的防治。

3. 液压喷播植草

液压喷播植草是指将草种（部分灌木种）、木纤维、保水剂、黏合剂、肥料、染色剂等物质与水混合后通过专用的喷播机喷射到边坡上建植草皮，实现绿化护坡的技术。该技术具有效率高、机械化程度高、成坪快、播种均匀且质量高的特点。自 20 世纪 90 年代我国引进该技术后，其在较大规模的道路边坡植草护坡上得到广泛的应用。技术原理是：种子在黏合剂和有机纤维的保护下，在液压动力作用下可较为紧密地粘附在边坡上；保水剂、肥料、水分等可为种子萌发创造条件；利用染色剂可保证均匀喷浆，避免重复喷、漏喷。

适用条件：液压喷播植草可用于以面状植被护坡恢复为主的各边坡类绿化工程，一般在湿润和半湿润的地区以及半干旱但能保证浇灌用水的地区都可使用。因为液压喷播机械相对复杂，需要的配套的材料较多，所以多在工程量较大的工地上使用；而从坡面性质特点角度分析，适宜使用液压喷播技术的边坡坡度为 1∶1.5 ~ 1∶2，如坡度大于 1∶1.25 则不可直接喷播，需要挂网后喷播。适宜的边坡类型是稳定的土质边坡和石基土边坡，土石混合边坡经处理后也可直接喷播。

材料及配比：喷播材料的质量和配比直接关系到喷播的质量。喷播材料要求具有良好的稳定性，吸附性强，不易脱落；吸水、保水、保肥性好；无毒无害，不对种子种苗产生毒害，不污染环境。

草种，应选用适应性、抗逆性强，纯度高，发芽率高的品种，一般用多种草种混合播种。

水，基本质量要求为符合农用水的标准。配合物料时要注意加用量，避免加水过多，稠度黏度过低，达不到应有的喷播要求。一般经验是加水搅拌后混合液呈浓稠稀饭状是较理想的水料比。相关文献建议喷播材料配比：水 4000mL，纤维 200g，黏合剂 3 ~ 6g（每平方米用料量）。

肥料，边坡土壤肥力普遍偏低，适当添加肥料有利于植物生长，提高抗性。液压喷播可选用有机肥和复合肥，有机肥的肥效释放缓慢，肥效长，较为理想。氮磷钾三元复合肥是工程上的常用肥料，但要注意避免过量使用，否则易导致伤种烧苗，一般使用量应控制在 0.5% ~ 0.8%。缓释性复合肥肥效释放缓慢，使用安全，但成本较高。

保水剂，一种高效的土壤保湿材料，其微粒膨化体吸收和释放的水分解能使土壤保水，可供植物生长期反复地吸收。保水剂是保证植物发芽生长的重要添加物，一般使用量为 0.25%，但不同气候环境和坡度条件的添加量应做调整。

粘合剂，一种高质量冷水胶及特殊黏连物质，种类较多，但工程上宜选用专用粘合剂。粘合剂主要作用是提高木纤维在土壤上的附着性和纤维素之间的黏合性，以提高喷播层抗风抗雨水冲刷的能力，还有一定的保水作用。粘合剂的使用量与坡度和坡面土层性状有一定的相关性，一般坡度越大，土质越差，其粘合剂的使用量应略高些。一般用量在 2.3 ~ 3.0g/m²。

染色剂，使用染色剂的目的是为了提高喷播的均匀度，确保施工过程中不漏喷、不重喷，达到喷播厚度均匀化。使用量一般没有严格限制，以施工中能较好辨识即可。

有机纤维，包括木纤维、纸纤维、草炭等。主要作用是吸水、保肥、粘结、附着等。当前工程上选用草炭较多，其用量 150 ~ 280g/m²，具体视坡度和土层做适当调整。

施工方法如下所述。

基本工序：坡面整理→混合料配制→喷播→覆盖保护→养护管理。

（1）坡面整理。一般采用人工法，主要工作是：理顺坡面，清除松动石块、枯死树枝、垃圾等，同时做好排水系统，对于长边坡、高边坡应在坡顶、坡肩、坡底设置排水沟，排水沟宽和深度据集水面和水流量而定。坡面如过于干燥，应在喷播前浇水，避免干土层快速吸收喷播材料中水分，进而影响种子萌发。

（2）喷播材料配制是影响喷播效果的关键环节。混合配制要严格执行设计比例，肥料和种子要分批投放，加水要分次进行，不可一次性添加（有的物料本身含水量变化较大），最后搅拌好的物料要浆液均匀，黏稠度合适。必要时做试喷后调整黏稠度以适应机械的要求。

（3）喷播施工。在时间上要选择晴天和阴天，避免雨天、大风天开展喷播操作；喷播操作时要根据浆液压力、射程和散落面调整好喷播距离，避免过于接近坡面和远离坡面而导致浆液附着不均匀；控制好喷播点的喷播停留时间，确保喷播厚度，如设计规定的厚度较大，不可一次喷播到位，宜分次喷播。

（4）覆盖保墒。喷播后应及时覆盖无纺布或草帘以利于保墒和减轻雨水的冲刷，覆盖操作宜从坡顶或坡肩向下展开，展平后用竹木签固定覆盖物。

（5）养护工作的主要内容有浇水、防病虫害、施肥、撤覆盖物等。浇水要实行喷雾浇灌，避免高压水流浇灌；出苗后的一段时期可逐步减少浇水次数和浇水量，部分农药化肥的使用可结合浇灌同时进行。一般情况下播后45d可视植物生长状况撤除覆盖物。

4. 植生带（毯）护坡

植生带是采用专用机械设备，将草种、肥料、保水剂等按一定的密度和用量固定在可自然降解的无纺布或其他材料上，并经过机器的滚压和针刺的复合定位工序形成的带状产品。边坡绿化时只需将植生带铺设在坡面上，在水、热、气等条件满足时草种便萌发生长，快速实现植被覆盖。

植生带的优点：植生带的立体网状纤维结构吸收了雨水冲击所产生的能量，能起到防止土壤侵蚀之功效，并且有效阻止土壤颗粒的移动；雨水在纤维层内的流动，减小了雨水形成径流对土壤地表的冲刷力；植生带使植物种子分布更加均匀，且不受人为因素和水流冲刷的扰动，保持稳定状态，改善了绿化效果；同时节约了种子的播种量，省时省工，增强作业面及种子抗雨水冲刷能力；抗风、保温、保湿，种子出苗整齐，美观；种子配比灵活多变，可适时适地地选用不同的种子组合。

适用要求：坡度 < 60° 的土质边坡、风化岩石、沙质边坡；土层厚度不小于10cm；降水量大的地区宜选用棉网状植生带或植生毯。

施工养护如下所述。

（1）坡面平整：清除坡面上石块、瓦砾、渣土等杂草杂物，翻松土层，翻松深度为10 ~ 20cm，土质较差时应过筛，极差时应换土；耙平、碾压、填平坑洼，过于干燥时适当浇水。

（2）铺设固定：将植生带一端用锚杆固定在坡顶处并填土压实后顺坡放下整带，抚平压实后用U形铆钉或竹签等将其固定在坡面上，U形铆钉或竹签的使用量为6 ~ 8根/m²，为确保植生带的稳定性，在坡度较大的坡面上可增加锚杆的使用量；植生带的接头（包括左右接缝）处应重叠 10cm，重叠处要使用锚杆或 U 形长脚铆钉钉牢。

（3）覆土拍实：在铺好的植生带上铺设一层厚 0.5 ~ 1.0cm 细沙土后拍实。

（4）浇水养护：植生带铺设完工后需及时浇水，首次浇水要细水慢浇，确保浇透，出苗后可逐步减少浇水量和浇水次数。

思 考 题

1. 谚语说"人挪活，树挪死"，请问树挪死的原因是什么？

2. 植物种植工程有何特点？

3. 如何理解"适地适树"这个植物移植的基本原理和要求？

4. 种植工程上对种植土有何要求？

5. 如何评价苗木质量？

6. 种植穴开挖有何要求？

7. 大树移植工程有何特点？

8. 大树移植过程中为什么要裹干？为什么要做支撑？

9. 什么是断根缩坨？有何作用？如何实施？

10. 有哪些技术措施可促进植物发生新根？

11. 有哪些针对性措施可提高夏季（反季节）树木移植成活率？

12. 地被植物和草本花卉植物的栽培有何技术要求？

13. 什么是屋顶绿化？有何特点？有何意义？

14. 屋顶绿化的植物材料选择有何要求？

15. 屋顶绿化施工要特别注意哪些问题？

16. 什么是边坡绿化？

17. 如何理解植被护坡的原理？

18. 根据边坡岩性特点可将边坡分为哪几类？各有何特点？

19. 根据边坡植被类型可将边坡绿化分为哪几类？其适用条件有哪些？

20. 边坡绿化施工技术中播种法的适用条件是什么？技术要求有哪些？

21. 什么是液压喷播植草？其原理是什么？

22. 液压喷播植草有哪些技术要求？

23. 何谓植生带（毯）护坡？其技术要求有哪些？

参考文献

[1] 孟兆祯 . 园林工程 [M]. 北京：中国林业出版社，1996.

[2] 张秀英 . 园林树木栽培养护学 [M]. 北京：高等教育出版社，2005.

[3] 董三孝 . 园林工程施工与管理 [M]. 北京：中国林业出版社，2004.

[4] 马丛丛，徐进财，周川，等 . 关于城市屋顶绿化的探讨 [J]. 门窗，2019（10）：173-175.

[5] 皮琳，郭秋兰，李洁，等 . 城市轻型屋顶绿化技术研究 [J]. 科技风，2019（11）：129.

[6] 李洁，皮琳，华根勇，等 . 浅析我国南方屋顶绿化施工技术要点研究 [J]. 环境科学，2019（11）：126.

[7] 瓦尔特·科尔布，塔西洛·施瓦茨 . 屋顶绿化 [M]. 袁新民等译 . 辽宁：辽宁科学技术出版社，2002.

[8] 顾卫等 . 人工坡面植被恢复设计与技术 [M]. 北京：中国环境科学出版社，2009.

[9] 周德培，张俊云 . 植被护坡工程技术 [M]. 北京：人民交通出版社，2003.

[10] 刘东明等 . 高速公路边坡绿化理论与实践 [M]. 武汉：华中科技大学出版社，2010.

第 9 章

第 **9** 章

风景园林
照明工程

本章要点

随着社会的发展，城市夜生活日益丰富，越来越多的景区晚上开
放营运，公园的夜晚使用率甚至高于白天，风景园林照明设计的
重要性日益凸显。风景园林照明所产生的夜景并非白天园林景观
的单纯重复，而是基于白天景观的一种再创造。本章从人的视觉
特性、光的活动特性、光文化与人、光源与灯具、风景园林景观
照明以及风景园林照明电器系统等方面进行系统阐述。

9.1 园林照明概述

9.1.1 基本术语

1. 光

经过上千年的思索，人们发现光既是粒子也是波，具有波粒二重属性。光是能量的一种形态，其本质是一种处于特定频段的光子流，也是电磁辐射谱中能引起人眼视觉的部分。光源发出光，是因为光源中电子获得额外能量。光能借助辐射方式传送，并可在真空中传递而无须依靠任何介质。辐射能波谱包括宇宙射线、γ射线、X射线、紫外线、可见光、红外线、无线电波、电力传送等电磁波。其中可见光波长为 380 ~ 780nm（表9-1），能作用于人眼使人产生视觉并能看见周围事物，形成不同的颜色感觉。可见光谱从 380 nm 向 780nm 增加时，光的颜色则从紫色向蓝、绿、黄、橙、红的顺序逐渐变化，形成连续光色谱。发光物的颜色取决于其所发光的波长。单一波长的光表现同一种颜色，形成单色光；多种波长的光复合在一起形成复色光；全部可见光混合在一起形成日光。非发光物的颜色主要取决于照射光及其被吸收和反射情况。物体颜色通常是指在太阳光照射下物体所呈现的颜色。

可见光谱波长 表9-1

颜色	波长（nm）	波长范围（nm）	颜色	波长（nm）	波长范围（nm）
红	700	640 ~ 780	绿	510	480 ~ 550
橙	620	600 ~ 640	蓝	470	450 ~ 480
黄	580	550 ~ 600	紫	420	380 ~ 450

没有光，宇宙世界将漆黑一片，对于使用者来说周边环境空间将不复存在，"领域""领地"也将无从谈及。光不仅可以界定空间的范围（图9-1），而且通过光自身可以塑造一定形体特征（图9-2）。光不仅让我们感知到光照射到的空间，也通过光的照射明确控制领域范围。光是照明设计最主要的部分。

2. 发光强度

发光强度是光度学中最基本的单位，在光度学中简称光强或光度，它是表示光源给定方向上单位立体角内光通量的物理量，国际单位为坎德拉（candela），符号为 cd。其内涵是指光源发出 540×10^{12}Hz（对应空气中 555nm 的波长）频率的单色辐射，在给定方向上的辐射强度为（1/683）W/sr 时，光源在该方向上的发光强度规定为 1cd。

图 9-1　光界定空间范围
（图片来源：引自网络）

图 9-2　光塑造形体
（图片来源：引自网络）

3. 光通量

光源的光通量是指光源在单位时间内所发出的光量，以 Φ 表示，单位为流明（lm）。在所有方向上光强均为 1 cd 的一个点光源，对标准观察者来说其辐射出来的总光通量即为 4π lm。对于明视觉，若辐射体的光谱辐射通量为 $\Phi_e(\lambda)$，其光通量 Φ 的表达式为：

$$\Phi = K_m \int_0^\infty P(\lambda) V(\lambda) d\lambda \tag{9-1}$$

式中，K_m 为辐射的光谱光（视）效能的最大值，单位为流明 / 瓦（lm/W），在单色辐射时，明视觉条件下的 K_m 值为 683 lm/W（当 $\lambda=555$nm 时）；$V(\lambda)$ 为光谱光（视）效率；$P(\lambda)$ 为辐射体的光谱功率分布函数；Φ 为光通量，单位为 lm（1 lm=1 cd·lsr）。一般来说，光源的光通量越大，周围环境空间的视感表现越亮。

光通量与光强的关系为：

$$光强＝光通量 / 单位立体角 \tag{9-2}$$

4. 发光效率

发光效率是指光源输出的总光通量与消耗的输入功率的比值，即光源每消耗 1W 电能所能发出的光通量，简称光效，用 η 表示，单位为 lm/ W。光效表明电能转化为光能的效率，它是衡量光源节能的主要指标。光源不同其光效差异很大，从白炽灯的 7.1 ~ 17.0 lm/W、荧光灯的 25 ~ 67lm/W 到低压钠灯的 200 lm/W 以上，理想的光源光效值最大可以达到 683 lm/W。发光效率越高的光源，消耗的电能就越小，也就是越节能。

5. 光照度

光照度是指被照明物体受照平面上接受光通量的密度，即单位面积光通量的大小，用 E 表示，单位为勒克斯（lx），简称照度。光照度是工程上用来表示被照面上光的强弱的物理量，它表明了被照明物体被照面或工作面被照亮的程度。如微小面积 dA 受到的光通量为 $d\Phi$，则此被照表面的照度为：

$$照度＝光通量 / 面积 \quad 即\ E=\frac{d\Phi}{dA} \tag{9-3}$$

式中　E——照度，lx；
　　　dA——面积，m^2。

$1 \text{ lx}=1 \text{ lm/m}^2$。

光照度在水体中随水深呈指数衰减分布。在风景园林照明工程设计中，常常需要根据技术参数中的光通量以及国家标准给定的各种场合下的照度标准进行灯具式样、位置、数量的选择。

6. 亮度

亮度是指发光体在某一方向的光亮度，也称明度，表示发光体在该方向上的单位投影面在单位立体角中发射的光通量，即单位投影面积上的发光强度（也就是说，亮度是指发光体光强与人眼所"见到"的光源面积之比。），以符号 L 表示，单位为坎德拉/平方米 [cd/m²=lm/m²·sr]。如在微小的面积 dA 和微小立体角 d_ω 内的光通量 $d\Phi（\Phi, \theta）$，其亮度为：

$$L_{\Phi, \theta} = \frac{d^2\Phi(\Phi, \theta)}{d_\omega \cdot dA \cdot \cos\theta} \qquad (9-4)$$

式中，$d^2\Phi(\Phi, \theta)$ 为通过给定点的束元传输的，并于包含给定方向立体角 d_ω 内传播的光通量；dA 为包括给定点的辐射束截面积；θ 为辐射束截面积与辐射束方向的夹角。

亮度是人对光的强度的主观感受，也表示色彩的明暗程度。人眼所感受到的亮度是由色彩反射或透射的光亮所决定的（图9-3）。

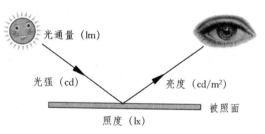

图9-3　光强、光通量、照度、亮度间的关系示意

如果风景园林环境中的相邻两处景物亮度相差较大，人们从一处景物转向另一处景物游览时，眼睛将被迫经历一个适应过程，这种适应次数过多就会使游客产生视觉疲劳，因此，在组织景观空间序列时，各景物间的亮度变化频次不宜太大，但可以适当调整景物与周围环境之间的亮度差异，这以利于人们观赏景物。根据国际照明委员会（CIE）的推荐，景物的亮度如为背景环境亮度的3倍，视觉清晰度较好，观察起来较舒适。

7. 光衰

光衰灯输出的有效光将会逐渐衰减至原始照度的50% ～ 70%。通常新装灯具的初始照度是其需要量的1.5 ～ 2.0倍。

8. 色温

光源的颜色温度简称色温，它是指某个发光源所发射的光的颜色与黑体在某一温度下所辐射的颜色完全相同时黑体的温度，常用符号 T_c 表示，单位用绝对温标开（K）表示。色温表明了发光源颜色的量。表9-2列出了黑体温度与光色的关系。图9-4体现了各种光的色温值。

<table>
<tr><th colspan="4" style="text-align:right">黑体温度与光色　　　　　　　　　　　　　　　表 9-2</th></tr>
</table>

黑体温度（K）	发出光色	黑体温度（K）	发出光色
室温	黑	室温	黑
800	红	5000	冷白
3000	黄白	8000	蓝白
4000	白	60000	深蓝

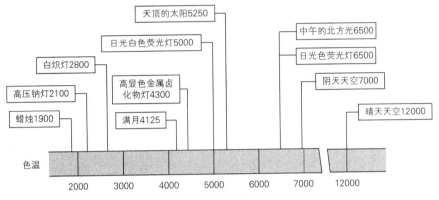

图 9-4　各种光的色温值（单位：k）

通常，发光源色温越趋高，光色越趋蓝，光谱中短波成分含量越多；发光源色温越趋低，光色越趋红，光谱中长波成分含量越多。一天中白天日光的光色随时间的推移而呈现时变化现象。日光光色在日出后 40min 趋黄，色温 3000K 左右；正午阳光强烈时色温上升到 4800 ~ 5800K，而阴天时则为 6500K 左右；日落前则趋红，色温降至 2200K 左右。发光源的色温不同，其光色给人的感受也不同。发光源色温不大于 3300K 时产生稳重的气氛而予人以温暖感，色温 3000 ~ 5000K 时予人以爽快感，色温不少于 5000 K 时予人以冷感（表 9-3）。

<table>
<tr><th colspan="3">不同色温的视觉效果　　　　　　　　　　　　　表 9-3</th></tr>
</table>

色温（K）	光色	气氛效果
> 6500	冷日光色（白中带蓝）	冷
5000 ~ 6500	日光色（白）	凉爽
3500 ~ 5000	冷白色	爽快
3000 ~ 3500	暖白色	温暖
< 3000	白中带红	稳重

线光谱较强的气体放电光源所发射的光的颜色和各种温度下的黑体辐射颜色都不完全相同，一般的色温不能描述它的颜色，此时常常需要采用相关色温（CCT）来描述。某发光源的相关色温是指发光源发射的光与黑体在某一温度下辐射的光颜色最接近时黑体的温度。相关色温表示颜色比较粗糙，多用于表示节能灯的色温。

9. 色表

光源光的色表是指人眼直接观察光源时看到的颜色，其数值取决于光源的光谱能量分布比例，常用色坐标、色温等来描述。颜色是视知觉感知空间环境的一种属性，常常可以通过光源色、物体色、表面色等来描述。光源色是指发光源发射的光的颜色，物体色是光被物体反射或透射后的颜色，而表面色是漫反射、不透明物体表面的颜色。

照明光源不仅需要高光效，还需要有良好的光的颜色。光源光的颜色常常通过色表和显色性来呈现。光源光的色表通常以太阳光作为衡量标准，光源表面的颜色越接近太阳光的颜色表明光源的色表越好，越远离太阳光的颜色则越差。高压纳灯光的颜色与太阳光差别较大，高压汞灯与太阳光差别较小，优质的节能灯光谱能量分布比例与太阳光的光谱能量分布比例接近，光的颜色接近太阳光的颜色，照明效果明亮、舒适。

10. 显色性

显色性是指光源光照射到物体上对受光体产生的颜色效果，即照明光源对受光体色表的影响，通常用显色指数 Ra 表示。将偏色程度数值化，根据基准光源和试验光源（八种颜色）光色的偏色值大小来评价判断显色指数。显色指数（0 ~ 100）高的光源对自然光照射下物体所呈现的颜色的还原性也高，其中最能忠实再现试验光源光色的偏差为 0，Ra 数值为 100。偏差越大，显色指数的数值越小。Ra 在 75 ~ 100 为优质显色光源，50 ~ 75 为中等显色光源，50 以下为差等显色光源。光源显色效果越好，该光源照射的受光体被照射后的颜色效果和照射光源越接近。一般显色性高的光源，造价昂贵，灯光效率不太好。通常白炽灯的显色性很好，能真实地呈现物体的颜色；而低压钠灯的显色性很差，可以将蓝纸变成黑色。

显色性高与低的关键因素在于光源所发射光线的"分光特性"，如发光源放射的光所含的各色光的比例和自然光相近，被照射物所呈现的颜色就较逼真。如光源选择不当，配饰品再好、观赏价值再高也是枉然。人的五感中最显著的特征就是颜色知觉。重视显色效果的照明设计，需要根据使用者的需求，在日光下确定物体的原色后，再选择光源，要避免仅凭显色评价数据就决定光源。

11. 视域

视域是指观察者的眼睛视线固定于某一点时，眼睛所能观察到的范围。重要的视觉信息常布置于 3° 视域范围以内，一般信息分布在 20° ~ 40° 以内。

12. 视度

视度是指观察者观看目标物的清晰程度，与观察视角有关，眼球与物体之间存在夹角 α（视角），$\alpha=d/L$（弧度），$\alpha=180/\pi \times 60 \times d/L=3440d/L$（度）（$d$ 为物体大小，L 为物体和眼睛的距离）。识别物体的最小角度约为 $1°$，在白天的光线下看清物体的视角为 $4° \sim 5°$，如照度不够强，视角就要增加。根据看清物体的视角可以确定物体垂直于视线方向的必要尺寸：$dm\ P=L \times \alpha/3400 \times \cos\beta$，$\beta$ 即眼睛与观察物体的仰角。

13. 视觉环境

视觉环境是指在照明条件下人眼对视野范围内物体所感受到的视觉特征。光由光速运动的光量子组成，视网膜接受光量子消耗一定能量产生刺激，刺激传递到视觉中枢就形成了视觉，在这个过程中，光量子的刺激程序与协调性是形成视觉环境舒适的关键。研究表明，最适合人眼的视觉环境应是环境在色彩、光频率、光亮度、线条、物形、运动等方面同人眼协调。让人们双眼所及的环境反射适度的光量子，与视网膜结构充分协调，促进视觉能力，这是保证视觉环境质量的关键。

无序的城市扩张破坏了原生植被，自然环境的破坏也空前加剧，大自然赋予的有限自然美学资源正不断受到践踏。景观不但是维持城市生态环境平衡的重要载体，也在一定程度上代替大自然环境来满足人们的心理需求。人们可通过视觉、听觉、味觉、触觉等来感知和评价景观，但主要途径还是视觉，这种视觉环境感知过程是景观环境与评价者心理活动相互作用的结果，也是人们追求更适宜的视觉环境的重要动力。视觉环境质量是景观价值的一个重要部分，应通过建立规范化的景观视觉环境质量评价程序，防止视觉环境质量下降，为优美景观的可持续发展提供保障，并为景观环境规划与管理决策提供参考依据。

14. 视觉素养

John Debes 最先使用视觉素养这一概念。视觉素养的发展有着悠久的历史渊源，最早可以追溯到远古时代人们通过身体语言及视觉符号相互交流。国际视觉素养协会认为视觉素养是指一个人通过观察并与此同时产生其他感觉，将观察与其他感觉经验整合起来的一种视觉能力。图像时代已经来临，培养视觉素养既是时代机遇，也是时代挑战！视觉素养既利于区分和解释视觉行动、视觉物体以及自然的或人造的视觉符号，还利于学习和创造性交流，利于开辟视觉图像设计新领地，同时利于理解和享受视觉交流的奥妙。

15. 光污染

光污染是逸散光因逸散量或其方向性干扰人的生产生活而引起的光害，是废气、废水、废渣和噪声污染等之外的一种新的环境污染源，主要包括白亮污染、人工白昼污染和彩光污染。

投光灯投射植物时，大量的上射光会产生光干扰；用低位投光灯或埋地灯照射路边的树木时也会产生溢散干扰光，对游人或司机产生光干扰；照明灯具的配光与布灯不合理，或者无遮挡措施也会对游客产生干扰光，大功率的探照灯、激光灯或空中玫瑰灯也会产生大量的天空溢散光。这些共同造成了风景园林照明的光污染源。

16. 眩光

眩光是指视阈范围内由于亮度分布不适宜或时空亮度对比极端差异化而引起人的视觉不舒适并降低物体可见度的视觉条件。眩光会使人眼产生无法适应的光亮感，产生视觉疲劳，造成视觉不适或视力降低，也可能引起厌恶、不舒服甚或丧失明视度。

眩光有直射眩光和反射眩光两种形式。直射眩光是由高光度光源直接射入人眼造成的眩光现象。反射眩光则是通过光亮表面反射出的强烈光线间接射入人眼而造成的眩光现象。在景观空间环境照明设计中常常可以通过控制光源在投射方向 45°～90° 范围内的亮度来限制直射眩光；通过适当降低光源亮度并提高环境亮度，减小亮度对比，或采用无光泽材料制作灯具来解决反射眩光问题。

17. 绿色照明

绿色照明是指通过采用高效节能、寿命长、安全、环保和性能稳定的照明产品，经科学的照明设计，实现高效、舒适、安全、环保、经济并有利于改善人们身心健康，体现当代文明的照明系统。高效节能意味着以较少的电能消耗获得足够的照明，从而减少大气污染物的排放。安全、舒适是指光照清晰、柔和，不产生紫外线、眩光等有害光照，不产生光污染。

9.1.2 人的视觉特性

1. 人的视觉范围
（1）人的视角

人的视觉角度分平视、仰视、俯视、鸟瞰等 4 种。游客平视观赏时，视线多处于竖向 30° 即上视 10.07°、下视 20.65° 的视角范围内，一般在水平的标准视线上 200mm、下 400mm 的区域。我国人口的最佳平视高度在 1270～1870mm，可依此做好导向标识设计。仰视时最大垂直视角为 50°，予人以稳定、雄伟、高大感，带来强大的震撼力和视觉冲击力。俯视时最大垂直视角为 70°，俯视给人亲切、活泼、随意感。平视、仰视及俯视关注某个局部范围内照明设计的视觉效果，适于细部空间的照明规划设计，而鸟瞰则关注整体照明效果，适于照明设计的整体规划。

（2）视距

视距是指观者的眼睛与被观察物体之间的距离，它由竖向和横向的视角决定。视距的大小应适宜，太小会引起目眩，太大时细节又会不清晰，因此在导向标识系统的设计中必须处理好视角与视距的关系。首先考虑垂直视线，确定平视、仰视、俯视及鸟瞰中某一种视觉角度，再综合考虑人在水平方向上的视觉角度，最终根据两个方向上的视觉角度和标识的尺度来确定视距，形成最佳的欣赏效果。

（3）视野

视野是指当头和眼睛不动时人眼所能观察到的空间范围，视野之外非视力所及。单眼综合视野（单眼视野）垂直方向上约130°，水平方向上约180°。相对单眼视野，两眼综合视野（双眼视野）较小，约120°的范围。视野中心1.0°～1.5°内的物体能在视网膜中心凹成像，清晰度最高，形成中心视野；偏离中心视野以外观看时，形成周围视野，30°的周围视野视觉清晰度也较好（图9-5）。人的视觉极限会随光照和色彩的改变而变化。一般，光越亮，视距越大，视野越开阔。白色的视野最大，黄色、蓝色、红色的视野依次减小，绿色的视野最小。这主要是感受不同波长光线的锥状细胞集中在视网膜中轴所致。

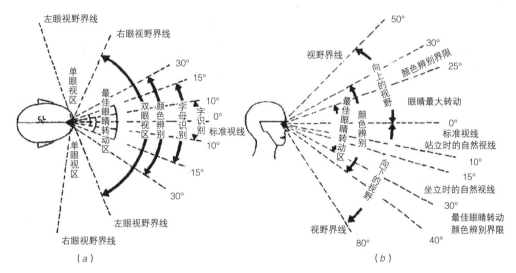

图9-5　人眼在水平面（a）和垂直面（b）的视野示意
（图片来源：引自本章参考文献[21]）

2. 人的视觉特性

（1）识别阈限

视觉的识别阈限也称亮度阈限，是指能引起光感的最低限度的光量，一般用亮度来衡量。尽管视觉系统有极强的自调能力，但这种能力仅限于一个较大的强度范围内才能感受光的刺激，一旦低于这一限度，就不再能引起视觉器官的光感。

视觉的识别阈限的影响因素主要包括以下几个方面。

1）目标物的大小。目标越小，识别阈限值越高；目标越大，识别阈限值越低。

2）目标物发出的光的颜色。光波较长，识别阈限值越低（如红光、黄光）；光波较短，识别阈限值越高（如蓝光）。

3）观察时间。目标呈现时间越短，识别阈限值越高；目标呈现时间越长，识别阈限值越低。一般，人只能忍受不超过10^6cd/m^{2}的亮度。

（2）明暗视觉

视网膜是人眼感受光的部位，膜上分布三种不同的细胞。边缘部位杆状体细胞占多数，中央部位锥状体细胞占多数，第三类为光感受器细胞即内在光敏性视网膜神经节细胞（ipRGC），每种细胞对光的感受性不同。

杆状体细胞的感光性很高，而锥状体细胞的感光性很低。在视场亮度为 $3 \times 10^{-5} cd/m^2$ 的微弱照度条件下杆状体工作，而锥状体不工作，该视觉状态称为暗视觉。当视场亮度达到 $3 \times 10^{5} cd/m^2$ 以上时锥状体发挥主要作用，该视觉状态称为明视觉。当视场亮度为 $3 cd/m^2$ 时，杆状体和锥状体同时工作，该视觉状态称中介视觉。杆状体与锥状体对光感的光谱灵敏度不同，对光的颜色感也表现出显著的差异性。杆状体的最大灵敏度波长为 507nm，且不能分辨颜色，锥状体的最大灵敏度波长为 555nm，能分辨颜色。正因为如此，只有在照度较高、环境明亮的条件下，才能表现良好的颜色感。

人的视网膜周边 ipRGC 的密度较低，中心凹处密度最大，在视网膜中央，巨大的树突呈螺旋状环绕中心凹，形成神经丛。这些树突分布在内丛状层的最内侧或最外侧，约60%细胞的胞体位于神经节细胞层，而40%位于内核层。IpRGC 拥有特有的神经连接功能，连接到大脑中的视交叉上核（SCN，大脑的生物钟），和松果体腺一起负责一些类型激素的调整。图 9-6 显示人脑连接视网膜感光细胞的视觉通道和非视觉通道。

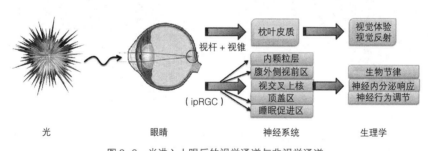

图 9-6　光进入人眼后的视觉通道与非视觉通道

IpRGC 调节昼夜节律，参与瞳孔对光反射，参与视觉形成，能参与调节许多人体非视觉生物效应，包括人体生命体征的变化、激素的分泌以及兴奋程度等。其中已获广泛共识的是光参与了人体褪黑激素的分泌控制。褪黑激素水平不仅与人的睡眠质量有关，还与抑制癌细胞的生长有关。合理配置光环境色温和照度，有助于人体健康，反之有损人体健康。光进入人眼后的非视觉通道的发现，不但为照明科学指明了新的研究方向，而且推动了照明质量的评价向视觉效果和非视觉效果兼顾的双重评价转变，将视觉功能性和人体健康有机结合起来，改变传统的单一视觉效果评价方式，对照明科学的研究方法也提出了新要求。

（3）明暗适应

人眼既可以在直射的阳光下观赏景物，也可以在月夜下欣赏景物，人的瞳孔相应地会根据环境的不同亮度做出大小的调整，从而调节进入瞳孔的光线量。不仅如此，人眼还具有呈幅度地增强视网膜灵敏度的能力。

当视觉环境内亮度有较大幅度的变化时，人的视觉对视觉环境内的亮度变化表现出顺应性称为适应。从明亮环境突然进入黑暗环境时，最初什么也看不见，当人逐渐适应黑暗后才能区分黑暗环境的物体轮廓，这种适应称为暗适应。此时人的视觉阈限下降，需要持续 30 ~ 40min 才能稳定视觉阈限。从黑暗环境进入明亮环境时，起初人们无法看清周围的环境，一会儿视力便恢复正常，这种适应称为明适应。此时人的视觉阈限上升，持续时间较短，约 1min。因此，在进行照明设计时，需要考虑人眼的明适应和暗适应特征，注重过渡空间与过渡照明的合理安排和设计，避免发生视觉障碍。

9.1.3 光的活动特性

1. 反射

若没有光的存在，就不存在物体反射光，人也就无法看见物体。当光线遇到非透明物体表面时，大部分光被反射，小部分光被吸收。当光遇到水面、玻璃等镜面和扩散面时，反射形式主要有以下几种。

（1）镜面反射（Specular Reflection）

镜面反射发生于光亮平滑的界面，反射光线、入射光线和法线都处在同一个平面内，反射光线、入射光线分居法线两侧，反射角（反射光线和反射点界面法线的夹角）等于入射角（入射光线和入射点界面法线的夹角），如图 9-7 所示。除受其他因素影响以外，反射光线和入射光线的能量之比，主要取决于两种媒质折射率的比值和入射角大小。入射角接近 90° 时，反射光的能量比就越接近 100%。光源越小，理论上越接近点光源，反射光线的控制越精确。反射光线的集中特性易引起眩光，也会使被照物闪亮耀眼。

（2）散反射（Spread Reflection）

散反射发生于经散射处理的铝板，经涂刷处理的金属板或毛面白漆涂层界面，入射光线从某方向入射，反射光线向各个不同方向散开，但反射大方向一致，且光束的轴线方向仍遵守反射定律（图 9-8）。

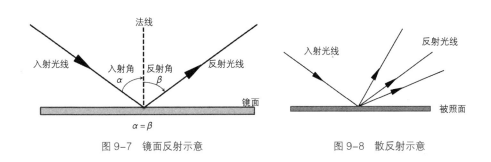

图 9-7　镜面反射示意　　　　图 9-8　散反射示意

（3）漫反射（Diffuse Reflection）

漫反射发生于粗糙表面或雾面或涂有无光泽镀层的表层界面，入射光线从某一方向入射，反射光线被分散在许多方向，宏观上呈现不规则全方向的反射，造成一般的柔和感。如反射遵守朗伯（Lambert）余弦定律：

$$I_\theta = I_0 \cos \theta \qquad (9\text{-}5)$$

即向任意方向的光强 I_θ 与该反射面的法线方向的光强 I_0 及法线与反射光线所成的角度 θ 的余弦成比例，而与光入射方向无关，这种光反射称各向同性漫反射（图 9-9）。在这种情况下，从反射面的各个方向看去，反射光亮度均相同。

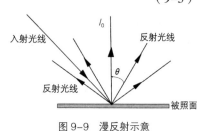

图 9-9　漫反射示意

（4）混合反射（Mixed Reflection）

混合反射发生于瓷釉或带高度光泽的漆层上界面，规则反射和漫反射兼有，在定向反射方向上的发光强度比其他方向要大得多，亮度最大。在其他方向上也有一定量的反射光，但其亮度分布不均匀（图 9-10）。

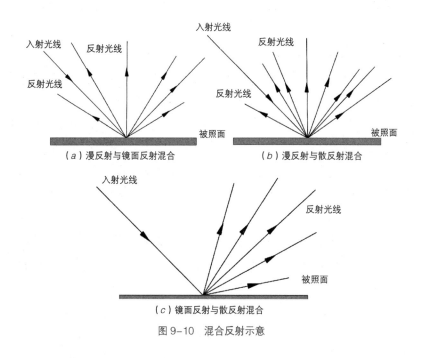

图 9-10　混合反射示意

2. 折射（Refraction）

折射发生于光由一种介质穿过玻璃、透明的塑料和液体等光滑界面进入另一介质时，入射光线、折射光线以及过入射光线和入射点的界面法线都位于同一平面，行进方向的位移发生改变的屈折现象（图 9-11）。在折射现象中，光路可逆。如折射光线的介质密度大于原本入射光线所在的介质密度，则折射角小于入射角。如果入射光线处在折射率为 n_1 的媒质中且和界面法线的夹角是 θ_1，折射光线处在折射率为 n_2 的媒质中且和界面法线的夹角是 θ_2，则：

$$n_1 \sin \theta_1 = n_2 \sin \theta_2 \qquad\qquad (9\text{-}6)$$

式中，θ_1 和 θ_2 分别在法线的两边 [斯涅耳（Snell）定律]。此折射定律不适于某些晶体和有应力的透明固体。

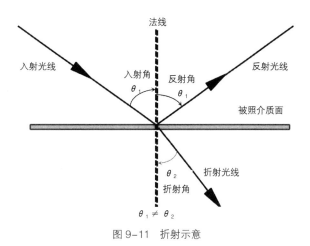

图 9-11　折射示意

3. 光的透射（Transmission of Light）

光线穿射透光性介质时，部分光线被反射，部分光线被吸收，大部分光线透射过介质。透射光线在介质中的活动形式有以下几种。

（1）规则透射（Regular Transmission）

当光线入射到透明材料（清玻璃、染色透明玻璃或透明压克力等）上时，透射光按照斯涅耳定律呈几何光学透射；当光线入射到平板玻璃类平行透射光材料时，透射光方向偏移微距后与原入射光线方向保持一致（图 9-12a）；当光线入射到三棱镜类非平行透光材料时，透射光由于光折射而改变透射方向（图 9-12b）。

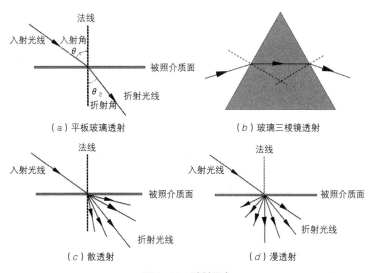

图 9-12　透射示意

（2）散透射（Spread Transmission）

散透射也称定向扩散透射，光线穿过磨砂玻璃类透射材料上时，在透射方向上发光强度较大、亮度较亮，在其他方向发光强度较小、亮度较弱（图 9-12c）。

（3）漫透射（Diffuse Transmission）

光线入射到散射性好的透射材料（乳白玻璃或压克力等）上时，透射光线向所有方向散射，光束均匀分布于整个半球空间（图 9-12d）。当透射光服从郎伯定律，发光强度按余弦分布，亮度在各个方向均相同时，形成均匀漫透射或完全漫透射。

（4）混合透射（Mixed Transmission）

光线照射到透射材料上，其透射特性介于规则透射与漫透射（或散透射）之间的情况，称为混合透射。

4. 光的吸收

光线穿越某媒质时，由于光能转换成能量的其他形态而会引起光的吸收。通常深色表面比浅色表面吸收更多光，雾面黑体提供接近完全的吸收。当媒质均匀时，一定波长的平行光束穿越该媒质时，其光强的损失衰减遵循以下规律：

$$I=I_0 \exp(-ax) \tag{9-7}$$

式中，I_0 为光束的初始光强，I 为光束在媒质中通过一定距离 x 后的光强，a 为和波长有关的线吸收率。在可见光范围内一些材料对不同波长的光吸收率表现出一定的差异性，当可见光线通过这些材料时，其光谱分布会发生改变。这就是滤色片的原理。

在某种特定的条件下，通过适当的能源供给媒质能量可使媒质的吸收率成负值，光线通过这种媒质时光强增加。这就是激光器的原理。

9.1.4 光与人

照明光源的光线进入人的眼睛，最后引起光的感觉，这是一个复杂的物理、生理和心理过程，该过程与效率的关系见图 9-13。

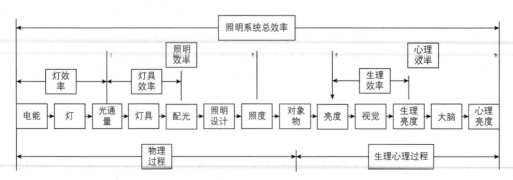

图 9-13　照明过程与效率

1. 光与人体节律

光线通过本征感光视网膜神经节细胞和专项神经系统将光信号传递至人体生物钟，进而调整人体不同生理进程中的周期节律，如每日的昼夜节律和季节节律（图 9-14）。早晨激素皮质醇即压力激素水平升高，皮质醇增加血液中的糖分并为人体提供能量，增强人体的免疫系统，而睡眠激素即褪黑素的水平则会下降，以减少睡眠。当夜幕降临环境变暗时睡眠激素会上升，人体的激素皮质醇水平下降，以促使健康的睡眠（皮质醇午夜时处于最低水平）。人体的周期节律出现紊乱时，每天清晨明亮的光线能帮助恢复正常的周期节律，但人体的周期节律不应被过多打乱，因为这对保持良好的健康状态至关重要。

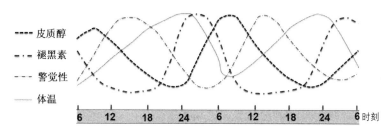

图 9-14　人体体温、褪黑素、皮质醇与人体管警觉性的周期节律
（图片来源：引自本章参考文献 [4]）

2. 光色对人的心理影响

对照明设计师来说，了解光色对人的心理影响，以及色彩感觉如何作用于人的心理非常重要，这样才能有效地利用好光色或避免不利的光色，科学处理好光色的进退、胀缩、冷暖以及视知性、醒目性、同化性、面效性。设计光色不仅要了解色彩的科学性知识和合理的配色方法，还要了解光色的情感表达。一般来说，光色的情感表现复杂，既会因地理区域、风土环境、历史文化、时代背景、生活习惯、生活体验等方面的因素而呈现差异性，也会因时间、年龄、性别、情绪、气质和个人爱好的不同而表现不同。

不同光色的情感联想与心理感受　　　　　　　　　　　　　　　　　表 9-4

光色	情感联想	心理感受
红	太阳、火焰、血液、心脏、红旗、消防车、口红、草莓、樱桃、桃子、苹果	危险、愤怒、信号、振奋、喜庆、热情、爱情、活泼、刺激、革命、反抗、有害垃圾
橙	枇杷、柿子、橘子、橙子、胡萝卜、秋叶、晚霞	烦恼、信号、明亮、温暖、热烈、兴奋、快乐、胜利、勇敢、活力、积极、和谐、富贵、香甜
黄	阳光、黄金、枇杷、香蕉、橘子、柠檬、稻谷、秋叶、蜡梅、油菜花、金丝桃、迎春花、向日葵、米仔兰、桂花、含笑花	信号、光明、灿烂、辉煌、华贵、明快、愉快、野心、淫秽
绿	春天、大自然、树木、公园、草地、菜园、蔬果、西瓜、宝石、火车、邮政、信号、湿垃圾、无公害产品	清新、青春、生命、成长、希望、理想、满足、和平、安静、凉爽、安全
蓝	天空、水、海洋、湖泊、玻璃、宝石	清凉、冷静、镇静、平静、理智、冷淡、阴影、渺茫

光色	情感联想	心理感受
紫	紫菜、茄子、葡萄、紫藤、紫罗兰、薰衣草、桔梗花、风信子、美女樱、迷迭香、风铃草	奢华、高贵、优雅、古典、古朴、消极、嫉妒、痛苦、病态、忧郁
白	白云、白雪、救护车、护士、鸽子、白萝卜、牛奶、米饭、纸、开心果、栀子花、茉莉花、玉兰花、白掌	正直、高尚、神圣、纯洁、清洁、清白、朴素、公正、悲哀、冬天、虔诚、虚无
黑	夜晚、阴影、墨、煤、木炭、沥青、围棋、黑天鹅、头发、桑葚、黑木耳、黑米、老虎须、墨菊、黑名单	黑暗、恐怖、死亡、哀悼、庄重、严肃、罪恶、迫害、失望、沉默、冷淡、刚健、坚毅、虚伪、造假

9.1.5 风景园林光文化

1. 风景园林照明

风景园林景观在白天通过自然光呈现于世人面前，在夜晚通过星光、月光和人工照明光来显现。风景园林照明是指城乡风景园林所有活动空间或景物的夜间照明。其具体的照明对象不仅包括具有景观价值的各类建筑物、构筑物，也包括景观道路、商业街道、桥梁及广场，还包括江、河、湖、水及其岸线，以及名胜古迹、假山、雕塑、园林树木等。风景园林照明常常采用泛光照明、轮廓照明、月光照明、层叠照明、立体照明、特种照明等方式，以重塑优美、协调、人文的风景灯光画卷，凸显地方特色。

（1）泛光照明：通常是指通过投光使场景或者目标景物的亮度明显高于周围环境的一种照明手法，以灯光显现目标景物的肌理特征和文化艺术特质，常用于表现雕塑、景墙等的质地。

（2）轮廓照明：主要指利用灯光直接勾画建筑物外形结构轮廓的照明方式，多用于强调风景园林中的亭、台、楼、阁及其他特色景观建筑物等。

（3）月光照明：指利用安装于建筑物、高大园林树木等要素高处的灯光营造朦胧的月光氛围，在地面上创造光影景物的照明方式。

（4）层叠照明：指通过两种或多种不同光源的灯具交叉混合安装，或在一套灯具内安装两种或多种光源，利用不同光源的光谱互补性来凸显目标场地重要景物的显色性的照明方式。

（5）立体照明：指综合利用多元或多种照明方式或方法，对景点、景物设置最佳的照明方向，强化较适宜的明暗视觉变化，凸显较清晰的景物轮廓和阴影，充分展示景点的立体空间特征和景物的文化艺术内涵的照明方式。

（6）特种照明：指利用光纤、激光、太空灯球、导光管、发光二极管、硫灯、投影灯和火焰光等特殊照明设备来营造灯光景观的照明方式。

2. 光文化

（1）光文化是人类社会实践的产物。光文化即照明文化，是人类为了改善生存环境、延伸生活空间、拓展活动范围所采取的改造光环境的社会活动。光改变了人们的生活方式，也影响了人们的生活习惯。人创造了光文化，光文化也塑造了人类。

（2）光文化具有明显的地域性特征。一个地区的发展凝聚了地域内人们所共同的价值取向，也形成区域内共同的审美价值。据研究，东方人更偏爱高色温、冷色调光环境，而西方人更喜欢低色温、暖色调光环境。这不是取决于人在视觉结构上存在的明显差异，而是取决于典型的光文化差异。不过，这种差异会随着文化交流的发展而逐渐变小。

（3）光文化具有历史性和传承性。人类从原始的光向往、火崇拜到现代的光情趣、光装饰、光品位，这个发展演变过程既体现了光文化的历史性，也反映了光文化的传承性。历史是一座灯塔，研究光文化的历史有助于创新更优质的光产品，以更好地实现现代人的光目标。

（4）光文化注重以人为本的特质。人是光文化的创造者，是光文化的主体，也是光文化的受益者，还是光文化的体验人、评价人。人的感受和喜好有助于提升光产品的质量。光文化产品都是基于人眼的杆状细胞和锥状细胞的研究结果而生产的。本征感光视网膜神经节细胞（ipRGC）参与调节许多人体非视觉生物效应，这给光产品的研发提供新的思路和要求。研究和设计光产品需要多倾听人的反应和评价，多采纳人的建议和意见，真正体现光文化，做到以人为本。

（5）光文化尊重生物多样性的底蕴。对于生物多样性丰富的环境，光文化注重尊重场地精神，以自然景观为底色，以原生态环境不受影响为前提，光器具尽量选用不产生紫外线的灯具。在生态区域内尽量避免灯光照明，避免太多干扰原生生态系统。

9.2 光源与灯具

9.2.1 光源发展简史

地球周而复始地进行日夜更迭，明暗交替。在出现人工光源之前，人类就依靠自然光照日出而作、日落而息，利用天文信息来安排每日作息，顺昼夜变化而生存。据考古，人工照明是人类在钻木取火取暖、加工食物时自然获得的。人工光的使用拓展了人类的活动时间和空间，开启了人类的居住文明，也开始了人类的文化活动。

在西方，史前人工照明的一个重要发明是燃烧浸润在动物脂肪中纤维，据此原理制成蜡烛。中国古代采用植物油脂代替动物脂肪制作了油灯，我国最早的油灯出现于秦朝。18世纪末，油灯火焰周围加了一个玻璃罩，提高了燃烧效率和光强。在漫长的火光照明时代，油灯、蜡烛是人类的主要照明器具。

19世纪初发明了煤气灯。1879年爱迪生发明白炽灯，开创人类电气照明时代。白炽灯是照明领域最成功的产品，将人类带入现代文明时代。1959年，卤钨循环原理发现后，基于白炽灯制造出了卤钨灯，其光效和寿命明显优于白炽灯，显色性好、光色宜人、体积小，受到人们的青睐。

1810 年英国化学家 Sir Humphry Davy 发明了弧光放电灯。1911 年美国发明家 Peter Cooper Hewitt 申请低压汞灯的专利。1927 年，德国科学家 Edmund Germer 发明了高压汞灯。1932 年，第一支高压汞灯的销售标志着高强度气体放电灯（HID）时代正式开始。20 世纪初，出现了充惰性气体的气体放电灯，灯内充氖气，发橘红色光；充氩气，发蓝紫色光；充二氧化碳，发白色光。

1923 年，康普顿和范沃希斯点燃了第一只低压钠灯。1961 年，美国通用电气公司（General Electric Company，简称 GE）的 Gilbert Reiling 申请了第一个金属卤化物灯的专利，用于商业、街道和工业照明。1962 年 GE 发明了第一个实用的发可见光的 LED 光源。1965 年，GE 公司发明高压钠灯，用于道路照明。20 世纪 90 年代，第一只蓝光 LED 灯出现，1997 年成功开发出发白光的 LED 照明芯片。进入 21 世纪，LED 光效不断改善，进入普通照明领域。

9.2.2 我国照明电光源的发展概况

清朝光绪五年四月初八（1879 年 5 月 28 日），公共租界工部局电气工程师毕晓浦在上海虹口乍浦路的一座仓库里，试验成功碳极弧光灯，中国第一盏电灯宣告问世。清光绪十六年（1890 年）闰二月，上海开始白炽灯家庭照明。1921 年胡西园等试制成功第一只国产白炽灯，并于 1923 年开设中国亚浦耳电器厂，成为上海第一家由民族资本投资开设的电光源企业。1947 年前后，华德灯泡厂、中国亚浦耳电器厂、中国荧光灯厂开始试制生产荧光灯。1960 年初复旦大学物理系蔡祖泉教授率领研制小组依托自己多年从事真空物理科学的基础，于 20 世纪 60 年代初首先开发成功我国第一只碘钨灯和第一只高压汞灯，吹响了我国光源产品向现代光源的号角。1979 年，国家级电光源研究所正式批准成立，1984 年教育部特批复旦大学成立光源与照明工程系。20 世纪 80 年代中后期，复旦大学电光源实验室研发出国内第一支节能灯。

最早由东南大学、复旦大学共同开发研制节能灯的生产线和工艺，是中国节能灯业的基础，并在蔡祖泉教授的促成下实现了我国自主研发节能灯的产业化。21 世纪的中国照明产业获得空前发展，但主要集中在广东省、浙江省和江苏省。目前，我国电光源产量已居世界第一位，特别是节能灯的产量已经占到世界总产量的 80% 以上，成为电光源产品的出口大国。

9.2.3 光源

1. 白炽灯的历史角色

白炽灯自 1879 年由爱迪生发明至今，已历经一个多世纪的技术革新，其现已是市场上光效最低的照明光源产品。21 世纪，自然资源越来越少，节能减排已成世界各国的共识。在全球应对气候变化和能源紧缺的背景下，2007 年开始的逐步淘汰白炽灯，发展高效节能的电光源产业是大趋势。

2. 荧光灯的优劣

荧光灯自 20 世纪 30 年代末发明至今，其在进一步提高光效、减少汞等有害物质的用量、缩小管径提高紧凑化程度、改进电子镇流器调光性能实现智能控制等方面取得了较快的发展。20 世纪 80 年代初开发了紧凑型荧光灯（CFL），80 年代后期出现了高频荧光灯，90 年代又推出了 T5（直径 16mm）细管径荧光灯。

随着技术的进步，新型荧光灯的管径向细化、超细化方向发展，以提高紫外辐射和光效，同时利用电磁转换原理激发放电发展无极荧光灯，利用高介电常数的纳米陶瓷材料制成陶瓷电极荧光灯（CPFL），发展低汞及无汞荧光灯，减少用汞量，提高光效。

3. 高强度气体放电灯

高强度气体放电灯（HID）是目前道路、体育馆等应用最多，技术最成熟，效率最高的气体光源。陶瓷金属卤化物灯（Ceramic Metal Halide，简称 CMH）应用半透明氧化铝陶瓷的电弧管管壳，提高了灯的运转温度，使卤化物蒸发更充分，光效更高，光通量更高。

4. 半导体照明

随着近年来的科技进步，固体光源中 LED 光源的发展简直达到日新月异的程度，LED 的原材料主要是化学元素表上的族或族化合物的半导体，如 GaAs、GaP、AlGaAs 和 ZnSe 等，当它们被加上正向电压时，电子和空穴的复合过程中产生的过剩的能量就会以光能辐射出来。随着材料技术和制作技术的快速发展，LED 达到了前所未有的发光效能，对现代社会生活质量的提高带来不可估量的影响。

5. 光源光效

各种光源的光效如表 9-5 所示。

电光源光效指标　　　　　　　　　　　　　　表 9-5

光源	显色指数（Ra）	色温（K）	光效（lm/W）	平均使用寿命（h）	应用特性
普通照明灯	97 ± 2	2650 ± 250	16 ± 9	1500 ± 500	室内照明
普通荧光灯	70	全系列	70	10000	影院、娱乐场所
三基色荧光灯	80 ~ 98	全系列	93	12000	学校、工厂、超市
紧凑型荧光灯	85	全系列	60	8000	家庭和办公场所

光源	显色指数（Ra）	色温（K）	光效（lm/W）	平均使用寿命（h）	应用特性
卤钨灯	100	3000	25	3500±1500	体育馆、展厅、剧场
金属卤化物灯	78.5±13.5	4500/5600	85±10	13000±7000	道路、广场、游乐场、展览馆、体育馆
高压汞灯	45	3800±500	50	6000	道路、工业照明
高压钠灯	60/85	2200/2500	150±50	24000	道路、广场照明
低压钠灯	—	1750	200	28000	道路、庭院照明
高频无极灯	85	3500±500	62.5±7.5	60000±20000	室内外照明

6. 合理选用光源的措施

（1）尽量避免或减少白炽灯的使用。白炽灯光效低，能耗大，使用寿命短。

（2）推广细管径 T8 荧光灯、紧凑型荧光灯的使用。荧光灯光效较高，节能，寿命长。

（3）逐步减少使用高压汞灯。高压汞灯光效较低，显色性差。

（4）推广高光效、使用寿命长的高压钠灯、金属卤化物灯。

（5）采用效率高、光利用系数高、光通量维持率高的灯具。

9.2.4 园林照明灯具

1. 园林照明灯具概念

园林照明灯具是指一种连接电源，容纳与保护光源以及产生、控制和分配光源并能装饰园林空间的完整的照明单元，通常包括 4 个方面的组件，即灯泡或灯管、设计用来分配光的光学部件、固定灯泡或灯管并提供电气连接的电气部件、用于支撑和安装的机械部件。

2. 园林照明灯具效率

园林照明灯具效率是指在相同的使用条件下，园林照明灯具发出的总光通量与灯具内所有光源发出的总光通量之比，它是园林照明灯具的主要质量指标之一：

$$\eta = (\varPhi_1/\varPhi_2) \times 100\% \tag{9-8}$$

式中　η——园林照明灯具的效率；

　　$\varPhi_1$——光源发出的光通量，lm；

　　$\varPhi_2$——灯具发出的光通量，lm。

3. 园林照明灯具的光学特性

园林照明灯具里的灯泡或灯管多是向全空间发散光，为了将光线按照设计要求进行集中投射，同时防止游客眼睛受到强光刺激，通常需要利用灯具的控光元件来滤光、转换并重新分配光源光线。常见的控光元件有反射器、折射器、漫射器、遮光器等。

（1）反射器重新分配光源光通量

光源发出的光经铝、镀铝的玻璃或塑料等高反射率材料（表9-6）制成的反射器反射后，投射到设计方向、设计目标，提高照明效率和效果。

常用灯具反射材料的反射特性　　　　表9-6

反射类型	反射材料	反射率（%）	吸收率（%）	反射特性
镜面反射	银	90～92	8～10	光线入射角等于反射角
	铬	63～66	34～37	
	铝	60～70	30～40	
	不锈钢	50～60	40～50	
定向扩散反射	铝（磨砂面、毛丝面）	55～58	42～45	磨砂或毛丝面材料，光线朝反射方向扩散
	铝漆	60～70	30～40	
	铬（毛丝面）	45～55	45～55	
	亮面白漆	60～85	15～40	
漫反射	白色塑料	90～92	8～10	亮度均匀的雾面，光线朝各个方向反射
	雾面白漆	70～90	10～30	

（2）折射器改变光源的光线方向

利用透光材料做成的灯具元件，将光源光折射以改变光的原来方向，获取所需要的合理光分布。常用的折射器有棱纹板和透镜两大类。

（3）漫射器将入射光向多向散射

利用不完全透光材料在材料内部（如白色塑料板），或材料的表面（如磨砂玻璃面），将从灯具中透射出来的光线均匀漫布开来，并能模糊发光，减少眩光。

（4）遮光器将光源直射光遮挡住

为了避免光线直射进入人眼造成眩光，常使用格栅机作为灯具中的遮光器，形成特定所需保护角。

4. 园林照明灯具的机械特性

园林照明灯具应该拥有足够的机械强度，以保证灯具在施工搬运、运输震动、狂风吹击过程中有强的抵抗力、较好的安全稳定性。其性能通常可以通过试样耐弹簧冲击试验来检验。检验要求如表9-7所示。

园林照明灯具耐弹簧冲击能量和压缩量　　　　表9-7

灯具类型	冲击能量（Nm）		压缩量（mm）	
	易碎部件	其他部件	易碎部件	其他部件
嵌入式、固定式灯具	0.20	0.35	13	17
落地灯	0.35	0.50	17	20
投光灯、路灯、水下灯	0.50	0.70	20	24

注：1. 弹簧冲击检验装置锤压缩量（单位：mm）与施加的力（单位：N）的乘积是1000，弹簧压缩量约为20mm。
　　2. 易碎部件是指仅提供防尘防固体异物和防水的玻璃和半透明罩，以及凸出外壳26mm以内或表面积不超过1cm² 的陶瓷和小部件。
　　3. 在灯具可能的最薄弱处冲击3次，试验后，样品应无损害。

5. 园林照明灯具的防护特性

　　风景园林照明灯具多布置于户外，因而，对灯具进行适当的有效防护，以保护游人的安全，这点特别重要。

　　国际电工委员会（International Electrotechnical Commission，简称IEC）所起草的IP防护等级系统将灯具依其防尘、防水特性加以分级，并以特征字母"IP"加两个数字表示灯具的防尘、防水等级。第一个数字表示灯具对固体异物或尘埃侵入的防护能力，第二个数字表示灯具对防湿气、水侵入的防护能力。数字越大表示其防护等级越高，两个标示数字所表示的防护等级如表9-8、表9-9所示。

园林灯具防护等级特征字母IP后第一位数字的含义　　　　表9-8

第一位特征数字	防护等级	含义
0	无防护	没有特殊防护
1	防范大于50mm的固体异物入侵	防止人体因意外而接触到灯具内部零配件（但不防有意识的接近），防止直径大于50mm的固体异物入侵
2	防范大于12mm的固体异物入侵	防范人的手指或类似物接触到灯具内部零配件，防止长度不超过80mm、直径大于12mm的固体异物入侵
3	防护大于2.5mm的固体异物	防止直径或厚度大于2.5mm的工具、电线或类似的细小固体异物
4	防止大于1.0mm的固体异物	防止直径或厚度大于1.0mm的线材或条片或类似的细小固体异物侵入灯具内部零配件
5	防尘	完全防止外物侵入，不能完全防止灰尘进入，但侵入的灰尘量不能达到影响灯具正常工作的程度
6	尘密	完全防止外物和灰尘侵入灯具

注：外物指包含工具、人的手指等在内的物体，它们均不可接触到灯具内的带电部分，以免触电。

园林灯具防护等级特征字母 IP 后第二位数字的含义　　表 9-9

第二位特征数字	防护等级	含义
0	无防护	没有特殊防护
1	防滴水	垂直滴水对灯具不会造成有害影响
2	防倾斜 15° 时滴水侵入	当灯具由垂直倾斜至不大于 15° 时，滴水对灯具不会造成有害影响
3	防喷淋水	防雨，防与垂直线夹角小于 60° 范围内所喷淋的水进入灯具造成损害
4	防飞溅水	防各方向飞溅而来的水对灯具造成损害
5	防喷射水	防各方向喷射出的水对灯具造成损害
6	防大浪、猛烈海浪	由于猛烈海浪或猛烈喷水所进入外壳的水量不至于达到损害灯具的程度
7	防浸水	灯具浸在一定标准水压的水中一定时间能确保不因进水而造成损害
8	防潜水	灯具按规定的要求长时期沉没在指定水压的状况下，确保不因进水而造成损坏

很明显，防尘能力和防水能力之间存在一定的逻辑关系，第一个数字与第二个数字之间存在一定的依存关系，表9-10 显示了它们可能的组合。选择与安装风景园林照明灯具时，应根据安装地点严格执行相关标准，尤其是风景园林水景的水下照明、滨水照明、湿地照明以及潮湿多雨地区的照明等。

防护等级特征字母 IP 后两位数字的潜在组合　　表 9-10

可能组合		第二位特征数字								
		0	1	2	3	4	5	6	7	8
第一位特征数字	0	IP 00	IP 01	IP 02	—	—	—	—	—	—
	1	IP 10	IP 11	IP 12	—	—	—	—	—	—
	2	IP 20	IP 21	IP 22	IP 23	—	—	—	—	—
	3	IP 30	IP 31	IP 32	IP 33	IP 34	—	—	—	—
	4	IP 40	IP 41	IP 42	IP 43	IP 44	—	—	—	—
	5	IP 50	—	—	—	IP 54	IP 55	—	—	—
	6	IP 60	—	—	—	—	IP 65	IP 66	IP 67	IP 68

6. 风景园林照明灯具类型

（1）装饰灯具

1）传统型装饰灯具：多指保持原始造型的文化传承灯具，光源却被安全高效的电光源所替代，如石灯、灯笼等。

2）直装型装饰灯具：既包括直接安装于地下车库入口或步行道入口的壁装式灯具，也包括挑檐、廊架等处悬挂的悬挂式灯具，还包括装于墙头、柱顶，或装于地面，或安置于矮墙与平台之上的支架式灯具。

（2）功能灯具

1）泛光灯

泛光灯多由灯体、发射器、玻璃、玻璃固定件、电器箱盖板、支架、螺栓、螺钉、附件框等组成，常常利用防眩光格栅、反光板、遮光罩以及色片等附件来有效控制出光，既可以用于照射广场、草坪和树丛等大尺度景点（宽光束泛光灯），利用圆形出光口用于远距离照射（窄光束泛光灯），也可以用于细致刻画景观元素的局部照明（小型泛光灯），还可以安装于园林树木的枝干上、墙上、栅栏上、屋顶上，或悬垂于屋顶下。

2）埋地灯

埋地灯既可以是用于泛光照明的大型灯具，也可以是卤钨灯、金卤灯或节能灯等光源的小型投光灯具，投射景墙、雕塑、树木、灌木、花篱、地面等，也可以是以LED等小型冷光源为主要光源的小巧玲珑型灯具，装饰于广场铺装起引导作用，装饰于水边起警示作用。由于裸露于地面，埋地灯不仅要求有很高的防护等级（一般需要达到IP67），也要有很高的抗撞击强度和耐压强度，还需要有良好的抗紫外线照射的性能。

3）嵌墙灯

嵌墙灯一般指由灯体、预埋件、光源三部分组成的方形或圆形灯具，多以白炽灯、高压钠灯、金卤灯及节能灯为常用光源，适于廊道、台阶、庭园等空间环境照明。为避免对游客造成眩光干扰，提高光效，嵌墙灯常需配备防眩光格栅。

4）水下灯

水下灯由于安装于水中，因此其灯具需要具有很高的防水性能、绝缘性能以及防腐蚀性能，灯具各部件间需无缝连接成致密整体。水下灯不能影响水景的视觉效果，否则需要为灯具装置提供一个隐秘的空间，这时可以选用使用寿命长的白炽灯。装置暴露时则需要注意防眩光。浅水池和小型喷泉可用LED光源，LED有很多色彩可供选择。水下灯一般体形较小，多用来投射喷泉、池岸及水中构筑物，可附加各种颜色的滤色片，形成五彩斑斓的水景。

（3）功能装饰兼备灯具

1）庭院灯

庭院灯通常是指高度在 2 ~ 6m，主要由光源、灯具、灯杆、法兰盘、基础预埋件5种部件组成，灯体安装于灯杆柱顶或吊装于柱侧，结构坚固，尺寸较大的户外灯具。庭院灯的光源有白炽灯、紧凑型荧光灯、高压钠灯、金卤灯等，广泛应用于广场、公园、住宅小区、旅游景区等户外开放空间，为人们提供一定的水平照度和垂直照度。

2）草坪灯

草坪灯是指高度在 1.2m 以下，尺寸较小，多侧向出光，点缀草坪、花坛、花境或园路并提供照明的户外灯具。草坪灯多选用节能灯，造型丰富，既有几何造型，也有仿生造型，常常应用于人行道、步行街、广场、公园、住宅小区等户外开放空间，为步行空间提供较低的水平照度和垂直照度。

7. 风景园林照明灯具选择

（1）风景园林空间照明灯具在功能上主要有三种方式：上投照明、下投照明和重点照明。上投照明、下投照明都可以用作重点照明，即以亮度较大的光源光束集中投射到被照对象上，获得重点照明的光效。不过，需避免光源亮度过大而淡化景物表面或使被照景物形成阴影。在安排风景园林空间照明时需要根据空间布局需要进行照明方式的选择及三种照明方式的组合。

（2）除了满足基本功能要求之外，风景园林照明灯具还应满足空间造景需求，与周围空间环境相协调。白天的灯具应避免干扰主体景物，适当隐蔽灯具。

（3）在满足造景和基本功能的前提下，风景园林照明灯具应尽量选用节能灯具，选择太阳能、LED、光纤等新能源，推广应用小型灯具、嵌入式灯具。

（4）灯具应具有优越的全天候安全防护性能，选用低电压灯具，同时根据不同的运用场合选用相应 IP 等级的灯具。

（5）综合灯具后期维护、灯具电能消耗、环境空间色调等因素选择灯具，经济、性价比等也是要重点考虑的方面。

9.3 风景园林景观照明

9.3.1 风景园林建筑照明

1. 风景园林建筑照明设计的基本要求

对风景园林建筑照明设计的基本要求是科学合理，技术先进，特色鲜明，文化性突出，艺术性较强，将功能照明与装饰照明有机地结合于一体，创造出各具特色的园林建筑照明景观效果。

（1）视觉舒适。游客欣赏风景园林建筑夜景时，眼睛处于夜间视觉工作状态，这与白天的视觉感受特性差别很大。亮度相等的相同园林建筑，夜间观赏时要比白天欣赏时更显明亮。国际照明委员会提出一般环境亮度下，白色或浅色建筑物墙面的照度为30 ~ 50lx，照度过大不仅浪费，而且在视觉上会引起不舒适感觉，需要按照人的视觉特性，科学用光、配色。

（2）技术先进。需要根据建筑物的具体情况、特征和周围环境，选择最佳的照明方法，有时往往同时使用多种照明方法来表现风景园林建筑物特征和文化内涵。采用技术先进的光源、灯具和监控设备，如高光效、长寿命的高压钠灯、金属卤化物灯、陶瓷金属卤化物灯、光纤照明系统、LED 和变色电脑灯等新技术、新器材，效果显著，节能，方便管理。

（3）突出重点。先了解风景园林建筑师的构思与意图，仔细分析风景园林建筑的特征和重点，如风景园林建筑的装饰构件与细部一般都属于重点用光部位。突出重点部位照明的亮度与色彩的搭配和过渡，兼顾一般部位照明。

（4）地域艺术性。按照园林建筑艺术规律和美学法则，巧妙利用光线的明暗、光影的强弱和色彩搭配，用光、影和色的艺术手段将建筑特征和美感表现出来，与周围环境和谐统一。如一个区域的建筑风格相差太大，则需对照明方法或亮度做适当调整，以总体协调为目标，防止建筑物间照明效果出现太大反差。

2. 风景园林建筑照明方式

（1）泛光照明

泛光照明也称立面照明、投光照明。为了使风景园林建筑的照明效果达到预设的夜景效果可以将投光灯光源装设于距该目标园林建筑一定距离的位置，通过将光线直接投射到建筑预设立面或顶面，使风景园林建筑外观造型或容貌展现出来，建筑物立体感、饰面颜色和装饰细部都能有效地表现出来。

园林建筑立面的泛光照明效果直接受材料的影响。由于防火的需要，古建筑泛光照明光源除了须距离建筑一定距离外，一般还要用灯架或灯杆进行安装，通常不宜选用小型灯具，光源功率不能太小，灯具的光束角不宜过宽，常常采用较窄光束或中等光束角的灯具，以免造成较大的光损失与眩光。将投光灯光线直接投射到屋面，使屋面亮度高于周围亮度，则屋顶全貌可以尽显。对于坡屋顶的古建筑，为使顶面投射光充足，须将投光灯设置于坡屋顶延长线外侧。

对于细部做工精致的园林建筑可以选用小型投光灯安置于需要重点表现的屋顶、山花、檐口、窗洞等部位进行立面照明，从而将园林建筑的精彩部分表现出来，塑造出比白天更优美的建筑夜景形象。使用小型投光灯时应选用体积小的灯具，并应尽可能利用建筑本身的凹槽等处来隐蔽灯具，同时不破坏园林建筑白天的形象。

（2）内透光照明

对于古建筑或仿古建筑，为了表现建筑物中的雕花门扇、花窗、斗栱、柱廊等空透部分，常常采用内透光照明为主、其他方式为辅的照明方式，因为单一的内透光照明方式的灯光会因部分遮挡而减弱，表现力也较弱，需要与照明方式相结合。内透光照明有利于减少设备视觉污染、光污染。同时，照明设备的开启和使用者关联，使用者的"公众参与性"使建筑里面的色彩和机理呈现时变化，建筑空间便会产生第四维的变化。

除此之外，对于古建筑的照明设计，需要在严格遵循古建筑保护的相关规范下进行，应尽量减少紫外和红外光照辐射，尽量避免过量的紫外辐射对建筑的梁柱、斗栱、额枋等表面的油饰、彩画表面产生氧化褪色作用，尽量避免红外热辐射对油饰、彩画表面的灼烤开裂影响，尽最大努力做到最小干预，尽最大可能减少对古建筑的影响。对古建筑照明既要保证古建筑形态结构的完整性和白天景观效果的原始性，也要保证古建筑昼夜景观效果的明显差异性和真实性。这些都需要科学设置灯源、光色、光强等细节，不仅整体效果上能保持和建筑风格的统一，而且能避免灯位与光线强度对古建造成的负面影响。

LED 光源作为一种固态光源，安全性高，体形微小。白色 LED 光效高，寿命长，光通量稳定，色质品质高，选择性好，颜色纯正、浓厚，非常适于木质结构古建筑的照明。一般采用与材料颜色一致或显色性好的光源色彩投射目标景物，景观效果会更突出、更鲜艳。对于古建筑照明，光源颜色的选用非常重要，这直接影响到最终的照明效果。根据经验，光色不宜过多，1 ~ 2 种颜色为宜，一般选用白色或黄（暖）色，色温不宜过高。

（3）轮廓照明

以串灯、霓虹灯、美耐灯、导光管、通体发光光纤等线性灯饰安设于建筑的棱边，直接勾画建筑轮廓，突显其特殊的外形轮廓，弱化建筑细节。或者选用经过精确调整光线的轮廓投光灯，将需要表现的形体用光勾勒出轮廓，将不需要表现的形体保持在暗环境中，并与背景保持区别。也可以通过将光线投射到建筑物的背面，或者通过亮的背景来创造建筑物负轮廓形成负轮廓照明。负轮廓照明可将园林建筑的主体结构和细节区别开来，较适于连廊、建筑物上的装饰构件等非主体建筑的构成表现。非主体建筑的负轮廓照明和主建筑的投光照明相辅相成，相得益彰。

（4）探照式照明

利用光束窄、亮度高的探照式照明光源制成各种图案的光束，结合数码成像技术将五颜六色的光束投射到园林建筑，形成美丽的立体造型光影艺术效果，使整个环境空间的夜景显得热烈壮观，适于节日期间为夜景增色。

9.3.2 风景园林构筑物照明

1. 景墙照明

景墙照明主要就表现景墙平面或立面形态上、质地上的丰富变化。对于立面线条富于变化的景墙，可以使用轮廓灯具将其走势勾勒出来；对于墙面内容丰富的景墙，可以通过在靠近景墙的地面设泛光灯具向墙面上投光，以体现墙面的立体感和质地感，此时不必过于要求墙面照度均匀，有时可以特意营造忽明忽暗的变幻感觉；对于墙前有植物或山石的景墙，可以对植物或山石正面投光，使其在墙面上形成光影，或直接照亮墙面使植物或山石形成剪影效果。

2. 园桥照明

园林桥梁照明主要是表现桥梁立面形态变化或姿态的优美、雄伟。首先，园林桥梁照明要满足桥梁的交通组织功能要求，以人为本，灯光柔和舒适，避免眩光，避免影响观光车辆的安全行驶，保障游人的观光游览灯光环境安全。其次，园桥照明要充分体现照明艺术与桥梁艺术的有机融合，与周边自然环境相结合，突出个性，展示特色，通过照明技术的合理运用，彰显园林桥梁的柔美或雄伟气势。再次，灯光光源色要选择恰当，配置科学，亮度合理，同时控制好灯光投射角度，以突出桥梁的整体艺术造型和结构特性。

园桥照明设施灯光应与园路照明相匹配，和谐统一。电光源、灯具、照明管线和埋设基础等尽可能隐蔽，管线敷设在空心的人行道板内或桥梁箱梁内，尽可能不影响园桥的白天景观。注重绿色照明，采取节能措施。

3. 雕塑照明

景观雕塑多是个体，每一件雕塑作品的照明都需要采取不同的照明方案，以诠释雕塑个体艺术。景观雕塑通常有三维的独立雕塑和二维的雕塑两种基本形式。欲点亮一尊雕塑，首先应考虑雕塑的物理特征（大小、形状、纹理、颜色、材质等）和任何特殊的特征，雕塑的设置以及它与其他作品的关系，然后再考虑视角方向。突出一个雕塑的特征可以将雕塑重要的信息传达给游客。线条能传达感情或动作，纹理显示细节，面部表情提供情感等。当图案或颜色作为主要特征，但纹理不存在或不应被强调时，可以采用洗墙照明。雕塑照明需要融合整体构图，而雕塑的构图角色所需要的光取决于其重要性及其物理和反射特征。

对于单向观赏的雕塑，单向观赏通常会因固定装置远离观众而消除潜在的灯具眩光，但当游客们行走于固定装置和雕塑之间观赏时，地面凹进的光槽或缺少百叶窗类灯的屏蔽装置的地方仍会发生眩光。欣赏角度和灯罩成为是否产生眩光的关键因素。一般来说，当雕塑后面或远处有一堵墙或灌木丛时，照亮墙或灌木丛表面为这个场景提供了深度和雕塑的背景。两种固定装置，从中心向侧面均匀地排列，并直接对准大多数雕塑，可以使人或动物雕塑的形象更自然。这种手法的一种变体是使用一种高功率的灯或更窄的光束，以增加侧重点。

对于多向欣赏的雕塑，由于游客在雕塑周围动态移动，或从不同位置品赏雕塑，所以给照明带来更大挑战。这使得灯具位置、目标角度和灯具屏蔽要确保游客对于雕塑作品的注意力，避免游客因为灯具的眩光而分心。多角度的视角为更有艺术性地呈现出一尊雕塑提供了更大范围的艺术选择，可以创造出雕塑不同的外观夜景效果。

光可以增强雕塑的自然外观，也可以在晚上创造出一个雕塑的新印象。在照明中，下射照明光比上射照明光更容易保持自然的雕塑外观。对人物雕塑照亮人脸需要理解三维的脸的建模方式，如眼窝凹入颅骨，鼻子、脸颊和嘴唇突出等。

模仿日光，柔和的灯光在细节上会留下阴影。正上方投来的光可以改变雕塑的外观，人物雕塑友好的面孔可能会因此变成可怕的、不友好的或丑陋的形态，所以使用上射照明光时一定要设计细致，以免起反作用。灯具的定位和瞄准的角度是照明成功的关键。灯光靠近雕塑安置会使光线投射角度变窄，产生强烈的、延伸的阴影，影响雕塑的外观表现。

9.3.3 风景园林道路照明

1. 园路照明

优质的园路照明设计应根据园路级别、走向、宽度、坡度特点，周边植物特征以及景观表现要求，分层次确定灯高、灯间距、布局方式、灯具种类、尺度和风格。

（1）主园路照明

主园路是风景园林中游客观景游览的主干线，两侧景点较多，且游客相对集中，其照明设置往往成为整个景区的重点。主园路路幅一般为 4 ~ 10m，其照明方式可以根据路幅大小采用两边对称布置、交错布置或单侧布置，一般选用造型优美的杆式路灯，灯具间距为 10 ~ 20m，灯具高度 4 ~ 6m，光源多采用光效高、寿命长的高压钠灯或高压汞灯和光效高、显色性好的小功率金卤灯。在主园路的弯道区域，照明灯具应布设于弯道的外侧，而在交叉结点区域，照明灯具应尽量布置于转弯角附近，以发挥视觉引导作用。

（2）次园路照明

次园路是游客从一个景区到达另一个景区的联系通道，可直达各个景点。次园路的照明需要满足游客观光行走的基本照度需要，并能展示次园路迂回盘旋、曲折多变的线形走势。次园路常常通过光线柔和的庭院灯常规照明、间接投光照明来实现灯光环境要求。灯具高度通常取 2.5 ~ 3.5m，应低于主园路灯具的高度，甚至可根据需要选择 0.8 ~ 1.2m 的草坪灯，导引游览路径，提供路面照明，可单边布置或交错排列，灯形宜小巧。灯具的间距可以设置相对大一些，光源一般选用小功率金卤灯、紧凑型荧光灯或白炽灯。对于园路两侧设有墙体或配置茂密乔灌木的次园路，可采用间接投光照明，通过向景墙壁面或植物群落的竖直面投光，反射照亮路面。这种间接投光自然柔和，有利于减少或消除光源光线直射人眼，还能产生戏剧性的景观效果。

（3）小游路照明

小游路多自由布置，宽度 1.2 ~ 2.0m，主要作用是供游客散步休息，引导游客更深入地到达景区景点的每一个角落，如山上、水边、林中。对于这种小尺度的小园路，灯光照明的重点并不是让游客清晰识别景点景物的细部特征，而是保留一定的暗环境，使游客能放松情绪，减少视觉疲劳，切身感受真实的夜色夜景。小游路适宜采用间接投光、小功率埋地灯、矮柱草坪灯低位照明或者不设照明，严格控制眩光。也可以考虑利用小游路周围的树木或花草照明的余光进行照明。

（4）汀步照明

汀步是为横跨小河、小溪而专门设置的步石路。汀步尺度较小，通常可以采取光纤、发光石等特制的照明设施来点缀，也可以利用小功率水下射灯来投射汀步石的边缘，以表现小型水系环境的自然情趣。

（5）台阶照明

风景园林台阶照明不仅要关注台阶踢面和踏面的尺寸、间隔、材质等物质形态表现，也要关注照度水平、台阶材料的反射特性以及环境光的水平，还要关注游客的攀爬过程，更重要的是关注照明光所产生的视觉对比是否能让游客很容易区分开踢面和踏面，是否能保证踢面与踏面在视觉构图韵律上的稳定性，以便游客在攀爬台阶的过程中能顺利、安全地欣赏视阈中的景致。

台阶照明既可以利用台阶正上方安装于树木或构筑物的灯具，或利用台阶侧上方的庭园灯具，也可以利用凹进安装于踢面的嵌入式侧壁灯光源（适于空腹台阶，常使用格栅或乳白玻璃灯具）和暗藏式线性光源（侧发光光纤或美耐灯以及线性荧光灯带，或装于踢面形成亮线，或暗藏于出挑的踏板之下），还可以利用台阶侧面墙体上布置的灯具，不过灯具与台阶的垂直距离通常要求保持在1.5m以内。同一景区内的台阶最好能采用相同的照明方式。

2. 广场照明

景观广场的夜景照明主要有功能性照明和装饰性照明两种形式。功能性照明路灯不仅是夜间广场照明的基本光源，也是划分和引导广场空间的重要因素，还是广场景观设计表现的一个重要途径。装饰照明是广场衬托景物、装点环境、渲染气氛的重要元素，光与影合奏一支无声的景观交响曲。

景观广场照明设计一方面通过隐蔽照明，尽量隐藏光源和灯具，将光作为最重要的设计元素和目标，衬托景物或环境；另一方面通过表露照明，突出灯具本身的造型和布置，以单体或群体出现，使之成为夜晚独特的灯光景观，同时在白天也能成为广场上重要的景观构成或装饰元素。对于景观广场来说，想要利用光而隐藏灯具，使照明装置仅仅成为更简单的支撑附属构件，尽可能不露出形体，只显露光线，可以采取以下几种方式：①与构筑物相结合，分层次分主次照射目标景物，通过阴影和不同的亮度，创造一个鲜明的轮廓和不同于白天的景观效果；②与水体相结合，将灯具安装在水中进行集中照明，突出被照景观的视觉效果，避免眩光，并根据水的形态决定灯具的安装位置与方式，隐蔽灯具；③与园林植物相结合，根据植物的几何形状、空间展示程度确定照明器的排列方式，并根据植物的季相变化而调节灯具的颜色和外观，形成季相灯光景观效果；④与空间形态相结合，对于不规则形状的广场可以采用周边布灯的方式，不仅能提高照明利用率，而且照度也均匀。

9.3.4 风景园林水体照明

1. 景观水体照明

对于池湖等静态景观水体的照明，既可以在驳岸近水面处设置泛光灯具，按照平行水体水面的角度向水面投光，不过于追求照度匀质，可以或明或暗，营造一种银河流淌、波光粼粼的灯光效果；也可以对岸边或水中的建筑、树木、山石进行照明，水上照明灯具和水下照明灯具相结合，在较暗的水面上形成倒影，达到一种虚实相衬、情趣盎然的多层次灯光效果；还可以在水生植物园的水中设置水下灯具，上射照明荷叶和荷花等水生花卉，同时辅以岸边灯具的水面投光，强化光影变幻，形成晶莹剔透的灯光效果。

对于溪涧等动态景观水体的照明，可以沿水体的流动路线在其两侧设置泛光照明灯具直接投射，形成明暗相间、富有光影变化的灯光效果。对于瀑布等动态景观水体的照明，可以在瀑布跌落处或喷泉等水体跌宕、气势宏大之处考虑设置重点照明，通过水下灯具向上直接向水体投光，通过水岸边的泛光灯具向其投光强化效果，同时考虑灯光颜色组合及变化。

对于水岸曲线优美的水体，可以在其岸边四周设置风格一致的草坪灯或庭院灯，星星点点地勾勒出水岸的曲线轮廓，或在岸边的水中设置水下灯具向上投射水岸，以形成明亮的水岸轮廓。

2. 景观水体照明灯具

景观水体的水下照明布局首先需要考虑避免所有的照明线路、连接装置以及可能影响水体外观的任何装置暴露于游客视野，要将照明灯具隐藏起来；其次需要考虑水下灯具必须有较强的耐受腐蚀环境的能力（所用材料通常选用铜和不锈钢），且灯具所产生的光和热对水体中的鱼类等水生动物不能产生太大的影响（池底设置无光区保护鱼类）；再次需要考虑通畅水下灯具所产生的热量散发途径（主要依靠周围的水为光源散热，或扩大水体，或设机械监控温系统），灯具在没有全部浸入水中不能持续进行工作时需要有低水位切断装置；最后需要考虑水流对水下灯具的作用力而须将水下灯具固定于特定位置点，以保证设计投光的角度不发生偏移。

水能滤掉蓝光，灯具在水下越深，光色越黄。彩色滤光片是重要的水下灯具附件，使创造神奇的水下灯光效果成为可能，但同时减少了光输出。滤光片的透光率信息是设计的参考条件之一，黄色滤镜透过 50%，蓝色滤镜透过 12%，设计师需要对光源的选择和灯具的数量做出相应调整。光纤的独特性使其非常适于水下照明。端发光光纤的端头可以吸附或嵌入落水台阶中，创造光点效果；侧发光光纤常用于水池的勾边。光源发生器应放置在水体以外且能看到光纤效果的位置，以便于调试和维修。LED 体积小、寿命长、变色灵活，越来越多地应用于水体照明，尤其是喷泉照明。水对不同波段光的漫、透射性能不同，不能参照通常情况下的配色方案。

3. 喷泉照明

喷泉的万千变化像一个自由的舞台空间，灯光配合喷泉的形态、动作、节奏等变化，与水形成一个整体，可以营造出一种令人叹为观止的奇幻、纯净、高贵的视觉艺术效果，可以使灯光艺术发挥得淋漓尽致。与舞台灯光一样，喷泉灯光设计应有独立的设计方案、理论依据和主题构思。灯光和水是喷泉照明的主题，灯光和水之间的互动关系就是喷泉照明的理论依据。

（1）灯光对喷泉的功能意义

1）呈现

将灯光引入喷泉的最初目的只是为了方便人们夜间欣赏喷泉。喷泉喷水后形成的点、线、面与光结合，激发出前所未有的艺术效果，或晶莹剔透，或虚无缥缈……在喷泉灯光中光仅起照明作用，既为了显示喷泉的造型原貌，也为了显示水与光结合后的视觉印象。

2）组织视觉空间

喷泉灯光通过灯光明暗的组织将需要呈现给游客的空间呈现出来，从而发挥组织视觉空间的作用。先照亮喷泉的某部分，给游客一种"千呼万唤始出来，犹抱琵琶半遮面"的期待再逐渐整体呈现，创造变化层次，增加娱乐性，留给游客足够的想象空间。

3）引导游客关注

人的眼睛对光十分敏感，光出现在哪里，游客的目光自然就被吸引到哪里。喷泉有主体和陪衬之分，常常可以通过色彩和亮度的对比调节来暗示游客，推出喷泉的中心和高潮，使喷泉看起来整体感强，富有层次感。

4）调节丰富喷泉的视觉造型

通过灯光对喷泉进行形态再造，使喷泉的水形态更富于变化。多样的喷泉造型和灯光技术发生多元化组合产生新的效果，灯光使喷泉产生了喷泉无法实现的整体造型效果，同时水作为一种可以承载光的介质，使光产生一种在空气中无法达到的效果。

5）染色

染色是喷泉灯光最基本的功能，给本身没有颜色的水染上任何一种颜色都会显得很靓丽。由于色彩变化顺序以及水对颜色的附和规律不易把控，而且喷泉喷射速度达到一定程度时会产生气泡，使色彩趋"粉"，而当水以面形或线形出现时，颜色又会通透鲜艳，所以如何科学、合理、艺术地染配好喷泉的颜色就是一门学问，需要好好研究。

6）阐释情境

喷泉在结合灯光之前很难让人产生较多的联想，灯光一旦介入喷泉，喷泉就成为有性格、有情绪、有意境、有灵魂的复杂景观。音乐喷泉就是一曲舞剧，灯光对音乐和喷泉舞动的刻画变成了舞剧的第三种表现形式。意境喷泉如同在一个抽象的舞台景中进行真实的演出，灯光使游客感受到情节的真实和合理。灯光的颜色和投光方位起关键作用。

（2）灯光对喷泉的造型布光方法

完美的喷泉整体视觉效果多通过灯光不同方位的投射组织而成。在喷泉灯光中，改变灯光投射的方向是对喷泉进行造型的手段，由此可以形成喷泉形态上的差异。对于单向观赏的喷泉，可以遵循舞台上的布光方式来投光；而对于全方位视角的喷泉，一般多用向上和向中心包围的布光法。

1）水上布光

①正投。在喷泉自身亮度不够时，在喷泉附近安置灯架进行整体补光或增加水的光纹理。

单纯补光就补舞台上的面光，铺匀即好。欲增加水的光纹理则要根据喷泉的造型而灵活处理。

②背投。这种布光角度一般用在大规模单视角喷泉，常常用激光或大功率灯具制造远近的层次感和逆光效果，使整幅画面看上去多些肌理感，更加立体，拉远视觉空间距离。光透过水呈现出的颜色更加透亮，与喷头中心灯光颜色的粉化形成对比，增加虚实感。

③侧光。这是只有在单视角的喷泉中才会用到的灯位。从侧面投光主要起到装饰作用，但也有一些喷泉的造型需要侧面的光照。并且侧光具有修饰外形、改变视觉体积的作用。在设计布光时，理念和舞台灯光中的侧光一样，侧位越高，显示的部分越少，有一种浮在空中的视觉效果；并且从单视角的角度来说，用侧光从左右方向切入喷泉，每一道喷泉水被照亮的一段连在一起，就像横在空中的珠帘，若隐若现。

2）水下布光

①从中心往外投。将灯具放置于喷泉的中心位置，灯口向外，向四周各个方向投射。灯具放在低位，喷泉的喷口位置特别透亮，并且由于水下光折射原理，整个光照范围扩大，让人感觉有一种向外扩张的气势。也可以将灯具放在高位，从喷泉中心内部向外投射，喷泉上部被照亮，由此造成错觉，仿佛水浮在空中，晶莹剔透，光芒四射。这种布光方式适于全方位视角的喷泉。

②从下往上直线投射。水被喷头向上喷射，光也从喷头方位向上垂直投射，使整个水体都被打亮，光线也会显得柔和、朦胧，且易于大面积染色，远远看起来就好像是从水中心发射出来的光一样。同时，光感体现水的走势，将喷泉整个拔高，增加气势。

③脚灯。和舞台上的脚灯方位一样，喷泉脚光向各个方向进行投射，主要用于外部染色，这个角度的染色和从下往上的染色效果不一样，会使水色鲜艳、亮丽。

水体的几何尺寸决定了光源的功率和光束角。高的瀑布和喷泉使用聚光灯，矮或宽的瀑布和喷泉使用泛光灯。泛光灯适用于大的单个喷头或者小的多效喷头，宽光束泛光灯适于大的多效喷头。充满气体的水体宜从下部照亮，光滑水体应从前部照亮。当单独的喷射口用于创造垂直向上的构图时，最少使用两支灯具。当更多的喷射口用于产生水柱时，每个喷头下面至少需要一支灯。

开展喷泉灯光设计，首先需要了解喷泉周围灯光的视觉形状和类型，确定灯光投射的部位和方向，明确喷泉或水体演示系统的构造，包括喷射口的数量、水的图式效果以及每种效果的几何尺寸；其次需要明确灯光设备的临界角、视角，以及灯光设备的布置位置（水面上还是在水面下）；再次需要明确喷泉灯光设备必须有较好的防水性能（防水灯光设备比正常户外安装的防湿设备要贵3～5倍），并得到国家及行业水下安装许可（使用光学纤维或照明传送系统的情况除外）。在我国，喷泉灯光设计还处于起步阶段，但人们已开始意识到喷泉灯光设计的意趣所在。

9.3.5 风景园林植物照明

1. 植物与光

在对园林植物进行灯光设计之前需要了解植物在自然界中的光环境。光的数量（辐射强度和时间）、质量（光谱能量分布）、辐射周期、辐射方向，均影响植物的健康。

（1）辐射强度

评价光的水平需要使用照度计。照度计能够对适合园林植物的照明水平提供大致的指导。表 9-11 提供了基于日光水平的照度范围，可作为维持值进行计算。

基于日光水平的照度范围 表 9-11

处理	光照水平	照度范围（lx）
遮蔽全部阳光	低水平	750 ~ 1500
遮蔽部分阳光	中等水平	1500 ~ 2500
全部阳光	高水平	2500 ~ 3500

资料来源：引自本章参考文献 [21]。

（2）辐射周期

植物具有固有的时钟和日历，它们对于时间的响应基于光的数量和质量。植物在一天中的功能持续 24 h，包括 12 ~ 16 h 的光亮时期以及 8 ~ 12 h 的黑暗时期。光触发植物功能的开始和结束。植物在 24 h 周期中经历的黑暗时间触发几项功能，主要影响植物生长及开花。对于植物来说，黑暗对于日常功能是必需的。当植物得不到黑暗的休息周期，它们将发展出生理上的压力，易于被很多疾病感染，可能变得十分虚弱，直至死亡。红光（波长峰值 660nm）的亮暗周期在对植物生长的影响中扮演了重要的角色。风景园林出于夜间游赏的需要，有时必须对植物进行照明，对于植物辐射周期的干扰不可避免。这时需要保证在开放时段外，尽量关闭所有植物照明灯具，被照明对象尽量选择对辐射周期要求不严格的植物，并选择辐射光谱对植物的生理周期影响小的光源。同时，对需要照明的区域尽量配置对辐射周期要求不严格的植物种类。

（3）光谱能量分布

植物生长的另一个关键因素是光质量（光源的光谱组成）。植物需要可见光范围内的所有能量，以满足不同的生理需要。植物对光谱的响应在一定范围之内，波长超过 1000nm 的辐射没有足够的能量激发植物发生生物学的过程，但在一些情况下红外辐射能量能够灼伤植物。波长 320nm 以下的电磁波具有足够多的能量对植物的生物感光器造成破坏。植物的光感受器能够触发植物对不同光谱的不同生物功能。3 个明显的波段分别是 380 ~ 500nm 的蓝光、600 ~ 700nm 的红光和 700 ~ 800nm 的远红外光。对于植物的不同功能来说，每个波段所需的辐射量也不同。阴影对于植物受光有很强的影响，但单调的景物对光谱的影响不明显，而只是降低了照明的水平。

2. 风景园林植物照明灯光设计

（1）评估照明设计目标植物

对植物特性的评估可帮助灯光设计师确定灯光可以达到的特定效果、照明的方式方法。需考虑的植物特性以下几个方面。

1）形状和质感。形状包括植物地上部分的三维数据；质感包括主要角度的树叶尺寸和形式、树干的图案、整体的比例、树叶重叠部分的空隙等。

2）树叶类型。包括形状、颜色、纹理、浓密度、透明度、反射比、年变化、季相变化等。树叶可以浓而厚，也可以透而薄。基于树叶类型明确光源和照明方法的选择是一个重要方面。

3）枝干特性。树枝包括开敞、闭合、密集、竖直或下垂等类型。树皮包括条纹、多刺、蜕皮、裂缝、多色或剥落等类型。树皮的特色在落叶休眠期较突出，树干或浓密或松散，树干图案或美丽或独特。灯光设计的任务是增添植物的美丽。

4）生长速度。生命周期内植物尺寸和形状常常会发生显著变化，或树形从年轻到成熟发生显著变化，或成长期逐渐长出美丽的外形。基于植物生命期可能发生的变化进行灯光设计也是解决灯光安排的关键。

5）休眠特性。进入休眠期后某些植物要落掉所有的叶子，有些地上部分完全消失，有些看起来非常迷人。同一花园中一般同时存在一、二年生植物和多年生植物，灯具也会时隐时露，这也关系到照明灯光设计策略。

6）开花特性。包括开花时间，开花持续时长，花色，花朵尺寸和形状等基于开花特性明确光源和照明方法的选择也很重要。此外，某些植物的花期对于光照周期十分敏感，夜间照明可以帮助或妨碍植物进入花期。

（2）植物照明灯光设计

植物照明只是风景园林照明的一部分，植物照明设计一定要与整个景区的主题保持一致，必须融入整体。植物如何融入整体决定了植物接收到的光的数量以及照明方式。植物的特性、植物在景观中的位置及地位、整体的造景要求决定了最终采取的手段。当植物作为主要的视觉焦点时，遵照实际的式样。次要焦点的树、背景树、成组树，根据其扮演角色决定是选择实际外观还是进行美学抽象。用于特定植物的照明技术取决于植物在夜景整体中扮演的角色和期望的视觉效果两个方面，可供考虑的变量包括光的投射方向、灯具位置和照明的量（数量和质量）。

光的投射方向有上射光、下射光和侧向光，光的方向影响着植物的外观。下射光在植物叶子的下面产生阴影，模仿太阳或月亮照亮植物的效果，也可以模拟多云天的场景。上射光通常改变植物的外观，不同于白天的景象，通过穿透树叶的光线使树体发光，在树冠的顶部产生阴影，强调质感和形式，创造出戏剧化的视觉效果。

灯具的安装需要考虑光源位置同植物位置的相对关系，决定植物呈现出来的形状、色彩、细部和质地。前向光表现形状，强调细部和颜色，通过调整灯具与植物的距离以减弱或加强纹理；背光仅表达形状，通过将植物从背景中分离出来以增加层次感；侧光强调植物纹理并形成阴影，通过阴影的几何关系将不同区域联系在一起。

光的数量与植物在整体景观中的重要性成正相关，设计亮度与重要性级别成正比。唤起人眼产生视觉的是反射光，必须考虑植物的反射性能。设计者对于植物与光线相关的生理机能也应给予足够重视，特别是光源的光谱能量分布和植物受光照的亮暗周期。另外，需要明确灯具的散热不会损害植物。

9.4 风景园林照明电气系统

9.4.1 电源电压与供电选择

光源的电压一般情况下为交流 220V，少数情况下为交流 380V，水下场所可采用交流 12V 光源。风景园林范围广泛，规模不一，电源可根据实际情况采用 220/380V 电压等级供电，也可采用 10kV 电压等级供电。

当采用 220V/380V 电压等级供电时，多将风景园林景区内建筑物或构筑物内变电所的专用低压回路作为电源。10kV 电压等级供电主要是针对风景园林场地规模较大、用电较分散的情况，为了提高供电的可靠性，满足光源对电压质量的要求，多在不同区域设置与环境相协调的箱式变电站、10kV 环网供电。对游泳池供电时，由于人体浸入池内，其阻抗大幅度下降，因此要求池内电气设备和线路电压不得超过 12V，所以游泳池水下照明装置一般采用 12V 电压等级。而喷水池池内潜水泵和水下照明灯具功率较大，正常情况下禁止人进入池内，所以喷水池内电气设备和线路可采用 220/380V 电压等级供电。一旦喷水池内电气设备或线路绝缘损坏，入池维护前必须切断电源。为防人员不慎坠入池内而引起电击事故，必须对喷水池严格按照国家、行业及地方相关安全用电标准规范采取专门的安全措施。为防止照明线路及照明器在发生故障时发生人身电击、电气线路损坏和电气火灾，应配置短路保护、过负载保护及接地故障保护装置，用以切断供电电源或发出报警信号。一般，采用熔断器、断路器或剩余电流保护器来进行保护。

风景园林景区多属于休闲场所，供电负荷可按三级负荷安排，但对于夜晚开展大型游园活动、配置电动游乐设施、架设空中索道、有开放性地下岩洞的景区，其照明负荷需按二级负荷供电，应急照明按一级负荷供电。

9.4.2 电气设备的选择

电气设备在结构设计或安装上需要采取措施来保证至少实现 IP33 的防护等级，由于操作或清扫的原因可能需要更高的防护等级。对于可以不需考虑环境污染的场所，如居住小区和城郊，并且照明器高度在 2.5m 以上时，照明器防护等级可为 IP23。照明器的结构和安全严格遵守相关标准的规定。正常使用时的电压降应和灯具的启动电流条件相适应。

　　风景园林照明供电电缆布线用的管、标志带或电缆盖，需要有适当的颜色标识或标志，以区别于其他用途的电线电缆。

9.4.3 电线电缆选择与敷设

1. 电缆芯选择
　　风景园林配电线路宜选用铜芯电缆或导线。对于 TN-S 系统宜选用五芯电缆；对于风景园林 TT 系统宜选用四芯电缆；对于远距离大电流，为便于安装及减少中间接头，宜选用非钢带铠装的单芯电缆，以免造成涡流损失；对于高压 10kV 交流线路，一般选用三芯电力电缆。

2. 绝缘水平选择
　　（1）基于安全性和可持续性来正确选择电线电缆的额定电压。
　　（2）按表 9-12 的要求进行高压电缆绝缘水平的选择。

电缆绝缘水平选择表　　　　表 9-12

系统标称电压 U_n（kV）	3	6.6	10	35
电缆的额定电压 U_0/U（kV）	3/3	6/6	8.7/10.0	26/35
缆芯之间工频最高电压（kV）	3.6	7.2	12.0	42.0
缆芯对地的雷电冲击耐受电压峰值（kV）	—	75	95	250

　　（3）系统标称电压 U_n 为 0.22kV/0.38kV 时，线路绝缘水平电缆配线为 0.6kV/1.0kV，导线一般为 0.3kV/0.5kV，IT 系统导线为 0.45kV/0.75kV。按照这个标准进行低压配电线路绝缘水平的选择。

3. 绝缘材料、护套及电缆防护结构的选择
　　（1）绝缘聚氯乙烯护套电缆制造工艺简单、价格便宜、重量轻、耐酸碱、不延燃，适于一般工程。
　　（2）交联聚乙烯电缆结构简单、允许温度高、载流量大、重量轻，宜优先选用。
　　（3）直埋电缆宜选用能承受机械张力的钢丝或钢带铠装电缆。
　　（4）电缆桥架、隧道、穿管敷设等宜选用带外护套不带铠装的电缆。

（5）大气中敷设的电缆宜选用铠装电缆以防鼠害、蚁害。

9.4.4 风景园林照明控制系统

同一个风景园林照明系统内的照明设施既要根据实际需求进行分区或分组集中控制，以避免产生较大的故障影响面；又要根据照明时段规划对全部灯具进行错时启动，以减小对配电系统的电流冲击；也要根据照明灯具运行情况设置平日、节假日、重大节日等不同时间节点或时间段的开灯控制模式，将景观灯效、能源控制和光污染控制有机融合于一体；还要根据照明效果和管理需要采取光控、时控、程控和智能控制等方式，同时兼顾手动控制功能。

照明总控制箱宜设在电气系统值班室内便于操作处，以便管理和维护设于户外的控制箱，并应采取相应的防护措施。对于规模较大的风景园林照明系统宜采用智能化控制，在系统中预留联网监控的接口，为遥控或联网监控创造条件，采用计算机网络技术实现对各子系统的监控和管理，实现灯光组合变化和照度变化的灵活控制，并能检测记录系统内电气参数的实时状态和变化，发出故障警报、分析故障原因，这也有利于今后照明系统的进一步发展。

思 考 题

1. 试简述光源灯具的发展史。

2. 试比较分析各种灯具的优劣及其应用条件与特点。

3. 人的视觉特性、光的活动特性以及人与光的关系对风景园林照明灯光的工程设计与实施有何作用？

4. 如何开展风景园林各要素的灯光工程设计以提升游客的视觉体验？

5. 试简述风景园林照明电气系统的设备选择要求。

参考文献

[1] 杜松峰.关于桥梁景观照明的几点想法 [J].路桥工程，2015，33（5）：1082-1083.

[2] 郭菲.园林景观照明研究 [D].上海：同济大学，2000：23.

[3] 黄艳.城市广场光环境设计 [J].装饰，2003（8）：89-90.

[4] 居家奇.现代景观照明工程设计 [M].北京：中国建筑工业出版社，2015.

[5] 梁杜平．视觉与视觉环境设计研究 [J]．家具与室内装饰，2014（5）：102–103．

[6] 马军明．眼睛与视觉环境 [J]．中国眼镜科技杂志，2003（3）：31．

[7] 梅剑平．环境照明设计 [M]．武汉：武汉大学出版社，2016．

[8] 申为军，王琳．西德尼与瓦尔达拜绍夫雕塑花园 [J]．城市环境设计，2007（6）：114–119．

[9] 唐建顺，李传锋．光是什么，是波还是粒子 [J]．科学，2012，64（6）：7–11．

[10] 王非尘．浅谈喷泉景观中的灯光设计 [J]．演艺科技，2011（1）：55–58．

[11] 王鹏．城市建筑物景观照明探究 [J]．南方建筑，2006（3）：77–79．

[12] 王天鹏．中国木构古建筑景观照明光源和灯具的选用 [J]．灯与照明，2005，29（3）：16–17．

[13] 徐美仙，张学波．多维视角里的视觉素养：内涵、视野及意义 [J]．开放教育研究，2004（3）：31–32．

[14] 徐楠．园林道路的照明设计 [C]//2007 中国道路照明论坛论文集．2007：105–108．

[15] 姚玉敏，徐迎碧．景观视觉环境质量评价研究进展 [J]．园艺与种苗，2013（7）：11–13．

[16] 尹伊君．园林建筑的照明设计 [C]// 中国照明学会．第五届中国光文化照明论坛论文集．2014：276．

[17] 张海春，李春杰，陈雪初，等．光照度对水柱中斜生栅藻生长的影响 [J]，环境科学与技术，2010，33（4）：53–56．

[18] 张乐，夏冬．浅析夜间景观中的雕塑照明设计 [J]．建筑与装饰，2018（8 上）：12．

[19] 张倩苇．视觉素养教育：一个亚待开拓的领域 [J]．电化教育研究，2002（3）：6–10．

[20] 张清燕．浅谈园林景观照明计算机控制系统的设计 [J]．科技创新导报，2009（4）：41．

[21] 张昕，徐华，詹庆旋．景观照明工程 [M]．北京：中国建筑工业出版社，2006．

[22] 朱瑞琳，杨柳．内在光敏性视网膜神经节细胞的研究进展 [J] 中华眼科杂志，2012，48（12）：1128–1131．

[23] Daniel T C.Whither scenic beauty? Visual landscape quality assessment in the 21st century[J].*Landscape and Urban Planning*，2001，54（1–4）：267–281．

第 **10** 章

收尾养护
工程

本章要点

本章介绍了风景园林工程中收尾养护工程的重要性，分别就植物、
石景、路面、建筑物的养护管理办法展开介绍。植物养护工程介
绍了植物养护类型，分析了不同类型植物的特点，从科学合理的
规划设计、规范植物养护管理方法、完善养护管理制度、增强公
民护绿意识、加强园林队伍建设、增加养护资金投入等方面进行
介绍，其中重点是规范植物养护管理办法，包括灌溉排水、合理
施肥、定期修剪、病虫害防治、固定支撑、预防自然灾害等。石
景养护工程介绍了石景的种类及石景的维护办法，不同的石景要
制定专门的保养方案，重点介绍假山石景的养护办法。路面养护
工程中按照铺装材料的不同介绍了园林路面的分类，从路面施工
对养护管理的影响、路面病害及其修补措施两方面介绍了科学的
路面养护管理办法。最后，从建立健全养护管理制度、提高养护
管理人员素质、制定合理的养护计划三方面介绍了建筑物养护管
理办法。

10.1 植物养护工程

风景园林工程通过种植和培育园林植物来美化环境,同时具有保护和改善环境的作用。在园林中进行游憩活动时,植物为人们提供荫凉和私密的空间,对心理和精神都有极好的疗愈作用,有助于消除工作或学习带来的疲劳。同时,植物本身的吸引力和植物学特别的趣味性,增加了场地的吸引力,通过不同颜色的乔木、灌木和草本植物的合理配置,可以给人们带来视觉享受和精神愉悦。可以说,植物是影响游客选择休闲场所的重要的资源因素。然而,除了优点外,园林植物也容易受到外界条件的影响,需要专业人员通过浇水、施肥、病虫害防治、防冻等方式进行栽培和养护。对于不同类型的绿色植被,应采取相应的养护管理方法。

10.1.1 植物养护类型

风景园林植物种类繁多,经常出现的有草坪草、一年生和多年生花卉、灌木、乔木等。管理人员应针对不同的植被采取不同的管理方法。

1. 草坪

草坪是风景园林绿化工程中的基本植物,其培育和保护极为重要。大多数草坪植物容易成活,所以应该注意的是日常养护。首先需要改良土壤质量,可以与珍珠岩和河沙混合,保持土壤疏松。为了保证草坪的可持续生长,可以在土壤中掺入肥料。在整地过程中,应补充足够的基肥,有条件的可施用有机肥。草坪播种前,应将不平整的土地整平。在草坪播种过程中,可以画线,保证草坪整齐。播种后,大面积草坪需要用专用压平机整平,使沙土层与草籽充分接触。草坪浇水可安装喷头进行喷灌。注意草坪的定期检查和修剪。冬天应该注意草坪保暖。

2. 草本植物

草本植物木质部不发达,支撑力弱,却是园林植物不可缺少的组成部分。绿化过程中的花坛、花境等的设计必须加入草本植物进行搭配。常见的有菊花、一串红、碧冬茄、长春花、鸡冠花、万寿菊等。草本植物在繁殖和营养生长活跃期需要大量的水分,水分直接制约着幼苗的正常生长。大多数情况下,采用集中喷灌的方式保水。与乔木相比,会给草本植物做少量修剪甚至不修剪,但在规划的前提下,特别是在营造花坛和花境的过程中,可以适当修剪花卉,保证景观的特殊性和完整性。病虫害防治主要是以预防为主,综合防治,通过预防达到治理的效果。草本植物的主要虫害是咀嚼性害虫,如斜纹夜蛾,它们以植物汁液为主要营养来源,可根据具体害虫选择杀虫剂进行防治。而对于草本植物的病害可以科学地选用杀菌剂进行防治控制。

3. 灌木

灌木植株多数比较矮小，无明显分枝或从基部分出数个小分枝，一般为丛生小型花卉。常见的灌木有丁香、杜鹃、迎春、石楠等，在增加园林色彩方面起着重要作用。以杜鹃花为例，杜鹃花适合在酸性土壤中生长，不喜欢碱性和黏性土壤，对土壤渗透性和排气性要求较高，比较适合在南方地区种植。杜鹃花即将开花时，需水量会急剧增加，要注意浇水频率。杜鹃根系相对较浅，容易浮在土壤表面，因此肥料应浅施而频繁，否则容易过度施肥而导致死亡。为了保持一定的形状，必须根据灌木的生长态势进行多次修剪，同时，修剪后的植株对水分和肥料的要求也较高，根系较浅的灌木植株，可采用地面浇灌的方法。对于生长活力不够旺盛的灌木，可以添加复合肥。灌木的分枝能力优于乔木，为了控制植株的树冠形状，必须多次修剪，否则容易出现空秃现象（图10-1）。首先，应先使大枝生长均匀，小枝不要影响透光、通风的密度，然后按照人工设计修剪成型。其次，在不影响外部景观和植物生长特性的前提下，要尽可能清除灌木中的枯枝。绿篱作为园林灌木的重要表现形式，提高了园林灌木的观赏效果和艺术价值，掩盖了不良视点，经过多次修剪，可以强化灌木绿篱的表现形式。灌木丛植常导致株距近、枝叶密，在这种情况下，一旦发生病虫害，就很容易传播，造成大面积危害。因此，有必要对灌木的病虫害进行防治，通过修剪、喷施药物、清除枯枝落叶等方法，破坏病虫害滋生的环境条件，达到预防的目的。

图10-1　灌木修剪工作

4. 乔木

风景园林中乔木的标准除了符合规划设计时提出的对规格、树形等的要求之外，还应选择长势健壮，无病虫害、机械损伤，树冠均匀端正，根系发达的树木，常见树种有雪松、悬铃木、柳树、榉树、朴树、槐树等。在实际的风景园林工程中，植物群落一般以灌木为主，搭配不同比例的草本、乔木，然而，乔木以其宽大的树冠占据了很大的空间，占用的绿地面积较大，且养护成本最高。通过利用乔灌草进行合理的空间搭配，可以营造出不同风格和特点的休憩空间，突出绿化效果。一般来说，乔木冠幅较大，树根较深，树木的移栽时，栽植树穴的深度和直径一般是树根包裹土坨的1.5倍。移栽前土壤应施足肥料，以有机肥为主，移栽后，在添加复合肥的基础上，采取一系列措施保证新移栽树木的成活率，还应采取灌溉、施肥等措施，保证移栽树木的正常生长（图10-2）。对于一些需水量较大的植物，可以适当增加灌溉量。树木修剪是指乔木主导枝和竞争枝的数量和比例的变化，树干姿态的变化，以及伤口和损伤的形成。经过一系列分枝的加工，形成了主导枝，同时，通过培育主轴使修剪后的树冠丰满。在修剪过程中，如果有长枝、直立枝和平行枝，必须将它们去掉，以控制枝条徒长。修剪期一般处于休眠期，可以在休眠期进行重剪。生长期修剪主要是改变树冠，修剪后再施肥、用药。病虫害是影响苗木生长的重要因素，乔木虫害主要包括蛴螬、天牛幼虫、白蚁、木虱、甲虫、蚧虫等，这些害虫严重危害幼树的健康生长。主要病害则是根腐病、立枯病和炭疽病。这些病虫害可以通过扑杀和使用介特灵等农药来控制。除药品防治外，还要清除枯枝，通过通风、透光等措施及时处理受损植物。

图 10-2　大乔木移植方法

10.1.2 植物养护管理方法

俗话说"三分种，七分养"，充分证明了园林植物养护管理的重要性。在实际工作中，要正确认识这一方面，加强植物的养护管理，确保园林植物景观发挥实质性作用。植物养护工程的主要目标是提高园林苗木成活率，达到最佳的表现形式和效果。早期种植工作结束后，如果不及时养护管理，会导致植株成活率低，生长不良甚至死亡。为保证工作的有效开展，应采取有效的养护管理方法，规范和完善植物养护标准和制度，实行现代化管理。具体方法如下所述。

1. 科学合理的规划设计

不少风景园林规划设计忽视了人的心理及行为特点，缺乏对人性化和后期管护工作的全面考虑，导致植被遭破坏，例如为达到景观美化效果，通常会栽植一些特殊叶形、花色的植物，栽植在容易接触的地方，人们观赏花木的时候很可能会攀爬树木摘取叶片、花朵，既破坏了设计效果又有安全隐患。现代的园林空间是相对开放的，人的使用频率越来越高，因此一定要强调人性化设计，充分考虑人的心理和行为习惯，从而避免游客对植物景观的破坏。设计时除了要明确植物设计的目的和景观效果，还要分析景观建成后人的行为和活动是否会对景观造成破坏等。

2. 规范植物养护管理方法

受传统观念的影响，许多企业存在"重建设，轻养护"的观念。园林植物的养护期一般为三年，期间要投入一定的经济费用，因此，大多数企业为了节约成本，导致养护管理粗放。在植物的养护管理中，首先要规范植物养护管理的方法，这也是养护管理工作实施的重要依据。本节从灌溉与排水措施、合理施肥、定期修剪、病虫害防治、固定支撑工作、预防自然灾害等方面介绍植物养护管理方法。

（1）灌溉排水

园林植物栽植后，由于土壤和植物本身失去了一定的水分和营养，要及时科学地进行灌溉施肥，养分，避免种植后因缺水引起生长问题。根据园林植物种类，一般乔木的灌溉期为 3 ~ 5 年，灌木需连续灌溉 5 年以上。当土壤质量相对较差时，应延长灌溉期。为了提高成活率，园林植物养护人员在植物种植后会浇灌适量的定根水，并根据当地的气候情况和降水情况适当地对植物进行补水。植物的灌溉量应根据不同地区的气候情况和降水条件来确定。在降水量相对较小、气候干燥、气温较高、水分蒸发迅速的地方，植物根系不能吸收足够的水分，会影响植物的生长，应适当加强植物灌溉。夏季日照时间长，植物生长速度较快，光合作用频率较快，因此夏季植物需水量最大。夏季浇灌时，不宜在阳光最强烈的中午浇灌，否则会对植物生长带来不利影响（图 10-3）。浇水的树堰需要有相应的防水效果，这样可以保证不漏水、不跑水，水量充足，有利于植物的健康生长。夏季移栽树木时，要采取适当的遮阴措施，避免幼苗直接暴露在阳光下，当空气湿度较小时，养护人员需要向地面和树冠喷水，以改善空气湿度。

图 10-3　灌溉排水不良现象

当土壤含水量较高时，会影响植物根系的通气，给植物的正常生长带来负面影响，严重时会引起植物根系的腐烂和死亡。对于园林植物养护的排水工作，主要是利用一些自然坡进行排水，实际操作中应根据具体情况及时调整排水方式，达到最佳效果。此外，不同植物对水涝的抗性也不同。乔木对水涝的抗性强，灌木对水涝的抗性较弱。排水方式主要分为明沟排水和地下暗沟排水。当园内出现大范围降水时，一般采用明沟排水方式将积水排干。地下暗沟排水是将排水沟与城市排水管道连接，这种排水方式造价高，增加了园林工程造价。此外，一些地势较低的植物更容易受到水涝的影响，因此有必要在地势低洼的地方挖排水沟。

（2）合理施肥

良好的土壤环境是植物生存的保障，但目前，在我国各地的风景园林工程养护管理过程中，管理者并不注意土壤是否优质，也不会及时检测土壤环境，在没有准确判断土壤环境的情况下盲目种植，造成植被资源的浪费。在后期的养护管理中，由于土壤环境没有得到改善，将增加养护难度。为了保证植物的成活率和后期的健康生长，管理者必须对土壤进行检测，以确保土壤的安全和营养。要掌握所用土壤的 pH，做到定向施肥，确保种植土的肥力满足园林植物的营养要求。由于各地土壤养分含量和含氧量不同，在园林工程养护中应定期施肥，使植物不因某些养分的缺乏而枯萎，具体应该根据植物的生长状况和环境而定。水肥管理是后期养护工作的重点。应根据植物的特点，施用一定比例的水肥，注意植物不同生长阶段对水肥的需求量不同。施肥要在吸收肥料的毛细根集中的区域实施，才能达到最佳效果，一般而言，毛细根垂直于地下 15cm 左右，水平分布多在树干到树冠投影线附近的区域（图 10-4）。另外，要根据修剪次数进行施肥和浇水，及时除草和松土，提高土壤的渗透性，有利于养分在土壤中的运输。植物旺盛期和退化期所需的水肥量应分别处理，因此，要对植物的水肥进行分期管理，使植物根系获得良好的生长条件，健康生长。

图 10-4　合理的施肥方法示意

当园内植物正常生存和生长时，仍须适当施肥以提高植物的生长速度。养护管理人员需要注意施肥的频率和数量，避免过量施肥。植物种植后，要根据实际情况施肥，有效提高土壤肥力，促进园林植物快速生长。施肥分为底肥和追肥两部分。在施用底肥的过程中，应适当控制施肥时间，最好是在叶片脱落后和植株发芽前。施用发酵后的有机肥可以有效提高土壤肥力。在实际施肥过程中，将肥料与土壤搅拌均匀，施肥量根据植物种类和大小进行控制。追肥后要及时浇水，避免肥料灼伤或烧坏植物根系。

（3）定期修剪

园林植物的重要功能之一是美观，因此，在植物养护过程中，定期修剪是必不可少的工序，经常把植物修剪成特定的形状。修剪通常是将植物的根、枝、叶、花蕾、果实等部分剪除，疏剪和短剪是常用的修剪方法（图 10-5），主要用于处理植物的枝干。在园林植物造型过程中，需要采用盘剪和吊剪的方法，有效地控制植物的生长，调整植物的形状，使植物具有更高的观赏价值。

由于工程所处的阶段不同，植物需呈现的形状可能会有所不同，因此有必要根据植物的生长状态定期修剪植物。修剪工作有特定的步骤，而且需要结合具体的植物种类进行，通常植物内部枝叶生长较快，因此需要提前安排修剪，有些植物生长规律简单，要保持植物的正常状态，只需修剪枯萎的部分。修剪工作应根据工程的具体要求制定相应的工作计划。目前，在修剪工作中，采用抑制植株顶端生长的方法，防止植株其他部位的生长，使植株更容易修剪成形。

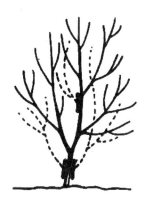

图 10-5　植物修剪方法示意

（4）病虫害防治

园林植物种植后，其生存环境发生变化，从而限制植物生长，使其抗性逐渐降低。在这种情况下，病虫害会趁机入侵园林植物，影响其健康生长。因此，要做好病虫害防治工作，这也是园林植物养护工程的重要组成部分。在病虫害防治过程中，要坚持"预防为主，综合防治"的方针，结合当地环境条件、气候特点、防治效果和成本，在保证其他植物安全生长的前提下综合治理。在植物种植的过程中，要注意物种的搭配，优化园林植物的种类和结构，避免大面积种植单一植物品种，防止植物病虫害大面积爆发。定期开展植物病虫害检测，细化植物病虫害检疫对象，检查过程中发现病虫害要及时进行处理，严重时要重新种植。根据发病情况合理使用药物，使用低毒、高效、生态污染小的农药防治病虫害，确保对症下药，避免浪费。同时，根据病害的种类，可采用有针对性的药物，尽快杀虫。秋冬季节修剪植物病枝，破坏病虫害越冬环境，从物理层面上减少病虫害的发生。结合控肥、控水、翻耕、除草等养护措施，增强园林植物的生长势，增强其抗逆性，从而减少病虫害的影响。

在不同植物的不同生长阶段，病虫害对植物的威胁性不同，特别是在刚刚播种的阶段，一旦出现病虫害，将直接增加植物的死亡率。在病虫害防治过程中，会遇到不同的病虫害，要根据实际情况找出具体原因，采取有针对性的防治措施，调查病虫害发生规律，尽可能掌握病虫害发生特点，避免后期出现同样情况，还需制定一些防治病虫的方针政策或处理病虫害问题的具体措施。生物防治也是一种可行的方法，尝试引入益虫或其他微生物来预防病虫害。

（5）固定支撑

在植物养护工程中，培养植物良好的抗风能力是非常重要的。首先，对于胸径大于5cm 的植物，在极端天气下，需要采取相关措施，有效地固定树木，确保植物不会倒伏。一般采用杉木、竹子、钢管和斜拉索作为树的支撑杆。为了提高园林工程的景观效果，还对树木支撑架的材质进行了改进，并经常采用新型塑料支撑杆。新型塑料支杆具有强度高、重量轻、颜色可调、均匀、耐腐蚀、防雨、安装拆卸方便、节省大量铁丝和人工等特点，目前已得到广泛应用。支撑杆必须有一定的硬度，材料不得老化、腐烂，因为在园林工程中，支撑是必不可少的，支撑杆具备功能性的同时，也要具备一定的美观性。选择杉木、竹子等天然材料作为支撑杆时，因其与树木直接接触，所以不能携带病虫害。至于支撑杆的牢固程度，则取决于土壤的松软程度，并可根据树种和高度增加或减少。

（6）预防自然灾害

对于后期的植物种植养护，要根据园林植物种植的实际情况，采取浇冷冻水、做挡风屏障等措施，防止自然灾害的发生。同时，在春季或夏季太阳高照时，需要对一些易受伤害的植物进行遮阳防晒处理，以避免植物水分因日晒而过度蒸发，使园林植物更好地进行光合作用。园林绿化监管期间，有关单位要认真做好苗木的防冻工作，防止苗木受冻、死亡。在道路两旁的树底，喷石灰或裹稻草抗冻，以减少寒冷对树苗的伤害。每年冬季来临时对于不耐寒的树种，需要进行树干包扎，具体做法是用绿色无纺布、塑料布、草绳等从树干基部缠起，缠绕至树高1.5m以上或者树干分枝点处即可，无纺布可提前用杀虫剂浸泡，同样可以起到预防病虫害的作用（图10-6）。

图 10-6　树干包扎方法

3. 完善养护管理制度

园林绿化作为一种社会公共事业，长期以来一直由国家和政府投资，但是人们对风景园林的地位和作用缺乏全面正确的认识。园林绿化在管理、标准和规范制定、与其他行业间的协调等方面一直处于薄弱环节，没有建立起独立的养护管理制度，这极不利于园林绿化产业的发展，园林绿化行业的地位亟待提高。同时，园林养护管理行业还缺乏统一的行业规范，如园林养护收费标准、园林养护企业资质管理办法等，导致养护工作缺乏具体的参考标准，这给管理带来了一定的困难。由于不重视养护工作，园内许多草坪和植被遭到破坏，甚至大面积死亡，同时，垃圾乱扔也妨碍了养护工作。在风景园林工程的设计阶段，必须积极寻求施工技术与养护技术的结合，以保证两种技术能配合使用。例如，在植物配置时就应该听取植物养护人员的意见，科学合理地搭配组合植物。在实际施工中，也应该到现场亲自指导施工人员，保证园林施工能符合预期的设计方案。比如，施工阶段就要适当修剪枝叶，浇灌定根水，提高植株成活率。

在风景园林养护工程中，相应的管理制度不完善体现在两个方面：首先，在植物养护方面，缺乏可行性指导，导致工作落实不到位；二是考核方法不完善。为了更好地保证植物养护工作的顺利进行，有必要制定相关的考核办法，以便更好地开展绿化养护工作。应该加强园林植物养护管理体制改革，发展园林植物养护管理新模式。一是创新植物养护管理体制，通过运用先进技术创新植物养护管理，建立更加完善的养护管理体系，实现景观动态监测，从而更好地进行植物养护管理；二是在植物养护管理中，要不断完善植物健康的考核评价方法，更好地提高工作人员的积极性；三是根据具体情况，制定养护计划，更好地开展养护管理。

在园林绿化养护中，养护人员要抓住主要环节，充分体现设计理念，这也是提高养护水平的有效对策。同时，园林绿化的养护也要根据人们的行为习惯，满足功能需求，创造适宜的空间，提高经济效益，以弥补园林设计的不足。为了提高植物的成活率，在整个风景园林工程建设过程中也要时刻进行植物养护。在具体实施中，应避免植物在运输过程中受到伤害，保证移栽的树木不过度失水。必要时，应定期修剪树冠，采用遮阴措施减少对树木的损害。在植物养护中，还应充分发挥现代管理技术的作用，提高生产效率，大大降低劳动强度。同时，要强化现代管理意识，加强养护宣传，对破坏植物者要给予罚款等处理。

4. 增强人们护绿意识

风景园林建设的目的是为了给人们提供更多的游憩场所，反过来，为了可持续地使用，游客在游览过程中也应承担相应的保护义务。在具体执行过程中，地方政府以及相关部门，应该就园林植物养护工作展开必要的宣传教育活动，通过网络、电视、报纸等媒介宣传园林植物养护工作的重要性，并在园区内树立一些宣传栏，帮助游人自觉遵守社会公德，杜绝不良行为。在条件允许的情况下，管理人员可以同周边的社会机构建立合作关系，邀请一些社会人员亲身投入园林植物养护工作，既能够强化自然资源保护的宣传效果，也可以提升园林植物养护管理的效率。

风景园林工程的目的是为人们创造一个可以休息和放松的地方，游客在观赏过程中也应承担保护责任。但在游憩过程中，一些居民无视植物保护原则，随意破坏植被。比如，为了提高景观的观赏性，园内会种植一些比较别致的植物，但是这些观赏性比较高的植物往往很容易被攀折。为保证园林绿化工作的有效实施，必须采取适当的方法增强市民的绿色环保意识。具体实施中可通过在养护区张贴横幅、设置环保标志牌和文明警示牌来提醒广大群众爱护绿色植物，还可以定期组织人们参与种植实践和生态旅游活动，充分调动人们参与生态建设的积极性，同时通过网络、电视、广播、报纸、布告栏等手段方式宣传绿色环保意识，从而引起全民对生态建设的关注，全面参与绿化工作，形成自觉爱护环境的良好社会氛围。

5. 加强园林队伍建设

植物养护工作多是由绿化管理人员直接负责的，目前，由于园林绿化行业的薪酬水平不高，无法吸引到具有优秀专业技术和综合素质的人才加入园林管理团队，一线队伍建设相对薄弱。一是园林养护管理人员年龄一般比较大，限制了园林养护的发展；二是园林养护人员专业技能不成熟，对植物的养护管理只是靠平时经验，实际操作能力不强，造成养护效果差；三是园林养护人员规范操作意识不强，这种情况严重影响了养护效率，导致绿化水平整体偏低。在实际的园林养护管理过程中，采取的方法和措施比较简单，即浇水、修剪、日常清理等，缺乏技术性。养护管理人员素质较低，缺乏相应的专业培训，造成景观养护效果差，降低了养护管理效率，导致风景园林工程的各项功能未能得到真正的发挥。在这方面，一是园林养护施工单位要按照择优录取的原则，有选择地聘用专业人才；同时，做好员工培训，加强员工专业知识，提高他们的养护管理能力。有经验、有能力的前辈可以言传身教，帮助新人在实践过程中掌握相关养护技术。定期组织养护人员参观一些优秀园林，交流工作经验，开阔工作视野。在条件允许的情况下，聘请专家进行现场指导，提高一线养护人员的专业素质。二是加强园林养护人员的职业道德素养教育，提高其工作积极性，进而提高风景园林养护管理的工作效率。三是完善养护管理人员考核机制，定期检查养护人员的技术素养和知识能力，并根据考核结果做出相应的奖惩，确保园林养护队伍工作的积极性。根据实际情况，结合养护管理技术要点制定统一的养护计划，对养护情况实行考核评分制度，进一步增强员工的园林养护意识和能力。通过定期开展养护培训，加强对新技术的认识，从而解决园林养护中存在的问题。在实际养护阶段，为有效保证养护进度，需要对养护区域进行实地调查，根据工程需要，制定相应的养护方案，确保园林效果满足设计要求。目前，我国部分地区对园林植物栽植后的养护管理重视程度不够，园林养护工作主要包括灌溉排水、合理施肥、定期修剪和病虫害的防治等，要根据不同种类植物的生长条件，加强对园林植物的科学管理，保证园林植物的健康生长。园林养护人员的专业技能直接影响植物的生长发育，进而影响到园林景观的效果。加强园林队伍建设具有重要的现实意义。园林养护单位要促进养护队伍的年轻化，贯彻和宣传与园林养护有关的法律法规、地方标准和行业规范，积极组织园林养护人员学习理论基础知识，培养实际操作技能，加强新老员工的经验交流，提高员工的养护管理能力。

6. 增加养护资金投入

植物养护是一项持续性、周期性、长期性的工作，需要投入充足的资金，以确保园林植物养护管理工作能够持续下去。但在实际调查中发现，由于园林植物养护不能产生直接效益，所以有关部门对园林养护工作缺乏专门的认识，经费投入力度不足，导致园林养护资金短缺，不能雇用到合适的一线管理人员，也没能及时引进和有效更新养护设备和技术，导致园林植物的价值得不到充分体现。在实际的园林养护管理中，需要一定的资金进行苗木更新和养护人员的技术培训，但经费的不足对园林养护工作产生了一定的负面影响。在现代风景园林养护管理中，应合理投入和落实养护资金，将有限的资金用于实处。比如，专项资金由专人管理，坚持分段管理、分片养护的形式，使风景园林植物养护工作可以更有效地进行。无论是施工环节还是后期养护阶段，都离不开资金的支持，因此，园林项目负责人应加强资金管理，根据园林项目的实际情况制定资金使用计划，避免因施工阶段资金使用过度，导致后期养护资金不足。

目前，部分风景园林的后期养护工作由政府部门承担，部分由所在区物业负责，管理主体不明显。为解决资金投入问题，有关管理部门应明确绿化植物养护责任主体，由其承担养护资金定额。根据园林植物的养护管理，制定一些符合政策要求的收费项目，如在园内开展植物认养活动、维修资金筹集活动，鼓励当地企业捐资改善园内基础设施、提高养护质量等。此外，养护管理费用普遍较低，后期养护管理一再拖延，"一年绿、两年荒、三年光"的现象时有发生，严重影响了园林养护质量。随着现代科学技术的不断引进，园林养护管理也应与时俱进。要根据园林养护的实际情况，加大资金投入，有计划地引进先进技术和设备，采取有针对性的养护管理服务措施，确保园林养护管理的高效率。一是有关部门应重视园林绿化养护工作，根据实际需要投入相应的资金支持。同时，制定年度养护管理费用的详细预算方案和实施计划，确保各项资金使用到位、有效。二是要不断优化养护技术，引进先进的设备，如起苗机、修剪机、喷灌设施等，保证高质量的浇水、施肥、修剪和病虫害防治工作。三是按照"择优""美观""高成活"的原则，选择适合本地种植、有当地特色的园林植物；同时，要尊重"生态效益"原则，营造和谐平衡的园林生态环境。四是在条件允许的情况下，建议聘请专业养护单位，实现"管护"一体化，确保园林植物管理和养护的高质量。

10.2 石景养护工程

石景是风景园林景观设计中的一个重要因素，常与植物、水体、建筑物等相配合，展现景观自然的美感。古人云："园可无山，不可无石""山无石不齐，园无石不秀""园无石不雅""石配树而华、树配石而坚"。石景作为造园元素之一，在园林构图中起着非常重要的作用，且因其独特的趣味性、观赏性和生态性，受到园林设计师的青睐。如今，在许多城市的公园、广场和社区花园等公共场所，都能看到美丽的石景。虽然它们不像植物一样需要经常进行管护，但要想让石景的观赏和使用寿命延长，也同样应该考虑后期的管理和保护问题。

10.2.1 石景养护类型

石景种类很多，不同的石景应采用不同的养护方法。首先，石景的养护方法与其岩性关系非常密切，不同岩性的景石构成不同的石景。园林造景中运用的石材可分为太湖石、黄蜡石、英石、花岗岩等天然石材和人造塑石等。

1. 太湖石

太湖石最初产于太湖地区，因其外表参差不齐，又称窟窿石、假山石。太湖石是我国园林四大名石之一，造型各异，千姿百态。其色泽最能体现"皱、漏、瘦、透"之美。太湖石是一种石灰岩，有水石和干石两种。水石是江河湖泊中经过水波荡涤侵蚀缓慢形成的，干石是长期在酸性红壤侵蚀下形成的。太湖石以白色居多，还有一些青黑石和黄石，黄色的比较少见，特别适于园林布置，具有较高的观赏价值。但石灰石的性质是易吸附油和其他水性液体，易被划伤和被酸性物质腐蚀，易被污染，多孔，易吸水，日常使用中可以使用中性洗涤剂定期清洗。

2. 黄蜡石

黄蜡石为黄褐色，石质光滑如蜡，故得名。由于岩石表面存在天然微孔，微孔越小，毛细作用引起的吸附力越强。细小尘埃、生物等腐蚀其肌理后清理困难，常导致石材泛碱、产生色斑等。因此，应注意对黄蜡石表面的保护，并使用专业的石材养护剂来达到石材的养护效果。

3. 英石

英石是产于广东省英德市的一种石灰岩，其成分为碳酸钙。该石材千姿百态，意趣天然，为园林造景的理想用石。英石也是园林四大名石之一，一般为青灰色，在公园里比较常见，而且大多以英石假山的形式出现。

英石质地较软，耐酸碱性及抗风化能力较差，易吸收油、水等液体，易被划伤。酸会分解石英中所含的碳酸钙，从而使石景表面受到侵蚀。因此，应使用中性洗涤剂定期清洗，而不能使用酸性清洗剂。

4. 花岗石

花岗岩是一种火成岩，属于硬质石材，由长石、石英和少量云母组成。它的颜色主要由长石的颜色和少量云母及深色矿物的含量决定，通常为灰色、红色、蔷薇色或灰红色。经过加工抛光，形成了不同深浅色泽的斑驳图案。这种图案的特点是颗粒细小而均匀，有星状云母亮点和闪闪发光的石英晶体。花岗岩结构致密，颗粒结构均匀完整。公园中常用作单体观赏石，体量一般比较大。花岗岩的自然纹理也可用于以天然植物造景为主、石景为辅的自然景观中。

花岗石颜色一般较深，抗风化能力强，但表面也有气孔，吸水性强，会受到污染，因此在养护前应使用渗透性保护剂进行预处理。酸常使花岗岩中的硫铁矿物氧化，导致吐黄现象（Fe^{2+} 氧化为 Fe^{3+}），造成表面侵蚀（图10-7）。碱也会侵蚀花岗岩中长石和石英硅化物晶体的晶界，造成晶粒剥落现象。因此，可使用中性或弱酸性洗涤剂清洁。

图 10-7　石景表面被侵蚀

5. 人工塑石

新材料和新技术广泛应用于现代园林中。以水泥、砂浆、混凝土、玻璃纤维、有机树脂、玻璃纤维水泥、碳纤维强化混凝土等为主要材料进行塑石，在现代园林中日益兴起。人工塑石的优点是造型随意多变，体量可大可小，颜色多变，重量轻，节省石材，节约成本。特别适用于施工条件或承载条件受限的场所，如屋顶花园；缺点是寿命短，人工味浓。为了解决这个问题，可以用少量的天然石材和人工塑石组合进行造型设计，然后用植物进行装饰。真中有假，假中有真，既能节约石材，又能降低塑石的人工味。

人工塑石的养护相对简单，如果是浅色石景则需要额外的保养维护。一般情况下，配置前就应做渗透防护处理，之后养护时应使用中性或弱碱性石材清洁剂，不得接触强酸强碱物质或不明成分的清洁剂。一般洗涤剂都含有酸碱，如果长期使用，会使石景表面失去光泽，而非中性剂的残留也是产生石景病变的主要原因。

10.2.2 石景养护管理办法

石景具有较高的观赏价值，一直存在于现代园林设计过程中，石景的状态和效果与养护管理密切相关。科学、及时、合理的石景养护管理，不仅能满足人们的观赏需求，而且有助于风景园林的可持续发展。经过风吹雨打、多年的曝晒，石景会被腐蚀，这会影响画面的整体美观，如何维护石景？

1. 制定专门的保养方案

在许多园林工程中，石景防护剂对于某些类型的石景保护效果并不十分理想。在排除施工不当、产品失效等原因后，最有可能的原因是没有使用正确的防护剂进行保护。比如花岗岩和大理石的矿物组成和化学成分不同，所以养护时使用的保护剂配方也不同。即使是同一种园林石景，由于密度和化学成分的不同，养护剂的用量也略有不同，一些粗粒花岗岩石景，比如粗花岩浆岩、大块石英，这些石材表面是致密坚硬的石英，水、灰尘等污染物都是渗透不进去的，可以不做保护。

因此，根据不同石景的特点，首先要列出可能引起石景受损的因素，了解原因，从而确定养护管理的方式和频率，增强石景的抵抗力或降低石景快速恶化的可能性，从而使石景能够长期稳定地发挥景观效果。

2. 假山石景养护

假山景观常与植物、水景等元素相结合，可以营造出和谐的景观氛围，假山景观质量的优劣直接影响着风景园林的整体观赏性。此外，长期的风吹日晒会导致假山品质有所下降，为了保证其美观度，有必要做好后期的养护工作。

养护时，首先必须对假山石进行清理，清除附着在石材上的淤泥和杂物，确保假山石景的干净整洁。长期覆盖杂物的话，石景下湿气无法通过石景毛细孔挥发出来，含水量增高而导致石景产生病变。在清理的时候注意要用专业的工具，不能使用尖锐的东西，以免划伤石景。石景上的苔藓类植物不需要清除，应适度地浇水养护，发挥苔藓的绿化作用。想要延长假山的使用寿命，保证它的视觉美感，就需要对假山进行细致的养护。通常假山的养护周期为 2 ~ 3 年，主要包括表面修补上色和内部骨架的加固稳定。一方面，假山维修人员需要修补假山的表层，对已经风化和开裂的山体进行水泥补浆和上色，对脱色、褪色、掉色的山体部分进行喷涂和调匀；另一方面，要加固假山内部的钢结构和山体主心骨，从而加强假山的整体稳定性能。

石景之所以被广泛应用，主要是因为其强度较高、应用时间比较长，是常见的天然景观材料。风景园林中，石景与人接触的频率较高，其凹凸不平的表面容易藏污纳垢。应采取相应措施提醒人们不要将果汁、饮料、咖啡等液体沾到石景上，这些物质可以通过石景的毛孔进入石景内部，加速石景腐蚀。同时，一些碱性物质也会使石景中的晶体脱落，所以应尽量避免此类物质接触石景，而且接触到这些物质很难清理。另外，油迹、水泥残渣等污染源都会顺着毛细孔渗透到石景内部，形成令人讨厌的污渍，因此一定要定期对石景进行清理，清理之后要选择专用防护剂涂在石景上，防止污染源污染石景。防护剂不可能百分百长期阻绝污染，一旦发现污染物，必须立即清除，以防止其渗入石景的孔隙内。

10.3 路面养护工程

风景园林道路是连接景区与景点的枢纽，同时也是景区内一道靓丽的风景线，是风景园林中必不可少的一部分，它影响着园林景区的光照、采景、通风及环境保护等。园路的功能主要有交通枢纽、导游线路、构成园景、提供活动休息场所等。但是园路建成后及不断使用过程中，由于人和车辆及天气因素如酷暑、严寒、风、霜、雨、雪等原因经常发生路面破损现象。因此，本节根据园林路面的类型，结合实际情况分析路面养护管理中存在的问题，并提出相应的对策，为路面的养护管理提供参考。

10.3.1 路面养护类型

园林路面不仅要有足够的承载能力、较高的稳定性、一定的平整度、适当的抗滑能力、不产生过大的扬尘现象等基本特点，同时还要考虑景观效果。不同的路面铺装材料，可以达到不同的效果。按照铺装材料使用的不同园林路面可以分为以下几类。

1. 整体路面

整体路面主要是沥青混凝土或水泥混凝土铺筑的路面，平整度好，耐压、耐磨，施工和养护管理简单，多用于公园主次园路或一些附属专用道路。采用混凝土的整体路面应定期检查伸缩缝和拼贴，防止由于外力作用引起裂缝和破损的发生，一旦产生裂缝要及时修补平整，以免裂缝扩大造成园路更大的损坏，影响外观和使用。

2. 块料路面

块料路面一般使用规则或不规则的石块、砖块和预制混凝土作为路面面层材料，结合层采用水泥砂浆，起到路面平整和黏结的作用，适用于园林中的游步道、次园路等。由于块料铺装的路面耐冲击性较差，在车辆人员通行时不可避免地会造成磨损，因此需要定期检查，及时更换有损耗的块料，以确保路面完整统一。

3. 卵石路面

卵石是园林中最常用的一种路面面层材料，一般用于公园游步道或小庭园中的道路。中国古典园林中很早就开始用卵石铺路，并且还创造了许多带有传统文化的图案，江南古典园林中目前仍保留了不少这方面的优秀作品。对铺有卵石的路面也要定期检查，及时更换丢失的卵石材料，保证园路的正常使用和美观。

4. 嵌草、步石、汀步、蹬道

嵌草路面是将天然石块和各种形式的预制水泥混凝土块铺成冰裂纹或其他花纹，铺筑时在各块之间留 3 ~ 5cm 空隙，填入培养土，然后植草。对于草坪铺装或嵌草路面，应设置禁止践踏的标志，对过度践踏造成损坏的草坪进行养护，设置防护栏等设施。嵌草预制砖铺装的路面要定期检查，如有破坏要及时更换，防止破坏扩大。

5. 木栈道

木栈道是使用木材作为面层材料的园路，因天然木材具有独特的质感、色调、纹理，可令步行更为舒适，但造价成本和维护费用相对较高。一般情况下，选用的木材应先进行防腐处理。因此从保护环境和方便养护出发，应尽量选用耐久性强的木材或对环境污染小的木材，现在大多选用杉木作为面层材料。

10.3.2 路面养护管理办法

1. 路面施工对养护管理的影响

在风景园林工程中，路面铺装是一项基础工作，需要不断进行施工技术创新，才能确保路面铺装具有较高的施工质量。与其他道路工程相比，景观路面工程更加注重环境与自然的和谐性，对施工技术水平要求较高。园林工程无论在结构方面还是在施工内容方面都比较庞杂，在具体的施工过程中，可能会出现许多的问题，如果不能进行整体的把控，忽略局部的重要性，将会直接影响整体的施工质量。因此，在全面施工前，必须做好各项准备工作，才能为后续施工的顺利进行提供保证。设计施工管理体系时，还应分析和预控施工可能遇到的问题，保障施工管理体制以及相应管理措施的合理性，强化工程施工管理。

现代园林路面结构形式多种多样，主要可以分为路基、面层、基层以及结合层四种。面层显而易见是路表直接受到行人、车辆压力的上端部分，会直接受到气候和天气的影响，一定要以结实为主，有一定的摩擦力，耐磨而坚固。结合层是面层和基层之间的部分，主要用于排水和找平等。基层在结合层和路基之中的材料主要是以矿物废渣以及碎石为主，因为基层是将上层所承受的重量传递给下层，所以一定要有足够的强度。路基则像建筑工程打地基一样，是道路的最基础部分，路面想要保持稳定和延长使用寿命，必须保证路基的稳定性和强度，也是道路施工人员重点关注的地方。

对风景园林的道路施工要考虑环境因素的影响，以大大提升路面的质量。低温冻害是冬期施工中必须面对的问题之一，应注意做好防冻工作，做好施工物资的保护。雨期施工必须要面对的一个问题就是积水，应该与相关气象部门沟通好，及时获取气象数据信息，结合气象变化合理安排工期。施工中可通过搭建防雨设施、及时疏通积水等措施，减少雨水对道路施工的影响。高温季施工必须面对的一个问题就是拌和材料受空气中温、湿度的敏感度影响，对此应提前做好防高温准备，这对提升道路施工质量具有重要意义。总之，风景园林道路施工过程中，务必要正视各类环境因素的影响作用，对应采取有效的控制措施，提升道路施工的质量。

施工完成后，应进行全面检查，这是确保路面质量的重要环节，需要管理人员根据相关要求对道路铺设质量进行检测，在检测过程中发现出来的园林施工问题，要积极改善，同时也要对损坏的园林道路进行再加工处理。维护过程中发现的园林道路铺设问题也要立刻修复，以保证园林道路的正常使用。在完成施工处理后，需进行适当的养护管理，根据园林环境中的温、湿度条件，适当地对养护周期进行控制，以此保证施工过程的有效性。通常情况下，稳定层浇筑的混凝土，其养护周期不得少于1周，并且根据季节的不同，养护周期也应随之变化，雨季、冬季的养护周期应适当延长，以为路面的铺装奠定良好的基础。

综上所述，风景园林工程在城市发展中的作用日益凸显，施工技术水平高低直接影响园林工程整体的质量。要保证园林路面的质量首先要想方设法采用有效的措施提升园林路面施工管理质量，并且完善相关规章制度，还应全面提高施工人员自身综合素质。园林工程中路面铺装施工技术的有效应用至关重要，在具体技术应用的过程中，需要结合施工设计要求和现场实际情况，加强基础管理，夯实施工基础，还要不断进行技术创新，才能切实提高施工技术应用成效。

2. 路面病害及其修补措施

路面结构是直接承受荷载，并将其传递给路基的重要体系。同时，它还受到气候变化和雨水侵蚀的直接影响。因此，要经常巡查，若发现问题，要及时采取相应的养护措施，保持道路平整、美观。路面病害指的是在园路的不断使用过程中，由于人为和环境等原因对路面造成的各种损坏、变形及其他缺陷的统称。路面病害经常会表现出以下几个问题。

（1）松散：由于结合料黏性降低或消失，集料松动，在行人、车辆的作用下，路面集料从表面脱落，出现脱粒、平整度差、褪色、观感差等现象。

（2）路面龟裂或疲劳裂缝：在重复交通荷载作用下，沥青面层或稳定基层被破坏而产生一系列相互贯通的裂缝。裂缝最先出现在沥青面层或稳定基层底部等荷载弯拉应力或应变最大的位置，其后传至表面。开始时只是一条或数条平行的纵向裂缝，在行人、车辆重复荷载作用下，裂缝连通起来，形成了多边、锐角的小块，发展成为网状或龟纹状的裂缝。

（3）拥包：路面局部隆起，高度 1.5cm 以上（图 10-8）。

（a）路面松散　　　　　　　（b）路面开裂　　　　　　　（c）路面拥包

图 10-8　常见路面病害

（4）沙害：沙害在风沙较大的区域是很常见的自然灾害，在这种地域的园路和广场的养护管理应注意保护路基免受风蚀影响。最好的防治办法就是种植树木防风，然后就是用黏性土类的材料对路面进行防护。

（5）冰害：由于气温较低，路面的积水结成冰而造成的危害。类似的还有雪害，主要是自然降雪，雪害不仅指积雪路面变滑造成人员伤害，还指积雪融化后进入路基，引起路面病害。当园路和广场遭雪害时要及时派人员清理，但要注意尽量减少使用盐类等化学用品，因为此类化学用品会对路面造成一定程度的侵蚀，应采用人工或者机械清理。

（6）水害：路面大量积水对路面形成的危害。应通过设排水沟等办法及时排除积水，对于低洼的路面能抬高路基的尽量抬高路基，不能抬高的要想办法及时将积水排除，并经常进行养护管理。

路面裂缝、松散、破碎的修补，应采用挖补的方法，清除破损面层，清理基层表面凿毛，重新铺筑。因基层原因造成面层松散、破损时，应先处理基层，然后再修补面层。进行路面表面裂缝修补时，若面积较大，可先将旧路面碾平，使用填缝剂填灌缝隙，按原路面材料的配合比进行浇灌，完工后再在表面喷刷透明封闭剂修复路面。路面的修补要做到圆孔方补、浅孔深补、湿孔干补、小孔大补，修补形状的其中一边做到与道路中线平行。路面施工时须设伸缩缝，深度与路面厚度相同，缩缝、胀缝均嵌入定型材料，保证修补后路面层达到原设计的色泽效果。经常对路面进行检查保养，防止路面的裂缝、松散、拥包、错台、碎裂等病害的发生和发展，保持路面平整完好，排水通畅，并且具有足够的强度和抗滑性能，确保行人安全。

不当的工程选址、建筑材料、设计、施工工艺、使用、后期维护，都会导致路面无法抵制各种可能发生的作用，造成工程失败，最终形成社会危害。园林道路是连接各个景观节点，保证游客正常通行的功能设施，所以其路面往往有较为复杂的铺装设计形式，以对应并满足不同道路的功能需求，并与园林环境形成整体空间，创造更加和谐的观赏效果，而在对园林道路铺装的施工过程中，需要针对这一特性条件，从整体角度对道路铺装进行优化，使其能够在统一协调的前提下，实现建设目标。结构上，园林路面与普通的城市路面铺装存在着一定的差异性，必须对实际的设计内容进行分析并针对性地采取必要措施，才能保证道路铺装的合理性，在现阶段的施工处理中，园林道路铺装应从同行条件着手，在对位置与引导性进行分析的同时，考虑其容纳条件与承重水平，以此确定路面铺装施工的具体操作方法。项目建设各方人员要履职到位、加强现场监管。加强现场检测并控制现场标高、高程等，达到"事半功倍"的质量监督效果。而要使路面使用寿命延长，最关键是要及时对路面进行养护和维修，保持路面平整，横坡适当，线形顺直，路容整洁，排水良好；防止路面松散、裂缝和拥包等病害的产生、发展和延续。通过对路面的养护维修，保持和提高路面的平整度和抗滑能力，确保路面安全、舒适的行驶功能。通过对路面的修理和改善，保持和提高路面的强度，确保路面的耐久性。

10.4 建筑物养护工程

风景园林建筑物是指建造在园林和绿化地段内供人们游憩或观赏用的建筑物，包括景墙、景桥、景廊、景亭、花架、砌体等，主要起到园林造景、为游览者提供观景的视点和场所，提供休憩及活动空间等作用。在风景园林中，建筑物有着非常重要的地位与作用，是重要的构成要素之一，但由于建造环境、功能、技术、艺术上等诸多方面的特殊性，建筑物在很多方面都表现出独特的个性特点，对养护管理提出了很大的挑战，特别是人类社会已跨入信息时代，为了实现风景园林的可持续发展，建筑物养护工程方面有许多新的理念、方法和技术值得深入探讨。另外，"重建设、轻管理"的思想在风景园林工程中长期存在，在后期发展中，一些建筑物可能会因人为原因或材料本身质量问题而受到破损，其安全性亦受到了影响，在后期必须要重新修补。为保证正常的使用功能，延长其使用寿命，建筑物养护工程就显得尤为迫切。下面介绍建筑物工程中存在的问题及相应的养护管理办法。

1. 建立健全养护管理制度

由于养护管理制度不健全，没有指定专人负责，主体缺位，导致建筑物因自然和人为因素遭受破坏的现象频发。为了加强对风景园林建筑物在使用过程中的养护，必须建立一套健全的养护管理制度，规范建筑物养护管理人员和使用者的行为。

为了及时发现建筑物可能存在的问题，保证建筑物的安全和正常使用，建筑物管理人员每年应安排固定时间对建筑物进行全面普查，并做好记录，对发现的问题进行分析和总结，对建筑物的完好等级做出准确评估，为制定养护计划提供准确的数据。在每年雨季前，要对建筑物的屋面、雨落管等部位进行检查，确保雨季无渗漏。在每年冬季供暖前，应对建筑物的门窗、供暖设备等进行检查，保证冬季不漏风。遇有暴风、地震等特殊天气时，应对建筑物进行一次排查，发现问题立即解决，保证建筑物的使用安全。建筑物的安全直接关系到使用者的生命及财产安全，绝不能有丝毫的疏忽和懈怠。建筑物管理人员应根据定期检查结果，对建筑物哪些部位、何时和如何进行维修或养护做到心中有数，并能够及时安排相关人员对建筑物进行维修，并定期对维修部位进行复查，确保问题得到彻底解决，防止因维修不达标而危及安全。当出现雷击、漏电、火灾、坍塌、爆炸、泄漏等事故时，还要有必要的应急抢修制度，并且要提供必要的材料储备和物质保障，最大限度地减少建筑物使用者的损失。一定要在平时注重"养重于修"，对建筑物建立定期保养制度。按照国家相关规范，建筑物的各结构、部件均有规定的使用年限，超过了其正常合理的使用年限，就会不断出现问题，若等到这些结构和部件损坏严重了再去修缮，就为时已晚了，可能铸成大祸。应该在合理使用年限内，制定科学的保养制度，以保证建筑物的安全、可靠和正常使用，延长其使用寿命。

2. 提高养护管理人员素质

管理人员是风景园林建筑物的直接管理者，对于建筑物的养护起着关键性的作用。基层管理人员的文化水平普遍较低，也没有接触过专业的养护管理知识，对于一般的维修问题还可以通过经验解决，但是遇上较大的问题，只能束手无策，这就导致很多工程管护不到位，小问题累积成大事故。此外，受当前社会发展的影响，大学生毕业后不愿意到基层工作，导致基层队伍没有新鲜血液的注入，很难发展壮大。建筑物的管理与维护是一项对专业技术要求很高的工作，需要大量专业技术人员的参与。所以，在落实风景园林建筑物的养护管理过程中，要积极吸纳专业的技术人才加入这一行业，聘请具有多年管理经验的技术人员，通过"以老带新"的方式，提高基层的办事效率。此外，为了防止基层出现冗员的现象，可以对现有的工作人员进行技术知识的培训，制定薪酬激励制度，鼓励他们主动参与学习，提高自身的专业素养和技术水平，储备技术力量。为了完善技术服务人员体系，政府可以选派一些优秀的技术人员去进修深造，以适应不断变化的岗位的需求。

风景园林建筑物管理人员要紧跟形势，不仅要具备足够的专业知识和一定的法律知识，还要有足够的责任心，懂得如何用最合理的养护手段，使建筑物的价值得到最好的体现。不能目光短浅，只顾眼前，只管不修，只修不养。具体来说，一是要有足够的建筑专业技术知识和建筑物维修养护知识，能够看懂各类建筑物的设计图纸，能够鉴定建筑物的完好和危险程度，合理安排所管建筑物的养护和维修计划。二是要具备综合分析能力，能够协调好各方面的关系。合理利用好建筑物养护和维修资金，既能保证建筑物完好，让使用者满意，又能节约资金。三是要有一定的宣传能力，能够向建筑物的使用者宣传合理使用和爱护现有建筑物的有关知识，使使用者自觉、正确地使用建筑物的各种设备。总之，建筑物管理人员应该具有足够的道德素质和品德修养，有良好的职业操守，坚持原则，主动服务，及时发现问题，适时养护。

3. 制定合理的养护计划

风景园林建筑物养护工作开展的过程中应当完善相应的管理体系，建立健全相应的规章制度，同时采用先进的设备，组织专业人员建立管理团队，针对当地实际情况制定详细的实施方案，这对于建筑物整体质量的提升有着十分重要的意义。综上所述，做好建筑物养护管理工作应注意以下几个问题。

（1）建立健全观测工作，准确、及时地掌握建筑物损坏的状况及问题出现的全过程，为处理问题提供可靠依据。

（2）查明建筑物损坏的原因。影响工程损坏的因素很多，但对一个具体的建筑物而言，必有一种是主要原因。研究修复、加固方案时要在主要原因上重点下功夫。

（3）根据不同情况采取不同的处理措施，根据危害程度制定方案。对建筑物整体结构安全有影响时，绝不能简单从事。

（4）处理前要进行必要的设计和试验，切不可生搬硬套或盲目蛮干。

（5）科学管理，合理使用，尽量避免在不利情况下的超载使用。坚持预防为主，发现问题及时补救，防止损失扩大。

风景园林建筑物施工完成后，有形、无形损耗时有发生。建筑物的建设期一般不超过五年，而建筑物的整个使用期，少则几十年，多则百年以上。若不在建筑物的管理上给予足够的重视，依然采用"重建设、轻养护"的做法，不加强对建筑物的养护，就不能保障其价值得到充分体现，将会带来巨大的损失。因此，在使用过程中一定要重视建筑物的养护工作，使风景园林建筑物发挥出最大的效益。

思 考 题

1. 试从养护管理角度解释一、二年生和多年生草本植物的区别。

2. 杜鹃花灌木养护有哪些注意事项？

3. 如何提高新移栽树木的成活率？

4. 如何进行园林树木修剪？

5. 从养护管理角度阐述进行园林植物科学合理设计配置的必要性。

6. 试述夏季植物浇灌措施与方法。

7. 为什么在植物养护管理过程中必须要定期检测土壤条件？

8. 如何做好园林植物的病虫害防治工作？

9. 试对树木支撑杆的选择提出合理的建议。

10. 在植物养护工程中，相应的管理制度不完善体现在哪些方面？

11. 哪些方法可以增强风景园林使用者的绿色环保意识？

12. 如何提升风景园林养护管理人员的业务水平与综合素质？

13. 风景园林工程中养护资金投入不足的问题如何解决？

14. 简述假山石景的养护方法。

15. 路面施工方法不当会对养护管理造成哪些影响？如何解决？

16. 试列举路面病害的种类及相应的修补措施。

17. 做好建筑物养护管理工作有哪些需要特别注意的问题？

参考文献

[1] 平丽丽，孟宪勇，陈继东 . 北方地区园林植物养护管理技术 [J]. 北京农业，2015（4）：63.

[2] 邹红杰 . 论园林施工与养护的有机结合策略 [J]. 建材与装饰，2018（12）：62-63.

[3] 韩静 . 浅析园林绿化工程后期养护管理要点 [J]. 现代园艺，2019（2）：205-206.

[4] 单冬籴 . 试论园林植物栽培及养护技术 [J]. 现代园艺，2019（10）：38-39.

[5] 贾红梅，闫文涛 . 浅析城镇园林绿化养护中存在的问题及对策 [J]. 黑龙江农业科学，2018（11）：161-163.

[6] 刘芸 . 浅述园林绿化工程中树木支撑固定方法 [J]. 中国园艺文摘，2016（4）：88-90；164.

[7] 尹逊国，苏本凯 . 园林绿化养护精细化管理对园林景观的影响 [J]. 现代园艺，2019（3）：192-193.

[8] 王立沙 . 城市园林绿化养护管理存在问题及对策 [J]. 农业开发与装备，2018（12）：49.

[9] 胡剑锋 . 浅析园林置石工程施工管理 [J]. 科技与企业，2014（5）：75-77.

[10] 毛培琳，朱志红 . 中国园林假山 [M]. 北京：中国建筑工业出版社，2004.

[11] 张祖刚 . 世界园林发展概论 [M]. 北京：中国建筑工业出版社，2003.

[12] 陈志华.外国造园艺术 [M].河南：河南科学技术出版社，2001.

[13] 艾艳桂.园林工程中假山施工技术的应用 [J].现代园艺，2017（12）：198-199.

[14] 房臻.园林道路的养护与管理研究 [J].科技与企业，2014（5）：227-228.

[15] 谢丽.浅谈城市园林绿地中的道路规划 [J].江西建材，2013（8）：251-252.

[16] 周玉兵，高长文.园林工程中园林道路铺装的施工技术实际应用探究 [J].现代园艺，2019（14）：202-203.

[17] 姚琳.园林工程中园林道路铺装的施工技术研究 [J].现代园艺，2019（3）：187-188.

[18] 轩素珍.园林工程中园林道路铺装的施工技术分析 [J].现代园艺，2019（10）：202-203.

[19] 熊中原.基于内部传感测量的沥青路面健康检测技术研究 [D].西安：长安大学，2012.

[20] 宋丹丹.基于路面管理系统的路面服务能力指标和预测模式的建立 [D].上海：同济大学，2008.

[21] 邓凌云.试论园林工程中园林道路铺装的施工技术 [J].低碳世界，2019（4）：251-252.

[22] 孟嘉.探究园林建筑中的意境美 [J].城市建设理论研究，2014（26）：2754-2755.

[23] 张俊华.如何加强建筑物在使用过程中的养护 [J].山西建筑，2014（20）：283-284.

[24] 罗海龙，陈炳志.高层建筑消防安全管理对策分析 [J].山西建筑，2014（20）：281-283.

图书在版编目（CIP）数据

风景园林工程/雷凌华，许明明主编；李胜等副主编 . —北京：中国建筑工业出版社，2022.9
ISBN 978-7-112-27740-7

Ⅰ.①风… Ⅱ.①雷… ②许… ③李… Ⅲ.①园林—工程施工 Ⅳ.① TU986.3

中国版本图书馆 CIP 数据核字（2022）第 142901 号

本书根据作者二十余年专业实践经验及十多年园林工程课程的教学经验，并结合国家现行的新工科、新农科建设要求等精心编写而成，内容包括风景园林工程准备工程、地形工程、给水排水工程、水景工程、风景园林建筑工程、风景园林道路工程、假山工程、种植工程、风景园林照明工程以及收尾养护工程等。图书内容信息化强、网络化强、综合性强、系统性强、实用性强、前沿性强，注重知识的系统性、可操作性、时代性。

在本书的编写过程中，引用了大量风景园林工程项目设计文件和最新的工程设计成果，力求做到内容前沿、翔实而全面。全书图文并茂，通俗易懂，适用于高等院校风景园林、园林、景观设计等专业的教材，也可以作为风景园林、园林、景观设计、环艺设计、工程造价及工程管理等相关专业人员的参考用书，还可以作为风景园林、园林、景观设计等相关专业人员的培训教材。

责任编辑：兰丽婷
责任校对：孙　莹

风景园林工程

主　编　雷凌华　许明明
副主编　李　胜　唐京华　夏甜甜　姜华年

＊

中国建筑工业出版社出版、发行（北京海淀三里河路 9 号）
各地新华书店、建筑书店经销
北京海视强森文化传媒有限公司制版
北京建筑工业印刷厂印刷

＊

开本：787 毫米 ×1092 毫米　1/16　印张：28¾　字数：625 千字
2022 年 10 月第一版　2022 年 10 月第一次印刷
定价：**88.00** 元
ISBN 978-7-112-27740-7
（39781）